职业教育·道路运输类专业教材
"双高计划"路桥专业群系列教材

工程岩土

ENGINEERING ROCK AND SOIL

联合主编	主审
吉林交通职业技术学院	齐丽云 [吉林交通职业技术学院]
四川交通职业技术学院	杨仲元 [浙江交通职业技术学院]
贵州交通职业技术学院	黄　宁 [四川交通职业技术学院]
辽宁省交通高等专科学校	
湖南交通职业技术学院	

人民交通出版社

北京

内 容 提 要

《工程岩土》是"中国特色高水平高职学校和专业建设计划"(以下简称"双高计划")路桥专业群教材。全书共分为六个模块,分别为:岩土体物理力学性质及分类、地质构造与地貌、地基土变形与承载力、土压力及边坡稳定性、地下洞室围岩稳定性、不良地质与特殊土。

本书可以作为高等职业教育道路与桥梁工程技术及相关专业教材,也可作为中等职业教育路桥类专业教材,同时可供从事路桥设计、施工的工程技术人员参考。

图书在版编目(CIP)数据

工程岩土/吉林交通职业技术学院等主编. — 北京:人民交通出版社股份有限公司,2024.7
 ISBN 978-7-114-19481-8

Ⅰ.①工… Ⅱ.①吉… Ⅲ.①岩土工程 Ⅳ.①TU4

中国国家版本馆 CIP 数据核字(2024)第 071064 号

Gongcheng Yantu
书　　名：工程岩土
著 作 者：吉林交通职业技术学院
　　　　　四川交通职业技术学院
　　　　　贵州交通职业技术学院
　　　　　辽宁省交通高等专科学校
　　　　　湖南交通职业技术学院
责任编辑：李　瑞　陈虹宇
责任校对：赵媛媛　魏佳宁
责任印制：刘高彤
出版发行：人民交通出版社
地　　址：(100011)北京市朝阳区安定门外外馆斜街 3 号
网　　址：http://www.ccpcl.com.cn
销售电话：(010)59757973
总 经 销：人民交通出版社发行部
经　　销：各地新华书店
印　　刷：北京印匠彩色印刷有限公司
开　　本：787×1092　1/16
印　　张：24.25
字　　数：587 千
版　　次：2024 年 7 月　第 1 版
印　　次：2024 年 7 月　第 1 次印刷
书　　号：ISBN 978-7-114-19481-8
定　　价：65.00 元

(有印刷、装订质量问题的图书,由本社负责调换)

前·言

本教材编写围绕新时代加快建设交通强国新内涵、新要求,立足"双高计划"建设标准,以提升专业人才培养质量为根本,体现《国家职业教育改革实施方案》和《职业院校教材管理办法》对教材建设新要求。

本教材是基于"双高计划"路桥专业群系列教材的开发,在交通行业高职院校课程建设基础上,进行整体规划与设计,将工程地质学、土质学、土力学课程内容解构,以解决道路、桥梁、隧道工程中的工程岩土问题为主线,突出实用性与实践性,坚持以职业能力为本位,以应用为目的,重新架构教材内容,旨在帮助学生掌握工程岩土相关专业技能,同时为学生职业发展和职业素养的养成提供支持。本教材具有以下特点。

1. 创新性

基于职业教育人才培养规律,在教材与教学活动的互动方式、教材内容的选择与组织方式、教材语言的表达、教材图文的编排、教材体例的设计等方面进行创新。

2. 认知性

在教材设计和编写中充分考虑学生在学习过程中的认知因素,体现"以学生为中心"的内容构成、内容序化和教学表达,着力提升"教学场景下的教学效果",强化助教助学素材。

3. 实用性

教材具有较强的教学可操作性,便于教师在课堂上进行知识传授和开展技能训练,更便于学生学习和了解行业发展及岗位需求。教材内容针对性强,充分反映行业发展最新进展,对接科技发展趋势和市场需求,吸收成熟的新技术、新工艺、新规范。

教材分成六个模块,每个模块从学习目标出发,将实际工程案例加工转化为学习情境,使用工程真实的资料和数据,引导学生对工程实际问题进行思考,情境之间具有逻辑关系,或相互补充,或互为前提,或逐步递进,从而构建以学习活动为主线的教材结构;学习任务的设置考虑普适性工作过程和典型性工作过程,兼具理论性和实践性，让学生通过对实践案例的思考来理解理论知识，了解工作过程，从而习得职业能力。

教材中的相关知识是完成任务过程必备的知识，将工程岩土知识按照学习任务重组，合理分配到各个学习情境，并兼顾知识分布的基础性、层次性，保证内容之间的逻辑关系与系统性。对于有难度的任务，教材增加了学习参考，学生通过查阅学习参考，利用与任务相关的资料研究并解决问题，培养学生的信息意识和获取新知识的能力。

本教材由我国五所首批"双高计划"院校教师：吉林交通职业技术学院张求书、四川交通职业技术学院刘国民、贵州交通职业技术学院屈伟、吉林交通职业技术学院杨晓艳、四川交通职业技术学院罗婧和王震宇、辽宁省交通高等专科学校李晶、四川交通职业技术学院孙熠、湖南交通职业技术学院杨侣珍联合主编。具体编写分工：模块一单元一、模块六单元一任务一至任务四由屈伟编写；模块一单元二由杨晓艳编写；模块二单元一、单元二、单元三由孙熠编写，模块二单元四、单元五、模块六单元一任务五由罗婧编写；模块三由张求书编写；模块四单元一、单元二由李晶编写；模块四单元三、单元四由王震宇编写；模块五由刘国民编写；模块六单元二由杨侣珍编写。

本教材由吉林交通职业技术学院齐丽云、浙江交通职业技术学院杨仲元、四川交通职业技术学院黄宁担任主审。

教材编写过程中使用大量工程案例、设计图纸与勘察报告的数据和图表，向提供资料的单位表示衷心感谢！

由于编者水平有限，教材中疏漏和错误之处在所难免，敬请批评指正。

编　者
2024 年 7 月

目 录
Contents

导言 ·· 001
模块一　岩土体物理力学性质及分类 ·· 005
　单元一　岩石及其工程性质 ·· 007
　　任务一　鉴别岩石 ··· 007
　　任务二　认识岩石的工程分类与物理力学性质 ····································· 021
　单元二　土的工程性质及分类 ·· 028
　　任务一　认识土的三相组成 ·· 028
　　任务二　测定土的基本物理性质指标 ·· 036
　　任务三　测定土的力学性质指标 ·· 049
　　任务四　认识土的工程分类 ·· 074
模块二　地质构造与地貌 ·· 083
　单元一　地质作用 ··· 085
　　任务一　认识地质作用 ·· 085
　　任务二　应用地质年代表 ··· 090
　单元二　常见地貌 ··· 093
　　任务一　认识平原地貌 ·· 093
　　任务二　认识河谷地貌 ·· 095
　　任务三　认识山地地貌 ·· 102
　单元三　水文地质条件 ··· 108
　　任务一　认识地下水类型及其特征 ··· 108
　　任务二　分析地下水对工程的影响 ··· 112
　单元四　岩层产状与地质构造 ·· 117

        任务一　认识岩层产状 ··· 117
        任务二　认识地质构造 ··· 119
    单元五　工程地质图 ·· 137
        任务一　识读工程地质勘察报告 ·· 137
        任务二　识读工程地质图 ··· 149

模块三　地基土变形与承载力 159
    单元一　地基沉降 ·· 161
        任务一　分析土中应力分布 ··· 161
        任务二　计算基础沉降量 ··· 183
    单元二　地基承载力 ·· 191
        任务一　确定地基承载力特征值 ·· 191
        任务二　验算地基承载力 ··· 199

模块四　土压力及边坡稳定性 205
    单元一　土压力 ··· 207
        任务一　认识挡土结构物及土压力分类 ·· 207
        任务二　计算土压力 ··· 211
    单元二　土质边坡稳定性 ··· 226
        任务一　分析无黏性土土质边坡稳定性 ·· 226
        任务二　分析黏性土土质边坡稳定性 ··· 229
    单元三　岩体结构 ·· 240
        任务一　认识结构面与结构体 ··· 240
        任务二　认识岩体结构类型 ··· 248
    单元四　岩质边坡 ·· 252
        任务一　认识岩质边坡的变形与破坏特征 ·· 252
        任务二　分析岩质边坡的稳定性 ·· 257

模块五　地下洞室围岩稳定性 277
    单元一　围岩的工程分级及围岩压力 ·· 279
        任务一　认识围岩的工程分级 ··· 279
        任务二　认识围岩压力 ··· 289
    单元二　围岩的稳定性分析 ··· 294
        任务一　认识围岩的变形与破坏 ·· 295

  任务二 评价地下洞室围岩稳定性 …………………………………………… 298

  任务三 分析地质作用对公路隧道施工的影响 ……………………………… 301

模块六 不良地质与特殊土 ………………………………………………………… 307

 单元一 不良地质 ……………………………………………………………………… 309

  任务一 防治崩塌 ……………………………………………………………… 309

  任务二 防治滑坡 ……………………………………………………………… 316

  任务三 防治泥石流 …………………………………………………………… 328

  任务四 防治岩溶 ……………………………………………………………… 336

  任务五 认识地震 ……………………………………………………………… 343

 单元二 特殊土 ………………………………………………………………………… 350

  任务一 鉴别和处理软土 ……………………………………………………… 350

  任务二 鉴别和处理红黏土 …………………………………………………… 361

  任务三 鉴别和处理冻土 ……………………………………………………… 367

参考文献 ……………………………………………………………………………………… 378

导言
INTRODUCTION

一、工程岩土的研究对象

工程岩土以地壳表层的土体和岩体为研究对象,为工程的设计、施工以及岩土体治理等提供必要的资料和技术参数,对有关的工程问题进行论证与评价。

人类的工程活动都是在一定的岩土环境中进行的,修建水库、公路与桥梁、民用建筑等工程活动,会受岩土体的性质和地质环境的制约,岩土体的性质和地质环境影响工程建(构)筑物的类型、工程造价、施工安全、稳定性和正常使用。如公路沿河谷布线,若不分析河道形态、河水流向以及水文地质特征,就有可能造成路基水毁;在山区开挖深路堑时,若忽视岩土条件,有可能引起大规模的崩塌或滑坡,不仅增加工程量,还可能延长工期和提高造价,甚至危及施工安全。因此工程岩土的研究对各类工程建设的合理设计、顺利施工、持久稳定和安全运营具有重要意义。

二、工程岩土的研究内容与本课程学习任务

工程岩土主要研究人类工程活动与岩土环境之间的相互作用,主要任务是把岩土工程性质及相关理论应用于工程实践,通过室内或现场试验或工程地质调查、勘探等方法,评价工程建筑场地的岩土受力情况和工程地质条件,预测在工程建筑物作用下岩土体可能发生的变化,选择最佳的建筑场地,提出克服不良地质条件应采取的工程措施,从而为保证建筑工程的合理设计、顺利施工、正常使用提供可靠的科学依据。

公路是一种延伸很长,且以地壳表层为基础的线形建筑物,它常要穿越许多自然条件不同的地段,要受到不同地区的地质、地理因素的影响,为此对工程岩土的深入了解是工程从设计到施工以至运营过程中不可缺少的。

工程岩土课程的学习任务包括以下三个主要方面。

(1)研究岩土的工程性质及其内在机理,岩土体在天然或人为因素影响下的变化规律。

(2)运用地质学、土力学的基本原理去分析、研究工程活动中不同建筑物的主要工程地质条件、力学机制及其发展演化规律,以正确评价和有效防治其不良影响。

(3)采用勘察手段查明有关工程活动中的地质条件,并对查明的工程地质条件进行分析与评价。

三、本课程的学习要求

作为公路工程师,只有在具备必要的工程岩土基本知识,对公路工程地质勘察的任务、内容和方法有较全面的了解,才能正确地提出勘察任务和要求,才能正确应用工程地质勘察成果和资料,全面理解和综合考虑拟建工程建筑场地的工程条件,并进行分析,提出相应对策和防治措施。

我国地域辽阔,自然条件复杂,在工程建设中常常遇到各种各样的自然条件和工程岩土问题。本课程作为一门专业基础课,结合我国自然条件与路桥工程特点,为专业课程的学习提供必要的基础知识。通过学习本课程,了解工程建设中的工程岩土性质、地质现象和问题,掌握这些现象和问题对工程设计、施工和使用各阶段的影响;了解工程地质勘察内容与要点,合理利用勘察成果分析解决设计和施工中的问题,为今后从事实际工作打下基础。在学习本课程后,应具备以下能力:

(1)能够根据地质资料辨认常见岩土,了解其主要的工程性质;

(2)能够根据资料进行地基变形分析,确定和评价地基承载能力;

(3)能辨认基本的地质构造类型及较明显的、简单的地质灾害现象,掌握它们对公路工程的影响,并能采取有效的防治措施;

(4)熟悉地貌类型、水的地质作用特征及它们对公路建设的影响;

(5)能够在公路工程勘测、设计及施工中搜集和应用有关的工程岩土资料,对一般的工程岩土问题作初步评价;

(6)熟悉工程地质勘察主要内容、不同阶段勘察的要点;学会阅读和分析常用的工程地质及水文地质资料(地质勘察报告书及地质图等)。

本课程是一门理论性与实践性都很强的课程,要学好这门课程,在牢固掌握基本概念、基本理论的基础上要重视工程实践的应用,通过理论与实践的紧密结合,为完成路桥工程勘测、设计和施工打下坚实基础。

四、工程岩土的发展

工程岩土技术与理论伴随工程建设发展而不断进步,各类工程建设、矿业工程、环境治理、生态恢复、文化遗产保护都涉及工程岩土问题,工程岩土技术古已有之,只是近一百年才提出了工程岩土的概念。

世界各地遗留的古代水利工程、窑洞、塔、楼、桥梁包含了地基基础、洞室稳定、边坡防护、堤坝建设等岩土工程内容,只是当时主要依靠能工巧匠运用生产、生活经验和几何原理来完成。

18—19世纪初,科学思想蓬勃发展,科学家和工程师提出了许多著名理论,创造了施工机械,完成了许多铁路工程、水利工程等土木工程。1925年,太沙基发表著作《土力学》,标志了岩土工程发展从经验阶段开始进入半理论半经验阶段。之后,随着工程技术与理论的发展,土力学及基础工程、工程地质学、岩体力学逐渐结合为一体,形成工程岩土学。

1999年,国际土力学及基础工程协会(ISSMFE)更名为国际土力学及岩土工程协会(ISSMGE);2002年,我国举行首次注册土木工程师(岩土)执业资格考试;2009年,我国住房和城乡建设部颁布《注册土木工程师(岩土)执业及管理工作暂行规定》,自2009年9月1日起,凡《工程勘察资质标准》规定的甲级、乙级岩土工程项目,统一实施注册土木工程师(岩土)签字及加盖执业印章执业制度。

近年来,互联网、物联网、大数据、区块链技术等取得了重大发展,工程岩土信息化技术也突飞猛进,智慧勘察、智慧物探、三维数值分析、岩土工程GIS(地理信息系统)、自动实时监测成为突破方向。同时,深海、深空、深地等经济社会高质量发展的需求,必将推动工程岩土从传统的地基基础、地质灾害防护等内容,向环境、生态、文化、智慧和防灾减灾等领域跨界融合发展。

模块一

岩土体物理力学性质及分类

在漫长的地质过程中,通过不同的地质作用,在地壳中形成不同类型的岩石,然而一部分岩石又经过破碎、剥蚀、风化等过程慢慢地演变成土。在公路工程建设中,岩石和土无论作为公路工程所需的工程材料,还是作为构筑物的地基,其类型及物理力学性质将对工程建设十分重要。

学习目标

1. 了解岩土的形成过程,掌握岩土基本特征;
2. 掌握岩土的物理性质和力学性质;
3. 能完成岩土的辨识及其指标的测定试验。

学习导图

单元一　岩石及其工程性质

在公路工程中,路基、桥梁等各种建(构)筑物地基承载力的问题,隧道围岩的稳定性问题,边坡稳定性问题以及石料场的选择问题都与岩石的工程性质有着密切的关系。岩石类型的不同决定了岩石的工程性质也不同,因此只有掌握常见岩石的基本特征和工程力学性质,才能更好地为公路工程的建设提供保障。

情境描述

某高速公路 K50+195～K71+803 段的修建,需在沿途选择满足工程要求的石料场,依据《公路工程岩石试验规程》(JTG 3431—2024)、《公路工程集料试验规程》(JTG 3432—2024)、《岩土工程勘察规范》(GB 50021—2001)(2009版)、《天然建筑材料勘察规程》(YS/T 5207—2019)等规范、规程的要求,采用野外工程地质调查与室内试验等相结合的勘察方法确定石料场,为公路修建提供成本低且优质的石料。

任务一　鉴别岩石

学习情境

在工程岩土勘察中,必须对岩石的岩性进行确定,如在某高速公路 K50+195～K71+803 段的太阳庙村料场勘察中,勘察技术员在岩石上滴稀盐酸,岩石表面产生了剧烈气泡,岩石风化面为平滑状且有雨痕,其料场岩石照片如图 1-1-1 和图 1-1-2 所示。请根据描述和岩石图片确定岩石的岩性。

图 1-1-1　岩石风化面

图 1-1-2　岩石新鲜面

相关知识

一、岩石

岩石是指由矿物或岩屑组合而成的矿物集合体。而矿物是自然界中的化学元素在一定物理化学条件下形成的单质或化合物,它具有一定的化学成分和物理性质。由一种元素组成的矿物称为单质矿物,如自然铜(Cu)、金刚石(C)等;由两种或两种以上的元素组成的矿物称为化合物,如岩盐(NaCl)、方解石($CaCO_3$)等。矿物是构成岩石的基本单位。由一种矿物组成的岩石称为单矿岩,如大理岩由方解石组成;由两种以上的矿物组成的岩石称为复矿岩,如花岗岩由斜长石、石英、正长石等组成。

自然界中岩石种类繁多,根据成因和形成过程,岩石可分为三大类,即岩浆岩(或火成岩)、沉积岩和变质岩。

二、岩浆岩

岩浆岩是地下的岩浆沿着地壳薄弱带侵入地壳或喷出地表冷凝而形成的岩石。岩浆喷出地表后冷凝形成的岩石称为喷出岩;岩浆在地表下冷凝形成的岩石称为侵入岩。在较深处形成的侵入岩叫深成岩,在较浅处形成的侵入岩叫浅成岩,如图 1-1-3 所示。

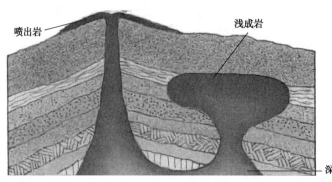

图 1-1-3 岩浆岩的形成

1. 岩浆岩的形成

地球内部产生的呈液态的高温熔体称为岩浆,温度一般在 700~1200℃。岩浆一般发生于地下数千米到数十千米,岩浆在地质作用下沿着地壳薄弱带侵入地壳或喷出地表,经缓慢冷凝而形成岩浆岩。

2. 岩浆岩的矿物成分

组成岩浆岩的矿物种类很多,按矿物颜色可分为浅色矿物和暗色矿物。浅色矿物富含硅、铝,如石英、正长石、斜长石等;暗色矿物富含铁、镁,如橄榄石、角闪石和黑云母等。对具体岩石来说,通常仅由两三种主要矿物组成,例如闪长岩主要由斜长石和角闪石组成;花岗岩主要由石英和正长石组成。

岩石中矿物的种类及其含量,是岩石定名和分类的主要依据,同时也是直接影响岩石强度和稳定性的重要因素。

3. 岩浆岩的结构

结构是指组成岩石矿物的结晶程度、晶粒形态、大小以及它们之间相互组合的关系。

①按组成岩石矿物的结晶程度,岩浆岩的结构可分为:

a. 全晶质结构:岩石全部由矿物晶体构成。常见于侵入岩中,如花岗斑岩、花岗岩。

b. 半晶质结构:岩石由矿物晶体和未结晶的玻璃质组成。常见于喷出岩中,如流纹岩。

c. 非晶质结构:岩石全部由非晶质组成,又称为玻璃质结构。常见于酸性喷出岩中,如黑曜岩。

②按照晶粒大小,岩浆岩的结构可分为:

a. 等粒结构:岩石中的矿物全部是显晶质(肉眼或放大镜可识别的)颗粒,组成岩石的主要矿物颗粒大小相等的结构。

b. 不等粒结构:岩石中同种主要矿物颗粒大小不等的结构。

c. 隐晶质结构:岩石中矿物颗粒非常细小,需在较高倍显微镜下才能辨认出结晶颗粒的结构。

d. 斑状结构:岩石中较大的矿物晶体被细小晶粒或隐晶质、玻璃质矿物所包围的一种结构。

4. 岩浆岩的构造

岩浆岩的构造是指岩石中各种矿物集合体的排列填充方式所表现出来的外貌特征。岩浆岩常见的构造形式有如下几种,见表1-1-1。

岩浆岩常见构造类型 表1-1-1

构造类型	描述	图片
杏仁构造	岩浆冷凝形成岩石过程中形成的气孔,被后期矿物填充所形成的一种宛如杏仁的构造	
块状构造	组成岩石的矿物排列无向、无序,在岩石中均匀分布,呈致密块状构造	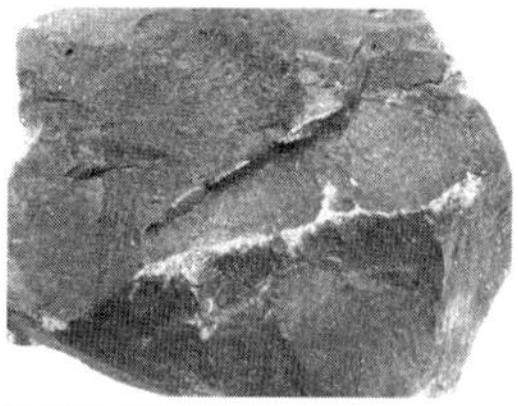
气孔构造	岩浆凝固时,气体未能及时排除,导致在岩石中形成许多孔洞	

续上表

构造类型	描述	图片
流纹构造	岩石中不同颜色的条纹和拉长的气孔等沿一定方向排列表现出来的一种流动特征	

5. 常见岩浆岩的特征

常见岩浆岩的特征见表 1-1-2。

常见岩浆岩的主要特征 表 1-1-2

岩石名称	主要特征	图片
花岗岩	主要矿物为石英和正长石,次要矿物为角闪石。花岗岩为深成侵入岩,大多为肉红色、浅红色、灰白色等,全晶质等粒结构或斑状结构、块状构造	
辉长岩	主要矿物为斜长石、辉石,次要矿物为橄榄石、角闪石、黑云母等。辉长岩为基性深成侵入岩,大多为黑色、灰色或深灰色,全晶质粒状结构、块状构造	
橄榄岩	主要矿物为橄榄石,含有不定量辉石、角闪石等。橄榄岩为超基性深成侵入岩,多呈绿色、暗绿色、黑色等,全晶质粒状结构、块状构造	
流纹岩	主要矿物为钾长石、石英、斜长石,次要矿物为闪长石、黑云母。流纹岩属于喷出岩,主要为灰白色、粉红色,半晶质结构,流纹构造	

续上表

岩石名称	主要特征	图片
玄武岩	主要矿物为斜长石、辉石,次要矿物为橄榄石、角闪石等。玄武岩属于喷出岩,一般为深灰、黑色,非晶质结构,杏仁构造发育,具有抗压性强、压碎值低、抗腐蚀性强等优点,是修理公路、铁路、机场跑道所用石料中较好的材料	
闪长岩	主要矿物为斜长石、角闪石,次要矿物为辉石、黑云母、石英、钾长石。闪长岩为中性深成侵入岩,多为灰白色、灰绿色、肉红色,常为中粒等粒结构、块状构造	
安山岩	主要矿物为斜长石、辉石角闪石、黑云母。安山岩为中性喷出岩,红褐色、浅褐色或灰绿色,斑状结构,块状构造、气孔构造或杏仁构造	

三、沉积岩

沉积岩是在常温常压下,由岩石风化产物、火山灰、有机物质等碎屑物质经水、风、冰川等的搬运,沉积在大陆或海洋低洼地带,再经压实、胶结、重结晶等硬化而成的岩石。沉积岩的主要特征是具有层理和化石。

1. 沉积岩的形成

沉积岩的形成是一个漫长而复杂的过程,一般经历以下四个阶段。

①风化阶段:地表或接近地表的岩石,在温度变化、水、雨、雪及生物的长期作用和影响下逐渐破碎,形成松散的风化产物。

②搬运阶段:岩石经风化形成的风化产物,由水、风等介质搬运到低洼地。

③沉积阶段:风化产物被搬运到低洼地后,由于搬运介质搬运能力逐渐减弱,被搬运物质便陆续沉积下来。在沉积过程中,大、重的颗粒先沉积,小、轻的颗粒后沉积,从而导致沉积物具有明显的分选性。

④成岩阶段:沉积物经过沉积作用后逐渐形成沉积岩。沉积作用是一个复杂的过程,主要有压实作用、胶结作用、重结晶作用等。

2. 沉积岩的物质组成

沉积岩物质成分除了原来的岩石、矿物的碎屑外,还有一些外生条件下形成的矿物、有机质及生物残骸等。

① 碎屑物质:母岩经风化破碎而生成的呈碎屑状态的物质。其中主要有母岩中留下的矿物(如长石、石英、云母等)、岩石碎块等。

② 自生矿物:沉积岩形成过程中,经化学或生物化学沉积作用而形成的矿物,如方解石、白云石、石膏等。

③ 次生矿物:原岩遭受风化作用而形成的矿物,如高岭石、伊利石、蒙脱石等。

④ 有机质及生物残骸:由生物残骸或有机化学变化而形成的矿物,如贝壳、泥炭及石油等。

⑤ 胶结物:使沉积颗粒胶结成块体的某些矿物,如硅质、铁质、钙质、泥质等。不同的胶结物对岩石的颜色和强度有很大影响。常见胶结物的特征见表 1-1-3。

常见胶结物特征　　　　　　表 1-1-3

胶结物类型	主要物质成分	工程性质
硅质胶结	石英、蛋白石等	胶结成的岩石最坚硬
铁质胶结	赤铁矿、褐铁矿等	胶结成的岩石强度仅次于硅质胶结的岩石
钙质胶结	方解石、白云石等	胶结成的岩石遇酸性水时,极易溶解
泥质胶结	黄褐色、灰黄色黏土矿物	胶结成的岩石极易软化
石膏质胶结	$CaSO_4$	胶结成的岩石硬度小,胶结不紧密

3. 沉积岩的结构

沉积岩的结构是指组成沉积岩石的物质颗粒大小、形状及组合关系,它不仅反映了沉积岩的岩性特征,也反映了沉积岩的形成条件,同时也是沉积岩分类命名的依据。

(1) 碎屑结构

碎屑结构是指母岩经机械破碎或在搬运过程中形成的碎屑物质经胶结物黏结而形成的结构。碎屑按粒度大小可分为粉砂状结构(0.005~0.05mm)、砂状结构(0.05~2.0mm)和砾状结构(>2.0mm)。碎屑结构是砾岩、砂岩等碎屑的主要结构。

(2) 泥质结构

泥质结构是指由粒径小于 0.005mm 的细颗粒黏土矿物经胶结而成的结构,是页岩、泥岩等黏土岩的主要结构。

(3) 化学结晶结构

化学结晶结构是指由化学沉淀或重结晶所形成的结构,是白云岩、灰岩等化学结晶的主要结构。

(4) 生物结构

生物结构是指岩石中多数或全部由生物遗体所组成的结构,如生物碎屑结构、贝壳结构等。

4. 沉积岩的构造

(1) 层理构造

层理构造是沉积岩在形成过程中,由于沉积环境的变化导致沉积物的成分、颜色、颗粒大小及形状等在垂直方向发生变化而显示出来的成层现象。层理分为水平层理、斜层理、交错层理,见表1-1-4。

沉积岩层理构造类型　　　　　　　　　　　　　　　　　　　　　　　表1-1-4

构造类型	图片
水平层理	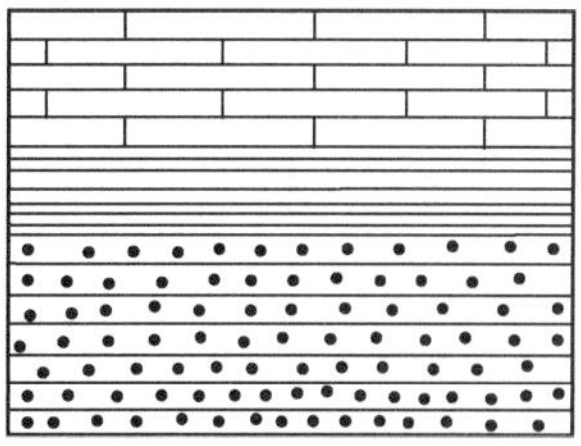
斜层理	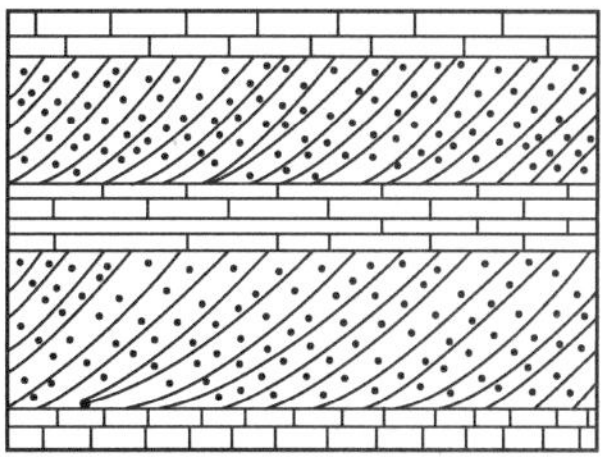
交错层理	

（2）层面构造

层面构造是指未固结的沉积物,由于搬运介质的机械原因、自然条件的变化或生物活动等,在层面上留下痕迹并被保存下来,在岩层层面上形成的构造特征,如波痕、泥裂、雨痕和雹痕、结核、化石等,见表1-1-5。

沉积岩层面构造类型　　　　　　　　　　　　　　　　　　　　　　　表1-1-5

构造类型	描述	图片
波痕	在沉积过程中,沉积物由于受水力风力或流水波浪的作用形成波状起伏的表面,经成岩作用后遗留下来的痕迹	

续上表

构造类型	描述	图片
泥裂	未固结的沉积物露出水面干涸时,经脱水收缩干裂而形成裂缝,后续被泥、砂等充填而形成形迹	
结核	岩体中有成分、颜色、结构等方面与周围岩石具有明显区别的某些集合体,有球形、椭球形等	
雨痕、雹痕	在沉积过程中,沉积物表面经雨滴、冰雹打击后形成的痕迹	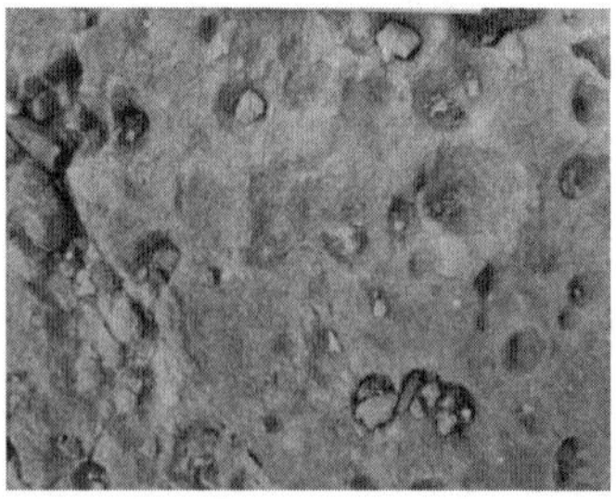
化石	动物在沉积物表面活动留下的痕迹或动物遗体、植物形态特征在沉积过程中被埋藏固结,后经石化作用形成的各种古生遗骸和遗迹	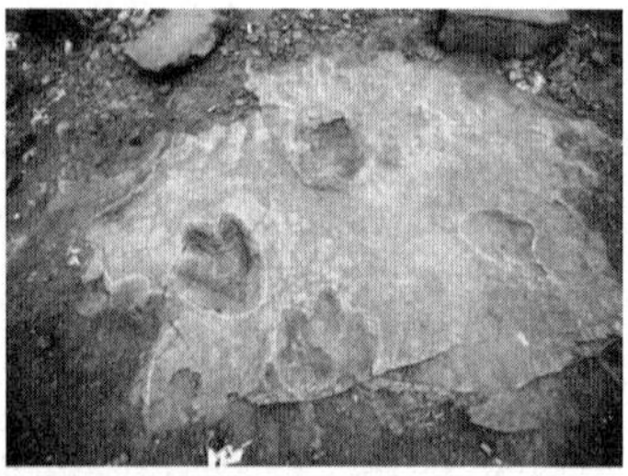 

5. 常见沉积岩的特征

常见沉积岩的特征见表1-1-6。

常见沉积岩的特征　　　　　　　　表1-1-6

岩石名称	主要特征	图片
石灰岩	石灰岩主要由方解石组成,次要矿物有白云石、黏土矿物等。石灰岩通常为黑色、灰色,有化学结晶结构、生物结构,块状构造。石灰岩遇稀盐酸会剧烈起泡,致密、性脆,一般抗压强度较差。石灰岩是用途很广的建筑石材。但由于石灰岩属微溶于水的岩石,易形成裂隙和溶洞,对基础工程影响很大	
白云岩	白云岩主要由白云石和方解石组成。石灰岩呈灰白色,化学结晶结构,块状构造。遇稀盐酸会缓慢起泡或不起泡,貌似与石灰岩很相似,但它会形成刀砍状的风化壳,可作高级耐火材料和建筑石料	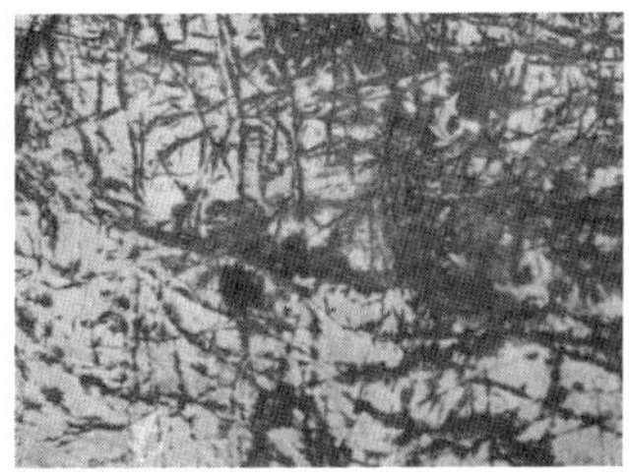
泥灰岩	泥灰岩主要由方解石和黏土矿物(含量为25%~50%)组成。泥灰岩通常为灰白色,化学结晶结构,块状构造。泥灰岩遇稀盐酸剧烈起泡,留下土状斑痕,抗压强度低,遇水易软化,可作水泥的原料	
砂岩	砂岩主要由石英、长石及岩屑等组成,通常呈淡褐色或红色,砂状结构,层理构造。砂岩为多孔岩石,孔隙越多,透水性和蓄水性越好。砂岩强度主要取决于砂粒成分和胶结物的成分、胶结类型等,其抗压强度差异较大。由于多数砂岩岩性坚硬而脆,在地质构造作用下张裂隙发育,所以常具有较强的透水性。许多砂岩都可以用来做磨料、玻璃原料和建筑材料	

续上表

岩石名称	主要特征	图片
砾岩及角砾岩	砾岩及角砾岩由 50% 以上粒径大于 2mm 的砾或角砾胶结而成，砾状结构，块状构造。硅质胶结的石英砾岩非常坚硬，开采加工较困难；泥质胶结的则相反。磨圆度较好的是砾岩，岩屑未经磨圆的是角砾岩	 砾岩  角砾岩
泥岩	泥岩主要由高岭石、水云母等黏土矿物组成，是黏土矿物经脱水固结而形成，具黏土结构，层理不明显，呈块状构造。泥岩固结不紧密、不牢固，强度较低，遇水易软化，强度明显降低，饱水试样的抗压强度可降低50%左右	
页岩	页岩主要由高岭石、水云母等黏土矿物组成，是泥质岩的一种。页岩具黏土结构，有明显的薄层理构造，富含化石。一般情况下，页岩岩性松软，易于风化呈碎片状，强度低，遇水易软化而丧失其稳定性	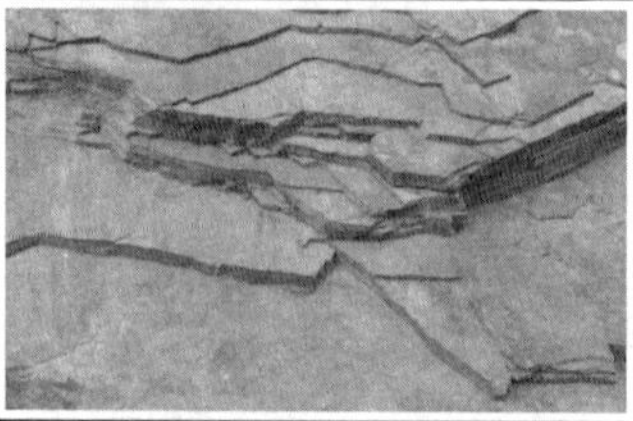

四、变质岩

地壳中的原岩（岩浆岩、沉积岩、变质岩），由于地壳运动和岩浆活动等导致周围物理化学环境的改变，使原岩在高温、高压条件及其他化学因素的影响下，在固体状态下发生变质作用而形成的新岩石，称为变质岩。变质作用是指原岩受物理条件和化学条件变化的影响，在固体状态下改变其结构、构造和矿物成分，成为一种新的岩石的转变过程。

1. 变质岩的类型

根据变质作用的地质成因和变质因素，可将变质作用分为以下几种类型。

（1）接触变质作用

接触变质作用是指当地下岩浆侵入围岩时，在岩浆与围岩的接触带，原岩受到高温岩浆及其分异出来的挥发性成分及热液的影响而发生的一种变质作用。

(2）动力变质作用

动力变质作用是指在构造发生过程中,原岩石在定向压力作用下而发生的变形、破碎甚至重结晶的作用。

(3）区域变质作用

区域变质作用是指在一个比较大的区域内,由于区域性的地壳运动和岩浆活动影响而引起原岩发生的变质作用。区域变质作用具有分布范围广、延续时间长、区域性等特点。

2.变质岩的物质成分

(1）残留矿物

残留矿物是指原岩经变质作用后仍保留原岩的部分矿物,是与原岩所共有的矿物,如石英、长石、云母、角闪石、辉石等。

(2）变质矿物

变质矿物是指原岩经变质作用出现的某些具有自身特点的矿物,是变质岩特有的矿物,如石墨、滑石、蛇纹石、石榴石、硅灰石等。

3.变质岩的结构

变质岩的结构是指变质岩的变质程度、颗粒大小和连接方式,按变质作用的成因及变质程度的不同,可分为变余结构、变晶结构和碎裂结构。

(1）变余结构

变余结构是指某些岩石经过变质作用以后,由于重结晶作用不完全,原岩中的某些矿物成分和结构特征被保留下来形成的结构。如泥质砂岩变质作用以后,泥质胶结物变质成绢云母和绿泥石,而其中碎屑矿物如石英不发生变化,被保留下来,形成变余砂状结构。

(2）变晶结构

变晶结构是指原岩在变质作用过程中,原岩中的各种矿物重结晶所形成的结构。变晶结构是变质岩中最主要的结构。

(3）碎裂结构

碎裂结构是指原岩受挤压应力作用,导致原岩中的矿物颗粒发生弯曲、破裂,甚至破碎成碎块或粉末状后,又被胶结在一起形成的结构,如糜棱结构、碎斑结构等。

4.变质岩的构造

变质岩的构造是指变质岩中矿物集合体之间的分布与填充方式。它是辨别变质岩的主要特征,也是区别于其他岩石的特征。一般变质岩的构造可分为以下几种。

(1）千枚状构造

千枚状构造的岩石中矿物颗粒很细小,多为片状或柱状矿物,呈定向排列。定向方向容易劈成薄片,具有丝绢光泽。

(2）板状构造

板状构造的岩石结构致密,易沿破裂面裂开成光滑平整的薄板。

(3）片状构造

片状构造是指原岩在定向挤压应力的长期作用下,经变质作用后使岩石中片状、柱状、板状矿物平行排列形成的构造。

(4) 条带状构造

条带状构造是指岩石中的矿物成分、颜色或颗粒不同的矿物成分,分别形成平行相间的条带的构造。

(5) 块状构造

块状构造是指岩石中结晶矿物分布均匀,无定向排列,也不能沿一定面劈开。

5. 常见变质岩的特征

常见变质岩的特征见表1-1-7。

常见变质岩的特征　　　　　　　　　　　表1-1-7

岩石名称	主要特征	图片
片岩	片岩主要由云母组成,次要矿物有石英、斜长石、石榴石、蓝晶石等,通常呈绿至绿黑色,具有变晶结构,片状构造。片岩的片理一般比较发育,强度低,抗风化能力差,岩体易沿片理面的倾斜方向滑落	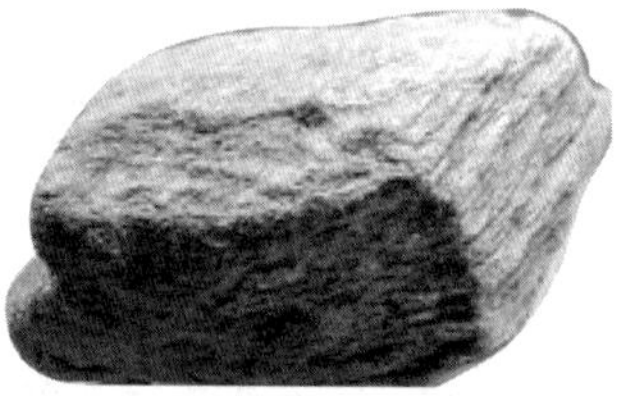
片麻岩	片麻岩主要由长石、石英、云母组成,呈肉红色、深灰色,具有变晶结构,片麻状或条带状构造。片麻岩强度较高,云母含量较低,强度较高,由于具有片麻状构造,故轻易风化	
板岩	板岩主要由黏土、云母、石英、长石等组成,呈灰色、灰绿色、红色、黄色等,具有变余结构,板状构造。板岩岩性致密、板状劈理发育、能裂开成薄板的变质岩,强度较页岩好	
千枚岩	千枚岩的典型矿物组合为绢云母、绿泥石和石英,可含少量长石及碳质、铁质等物质,呈棕红色、绿色、灰色、黄色等,具有变晶结构,千枚构造。千枚岩强度较板岩低,抗风化能力差,易风化剥落,造成沿片理面倾斜方向发生滑塌	

续上表

岩石名称	主要特征	图片
石英岩	石英岩主要由石英组成,次要矿物有长石、云母、绿泥石、蓝晶石等,呈白色、灰色、褐色、红褐色等,具有变晶结构,块状构造。石英岩坚硬,强度高,主要用途是作冶炼有色金属的溶剂、制造酸性耐火砖(硅砖)和冶炼硅铁合金等	
大理岩	大理岩主要由方解石、白云石等碳酸盐类矿物组成,不纯者含有橄榄石、蛇纹石、角闪石等,呈白色、灰色、浅红色、浅绿色等(纯白的大理岩又称汉白玉),具有变晶结构,块状构造。大理岩遇稀盐酸会起泡,强度高,是良好的建筑材料	

学习参考

下面是一些常见岩石标本鉴定特征,见表1-1-8。

常见岩石标本鉴定特征表　　　　　　　　表1-1-8

岩石类型	岩石名称	颜色	结构	构造	特征
岩浆岩	花岗岩	浅红色、肉红色、灰白色、浅黄色等	全晶质等粒结构	块状构造	强度坚硬,是良好的地基和建筑材料,节理发育
	流纹岩	浅黄色、浅红色、灰红色、褐色等	斑状结构	流纹构造	有不均匀、大小不等的拉长气孔,气孔被沸石填充
	安山岩	红色、灰色、紫色、棕色等	斑状结构	气孔构造、块状构造、杏仁构造	柱状节理较发育
	辉长岩	灰色、灰黑绿色、暗灰色、绿色等	中、细粒结构,全晶质结构	块状构造	辉长岩经常发生蚀变
	玄武岩	绿黑色、灰绿色、暗紫色	非晶质结构、斑状结构	气孔构造、杏仁状构造	岩性坚硬,强度高,密度大,是良好的建筑材料
	橄榄岩	橄榄绿色、黑色、暗绿色、浅黄色等	中、粗结构,全晶质	块状构造	少见新鲜岩,常蚀变成蛇纹岩、绿色片岩、滑石菱镁岩

续上表

岩石类型	岩石名称	颜色	结构	构造	特征
沉积岩	石灰岩	多为浅灰色、深灰色、咖啡色等	化学结晶结构,生物结构	层理构造、层面构造	遇稀盐酸剧烈起泡,与含CO_2的水作用会被溶蚀,岩溶发育
	白云岩	浅灰色、浅黄色、灰白色等	化学结晶结构、碎屑结构或生物结构	层理构造、层面构造	遇稀盐酸不起泡或起泡不剧烈,岩石风化面形似刀砍状
	砂岩	灰白色、白色、黄白色、浅红色、浅灰色等	砂状结构	层理构造	强度高,抗风化能力强,孔隙率较大、储水性好
	页岩	灰色、黑色、浅绿色、浅黄色、紫红色等	泥质结构	层理构造、层面构造	呈片状、易风化、遇水易软化、工程性质较差
	泥岩	褐色、浅红色、浅黄色等	泥质结构	层理构造、层面构造	表面有滑感,遇水不易软,呈块状,隔水性好
	角砾岩	由碎屑颜色及胶结物颜色决定	碎屑结构	层理构造、层面构造	角砾岩强度主要由胶结物强度决定
变质岩	大理岩	灰色、白色、浅绿色、浅红色等	变晶结构	块状构造	遇稀盐酸起泡,强度高,稳定性好,是较好的建筑材料
	板岩	灰绿色、灰色、红色、黄色等	变余结构	板状构造	页岩浅变质而来,强度较页岩好,板面平滑
	千枚岩	绿色、灰色、黄色、棕红色等	变晶结构	千枚状构造	面上看呈细丝状,断面看呈极薄层状,强度较板岩低
	角闪石	黑绿色、灰黑色	变晶结构	片状构造	易沿片理破开,强度比千枚岩低
	片麻岩	灰白色、深灰色	变晶结构	片麻状构造	矿物呈水平定向排列,暗色、浅色矿物相间排列

课后习题

1. 岩石按成因可分为_____、_____和_____。
2. 岩浆岩的定义是_____
_____。
3. 岩浆岩常见的构造有_____、_____、_____和_____。
4. 沉积岩的定义是_____
_____。
5. 沉积岩的主要特征为_____和_____。
6. 沉积岩的结构有_____、_____、_____和_____。
7. 变质岩的定义是_____
_____。
8. 一般变质岩的构造可分为_____、_____、_____和
_____。

任务二 认识岩石的工程分类与物理力学性质

学习情境

在某高速公路 K50+195～K71+803 段的太阳庙村料场勘察中,勘察技术员在料场现场调查情况如下:岩石为石灰岩,岩质新鲜,偶见风化痕迹,用地质锤锤击声音清脆,有回弹,震手,难击碎,基本无吸水反应。通过取样进行室内试验,得出试验指标平均值数据见表 1-1-9。请根据调查情况,对料场岩石进行分类,根据岩样室内试验指标平均值数据,对料场石料原岩质量进行评价。

岩样室内试验指标平均值数据 表 1-1-9

岩样试验指标名称		岩样试验指标平均值
岩石天然状态质量(g)		$m_1 = 926.1$
岩石饱和状态质量(g)		$m_2 = 994.7$
岩石常压吸水后质量(g)		$m_3 = 960.4$
岩石干燥状态的质量(g)		$m_4 = 891.8$
岩石体积(cm^2)		$V = 343$
岩石饱和状态下的抗压强度试验的指标	试件破坏时的荷载(N)	$P_1 = 469910$
	试件的截面面积(mm^2)	$A_1 = 4900$
岩石干燥状态下的抗压强度试验的指标	试件破坏时的荷载(N)	$P_2 = 512126$
	试件的截面面积(mm^2)	$A_2 = 4900$

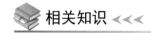相关知识

一、岩石的工程分类

1. 岩石的风化程度

根据岩石的颜色、破碎程度、强度等的变化来划分岩石的风化程度,见表1-1-10。

岩石的风化程度分类 　　　　　　　　　　表1-1-10

风化程度	野外特征
未风化	岩质新鲜,偶见风化痕迹
微风化	结构基本未变,仅节理面有渲染或略有变色,有少量风化裂隙
中等风化	结构部分破坏,沿节理面有次生矿物,风化裂隙发育,岩体被切割成岩块,用镐难挖,用岩芯钻机方可钻进
强风化	结构大部分破坏,矿物成分显著变化,风化裂隙很发育,岩体破碎,用镐可挖,干钻不易钻进
全风化	结构基本破坏,但尚分辨认,有残余结构强度,可用镐挖,干钻可钻进
残积土	组织结构全部破坏,已风化成土块,锹镐易挖掘,干钻易钻进,具可塑性

2. 岩石按坚硬程度定性划分

岩石按坚硬程度定性划分见表1-1-11。

岩石按坚硬程度的定性分类 　　　　　　　　　　表1-1-11

坚硬程度		定性鉴定	代表性岩石
硬岩石	坚硬岩	锤击声清脆,有回弹,震手,难击碎,基本无吸水反应	未风化—微风化的花岗岩、闪长岩、辉绿岩、玄武岩、安山岩、片麻岩、石英岩、石英砂岩、硅质砾岩、硅质石灰岩等
	较硬岩	锤击声较清脆,有轻微回弹,稍震手,较难击碎,有轻微吸水反应	1. 微风化的坚硬岩; 2. 未风化—微风化的大理岩、板岩、石灰岩、白云岩、钙质砂岩等
软质岩	较软岩	锤击声不清脆,无回弹,较易击碎,浸水后用指甲可刻出印痕	1. 中等风化—强风化的坚硬岩或较硬岩; 2. 未风化—微风化的凝灰岩、千枚岩、泥灰岩、砂质泥岩等
	软岩	锤击声哑,无回弹,有凹痕,浸水后用手可掰开	1. 强风化的坚硬岩或较硬岩; 2. 中等风化—强风化的较软岩; 3. 未风化—微风化的页岩、泥岩、泥质砂岩等
极软岩		锤击声哑,无回弹,有较深凹痕,用手可捏碎,浸水后可捏成团	1. 全风化的各种岩石; 2. 各种半成岩

二、岩石的物理性质

1. 岩石的相对密度及密度

(1) 岩石的相对密度

岩石的相对密度是指岩石固体部分(不含孔隙)的质量与同体积水在4℃时质量的比值,无量纲。岩石相对密度的大小,取决于组成岩石的矿物相对密度及其在岩石中的相对含量。组成岩石的矿物相对密度大、含量多,则岩石的相对密度大。

(2) 岩石的密度

岩石的密度是指岩石单位体积的质量,它等于岩石试件的总质量(含孔隙中水的质量)与其总体积(含孔隙体积)之比,单位为 g/cm^3 或 kg/m^3。岩石孔隙中完全没有水存在时的密度,称为干密度。岩石中的孔隙全部被水充满时的密度,称为岩石的饱和密度。岩石密度大小,取决于岩石中的矿物密度、岩石的孔隙率及其含水情况。对于同一种岩石,若密度大则结构致密、孔隙率小,强度和稳定性相对较高。

2. 岩石的空隙性

将岩石中包含着不同数量的孔隙和裂隙统称为空隙,用空隙率来表示空隙发育程度。岩石的空隙率是指岩石中空隙的体积与岩石总体积的比值,常以百分数表示,即:

$$n = \frac{V_n}{V} \times 100 \qquad (1-1-1)$$

式中:n——岩石的空隙率,%;

V_n——岩石中空隙的体积,cm^3;

V——岩石的总体积,cm^3。

岩石空隙率的大小,主要取决于岩石的结构构造,同时也受风化作用、岩浆作用、构造运动及变质作用的影响。由于岩石中空隙发育程度变化很大,其空隙率的变化也很大。常见岩石的密度及空隙率见表1-1-12。

常见岩石的密度及空隙率 表1-1-12

岩石名称	密度(g/cm^3)	空隙率$n(\%)$
花岗岩	2.30~2.80	0.04~2.80
闪长岩	2.52~2.96	0.25 左右
辉长岩	2.55~2.98	0.29~1.13
斑岩	2.60~2.80	0.29~2.75
玢岩	2.40~2.86	2.10~5.00
辉绿岩	2.60~3.10	0.29~5.00
玄武岩	2.50~3.30	0.30~7.20
安山岩	2.40~2.80	1.10~4.50
凝灰岩	2.50~2.70	1.50~7.50
砾岩	2.67~2.71	0.80~10.00

续上表

岩石名称	密度(g/cm³)	空隙率n(%)
砂岩	2.60~2.75	1.60~28.30
页岩	2.57~2.77	0.40~10.00
石灰岩	2.40~2.80	0.50~27.00
泥灰岩	2.70~2.80	1.00~10.00
白云岩	2.70~2.90	0.30~25.00
片麻岩	2.60~3.10	0.70~2.20
片岩	2.60~2.90	0.02~1.85
板岩	2.70~2.90	0.10~0.45
大理石	2.70~2.90	0.10~6.00
石英岩	2.53~2.84	0.10~8.70
蛇纹岩	2.40~2.80	0.10~2.50

3. 岩石的吸水性

岩石的吸水性是指岩石吸收水分的性能,常以吸水率、饱水率两个指标来表示。

(1)岩石的吸水率(w_1)

岩石的吸水率是指岩石在常压条件下的吸水能力,在数值上等于岩石所吸水分的质量与干燥岩石质量之比的百分数,即:

$$w_1 = \frac{m_w}{m_s} \times 100 \tag{1-1-2}$$

式中:w_1——岩石吸水率,%;

m_w——岩石在常压下所吸水分的质量,g;

m_s——干燥岩石的质量,g。

岩石的吸水率与岩石的孔隙率大小、开闭程度和空间分布等因素有关。岩石的吸水率越大,则水对岩石的侵蚀、软化作用就越强,岩石强度和稳定性受水作用的影响也就越显著。

(2)岩石的饱水率(w_2)

岩石的饱水率是指在高压(15MPa)或真空条件下岩石的吸水能力,仍以岩石所吸水分的质量与干燥岩石质量之比的百分数表示。

岩石的吸水率与饱水率的比值,称为岩石的饱水系数,其大小与岩石的抗冻性有关,一般认为饱水系数小于0.8的岩石是抗冻的。

常见岩石的吸水性见表1-1-13。

常见岩石的吸水性 表1-1-13

岩石名称	吸水率w_1(%)	饱水率w_2(%)	饱水系数(%)
花岗岩	0.45	0.82	0.55
石英闪长岩	0.32	0.54	0.59
玄武岩	0.30	0.40	0.69

续上表

岩石名称	吸水率 w_1(%)	饱水率 w_2(%)	饱水系数(%)
云母片岩	0.13	1.31	0.10
砂岩	7.01	11.99	0.60
石灰岩	0.09	0.25	0.36
白云质石灰岩	0.73	0.91	0.80

4. 岩石的抗冻性

岩石的空隙中有水存在时,水一结冰,体积膨胀,则产生较大的膨胀力,使岩石的构造等遭破坏。岩石抵抗这种冰冻作用的能力,称为岩石的抗冻性。在高寒冰冻地区,抗冻性是评价岩石工程地质性质的一个重要指标。

岩石的抗冻性不仅与其矿物成分、结构特征有关,同岩石的吸水率指标关系更加密切。岩石的抗冻性主要取决于岩石中大开口孔隙的发育情况、亲水性、可溶性矿物的含量及矿物颗粒间的连接力。大开口孔隙越多、亲水性和可溶性矿物含量越高时,岩石的抗冻性越低;反之,越高。

三、岩石的力学性质

岩石的力学性质是指岩石在外力作用下所表现出来的性质。岩石抵抗外力破坏的能力,称为岩石的强度,也是岩石的主要力学性质之一。岩石的力学性质有抗压强度、抗拉强度、弯拉强度、抗剪强度和岩石的软化性。

(1)岩石抗压强度

岩石抗压强度是指岩石在单向压力作用下抵抗压碎破坏的能力,在数值上等于岩石受压达到破坏时的极限应力,即:

$$R_a = \frac{P}{A} \tag{1-1-3}$$

式中:R_a——岩石抗压强度,MPa;

P——岩石破坏时的荷载,N;

A——岩石试件的截面面积,mm^2。

(2)岩石的软化性

岩石的软化性是指岩石在浸水和风化后,其强度和稳定性降低的性质。岩石的软化性主要取决于岩石的矿物成分和结构构造特征。黏土矿物含量高、空隙率大、吸水率高的岩石,与水作用后,其强度和稳定性大大降低甚至丧失。

岩石的软化性指标为软化系数,它等于岩石在饱水状态下的抗压强度与岩石在干燥状态下抗压强度的比值,其值越小,表示岩石在水的作用下的强度和稳定性越差。未受风化影响的岩浆岩和某些变质岩、沉积岩,软化系数接近于1,是弱软化或不软化的岩石,其抗水、抗风化和抗冻性强;软化系数小于0.75的岩石,被认为是软化性强的岩石,工程性质较差,如泥岩。常见岩石的软化系数见表1-1-14。

常见岩石的软化系数　　　　　　　　　　　表 1-1-14

岩石名称	软化系数	岩石名称	软化系数
花岗岩	0.72~0.97	泥质砂岩、粉砂岩	0.21~0.75
闪长岩	0.60~0.80	泥岩	0.40~0.60
闪长玢岩	0.78~0.81	页岩	0.24~0.74
辉绿岩	0.33~0.90	石灰岩	0.70~0.94
流纹岩	0.75~0.95	泥灰岩	0.44~0.54
安山岩	0.81~0.91	片麻岩	0.75~0.97
玄武岩	0.30~0.95	变质片状岩	0.70~0.84
凝灰岩	0.52~0.86	千枚岩	0.67~0.96
砾岩	0.50~0.96	硅质板岩	0.75~0.79
砂岩	0.93	泥质板岩	0.39~0.52
石英砂岩	0.65~0.97	石英岩	0.94~0.96

(3)岩石抗拉强度

岩石的抗拉强度是指岩石在单向受拉条件下拉断时的极限应力值。岩石的抗拉强度远小于抗压强度,一般为抗压强度的 3%~5%。

(4)岩石弯拉强度

岩石的弯拉强度是指岩石在受弯条件下折断时的极限应力值。岩石的弯拉强度也远小于抗压强度,一般为抗压强度的 7%~12%。

(5)岩石抗剪强度

岩石的抗剪强度是指岩石抵抗剪切破坏的能力,在数值上等于岩石受剪破坏时剪切面上的极限剪应力。岩石的抗剪强度也远小于抗压强度,一般等于或略小于抗弯强度。

学习参考 ◄◄◄

请根据《天然建筑材料勘察规程》(YS/T 5207—2019)对砌石料原岩质量技术指标要求,见表 1-1-15,判断太阳庙村料场石料是否能作为该高速公路沿线砌石料。

砌石料原岩质量技术指标　　　　　　　　　表 1-1-15

项目	评价指标	备注
干密度(g/cm³)	>2.4	
饱和抗压强度(MPa)	>30	可按设计要求调整
软化系数	>0.75	
吸水率(%)	<10	

解: 根据学习情境中试验指标平均值数据(表 1-1-9),可计算出岩样的干密度、吸水率、饱和抗压强度、软化系数。计算如下:

① 干密度：$\rho_d = \dfrac{m_s}{V} = \dfrac{891.8}{343} = 2.6 \,(\text{g/cm}^2)$

② 吸水率：$w_1 = \dfrac{m_w}{m_s} \times 100\% = 7.7\%$

③ 饱和抗压强度：$R_b = \dfrac{P_b}{A} = \dfrac{469910}{4900} = 95.9 \,(\text{MPa})$

④ 干燥抗压强度：$R_c = \dfrac{P_c}{A} = \dfrac{512126}{4900} = 104.5 \,(\text{MPa})$

⑤ 软化系数：$K_R = \dfrac{R_b}{R_c} = \dfrac{95.9}{104.5} = 0.92$

由上可知该料场原岩干密度为2.6g/cm²(>2.4g/cm²)，饱和抗压强度为95.9MPa(>30MPa)，吸水率为7.7%(<10%)，软化系数为0.92(>0.75)。故该料场岩石满足砌石料原岩质量技术指标要求，太阳庙村料场石料能作为该高速公路沿线砌石料。

课后习题

1. 岩石按风化程度划分为_____、_____、_____、_____、_____。
2. 岩石按坚硬程度定性划分，可分为_____、_____、_____、_____、_____。
3. 岩石干密度的定义是_____。
4. 岩石空隙性的定义是_____。
5. 岩石吸水率的定义是_____。
6. 岩石抗压强度的定义是_____。
7. 岩石软化系数的定义是_____。

单元二　土的工程性质及分类

地壳中的岩石长期暴露在地表,经风化、剥蚀、搬运和沉积,形成的固体矿物、水和气体的集合体称为土,包括岩块、岩屑、砾石、砂、黏土等。自然界土的分布广泛,约占地球表面的五分之二。土与人类活动的关系密切,它不仅是地下水的埋藏处所,且可作支承建筑物荷载的地基或作为建筑物周围的围岩介质,还是来源丰富的天然建筑材料。因此,土的工程性质及其在天然和人为因素作用下的变化,将直接影响工程的规划、设计、施工和运用。

任务一　认识土的三相组成

学习情境

某一级公路,在 K5+200 处有一小桥,该桥下部结构采用重力式桥台、扩大基础,上部结构采用钢筋混凝土现浇板。在桥台施工完成后,要进行台背回填,该路段料场土料为砂砾土,请根据相关技术标准,判断该土料是否满足填筑要求。

相关知识 ◂◂◂

土是由三相(固、液、气)所组成的体系,如图 1-2-1 所示。土中固体矿物构成土的骨架,骨架之间贯穿着大量孔隙,孔隙中充填着液体和气体。相系组成之间的变化,将导致土的性质的改变。土的相系之间的质和量的变化是鉴别其工程地质性质的一个重要依据。随着环境的变化,土的三相比例也发生相应的变化,土体三相比例不同,土的状态和工程性质也随之各异。

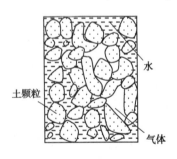

图 1-2-1　土的三相组成

由固体和气体(液体为零)组成的土为干土。干燥状态的黏土呈干硬状态,干燥状态的砂土呈松散状态。

由固体、液体和气体三相组成的土为湿土。湿黏土多为可塑状态。

由固体和液体(气体为零)组成的土为饱和土。饱和状态的细砂或粉土,若遇到强烈地震,可能发生液化,而使工程建筑物受到破坏;饱和状态的黏土地基,受到建筑物荷载的作用会发生沉降。

由此可见,研究土的工程性质,首先需要从最基本的、组成土的三相本身开始研究。

1. 土中固体颗粒

(1) 土颗粒的大小

自然界中的土是由大小不同的颗粒组成的,土粒的大小称为粒度。土颗粒大小相差悬殊,有大于几十厘米的漂石,也有小于几微米的胶粒。天然土的粒径一般是连续变化的,为便于研究,工程上把大小相近的土粒合并为组,称为粒组。粒组间的分界线是人为划定的,划分时使粒组界限与粒组性质的变化相适应,并按一定的比例递减关系划分粒组的界限值。每个粒组的区间内,常以其粒径加上、下限给粒组命名,如砾粒、砂粒、粉粒、黏粒等。各组内还可细分为若干亚组。我国《公路土工试验规程》(JTG 3430—2020)中的粒组方案见表1-2-1。

粒组划分　　　　　　　表1-2-1

200		60	20		5	2		0.5	0.25		0.075	0.002(mm)	
巨粒组			粗粒组								细粒组		
漂石(块石)		卵石(小块石)	砾(角砾)			砂					粉粒		黏粒
			粗	中	细	粗		中		细			

注:关于划分粒组的粒径界限,不同国家、不同部门有不同规定,但总的来看大同小异。

(2) 粒度成分及粒度成分的分析方法

土的粒度成分是指土中各种不同粒组的相对含量(以占干土质量的百分比表示)。或者说土是不同粒组以不同数量的配合,故又称为"颗粒级配"。例如某种土,经分析,其中含黏粒55%,粉粒35%,砂粒10%,即为该土中各粒组干质量占该土总质量的百分比含量。粒度成分可用来描述土的各种不同粒径土粒的分布特征。

为了准确测定土的粒度成分,所采用的各种手段统称为粒度成分分析或颗粒分析。其目的在于确定土中各粒组颗粒的相对含量。

目前,我国常用的粒度成分分析方法有:对于粗粒土,即粒径大于0.075mm的土,用筛分法直接测定;对于粒径小于0.075mm的土,用沉降分析法。当土中粗细粒兼有时,可联合使用上述两种方法。

① 筛分法。将所称取的一定质量干土样放在筛网孔逐级减小的一套标准筛上摇振,然后分层测定各筛中土粒的质量,即为不同粒径粒组的土质量,并计算出每一粒组占土样总质量的百分数,并可计算小于某一筛孔直径土粒的累计质量及累计百分含量。

② 沉降分析法。沉降分析法所依据的原理是斯托克斯(Stokes)定理,即土粒在液体中沉降的速度与粒径的平方成正比。土粒越大,在静水中沉降速度越快;反之,土粒越小,沉降速度越慢。

(3) 粒度成分的表示方法

常用的粒度成分的表示方法有:表格法和累计曲线法。

① 表格法。以列表形式直接表达各粒组的相对含量,它用于粒度成分的分类是十分方便的。表格法有两种不同的表示方法,一种是以累计百分含量表示的,见表1-2-2;另一种是以粒组的粒度成分表示的,见表1-2-3。累计百分含量是直接由试验求得的结果,粒组的粒度成分是由相邻两个粒径的累计百分含量之差求得的。

②累计曲线法。累计曲线法是一种图示的方法,通常用半对数坐标纸绘制,横坐标(按对数比例尺)表示粒径 d_i;纵坐标表示小于某一粒径的土粒的累计百分数 P_i(注意:不是某一粒径的百分含量)。采用半对数坐标,可以把细粒的含量更好地表达清楚,若采用普通坐标,则不可能做到这一点。

图 1-2-2 是根据表 1-2-2 提供的资料,在半对数坐标纸上点出各粒组累计百分数及粒径对应的点,然后将各点连成一条平滑曲线,即得该土样的累计曲线。

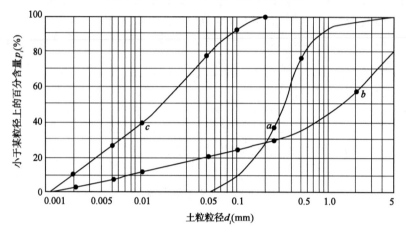

图 1-2-2　粒度成分累计曲线

粒度成分的累计百分含量表示法　　　　表 1-2-2

粒径 d_i (mm)	粒径小于等于 d_i 的累计百分含量 P_i(%)		
	A 土样	B 土样	C 土样
10		100.0	
5	100.0	75.0	
2	98.8	55.0	
1	92.9	42.7	
0.5	76.5	34.7	
0.25	35.0	28.5	100.0
0.10	9.0	23.6	92.0
0.075		19.0	77.6
0.010		10.9	40.0
0.005		6.7	28.9
0.001		1.5	10.0

累计曲线的用途主要有以下两个方面。

由累计曲线可以直观地判断土中各粒组的分布情况。曲线 a 表示该土绝大部分是由比较均匀的砂粒组成的;曲线 b 表示该土由各种粒组的土粒组成,土粒极不均匀;曲线 c 表示该土中砂粒极少,主要由粉粒和黏粒组成。粒度成分分析结果见表 1-2-3。

粒度成分分析结果 表1-2-3

粒组（mm）	A 土样	B 土样	C 土样
10~5		25.0	
5~2	1.2	20.0	
2~1	5.9	12.3	
1~0.5	16.4	8.0	
0.5~0.25	41.5	6.2	
0.250~0.100	26.0	4.9	8.0
0.100~0.075	9.0	4.6	14.4
0.075~0.010		8.1	37.6
0.010~0.005		4.2	11.1
0.005~0.001		5.2	18.9
<0.001		1.5	10.0

由累计曲线可以确定土粒的级配指标。

不均匀系数 C_u：

$$C_u = \frac{d_{60}}{d_{10}} \quad (1\text{-}2\text{-}1)$$

曲率系数 C_c：

$$C_c = \frac{d_{30}^2}{d_{60} \times d_{10}} \quad (1\text{-}2\text{-}2)$$

式中：d_{10}、d_{30}、d_{60}——累计百分含量为10%、30%、60%的粒径；d_{10} 称为有效粒径，d_{60} 称为限制粒径，d_{30} 称为中间粒径。

不均匀系数 C_u 反映大小不同粒组的分布情况。C_u 越大表示土粒大小的分布范围越大，颗粒大小越不均匀，其级配越好，作为填方工程的土料时，则比较容易获得较大的密实度。

曲率系数 C_c 表示的是累计曲线的分布范围，反映累计曲线的整体形状，或称反映累计曲线的斜率是否连续。

在一般情况下：工程上把 $C_u < 5$ 的土看作是均粒土，属级配不良的土；$C_u \geq 5$ 时，称为不均粒土。经验表明，当级配连续时，C_c 的范围一般为 1~3；因此当 $C_c < 1$ 或 $C_c > 3$ 时，均表示级配不连续。

从工程上看 $C_u \geq 5$ 且 $C_c = 1 \sim 3$ 的土，称为级配良好的土；不能同时满足上述两个要求的土，称为级配不良的土。

2. 土中的水

土中的水是土的液相的组成部分，它们以不同形式和不同状态存在着，对土的工程性质起着不同的作用和影响。土中的水按其工程地质性质可分为以下几种类型。

（1）结合水

黏土颗粒与水相互作用，在土粒表面通常是带负电荷的，在土粒周围就产生一个电场。水溶液中的阳离子一方面受土粒表面的静电引力作用，一方面又受到布朗运动（热运动）的扩散力作用，这两个相反趋向作用的结果，使土粒周围的阳离子呈不均匀分布，其分布与地球周围的大气层分布相仿。在土粒表面所吸附的阳离子是水化阳离子,土粒表面除水化阳离子外,还有一些水分子也为土粒所吸附,吸附力极强。土粒表面被强烈吸附的水化阳离子和水分子构成了吸附水层(也称为强结合水或吸着水)。在土粒表面,阳离子浓度最大,随着离土粒表面距离的加大,阳离子浓度逐渐降低,直至达到孔隙中水溶液的正常浓度为止。

强结合水紧靠土粒表面,厚度只有几个水分子厚,小于 $0.0031\mu m$($1\mu m=0.001mm$),受到约 $1000MPa$(1万个大气压)的静电引力,使水分子紧密而整齐地排列在土粒表面不能自由移动。强结合水的性质与普通水不同,其性质接近固体。它的特征是:①没有溶解盐类的能力;②具有很大的黏滞性、弹性和抗剪强度,不能传递静水压力;③只有吸热变成蒸汽时才能移动,$-78℃$低温才冻结成冰。

当黏土只含强结合水时呈固体坚硬状态,将干燥的土移到天然湿度的空气中,则土的质量将增加,直到土中吸着的强结合水达到最大吸着度为止。土粒越细,土的比表面积越大,则最大吸着度就越大。

弱结合水是紧靠于强结合水的外围形成的一层结合水膜,密度大于普通液态水。它仍然不能传递静水压力,但水膜较厚的弱结合水能向邻近的较薄的水膜缓慢移动。

当土中含有较多的弱结合水时,土则具有一定的可塑性。砂土比表面积较小,几乎不具可塑性,而黏土的比表面积较大,其可塑性范围较大。

(2)自由水

自由水是存在于土粒表面电场影响范围以外的水。因为水分子离土粒较远,在土粒表面的电场作用以外,水分子自由散乱地排列,它的性质和普通水一样,能传递静水压力,冰点为 $0℃$,有溶解能力,主要受重力作用的控制。自由水包括下列两种:

①毛细水。这种水位于地下水位以上土粒细小孔隙中,是介于结合水与重力水之间的一种过渡型水,受毛细作用而上升。粉土中孔隙小,毛细水上升高,在寒冷地区要注意由于毛细水而引起的路基冻胀问题,尤其要注意毛细水源源不断地使地下水上升产生的严重冻胀。

毛细水水分子排列的紧密程度介于结合水和普通液态水之间,其冰点也在普通液态水之下。毛细水还具有极微弱的抗剪强度。

②重力水。重力水是位于地下水位以下较粗颗粒的孔隙中,是只受重力控制,水分子不受土粒表面吸引力影响的普通液态水。重力水受重力作用由高处向低处流动,具有浮力的作用。重力水能传递静水压力,并具有溶解土中可溶盐的能力。

(3)气态水

气态水以水汽状态存在于土孔隙中。它能从气压高的空间向气压低的空间运移,并可在土粒表面凝聚转化为其他各种类型的水。气态水的迁移和聚集使土中水和气体的分布状态发生变化,可使土的性质改变。

(4)固态水

固态水是当气温降至 $0℃$ 以下时,由液态的自由水冻结而成。由于水的密度在 $4℃$ 时为最大,低于 $0℃$ 的冰,不是冷缩,反而膨胀,使基础发生冻胀,寒冷地区基础的埋置深度要考虑冻胀问题。

3. 土中气体

土中气体指在土的固体矿物之间的孔隙中,没有被水充填的部分。土中气体除含有空气

中的主要成分 O_2 外,含量较多的还有 H_2O、CO_2、N_2、CH_4、H_2S 等。一般土中气体含有较多的 CO_2,较少的 O_2,较多的 N_2。土中气体与大气的交换越困难,两者的差别就越大。

土中气体可分为自由气体和封闭气泡两类。自由气体与大气相连通,通常在土层受力压缩时即逸出,对土的工程性质影响不大;封闭气泡与大气隔绝,对土的工程性质影响较大,在受外力作用时,随着压力的增大,这种气泡可被压缩或溶解于水中,压力减小时,气泡会恢复原状或重新游离出来。若土中封闭气泡很多,使土的压缩性将增高、渗透性将降低。

学习参考

试验一　土的颗粒分析试验(筛分法)

1. 试验目的和适用范围

本试验的目的是获得粗粒土的颗粒级配。本试验适用于分析土粒粒径范围 0.075~60mm 的土粒粒粗含量和级配组成。

2. 基本原理

利用一套不同孔径的筛,分离出与上下两筛孔径相适应的粒组。将已知质量的土样放入按孔径大小依次套装的筛子最顶层,振摇筛子,粗粒留在上面筛中,而细粒漏到下面去,称各筛上剩余土样质量,即可算出各粒组的百分含量。

3. 仪器设备

①标准筛:粗筛(圆孔)孔径 60mm、40mm、20mm、10mm、5mm、2mm;细筛(圆孔)孔径为 2.0mm、1.0mm、0.5mm、0.25mm、0.075mm;

②天平:称量 5000g,感量 1g;称量 1000g,感量 0.01g;

③摇筛机;

④其他:烘箱、筛刷、烧杯、木碾、研钵及杵等。

4. 试验步骤

1)试验准备

(1)对无黏聚性的土

从风干的土样中,用四分法按下列规定取出具有代表性土样。小于 2mm 颗粒的土取 100~300g;最大粒径小于 10mm 的土取 300~900g;最大粒径小于 20mm 的土取 1000~2000g;最大粒径小于 40mm 的土取 2000~4000g;最大粒径大于 40mm 的土取 4000g 以上。

(2)对于含有黏土粒的砂砾土

将土样放在橡皮板上,用木碾将黏结的土团充分碾散、拌匀、烘干、称量。如土样过多时,用四分法称取代表性土样。将试样置于盛有清水的瓷盆中,浸泡并搅拌,使粗细颗粒分散。

2)试验步骤

(1)对无黏聚性的土

①土样过筛:将大于 2mm 的试样按从大到小的次序,通过大于 2mm 的各级粗筛。将留在筛上的土分别称量。

2mm 筛下的土如数量过多,可用四分法缩分至 100~800g。将试样按从大到小的次序通过小于 2mm 的各级细筛。可用摇筛机进行振摇,振摇时间为 10~15min。

②称筛余质量:由最大孔径的筛开始,顺序取下各筛,在白纸上轻扣摇晃,至每分钟筛下数量不大于该级筛余质量的 1% 为止。漏下的土样应放在下一级筛内,并将留在各筛上的土样用毛刷刷净,分别称量。筛后各级筛上和筛底土总质量与筛前试样总质量之差不应大于 1%。

如 2mm 筛下的土样不超过试样总质量的 10%,可省略细筛分析;如 2mm 筛上的土样不超过试样总质量的 10%,可省略粗筛分析。

(2)对于含有黏土粒的砂砾土

①将土样放在橡皮板上,用木碾将黏土的土团充分碾散,拌匀、烘干、称量。土样过多时,用四分法称取代表性土样。

将试样置于盛有清水的瓷盆中,浸泡并搅拌,使粗细颗粒分散。

将浸润后的混合液过 2mm 筛,边冲边洗过筛,直到筛上仅留大于 2mm 以上的土粒为止。然后,将筛上洗净的砂砾烘干称量,按以上方法进行粗筛分析。

②通过 2mm 筛下的混合液存放在盆中,待稍沉淀,将上部悬液过 0.075mm 洗筛,用带橡皮头的玻璃棒研磨盆内浆液,再加清水、搅拌、研磨、静置、过筛,反复进行,直至盆内悬液澄清。最后将全部土粒倒在 0.075mm 筛上用水冲洗,直至筛上仅留大于 0.075mm 净砂为止。

③将大于 0.075mm 的净砂烘干称量,并进行细筛分析。

将大于 2mm 颗粒及 0.075~2mm 的颗粒从原称量的总质量中减去,即为小于 0.075mm 颗粒质量。

如果小于 0.075mm 颗粒质量超过总土质量的 10%,将这部分土烘干、取样,另做密度计算或移液管分析。

5. 结果整理

①按下式计算小于某粒径颗粒质量百分数。

$$X = \frac{A}{B} \times 100 \tag{1-2-3}$$

式中:X——小于某粒径的质量百分数,%,计算至 0.01;
  A——小于某粒径的颗粒质量,g;
  B——试样的总质量,g。

②当小于 2mm 的颗粒如用四分法取样时,按下式计算试样中小于某粒径的颗粒质量占总土质量的百分数。

$$X = \frac{a}{b} \times P \times 100 \tag{1-2-4}$$

式中:X——小于某粒径颗粒的质量百分数,计算至 0.1%;
  a——通过 2mm 筛的试样中小于某粒径的颗粒质量,g;
  b——通过 2mm 筛的土样中所取试样质量,g;
  P——粒径小于 2mm 的颗粒质量百分数,%。

③在半对数坐标纸上,以小于某粒径的颗粒质量百分数为纵坐标,粒径(mm)的对数为横坐标,绘制颗粒大小级配曲线,求出各粒组的颗粒质量百分数,以整数(%)表示。

④必要时按下式计算不均匀系数。

$$C_\mathrm{u} = \frac{d_{60}}{d_{10}} \quad (1\text{-}2\text{-}5)$$

式中：C_u——不均匀系数，计算至 0.1 且含两位以上有效数字；

d_{60}——限制粒径，即土中小于该粒径的颗粒质量为 60% 的粒径，mm；

d_{10}——有效粒径，即土中小于该粒径的颗粒质量为 10% 的粒径，mm。

本试验要求筛后各级筛上和筛底土的总质量与筛前试样质量之差不大于 1%。

课后习题

1. 该小桥台背回填前，试验员在所定料场中取有代表性的土样，进行筛分试验，请完成以下工作。

（1）请根据筛分结果，填写颗粒大小分析试验数据记录表（表 1-2-4），并绘制粒度成分累计曲线（图 1-2-3）。

颗粒分析试验数据记录表　　　　　　　　　　表 1-2-4

筛前总土质量 =　　　　　　　　　　小于 2mm 取试样质量 =
小于 2mm 土质量 =　　　　　　　　　小于 2mm 土占总土质量 =

粗筛分析					细筛分析				
孔径（mm）	筛余量（g）	累积留筛土质量（g）	小于该孔径的土质量（g）	小于该孔径土质量百分比（%）	孔径（mm）	筛余量（g）	累积留筛土质量（g）	小于该孔径的土质量（g）	小于该孔径土质量百分比（%）
60					—	—	—	—	—
40					2.0				
20					1.0				
10					0.5				
5					0.25				
2					0.075				
筛底					筛底				

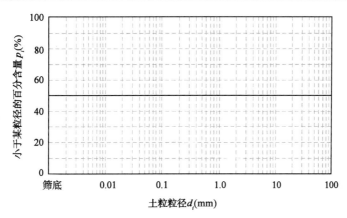

图 1-2-3　粒度成分累计曲线

(2)根据颗粒分析试验结果,计算土粒的级配指标,判断该土料是否满足填筑要求。

2. 土的粒度成分是指土中各种不同_____的相对含量。

3. 下列说法正确的有(　　)。

　　A. 若土的三相体组成之间发生变化,则土体性质发生改变

　　B. 土中固体颗粒是土的三相组成中的主体,其粒度成分、矿物成分决定着土的工程性质

　　C. 当土中只有固相和气相时,则为干土

　　D. 为了便于研究,工程上把大小相等的土颗粒合并为组,称为粒组

　　E. 土的粒度成分分析方法是筛分法,可适用于任何粒径

　　F. 当 $d_{10}=0.1\,\text{mm}$, $d_{30}=0.25\,\text{mm}$, $d_{60}=0.42\,\text{mm}$ 时,则土的级配良好

　　G. 土中的水按工程性质可分为结合水、自由水、气态水和固态水

　　H. 当黏土呈固体坚硬状态时,则土中只含强结合水

任务二　测定土的基本物理性质指标

学习情境(一)

某一级公路,桩号 K4+100~K5+800 为土方路基填筑段,施工前对填方区域天然地面下 10cm 进行清理,并按规定整平碾压密实。根据设计图纸,填方边坡坡度采用 1∶1.5,路基填筑采用水平分层填筑,每层松铺厚度不大于 30cm,路基填筑宽度每侧宽超出填筑设计宽度 50cm,压实度不小于设计值。在第一层碾压完成后,在施工现场进行了压实程度检测,根据相关技术标准取样规定,判断检测点的压实质量是否满足设计要求。

相关知识 <<<

土是由土粒(固相)、水(液相)和空气(气相)三者所组成的。土的物理性质就是研究三相的质量与体积间的相互比例关系以及固、液两相相互作用表现出来的性质。现在需要定量研究三相之间的比例关系,即土的物理性质指标的物理意义和数值大小。利用物理性质指标可间接地评定土的工程性质。

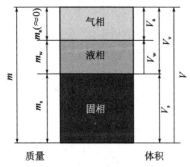

图 1-2-4　土的三相图

如图 1-2-4 所示,为了更好地表示三相比例指标,把土体中实际上是分散的三个相,抽象地分别集合在一起:固相集中于下部,液相居中部,气相集中于上部,构成理想的三相图。三相之间存在如下关系。

土的体积： $$V = V_s + V_w + V_a$$
土中孔隙体积： $$V_v = V_w + V_a$$
土的质量： $$m = m_s + m_w + m_a$$
可以认为 $m_a \approx 0$，所以： $$m = m_s + m_w$$

式中：V_s、V_w、V_a——土中土粒、水、气体的体积；

m_s、m_w、m_a——土中土粒、水、气体的质量。

1. 土的物理性质指标

（1）土的比重

土的比重又称土粒相对密度，是指土在 105～110℃ 下烘干至恒重时的质量与同体积 4℃ 蒸馏水质量的比值，即：

$$G_s = \frac{固体颗粒的质量}{同体积 4℃ 蒸馏水质量} = \frac{m_s}{V_s \rho_w} \tag{1-2-6}$$

式中：ρ_w——水的密度（工程计算中可取 1g/cm³）。

（2）土的密度

土的密度是指土的总质量与总体积之比，也即单位体积土的质量。总体积包括土粒的体积 V_s 和土粒间孔隙的体积 V_v，土的总质量包括土粒的质量 m_s 和水的质量 m_w，空气的质量往往忽略不计。按孔隙中填充水的程度不同，土的密度可分为天然密度、干密度、饱和密度和浮密度四类。

①天然密度。天然状态下土的密度称为天然密度，以下式表示。

$$\rho = \frac{m}{V} = \frac{m_s + m_w}{V_s + V_v} \quad (g/cm^3) \tag{1-2-7}$$

天然密度综合反映了土的物质组成和结构特征。对于一定粒度成分的土，当结构较密实时，单位体积土中固相质量较多，土的密度就较大；当土的结构较疏松时，其值较小。在结构相同的情况下，土的天然密度值随孔隙中水分含量的增减而增减。土的密度表征了三相间的体积和质量的比例关系。土的密度可在室内或现场直接测定，用来计算其他指标，是非常重要的参数。常用的测定方法有环刀法、灌砂法等。

②干密度。土的干密度是指土的孔隙中完全没有水时单位体积土的质量，即固体颗粒的质量与土的总体积之比值，以下式表示。

$$\rho_d = \frac{m_s}{V} \quad (g/cm^3) \tag{1-2-8}$$

干密度反映了土的孔隙性，干密度的大小取决于土的结构情况，因为它与含水率无关，因此，它反映了土的孔隙的多少，在工程上常把干密度作为评定土体紧密程度的标准，以控制填土工程的施工质量。土的干密度一般在 1.40～1.70g/cm³ 范围内。

③饱和密度。土的孔隙完全被水充满时，单位体积土的质量称为饱和密度，以下式表示。

$$\rho_{sat} = \frac{m_s + V_v \rho_w}{V} \quad (g/cm^3) \tag{1-2-9}$$

式中：ρ_w——水的密度（工程计算中可取 1g/cm³）。

④浮密度。土的浮密度又称为有效密度,是指土受水的浮力时单位体积土的质量,以下式表示。

$$\rho' = \frac{m_s - V_s \rho_w}{V} = \rho_{sat} - \rho_w \quad (g/cm^3) \quad (1-2-10)$$

(3)土的含水性

土的含水性是指土中含水的情况,说明土的干湿程度。

①含水率。土中所含水分的质量与固体颗粒质量之比,一般用百分率表示,即:

$$w = \frac{m_w}{m_s} \times 100\% = \frac{m - m_s}{m_s} \times 100\% \quad (1-2-11)$$

土的含水率表征土中液相体与固相体在质量上的比例关系,含水率越大,表明土中水分越多。含水率是实测指标,常用的测定方法有烘干法和酒精燃烧法等。

②饱和度。含水率仅表明土的孔隙中含水的绝对数量,而不能表示土中水的相对含量。土的饱和度 S_r 说明孔隙中水的填充程度,即土中水的体积与孔隙体积之比,以百分数表示,即:

$$S_r = \frac{V_w}{V_v} \times 100\% \quad (1-2-12)$$

饱和度越大,表明土孔隙中充水越多,它应在 0～100% 范围内。干燥时 $S_r = 0$;孔隙全部为水充填时 $S_r = 100\%$。工程上 S_r 作为砂土湿度划分的标准。

$$0 < S_r \leqslant 50\% \qquad 稍湿的$$

$$50\% < S_r \leqslant 80\% \qquad 很湿的$$

$$80\% < S_r \leqslant 100\% \qquad 饱和的$$

颗粒较粗的砂土和粉土,对含水率的变化不敏感,当含水率发生某种改变时,它的物理力学性质变化不大,所以对砂土和粉土的物理状态可用 S_r 来表示。但对黏性土而言,它对含水率的变化十分敏感,随着含水率增加,体积膨胀,结构也发生改变。当黏土处于饱和状态时,其承载力可能降低为 0;同时,还因黏粒间多为结合水,而不是普通液态水,这种水的密度大于 1,则 S_r 值也偏大,故对黏性土一般不用 S_r 这一指标。在工程研究中,一般将 S_r 大于 95% 的天然黏性土视为完全饱和土;而砂土 S_r 大于 80% 时就认为已达到饱和了。

(4)土的孔隙性

①孔隙比。孔隙比是指土中孔隙体积与固体颗粒的体积之比值,以小数表示,即:

$$e = \frac{V_v}{V_s} \quad (1-2-13)$$

土的孔隙比可直接反映土的密实程度,孔隙比越大,土越疏松;孔隙比越小,土越密实。它是确定地基承载力的指标。

②孔隙率。孔隙率是指土的孔隙体积与土体积之比,或单位体积土中孔隙的体积,以百分数表示,即:

$$n = \frac{V_v}{V} \times 100\% \quad (1-2-14)$$

孔隙比和孔隙率都说明土中孔隙体积的相对数值。孔隙率直接说明土中孔隙体积占土体积的百分比值,概念非常清楚。因地基土层在荷载作用下产生压缩变形时,孔隙体积和土体总体积都将变小,显然,孔隙率不能反映孔隙体积在荷载作用前后的变化情况。一般情况下,土粒体积可看作不变值,故孔隙比能反映土体积变化前后孔隙体积的变化情况。因此,工程计算中常用孔隙比这一指标。

自然界土的孔隙率与孔隙比的数值取决于土的结构状态,故它是表征土结构特征的重要指标。数值越大,土中孔隙体积越大,土结构越疏松;反之,结构越密实。

2. 基本物理性质指标间的相互关系

土的比重、土的天然密度、土的含水率、土的孔隙比、土的孔隙率、土的饱和度、土的干密度、土的饱和密度和土的有效密度并非各自独立,互不相关的。其中,ρ、G_s、w 为基本物理性质指标,必须由试验测定,其余的指标均可由三个试验指标计算得到。

(1) 孔隙比与孔隙率的关系

$$n = \frac{e}{1+e} \quad \text{或} \quad e = \frac{n}{1-n} \tag{1-2-15}$$

(2) 干密度与天然密度和含水率的关系

$$\rho_d = \frac{\rho}{1+w} \tag{1-2-16}$$

(3) 孔隙比与比重和干密度的关系

$$\rho_d = \frac{\rho_s}{1+e} \tag{1-2-17}$$

$$e = \frac{\rho_s}{\rho_d} - 1 \tag{1-2-18}$$

$$e = \frac{G_s \rho_w}{\rho_d} - 1 \tag{1-2-19}$$

(4) 饱和度与含水率、比重和孔隙比的关系

$$S_r = \frac{wG_s}{e} \tag{1-2-20}$$

学习参考

试验二 土的密度测定(环刀法)

1. 试验目的和适用范围

本试验通过环刀法测定土的密度,为换算干密度、孔隙比、孔隙率及工程计算提供基本数据;环刀法适用于细粒土。

2. 基本原理

土的密度是指土的单位体积的质量,在天然状态下的密度称为天然密度;当土中完全无水时的密度称为干密度。

环刀法是利用一定体积的环刀割取试样,以测得土的体积,然后称质量,即可算出土的天然密度。

3. 仪器设备

①环刀:内径 6~8cm,高 2~5.4cm,壁厚 1.5~2.2mm;
②天平:感量 0.01g;
③其他:测径器、修土刀、钢丝锯、凡士林等。

4. 试验步骤

(1)试验准备

用测径器测出环刀的内径(d)和高度(h),计算出环刀的体积($V = \pi d^2 h/4$)。称环刀质量(m_2)。在环刀内壁上涂上一薄层凡士林。

(2)试验步骤

①切取土样:按工程需要取原状土或配制所需状态的扰动土样,用修土刀将土样上部削成略大于环刀直径的土柱,将环刀刃口向下放在土样上,然后将环刀垂直下压至土样伸出环刀上部为止。削去两端余土,使与环刀口面齐平。

②称土样质量:擦净环刀外壁,在天平上称得环刀与土样总质量(m_1),精确至 0.01g。称量后自环刀中取代表性土样测含水率。

5. 结果整理

按下列公式计算天然密度和干密度。

$$\rho = \frac{m_1 - m_2}{V} \tag{1-2-21}$$

$$\rho_d = \frac{\rho}{1 + 0.01w} \tag{1-2-22}$$

式中:ρ——天然密度,g/cm³,计算至 0.01g/cm³;

ρ_d——干密度,g/cm³,计算至 0.01g/cm³;

m_1——环刀与土样总质量,精确至 0.01g;

m_2——环刀质量,精确至 0.01g;

w——含水率,%。

本次试验应进行两次平行测定,其平行差值不得大于 0.03g/cm³,否则应重做试验。密度取其算术平均值,精确至 0.01g/cm³。

6. 注意事项

①用环刀切土时,应垂直下压,用力不可过猛,尽量避免扰动土样。
②切平环刀外端土样时,应尽量保持土样体积与环刀体积一致。
③称土样质量时必须抹净环刀圈上所余土样,否则影响土样的真正质量。
④环刀的容积和质量,需按规定定期校正。

试验三 土的含水率测定(酒精燃烧法)

1. 试验目的与适用范围

本试验方法适用于快速简易测定细粒土(含有机质的土和盐渍土除外)的含水率。

2. 基本原理

土的含水率是土在 105～110℃ 下烘至恒量时所失去的水分质量和达恒量后干土质量的比值。测定含水率的方法很多,一般有烘干法、酒精燃烧法、比重法等。根据加热后水分蒸发的原理,将已知质量的土样加热烘干冷却后称干土质量,同时计算出失去水分的质量,即可算出含水率。本节主要采用酒精燃烧法测定土的含水率。

3. 仪器设备

① 称量盒:铝盒;
② 天平:感量 0.01g;
③ 酒精:纯度 95% 以上;
④ 其他:火柴、滴管、调土刀等。

4. 试验步骤

① 取代表性试样不少于 10g,放入称量盒内,称盒和湿土的总质量,精确至 0.01g。
② 用滴管将酒精注入放有试样的称量盒中,直至盒中出现自由液面为止。为使酒精在试样中充分混合均匀,可将盒底在桌面上轻轻敲击。
③ 点燃盒中酒精,燃至火焰熄灭。
④ 火焰熄灭并冷却数分钟,再次用滴管滴入酒精,不得用瓶直接往盒里倒酒精,以防意外。如此再燃烧两次。
⑤ 待第三次火焰熄灭冷却后,称干土和盒的质量,精确至 0.01g。

5. 成果整理

按下式计算含水率。

$$w = \frac{m - m_s}{m_s} \times 100 \tag{1-2-23}$$

式中:w ——含水率,%;
m ——湿土质量,g;
m_s ——干土质量,g。

本试验需进行两次平行测定,取其算术平均值,允许平行差值应符合表 1-2-5 规定。

含水率测定的允许平行差值　　　　表 1-2-5

含水率 w(%)	允许平行差值(%)
$w \leq 5.0$	≤0.3
$5.0 < w \leq 40$	≤1.0
$w > 40$	≤2.0

6. 注意事项

进行第二次或第三次燃烧时,一定要在第一次或第二次燃烧火焰完全熄灭,并冷却数分钟后,再向盒中注入酒精进行燃烧,以防发生事故。

课后习题

1. 该路段路基压实一层后,根据规定的检测频率取样,分别进行密度和含水率测定,请填写测定点的密度和含水率试验数据记录表(表1-2-6)。

密度和含水率试验记录表　　　　表1-2-6

	土样编号				
	环刀号				
	环刀容积(cm^3)				
	环刀质量(g)				
土的密度试验	土+环刀质量(g)				
	土样质量(g)				
	密度(g/cm^3)				
	含水率(%)				
	干密度(g/cm^3)				
	平均干密度(g/cm^3)				
	盒号				
	盒质量(g)				
土的含水率试验	盒+湿土质量(g)				
	盒+干土质量(g)				
	水分质量(g)				
	干土质量(g)				
	含水率(%)				
	平均含水率(%)				

2. 在该路堤填筑前,对各种填筑材料进行了土工试验,其中击实试验测得土的最大干密度为$1.85g/cm^3$,最佳含水率为14.6%。规范要求该层的压实度不小于93%,请根据上述试验结果,判断检测点的压实程度是否满足设计要求。

3. 土的密度是指土的_____与_____之比,也即土的单位体积的质量;含水率是指土中所含水的质量与_____质量之比,一般用百分数表示;空隙率是指土的_____与土体积之比,以百分数表示。

4. 下列说法正确的有(　　)。
A. 土的物理性质指标可间接评价土的工程性质
B. 土的总体积$V = V_v + V_s$,其中V_v代表孔隙体积
C. 环刀法适合测定各种土基的密度
D. 酒精燃烧法不适合测定含有有机质的细粒土
E. 干密度是反映土体密实程度的指标,干密度越大则土越密实
F. 试验室有100g湿土,土的含水率为3%,则土中有3g水
G. 土的孔隙比越大,则土体越密实
H. 当土处于饱和状态时,则土中水的体积与土中空气体积相等

学习情境(二)

某一级公路,桩号K6+130~K8+800为土方路基填筑段,填土高度为0~60cm,边坡坡

度采用1:1.5,该段路基填筑土源为挖方路段挖出的细粒土。根据相关技术标准取样规定,判断该土料是否可以作为路基填料。

相关知识

1. 黏性土的物理状态指标

黏性土的物理状态常以稠度来表示。稠度的含义是指土体在各种不同的湿度条件下,受外力作用后所具有的流动程度。黏性土的颗粒很细,黏粒粒径 $d<0.002$ mm,细土粒周围形成电场,电分子引力吸引水分子定向排列,形成黏结水膜。土粒与土中水相互作用很显著,关系极密切。例如,同一种黏性土,当它的含水率小时,土呈半固体坚硬状态;当含水率适当增加,土粒间距离加大,土呈现可塑状态。如含水率再增加,土中出现较多的自由水时,黏性土变成液体流动状态,如图1-2-5所示。黏性土的稠度,可以决定黏性土的力学性质及其在建筑物作用下的性状。

图1-2-5 黏性土的稠度

黏性土的稠度,是反映土粒之间的联结强度随着含水率高低而变化的性质。其中,各不同状态之间的界限含水率具有重要的意义。相邻两稠度状态,既相互区别又是逐渐过渡的,稠度状态之间的转变界限叫稠度界限,用含水率表示,称界限含水率。

(1) 液限 w_L

液限是指黏性土呈液态与塑态之间的界限含水率。我国目前一般采用液塑限联合测定仪来测定黏性土的液限。

(2) 塑限 w_P

塑限是指黏性土呈塑态与半固态之间的界限含水率。可以用滚搓法测定土的塑限,取含水率接近塑限的一小块试样,用手掌在毛玻璃板上轻轻搓滚,直至土条直径达3mm时,产生裂缝并开始断裂为止。若土条搓成3mm时仍未产生裂缝及断裂,表示这时试样的含水率高于塑限,则将其重新捏成一团,重新搓滚;土条直径大于3mm时即断裂,表示试样含水率小于塑限,应弃去,重新取土加适量水调匀后再搓,直至合格。也可用液塑限联合测定法来确定土的塑限。

(3) 缩限 w_S

缩限是指黏性土呈半固态与固态之间的界限含水率。缩限是因为土样含水率减少至缩限后,土体体积发生收缩而得名。测定方法常用收缩皿法。

(4) 塑性指数 I_P

塑性指数是指黏性土与粉土的液限与塑限的差值,去掉百分数,记为 I_P。塑性指数表示土处在可塑状态的含水率变化范围。显然塑性指数越大,土处于可塑状态的含水率范围也越大,可塑性就越强。土中黏土颗粒含量越高,则土的比表面积和相应的结合水含量越高,因而 I_P 越大。

$$I_P = (w_L - w_P) \times 100 \qquad (1\text{-}2\text{-}24)$$

应当注意 w_L 和 w_P 都是界限含水率,以百分数表示。而 I_P 只取其数值,去掉百分数。

由于塑性指数在一定程度上综合反映了影响黏性土特征的各种重要因素,因此,当土的生成条件相似时,塑性指数相近的黏性土,一般表现出相似的物理力学性质,所以常用塑性指数作为黏性土分类的标准。

(5)液性指数 I_L

液性指数是指黏性土的天然含水率和塑限的差值与液限和塑限差值之比,用小数表示,即:

$$I_L = \frac{w - w_P}{w_L - w_P} \quad (1\text{-}2\text{-}25)$$

式中:w——土的天然含水率,%;

w_L——液限含水率,%;

w_P——塑限含水率,%。

从上式可见,当土的天然含水率 w 小于 w_P 时,I_L 小于 0,天然土处于坚硬状态;当 w 大于 w_L 时,I_L 大于 1,天然土处于流动状态;当 w 在 w_P 与 w_L 之间时,I_L 在 0~1 之间,则天然土处于可塑状态。因此可以利用液性指数 I_L 来表征黏性土所处的软硬状态。I_L 值越大,土质越软;反之,土质越硬。黏性土的状态,可根据液性指数值划分为坚硬、硬塑、可塑、软塑及流塑五种,其具体划分标准见表 1-2-7。

黏性土的状态 表 1-2-7

状态	坚硬	硬塑	可塑	软塑	流塑
液性指数 I_L	$I_L \leq 0$	$0 < I_L \leq 0.25$	$0.25 < I_L \leq 0.75$	$0.75 < I_L \leq 1.0$	$I_L > 1.0$

2. 无黏性土的紧密状态

无黏性土一般是指碎石土和砂土,粉土属于砂土和黏性土的过渡类型,但是其物质组成、结构及物理力学性质主要接近砂土,故列入无黏性土一并讨论。

无黏性土的紧密状态是判定其工程性质的重要指标,它综合反映了无黏性土颗粒的岩石和矿物组成、粒度成分、颗粒形状和排列等对其工程性质的影响。一般说来,无论在静荷载或动荷载作用下,密实状态的无黏性土与其疏松状态的表现都很不一样。密实者具有较高的强度,结构稳定,压缩性小;疏松者则强度较低,稳定性差,压缩性较大。因此在岩土工程勘察与评价时,首先要对无黏性土的紧密程度作出判断。

土的孔隙比一般可以用来描述土的密实程度,但砂土的密实程度并不单独取决于孔隙比,其在很大程度上还取决于土的级配情况。粒径级配不同的砂土即使具有相同的孔隙比,但由于颗粒大小不同,颗粒排列不同,所处的密实状态也会不同。为了同时考虑孔隙比和级配的影响,引入相对密实度的概念。

(1)相对密实度

当砂土处于最密实状态时,其孔隙比称为最小孔隙比 e_{min},而砂土处于最疏松状态时的孔隙比则称为最大孔隙比 e_{max}。试验标准规定了一定的方法测定砂土的最小孔隙比和最大孔隙比,然后可按下式计算砂土的相对密实度。

$$D_r = \frac{e_{max} - e}{e_{max} - e_{min}} \tag{1-2-26}$$

式中：e_{max} ——最大孔隙比；

e_{min} ——最小孔隙比；

e ——天然孔隙比。

从上式可以看出,当粗粒土的天然孔隙比接近于最小孔隙比时,相对密实度 D_r 接近于 1,说明土接近于最密实的状态,而当天然孔隙比接近于最大孔隙比则表明砂土处于最松散的状态,其相对密实度接近于 0。根据相对密实度可以将粗粒土划分为密实、中密和松散三种密实度。

$$0 < D_r \leq 0.33 \quad 疏松$$
$$0.33 < D_r \leq 0.67 \quad 中密$$
$$0.67 < D_r \quad 密实$$

（2）标准贯入试验

从理论上讲,用相对密实度划分砂土的密实度是比较合理的。但由于测定砂土的最大孔隙比和最小孔隙比试验方法的缺陷,试验结果常有较大的出入,同时由于很难在地下水位以下的砂层中取得原状砂样,砂土的天然孔隙比也很难准确地测定,这就使相对密实度的应用受到限制。因此,在工程实践中通常用标准贯入锤击数来划分砂土的密实度。

标准贯入试验是用规定的锤重（63.5kg）和落距（76cm）把标准贯入器（带有刃口的对开管,外径 50mm,内径 35mm）打入土中,记录贯入一定深度（30cm）所需的锤击数 N 值的原位测试方法。标准贯入试验的贯入锤击数反映了土层的松密和软硬程度,是一种简便的测试手段。

《公路桥涵地基与基础设计规范》（JTG 3363—2019）规定砂土的密实度应根据标准贯入锤击数按表 1-2-8 的规定分为密实、中密、稍密和松散四种状态。

砂的密实度　　　　　　　　　　　　　　　　　　　　　　　表 1-2-8

标准贯入锤击数 N	密实度	标准贯入锤击数 N	密实度
$N \leq 10$	松散	$15 < N \leq 30$	中密
$10 < N \leq 15$	稍密	$N > 30$	密实

学习参考

试验四　界限含水率试验

1. 试验目的与适用范围

①本试验通过测定界限含水率,划分土类、计算天然稠度和塑性指数,供公路工程设计和施工使用；

②本试验适用于粒径不大于 0.5mm、有机质含量不大于试样总质量 5% 的土。

2. 基本原理

黏性土的液限、塑限和塑性指数是评价黏性土物理性质的稠度指标。现在通常采用液塑限联合测定仪,同时测定黏性土的塑限和液限。

塑限是指黏性土呈塑态与半固态之间的界限含水率;液限是指黏性土由可塑状态转变到流动状态时的界限含水率。此时土具有一定阻力,以一定重量的锥体放入土中,土具有一定抗剪强度,抵抗锥体下沉。故锥体只能下沉到一定的距离,此时的抗剪强度就是土在液限时的阻力,此时的含水率就是液限。

3. 仪器设备

①100 型液塑限联合测定仪:锥质量为 100g,锥角为 30°;

②天平:称量 200g,感量 0.01g;

③其他:筛(孔径 0.5mm)、调土刀、调土皿、称量盒、研钵(附带橡皮头的研杵或橡皮板)、干燥器、吸管、凡士林、蒸馏水等。

4. 试验步骤

(1) 试验准备

取有代表性的天然含水率或风干土样进行试验,如土中含大于 0.5mm 的土粒或杂物时,应将风干土样用带橡皮头的研杵研碎或用木棒在橡皮板上压碎,过 0.5mm 的筛。

(2) 试验步骤

①取 0.5mm 筛下的代表性土样至少 600g,分别放入三个盛土皿中,加不同数量的蒸馏水,土样的含水率分别控制在液限(a 点),略大于塑限(c 点)和二者的中间状态(b 点)。用调土刀调匀,盖上湿布,放置 18h 以上。测定 a 点的锥入深度应为 20(±0.2)mm。测定 c 点的锥入深度应控制在 5mm 以下。对于砂类土,测定 c 点的锥入深度可大于 5mm。

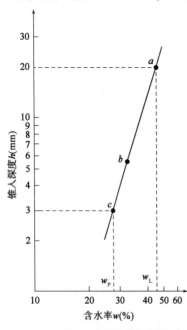

图 1-2-6 锥入深度与含水率关系示意

②装土进杯:将制备的土样充分搅拌均匀,分层装入盛土杯,用力压密,使空气逸出。对于较干的土样,应先充分搓揉,用调土刀反复压实。试杯装满后,刮成与杯边齐平。锥入深度与含水率的关系如图 1-2-6 所示。

③放锥入土:将装好土样的试杯放在联合测定仪的升降座上,转动升降旋钮,待锥尖与土样表面刚好接触时停止升降,扭动锥下降旋钮,同时开动秒表,经 5s,松开旋钮,锥体停止下落,从仪器读数上记取锥入深度 h_1。

改变锥尖与土体接触位置(两次锥入位置距离不小于 1cm)重复上述步骤,得锥入深度 h_2。$h_1 - h_2$ 应不大于 0.5mm,否则应重做。取 $h_1 - h_2$ 平均值作为该点的锥入深度 h。

④测含水率:去掉锥尖入土处沾有凡士林的土,取 10g 以上的土样两个,分别装入称量盒内,称质量(精确至 0.01g),测含水率 w_1、w_2(计算到 0.1%)。计算含水率平均值 w。

重复第②至第④步骤,对其他两个含水率土样进行试验,测定其锥入深度和含水率。

5. 成果整理

在双对数坐标纸上,以含水率 w 为横坐标,锥入深度 h 为纵坐标,点绘 a、b、c 三点含水率的 h-w 图,如图 1-2-7 所示。连此三点,应呈一条直线。如三点不在同一直线上,要通过 a 点与 b、c 两点连成两条直线。根据液限(a 点含水率)在 h_P-w_L 图上查得 h_P,以此 h_P 再在 h-w 图上的 ab 及 ac 两直线上求出相应的两个含水率,当两个含水率的差值小于 2% 时,以两点含水率的平均值与 a 点连成一直线。当两个含水率的差值不小于 2% 时,应重做试验。

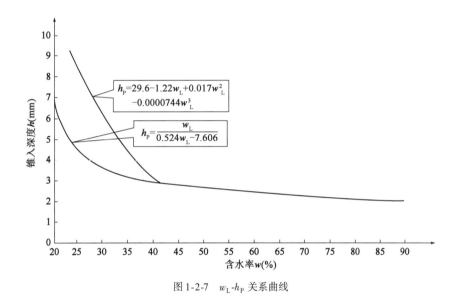

图 1-2-7　w_L-h_P 关系曲线

在 h-w 图上,查得纵坐标入土深度 $h=20\text{mm}$ 所对应的横坐标的含水率 w 即为该土样的液限 w_L。根据求出的液限 w_L 与塑限时入土深度 h_P 的关系曲线,查得 h_P,再由 h-w 图求出入土深度为 h_P 时所对应的含水率,即为该土样的塑限。

查 h_P-w_L 关系图时,须先通过简易鉴别法及筛分法把砂类土与细粒土区别开来,再按这两种土分别采用相应的 h_P-w_L 关系曲线;对于细粒土,用双曲线确定 h_P;对于砂类土,则用多项式曲线确定 h_P 值。

本试验应进行两次平行测定,若不满足要求,则应重新试验。取其算术平均值,保留至小数点后一位。其允许差值为:高液限土≤2%,低液限土≤1%。

课后习题

1. 该段路基在填筑前,于挖方路段取样做界限含水率试验,请根据试验结果,填写试验数据记录表(表 1-2-9),并绘制锥入深度与含水率关系图(图 1-2-8)。

液塑限联合测定试验记录表　　　　　　　　　　表 1-2-9

试验项目		试验次数			备注
		1	2	3	
入土深度（mm）	h_1				
	h_2				
	$\frac{1}{2}(h_1+h_2)$				
含水率	盒号	1　　2	1　　2	1　　2	
	盒质量(g)				
	盒+湿土质量(g)				
	盒+干土质量(g)				
	水分质量(g)				
	干土质量(g)				
	含水率(%)				
	平均含水率(%)				
塑性指数 I_P		土的名称			

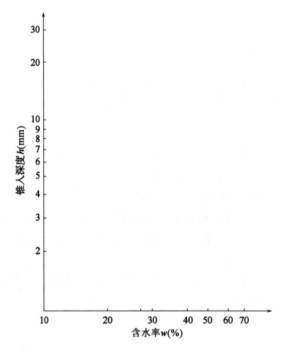

图 1-2-8　锥入深度与含水率 (h-w) 关系

2. 请根据试验结果,计算该土的塑性指数 I_P,并结合塑性图,对该细粒土进行综合定名,判断该细粒土是否可以作为路基填料。

3. _____含水率是指黏性土呈塑态与半固态之间的界限含水率;_____含水率是指黏性土呈液态与塑态之间的界限含水率。

4. 塑性指数是指黏性土与粉土的_____与_____的差值，去掉百分数，记为 I_P；液性指数是指黏性土的天然含水率和_____的差值与液限和_____的差值之比，用小数表示，记为 I_L。

5. 下列说法正确的有(   )。

   A. 黏性土随着含水率的不断增大，土的状态由固态逐渐变成液态
   B. 常用塑性指数作为粗粒土分类的标准
   C. 黏性土的塑性指数越大，说明土的可塑性越强
   D. 液性指数表征黏性土的稠度状态，I_L 值越大，土质越软
   E. 某土样的塑性指数 $I_P = 15.5$，液限含水率 $w_L = 22.0\%$，则该土样为低液限粉土
   F. 经试验测得某土样的液限含水率 $w_L = 37.0\%$，塑限含水率 $w_P = 24.0\%$，则该土样的塑性指数 $I_P = 13.0$
   G. 当粗粒土的天然孔隙比接近于最小孔隙比时，相对密实度 D_r 接近于1，说明土接近于最疏松的状态
   H. 在工程实践中，通常用标准贯入锤击数来划分砂土的密实度

任务三　测定土的力学性质指标

学习情境（一）

某一级公路，在 K2+600 处有一小桥，对该桥 1 号墩进行地基基础设计时，由于基础承受荷载较小，从经济性和施工技术方面考虑采用钢筋混凝土浅基础。根据相关技术标准，分析该地基在荷载作用下的压缩变形情况。

相关知识 <<<

在建筑物基底附加压力作用下，地基土内各点除了承受土自重引起的自重应力还要承受附加应力。同其他材料一样，在附加应力的作用下，地基土要产生附加的变形，这种变形一般包括体积变形和形状变形。对土这种材料来说，体积变形通常表现为体积缩小。这种在外力作用下土体积缩小的特性称为土的压缩性。

土作为三相体是由土粒及土粒间孔隙中的水和空气组成的，从理论上讲，土的压缩变形可能是：①土粒本身的压缩变形；②孔隙中不同形态的水和气体的压缩变形；③孔隙中水和气体有一部分被挤出，土的颗粒相互靠拢使孔隙体积减小。固相矿物本身压缩量极小，在物理学上有意义，对建筑工程来说是没有意义的；土中液相水的压缩，在一般建筑工程荷载(100～600kPa)作用下也很小，可不计；一般认为土的压缩是土中孔隙的压缩，土中水与气体受压后从孔隙中挤出，使土的孔隙减小。

为了研究土的压缩性，通常可在室内进行固结试验，从而测定土的压缩指标。此外，也可

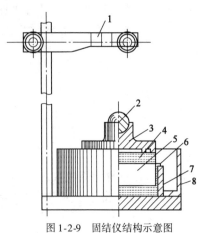

图 1-2-9 固结仪结构示意图
1-量表架;2-钢珠;3-加压上盖;4-透水石;5-试样;6-环刀;7-护环;8-水槽

以在现场进行原位试验(如载荷试验、旁压试验等),测定有关参数。

1. 标准固结试验

标准固结试验的主要装置是固结仪,如图 1-2-9 所示。其中金属环刀用来切取土样;金属环刀置于刚性护环中,由于金属环刀及刚性护环的限制,土样在竖向压力作用下只能发生竖向变形,而无侧向变形;在土样上下放置的透水石是土样受压后排出孔隙水的两个界面;向水槽内注水,使土样在试验过程中保持浸在水中。如需做不饱和土的侧限压缩试验,就不能把土样浸在水中,但需要用湿棉纱或湿海绵覆盖于容器上,以免土样内水分蒸发;竖向的压力通过刚性加压上盖施加给土样;土样产生的压缩量可通过百分表量测。

试验时用环刀切取钻探取得的保持天然结构的原状土样,由于地基沉降主要与土竖直方向的压缩有关,且土是各向异性的,所以切土方向还应与土天然状态竖直方向一致,压缩试验加荷等级 p 为:50kPa、100kPa、200kPa、300kPa、400kPa 和 600kPa。每级荷载要求恒压 24h 或当在 1h 内的压缩量不超过 0.01mm 时,测定其压缩量。有其他特殊要求的压缩试验的加荷等级则较为复杂,此处不赘述。

若试验前试样的横截面面积为 A,土样的原始高度为 h_0,原始孔隙比为 e_0,当加压 p_1 后,土样的压缩量为 Δh_1,土样高度由 h_0 减至 $h_1 = h_0 - \Delta h_1$,相应的孔隙比由 e_0 减至 e_1,如图 1-2-10 所示。

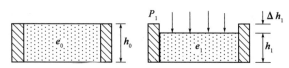

图 1-2-10 土的压缩示意图

由于土样压缩时不可能发生侧向膨胀,故压缩前后土样的横截面面积不变,即:

$$\frac{Ah_0}{1+e_0} = \frac{A(h_0 - \Delta h_1)}{1+e_1}$$

整理得:

$$\frac{\Delta h_1}{h_0} = \frac{e_0 - e_1}{1+e_0} \quad (1\text{-}2\text{-}27)$$

则:

$$e_1 = e_0 - \frac{\Delta h_1}{h_0}(1+e_0)$$

同理,各级压力 p_i 作用下土样压缩稳定后相应的孔隙比 e_i 为:

$$e_i = e_0 - \frac{\Delta h_i}{h_0}(1+e_0) \quad (1\text{-}2\text{-}28)$$

公式(1-2-28)中 e_0 与 h_0 值已知,Δh_i 可由百分表(或位移传感器)测得,求得各级压力下的孔隙比后(一般为3~5级荷载),以纵坐标表示孔隙比,以横坐标表示压力,便可根据压缩试验结果绘制孔隙比与压力的关系曲线,称压缩曲线,如图1-2-11所示。

压缩曲线的形状与土样的成分、结构、状态以及受力历史等有关。若压缩曲线较陡,说明压力增加时孔隙比减小得多,土的压缩性高;若曲线是平缓的,则土的压缩性低。

(1)压缩系数 a

如图1-2-12所示,M_1、M_2 为压缩曲线上的两个点,e_1、e_2 分别是相应于点 M_1、M_2 的土的孔隙比,p_1、p_2 是相当于点 M_1、M_2 点的压力,当压力 p_1、p_2 相差不大时,压缩曲线 M_1、M_2 可近似地用直线段代替,由此引起的误差很小,可以忽略不计。直线段的坡度用 a 表示。

$$a = \tan\alpha = \frac{e_1 - e_2}{p_2 - p_1} \quad \text{或} \quad a = -\frac{\Delta e}{\Delta p} = \frac{e_i - e_{i+1}}{p_{i+1} - p_i} \tag{1-2-29}$$

式中 a 被称为压缩系数。压缩系数是表示土的压缩性大小的主要指标,压缩系数越大,表明在某压力变化范围内孔隙比减少得越多,压缩性就越高。在工程实际中,规范常以 $p_1 = 0.1\text{MPa}$,$p_2 = 0.2\text{MPa}$ 的压缩系数 a_{1-2} 作为判断土的压缩性高低的标准。根据 a_{1-2} 将土的压缩性分为三级。

①低压缩性土:$a_{1-2} < 0.1\text{MPa}^{-1}$。

②中压缩性土:$0.1 \leq a_{1-2} < 0.5\text{MPa}^{-1}$。

③高压缩性土:$a_{1-2} \geq 0.5\text{MPa}^{-1}$。

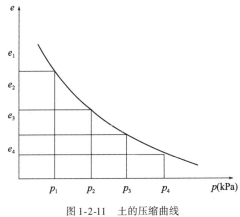
图1-2-11 土的压缩曲线

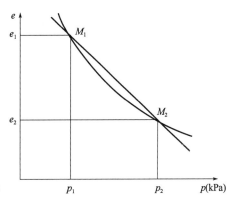
图1-2-12 土的压缩曲线和压缩系数

(2)压缩指数 C_c

当采用半对数的直角坐标来绘制室内侧限压缩试验 e-p 关系时,就得到了 e-$\lg p$ 曲线(图1-2-13)。在 e-$\lg p$ 曲线中可以看到,当压力较大时,e-$\lg p$ 曲线接近直线。

将 e-$\lg p$ 曲线直线段的斜率用 C_c 来表示,称为压缩指数,无量纲。

$$C_c = \frac{e_1 - e_2}{\lg p_2 - \lg p_1} = \frac{e_1 - e_2}{\lg \frac{p_2}{p_1}} \tag{1-2-30}$$

压缩指数 C_c 与压缩系数 a 不同,它在压力较大时为常数,不随压力变化而变化。C_c 值越大,土的压缩性越高,低压缩性土的 C_c 一般小于0.2,高压缩性土的 C_c 值一般大于0.4。

（3）压缩模量 E_s

压缩模量是指土体在无侧膨胀条件下受压时，竖向压应力增量与相应应变增量之比值。如图 1-2-14 所示，当土样上的压力由 p_1 增加到 p_2 时，其相应的孔隙比由 e_1 减小到 e_2。土的竖向应力增量为：

$$\Delta p = p_2 - p_1$$

图 1-2-13　e-$\lg p$ 曲线确定压缩指数

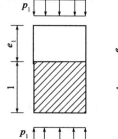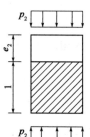
图 1-2-14　压缩变形前后的三相简化图

竖向应变增量为：

$$\Delta \varepsilon = \frac{e_1 - e_2}{1 + e_1}$$

压缩模量为：

$$E_s = \frac{\Delta p}{\Delta \varepsilon} = \frac{(p_2 - p_1)(1 + e_1)}{e_1 - e_2}$$

因：

$$a = \frac{e_1 - e_2}{p_2 - p_1}$$

故

$$E_s = \frac{1 + e_1}{a} \quad (\text{kPa}) \tag{1-2-31}$$

压缩模量与压缩系数之间的关系：E_s 越大，表明在同一压力范围内土的压缩变形越小，土的压缩性越低，a 越小。压缩模量 E_s 和压缩系数 a 一样，对同一种土不是固定常数，而是随压力的取值范围变化的。因此，将与压缩系数 $a_{1\text{-}2}$ 相对应的压缩模量用 $E_{s1\text{-}2}$ 表示。

2. 载荷试验和变形模量

室内有侧限的固结试验不能准确地反映土层的实际情况，因此可在现场进行原位载荷试验，其条件近似无侧限压缩。根据荷载试验结果可以绘制压力 p 与变形量 S 的关系曲线或变形量 S 与时间 t 的关系曲线。

（1）现场载荷试验方法

如图 1-2-15 所示，在准备修建基础的地点开挖基坑，并使其深度等于基础的埋置深度，然后在坑底安置刚性承压板、加载设备和测量地基变形的仪器。刚性承压板的底面一般为正方形，边长 0.5~1.0m，相应的承压面积为 0.25~1.0m²，也可以用同样面积的圆形承压加载设备安置在承压板上面，一般由支柱、千斤顶、锚碇木桩和刚度足够大的横梁组成。测量地基变形的仪器为测微表（百分表），该表放在承压板上方。加载由小到大分级进行，每级增加的压力值视土质软硬程度而定，对较松软的土，一般为 10~25kPa；对较坚硬的土，一般按 50~

100kPa 的等级增加。在现场试验过程中,按照《公路工程地质原位测试规程》(JTG 3223—2021)及时记录观测数据。

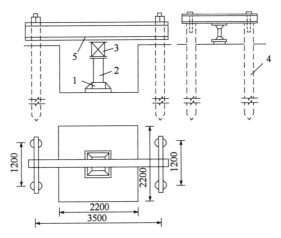

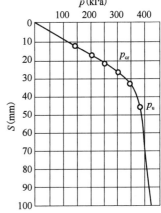

图 1-2-15　现场载荷试验装置示意图(尺寸单位:mm)
1-承载板;2-支柱;3-千斤顶;4-锚碇木桩;5-横梁

将试验成果整理后,以承压板的压力强度 p(单位面积压力)为横坐标,总沉降量 S 为纵坐标,在直角坐标系中绘出压力与沉降关系曲线,即可得到载荷试验沉降曲线,即 p-S 曲线,如图 1-2-16 所示。

(2)土的变形模量

从载荷试验的结果来看,0 至 p_{cr} 段(图 1-2-16),S-p 的关系近直线,利用弹性理论的成果,还可以得出地基计算中所需要的另一个压缩性指标——变形模量 E_0。

$$E_0 = \omega \frac{pb(1-\mu^2)}{S} \quad (\text{MPa}) \quad (1-2-32)$$

式中:ω——与承压板(或基础)的刚度和形状有关的系数,对刚性方形承压板 $\omega = 0.89$,对刚性圆形承压板 $\omega = 0.79$;

　　b——承压板的短边长或直径;

　　μ——土的泊松比;

p、S——压密阶段曲线上某点的压力强度值和与其对应的沉降值。

图 1-2-16　载荷试验沉降曲线

试验五　标准固结试验

1.试验目的和适用范围

①本试验的目的是测定土的单位沉降量、压缩系数、压缩模量、压缩指数、回弹指数、固结系数以及原状土的先期固结压力等。

②本试验适用于饱和的细粒土,当只进行压缩试验时,可用于非饱和土。

2. 仪器设备

①固结仪:见图1-2-9,试样面积分别为30cm²和50cm²,高2cm。

②环刀:内径为61.8mm和79.8mm,高度为20mm。

③透水石:由氧化铝或耐腐蚀的金属材料组成,其透水系数应大于土体渗透系数1个数量级以上。

④变形量测设备:量程10mm、最小分度为0.01mm的百分表或零级位移传感器。

⑤其他:天平、秒表、烘箱、钢丝锯、刮土刀、铝盒等。

3. 试验步骤

(1)试样准备

①根据工程需要切取原状土样或制备所需天然密度的扰动土样。切取原状土样时,应使试样在试验时的受压情况与天然土层受外荷载方向一致。

②用钢丝锯将土样修成略大于环刀直径的土柱。然后用手轻轻将环刀垂直下压,边压边修,直至环刀装满土样为止。再用刮刀修平两端,同时注意刮平试样时,不得用刮刀往复涂抹土面。在切削过程中,应细心观察试样并记录其层次、颜色和有无杂质等。

③擦净环刀外壁,称环刀与土总质量,精确至0.1g,并取环刀两面削下的土样测定含水率。试样需要饱和时,应进行抽气饱和。

(2)试验步骤

①将准备好试样的环刀外壁擦净,将刀口向下放入护环内。

②在底板上放入下透水石、滤纸。将护环与试样一起放入容器内,在土样上面覆滤纸、上透水石,然后放下加压导环和传压活塞,使各部密切接触,保持平稳。

③将压缩容器置于加压框架正中,密合传压活塞及横梁,预加1.0kPa压力,使固结仪各部分紧密接触,装好百分表,并调整读数至零。

④去掉预压荷载,立即加第一级荷载。加砝码时应避免冲击和摇晃。在加上砝码的同时,立即开动秒表。荷载等级一般规定为50kPa、100kPa、200kPa、300kPa、400kPa和600kPa。根据土的软硬程度,第一级荷载可考虑用25kPa。如需进行高压固结,则压力可增加至800kPa、1600kPa和3200kPa。最后一级的压力应大于上覆土层的计算压力100~200kPa。

⑤如为饱和试样,则在施加第一级荷载后,立即向容器中注水至满。如为非饱和试样,须以湿棉纱围住上下透水面四周,避免水分蒸发。

⑥如需确定原状土的先期固结压力,荷载率宜小于1,可采用0.5或0.25倍,最后一级荷载应大于1000kPa,使e-lg$p$曲线下端出现直线段。

⑦如需测定沉降速率、固结系数等指标,一般按0s、15s、1min、2min、4min、6min、9min、12min、16min、20min、25min、35min、45min、60min、90min、2h、4h、10h、23h、24h,至稳定为止。固结稳定的标准是最后1h变形量不超过0.01mm。

当不需测定沉降速度时,则在施加每级压力后24h,测记试样高度变化作为稳定标准。当试样渗透系数大于10^{-5}cm/s时,允许以固结完成作为相对稳定标准。按此步骤逐级加压至试验结束。

注:测定沉降速率仅适用于饱和土。

⑧试验结束后拆除仪器,小心取出完整土样,称其质量,并测定其终结含水率(如不需要测定试验后的饱和度,则不必测定终结含水率),并将仪器洗干净。

4. 结果整理

① 计算初始孔隙比。

$$e_0 = \frac{\rho_s(1 + 0.01w_0)}{\rho_0} - 1 \tag{1-2-33}$$

② 计算单位沉降量。

$$S_i = \frac{\sum \Delta h_i}{h_0} \times 1000 \tag{1-2-34}$$

③ 计算各级荷载下变形稳定后的孔隙比 e_i。

$$e_i = e_0 - (1 + e_0) \times \frac{S_i}{1000} \tag{1-2-35}$$

④ 计算某一荷载范围的压缩系数 a_v。

$$a_v = \frac{e_i - e_{i+1}}{p_{i+1} - p_i} = \frac{(S_{i+1} - S_i)(1 + e_0)/1000}{p_{i+1} - p_i} \tag{1-2-36}$$

⑤ 计算某一荷载范围内的压缩模量 E_s 和体积压缩系数 m_v。

$$E_s = \frac{p_{i+1} - p_i}{(S_{i+1} - S_i)/1000} \tag{1-2-37}$$

$$m_v = \frac{1}{E_s} = \frac{a_v}{1 + e_0} \tag{1-2-38}$$

式中:E_s——压缩模量,kPa,计算至 0.01kPa;

m_v——体积压缩系数,kPa^{-1},计算至 $0.01kPa^{-1}$;

a_v——压缩系数,kPa^{-1},计算至 $0.01kPa^{-1}$;

e_0——初始孔隙比,计算至 0.01;

ρ_s——土粒密度(数值上等于土粒比重),g/cm^3;

w_0——初始含水率,%;

ρ_0——初始密度,g/cm^3;

S_i——某一级荷载下的沉降量,mm/m,计算至 0.1mm/m;

$\sum \Delta h_i$——某一级荷载下的总变形量,等于该荷载下百分表读数(即试样和仪器的变形量减去该荷载下的仪器变形量),mm;

h_0——初始高度,mm;

e_i——某一荷载下压缩稳定后的孔隙比,计算至 0.01;

p_i——某一荷载值,kPa。

⑥ 以单位沉降量 S_i 或孔隙比 e 为纵坐标,以压力 p 为横坐标,作单位沉降量或孔隙比与压力的关系曲线,如图 1-2-17 所示。

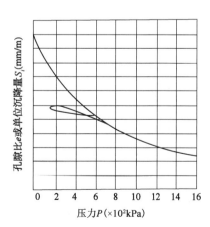

图 1-2-17　S_i(或 e)-p 关系曲线

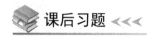 课后习题 ‹‹‹

1. 根据规范要求,在该小桥1号墩地基勘察探井取土,粉质黏土,土质均匀,土样在现场削成长方体,标明上下方向,用塑料袋密封,防止水分散失,及时运回试验室,开展标准固结试验,结果见表1-2-10。计算土的压缩系数 a_{1-2} 和相应的压缩模量 E_{s1-2},并评价土的压缩性。

土样标准固结试验结果　　　　　　　表1-2-10

压应力 P(kPa)	50	100	200	300
孔隙比 e	0.932	0.893	0.742	0.626

2. 在外力作用下土体积缩小的特性称为土的_____;压缩模量是指土体在无侧膨胀条件下受压时,竖向_____增量与相应_____增量之比值。

3. 下列说法正确的有(　　)。

　　A. 土的压缩变形主要是由于空隙中水和气体被挤出,土颗粒相互靠拢,致使孔隙体积减小而引起的

　　B. 当土的压缩系数 $a_{1-2}=0.30MPa^{-1}$ 时,则土为高压缩性土

　　C. 土的压缩系数越大,则土的压缩性就越大

　　D. 压缩指数 C_c 值越大,土的压缩性越高

　　E. 压缩曲线越陡,说明压力增加时孔隙比减小得多,土的压缩性越低

　　F. 压缩模量越大,表明在同一压力范围内土的压缩变形越小,土的压缩性越低

 学习情境(二)

某一级公路,桩号K1+000~K2+500为粉质黏土路段,土基多呈软塑—可塑状,厚度一般1.5~3.0m,局部可达3.0~6.0m,软塑状土层主要分布在山间洼地及沟谷内,可塑状土层主要分布于沟谷坡脚。需要通过试验手段测定抗剪强度,再结合地区经验等方法确定软土的承载力特征值,对土基的工程适宜性做出评价。

 相关知识 ‹‹‹

1. 土的抗剪强度

土的抗剪强度是指土体抵抗剪切破坏的极限能力,是土的重要力学性质指标之一。在外荷载作用下,建筑物地基或土工构筑物内部将产生剪应力和剪切变形,而土体具有抵抗剪应力的潜在能力——剪阻力或抗剪力,它随着剪应力的增加而逐渐发挥,当剪阻力完全发挥时,土就处于剪切破坏的极限状态,此时剪阻力也就达到极限。这个极限值就是土的抗剪强度。如果土体内某一局部范围的剪应力达到土的抗剪强度,在该局部范围的土体将就出现剪切破坏,但此时整个建筑物地基或土工构筑物并不因此而丧失稳定性;随着荷载的增加,土体的剪切变形将不断地增大,致使剪切破坏的范围逐步扩大,并由局部范围的剪切发展到连续剪切,最终在土体中形成连续的滑动面,从而导致整个建筑物地基或土工构筑物丧失稳

定性。

2. 库仑强度定律

当土体发生剪切破坏时,土体内部将沿着某一曲面(滑动面)产生相对滑动,而此时该面上的剪应力就等于土的抗剪强度。

抗剪强度的表达式为:

砂性土:
$$\tau_f = \sigma \tan\varphi \tag{1-2-39a}$$

黏性土:
$$\tau_f = c + \sigma \tan\varphi \tag{1-2-39b}$$

式中:τ_f——土的抗剪强度,kPa;

σ——剪切滑动面上的法向应力,kPa;

c——土的黏聚力,kPa,即图1-2-18中τ-σ直线在纵轴上的截距;

φ——土的内摩擦角,(°),即τ-σ直线与横轴上的夹角;

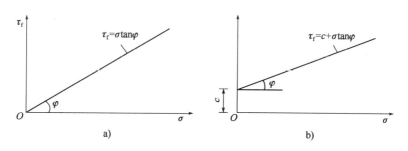

图1-2-18 抗剪强度与法向应力之间的关系

式(1-2-39)就是土的抗剪强度规律的数学表达式,它是库仑于18世纪70年代提出的,所以也称库仑定律。它表明在法向应力变化范围不大时,抗剪强度与法向应力之间呈直线关系,其中c、φ被称为土的抗剪强度指标或抗剪强度参数。对于同一种土,在相同的试验条件下c、φ是常数,但并不完全是常数,试验方法不同时则会有较大的差异。

3. 莫尔-库仑强度理论

1910年莫尔提出了材料的破坏是剪切破坏,并指出破坏面上的剪应力τ_f是作用于该面上法向应力σ的函数,即:

$$\tau_f = f(\sigma) \tag{1-2-40}$$

这个函数在τ_f和σ的直角坐标系中是一条向上略凸的曲线,称为莫尔包线(或称为抗剪强度包线),如图1-2-19实线所示。莫尔包线表示材料受到不同应力作用达到极限时,滑动面上的法向应力σ与剪应力τ_f的关系。土的莫尔包线可以近似地用直线表示,如图1-2-19虚线所示,该直线的方程就是库仑定律所表示的方程。由库仑公式表示莫尔包线的土体强度理论可称为莫尔-库仑强度理论。

(1) 土中一点的应力状态

如图 1-2-20 所示,在自重与外荷载作用下土体中任意一点的应力状态,对于平面应力问题,只要知道应力分量即 σ_x、σ_z 和 τ_{xy},即可确定一点的应力状态。对于土体中任意一点,所受的应力又随所取平面的方向不同而发生变化。但可以证明,在所有的平面中必有一组平面的剪应力为零,该平面称为主应力面。作用于主应力面的法向应力称为主应力。那么,对于平面应力问题,土中一点的应力可用主应力 σ_1 和 σ_3 表示。σ_1 称为最大主应力,σ_3 称为最小主应力。

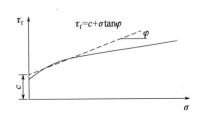

图 1-2-19　莫尔包线　　　　图 1-2-20　莫尔应力圆表示一点的应力状态

由材料力学可知,当土体中任意一点的应力 σ_x、σ_z、τ_{xy} 为已知时,主应力可以由下面的应力转换关系得出。

$$\left.\begin{array}{c}\sigma_1\\ \sigma_3\end{array}\right\} = \frac{\sigma_z + \sigma_x}{2} \pm \sqrt{\left(\frac{\sigma_z + \sigma_x}{2} + \tau_{xy}^2\right)} \quad (1\text{-}2\text{-}41)$$

主应力平面与任意平面间的夹角由下式得出。

$$\alpha = \frac{1}{2}\tan^{-1}\left(\frac{\tau_{xy}}{\sigma_z - \sigma_x}\right) \quad (1\text{-}2\text{-}42)$$

α 角的转动方向与莫尔应力圆图上的一致。

(2) 土的极限平衡状态

当土体中某点可能发生剪切破坏面的位置已经确定,只要计算出作用于该面上的法向应力 σ 以及剪应力 τ,则可以根据库仑定律确定的抗剪强度 τ_f 与 τ 对比来判断该点是否会发生剪切破坏。

① 当 $\tau < \tau_f$ 时,表示该点处于弹性平衡状态,不发生剪切破坏。

② 当 $\tau = \tau_f$ 时,表示该点处于极限平衡状态,将发生剪切破坏。

但是,土体中某点可能发生剪切破坏面的位置一般不能预先确定。该点往往处于复杂的应力状态,无法利用库仑定律直接判断该点是否会发生剪切破坏。如果通过对该点的应力分析,计算出该点的主应力,画出其莫尔应力圆,把代表土体中某点应力状态的莫尔应力圆,与该土的库仑强度线画在同一个 τ-σ 坐标图中,可知当莫尔应力圆与库仑强度线不相交时,表明通过该点的任意平面上的剪应力都小于土的抗剪强度,故不会发生剪切破坏(图 1-2-21 中的 c 圆),也即该点处于稳定状态;当应力圆与强度线相割时,表明该点土体已经破坏(图 1-2-21 中的 a 圆),事实上该应力圆所代表的应力状态是不存在的;当应力圆与强度线相切时即为

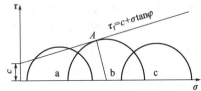

图 1-2-21　不同应力状态时的莫尔应力圆

土体濒于剪切破坏的极限应力状态,称为极限平衡状态,与强度线相切的应力圆称为极限应力圆(图1-2-21中的b圆),切点A的坐标是表示通过土中一点的某一切面处于极限平衡状态时的应力条件。这就是说通过库仑定律与莫尔应力圆原理的结合,可以推导出表示土体极限平衡状态时主应力之间的相互关系式或应力条件。

$$\sigma_1 = \sigma_3 \tan^2\left(45° + \frac{\varphi}{2}\right) + 2c\tan\left(45° + \frac{\varphi}{2}\right) \quad (1\text{-}2\text{-}43\text{a})$$

$$\sigma_3 = \sigma_1 \tan^2\left(45° - \frac{\varphi}{2}\right) - 2c\tan\left(45° - \frac{\varphi}{2}\right) \quad (1\text{-}2\text{-}43\text{b})$$

公式(1-2-43)可以用来判断土体中一点的应力状态,表达土体的主应力之间关系,由于等式成立时土体处于极限平衡状态,故称为土体的极限平衡条件。

4.抗剪强度试验方法

抗剪强度试验的方法有室内试验和野外试验等,室内最常用的是直剪试验、三轴剪切试验和无侧限抗压强度试验等。野外试验有原位十字板剪切试验等。

(1)直接剪切试验

土的抗剪强度可以通过室内试验与现场试验测定,直接剪切试验(直剪试验)是其中最基本的室内试验方法。

直剪试验使用的仪器为直剪仪。直剪试验按加荷方式分为应变式和应力式两类。前者是以等速推动剪切盒使土样受剪,后者则是分级施加水平剪力于剪力盒使土样受剪。目前我国普遍应用的是应变式直剪仪,如图1-2-22所示。

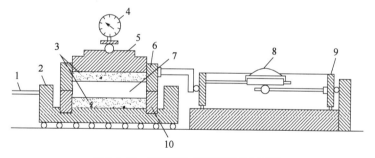

图1-2-22 应变控制式直剪仪构造示意图
1-轮轴;2-底座;3-透水石;4-垂直变形量表;5-活塞;6-上盒;7-土样;8-水平位移量表;9-量力环;10-下盒

试验开始前将金属上盒和下盒的内圆腔对正,把试样置于上下盒之间。通过传压板和滚珠对土样先施加竖直法向应力 $\sigma = p/F$(F为土样的横截面面积),然后再以规定的速率等速转动手轮对下盒施加水平推力T,使土样沿上下盒水平接触面发生剪切位移直至破坏。在剪切过程中,每隔一定的时间间隔,测记相应的剪切变形,求出施加于试样截面的剪应力值。根据结果,即可绘制在一定法向应力条件下的土样剪切位移Δl与剪应力τ的对应关系[图1-2-23a]。

整理剪切试验的资料,当剪应力-剪切位移曲线出现峰值时[图1-2-23a],取峰值剪应力为破坏时的剪应力τ_f(即抗剪强度);当无峰值时可取对应于剪切位移$\Delta l = 4$mm时的剪应力作为τ_f。对同一种土的几个不同土样分别施加不同的竖直法向应力σ做直剪试验都可得到相应的剪应力-剪切位移曲线[图1-2-23a],根据这些曲线求出相应于不同的法向应力σ

在试样剪坏时剪切面上的剪应力 τ_f。在直角坐标 σ-τ 关系图中可以作出破坏剪应力的连线[图1-2-23b)]。在一般情况下,这个连线是线性的,称为抗剪强度线。该线与纵坐标轴的截距 c,就是土的黏聚力;该线与横坐标轴的夹角 φ,就是土的内摩擦角。

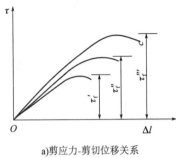
a) 剪应力-剪切位移关系

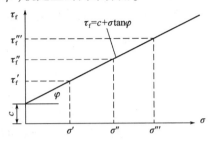
b) 抗剪强度-法向应力关系

图1-2-23 直剪试验成果曲线

在直接剪切试验中,不能量测孔隙水压力,也不能控制排水,所以只能以总应力法来表示土的抗剪强度。但是为了考虑固结程度和排水条件对抗剪强度的影响,根据加荷速率的快慢将直剪试验划分为快剪、固结快剪和慢剪三种试验类型。

①快剪。施加竖向压力后立即施加水平剪力进行剪切,剪切速度为 0.8mm/min。由于剪切速度快,可认为土样在这样短的时间内没有排水固结,或者模拟了"不排水"剪切情况。得到的强度指标用 c_q、φ_q 表示。当地基土排水不良,工程施工进度又快,土体将在没有固结的情况下承受荷载时,宜用此方法。

②固结快剪。施加竖向压力后,给予充分时间使土样排水固结。固结终了后施加水平剪力,剪切速度为 0.8mm/min,即剪切时模拟不排水条件。得到的指标用 c_{cq}、φ_{cq} 表示。当建筑物在施工期间允许土体充分排水固结,但完工后可能有突然增加的荷载作用时,宜用此方法。

③慢剪。施加竖向压力后,让土样充分排水固结,固结后以慢速施加水平剪力,以小于 0.02mm/min 的速度进行剪切,使土样在受剪过程中一直有充分时间排水固结,直到土被剪破。得到的指标用 c_s、φ_s 表示。当地基排水条件良好(如砂土或砂土中夹有薄黏性土层的砂性土),土体易在较短时间内固结,工程的施工进度较慢且使用中无突然增加的荷载时,可用此方法。

上述三种试验方法对黏性土是有意义的,但效果要视土的渗透性大小而定。对于非黏性土,由于土的渗透性很大,即使快剪也会产生排水固结,所以常只采用一种剪切速率进行"排水剪"试验。

直剪试验的优点是仪器构造简单、操作方便,但存在的主要缺点是:
①不能控制排水条件;
②剪切面是人为固定的,该剪切面不一定是土样的最薄弱面;
③剪切面上的应力分布是不均匀的。

因此,为了克服直剪试验存在的问题,后来又发展了三轴剪切试验方法,三轴剪切仪是目前测定土抗剪强度较为完善的仪器。

(2) 三轴剪切试验

三轴剪切试验使用的仪器为三轴剪切仪(也称三轴压缩仪),其核心部分是三轴压力室,它的构造如图 1-2-24 所示。此外,还配备有:①轴压系统,即三轴剪切仪的主机台,用以对试样施加轴向附加压力,并可控制轴向应变的速率;②侧压系统,通过液体(通常是水)对土样施加周围压力;③孔隙水压力测读系统,用以测量土样孔隙水压力及其在试验过程中的变化。

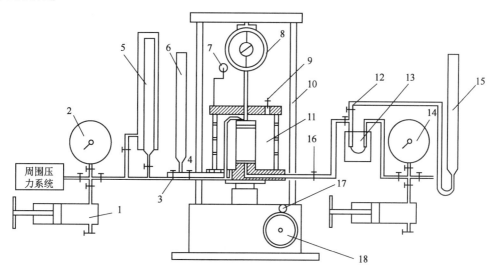

图 1-2-24　三轴剪切仪构造示意图

1-调压筒;2-周围压力表;3-周围压力阀;4-排水阀;5-体变管;6-排水管;7-变形量表;8-量力环;9-排气孔;10-轴向加压设备;11-压力室;12-量管阀;13-零位指示器;14-孔隙压力表;15-量管;16-孔隙压力阀;17-离合器;18-手轮

试验用的土样为正圆柱形,常用的高度与直径之比为 2~2.5。土样用薄橡皮膜包裹,以免压力室的水进入。

试样上、下两端可根据试样要求放置透水石或不透水板。试验中试样的排水情况由排水阀控制。试样底部与孔隙水压力量测系统相接,必要时可以测定试验过程中试样的孔隙水压力变化。

试验时,先打开周围压力阀门,向压力室压入液体,使土样在三个轴向受到相同的周围压力 σ_3,此时土样中不受剪力。然后再由轴向系统通过活塞对土样施加竖向压力 $\Delta\sigma_3$,此时试样中将产生剪应力。在周围压力 σ_3 不变的情况下,不断增大 $\Delta\sigma_3$,直到土样剪坏。其破坏面发生在与大主应力作用面成 $\alpha = 45° + \dfrac{\varphi}{2}$ 的夹角处,如图 1-2-25 所示。这时作用于土样的轴向应力为最大主应力 $\sigma_1 = \sigma_3 + \Delta\sigma_3$,周围压力 σ_3 为最小主应力。用 σ_1 和 σ_3 可绘得土样破坏时的一个极限应力圆。若取同一种土的 3~4 个试样,在不同周围压力 σ_3 下进行剪切得到相应的 σ_1,就可得到出几个极限应力圆。这些极限应力圆的公切线,即为抗剪强度包线。它一般呈直线形状,从而可求得指标 c、φ 值,如图 1-2-26 所示。

若在试验过程中,通过孔隙水测读系统分别测得每一个土样剪切破坏时的孔隙水压力的大小就可以得出土样剪切破坏时有效应力 $\overline{\sigma}_1 = \sigma_1 - u$、$\overline{\sigma}_3 = \sigma_3 - u$,绘制出相应的有效极限应力圆,根据有效极限应力圆,即可求得有效强度指标 φ'、c'。

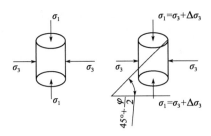

图1-2-25 试样受压示意图

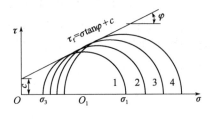

图1-2-26 三轴剪切试验莫尔破坏包线

三轴剪切仪由于土样和压力室均可分别形成各自的封闭系统(通过相关的管路和阀门),根据土样固结排水条件的不同,相应于直剪试验,三轴试验也可分为下列三种基本方法。

①不固结不排水剪(UU)试验。

先向土样施加周围压力 σ_3,随后施加轴向应力 σ_1 直至剪坏。在施加压力中,自始至终关闭排水阀门不允许土中水排出,即在施加周围压力和剪切力时均不允许土样发生排水固结。这样从开始加压直到试样剪坏全过程中土中含水率保持不变。这种试验方法所对应的实际工程条件相当于饱和软黏土中快速加荷时的应力状况。

②固结不排水剪(CU)试验。

试验时先对土样施加周围压力 σ_3,并打开排水阀门,使土样在 σ_3 作用下充分排水固结。在确认土样的固结已经完成后,关闭排水阀门然后施加轴向应力 σ_1,使土样在不能向外排水条件下受剪直至破坏为止。这种试验是经常要做的工程试验,它适用的实际工程条件常常是一般正常固结土层在工程竣工时或以后受到大量、快速的活荷载或新增加的荷载的作用时所对应的受力情况。

③固结排水剪(CD)试验。

在施加周围压力 σ_3 和轴向压力 σ_1 的全过程中,土样始终是排水状态,土中孔隙水压力始终处于消散为零的状态,在整个试验过程中,包括施加周围压力 σ_3 后的固结及施加竖向应力 σ_1 后的剪切,排水阀门、甚至包括孔隙压力阀门一直是打开的。

三轴剪切试验的优点包括:①试验中能严格控制试样排水条件及测定孔隙水压力的变化;②剪切面不是人为固定;③应力状态比较明确;④除抗剪强度外,尚能测定其他指标。但也存在以下缺点:①操作复杂;②所需试样较多;③主应力方向固定不变,与实际情况尚不能完全符合。

试验六 直接剪切试验(慢剪试验)

1. 试验目的和适用范围

本试验通过直接剪切试验(慢剪试验)测定土的抗剪强度指标,适用于细粒土和砂类土。

2. 仪器设备

应变控制式直剪仪(图1-2-22)、环刀、百分表或位移传感器。

3. 试样制备

根据土的性质及工程要求，按照原状土或扰动土的程序制备试样。根据要求决定试件是否进行饱和。饱和土样制备方法如下：

砂类土：可直接在仪器内浸水饱和。

较易透水的黏性土：渗透系数大于 10^{-4} cm/s 时，采用毛细管饱和法较为方便，或采用浸水饱和法。

不易透水的黏性土：渗透系数小于 10^{-4} cm/s 时，采用真空饱和法。但如土的结构性较弱，抽气可能发生扰动，则不宜采用该法。

4. 试验步骤

①对准剪切容器上下盒，插入固定销，在下盒内放透水石和滤纸，将带有试样的环刀刃向上，对准剪盒口，在试样上放滤纸和透水石，将试样小心地推入剪切盒内。

②移动传动装置，使上盒前端钢珠刚好与测力计接触，依次加上传压板、加压框架，安装垂直位移量测装置，测记初始读数。

③根据工程实际和土的软硬程度施加各级垂直压力，然后向盒内注水；当试样为非饱和试样时，应在加压板周围包以湿棉花。

④施加垂直压力，每 1h 测记垂直变形一次。试样固结稳定时的垂直变形值为每 1h 不大于 0.005mm。

⑤拔去固定销，以小于 0.02mm/min 的速度进行剪切，并每隔一定时间测记测力计百分表读数，直至剪损。

⑥当测力计百分表读数不变或后退时，继续剪切至剪切位移为 4mm 时停止，记下破坏值。当剪切过程中测力计百分表无峰值时，剪切至剪切位移达 6mm 时停止。

⑦剪切结束，吸去盒内积水，退掉剪切力和垂直压力，移动压力框架，取出试样，测定其含水率。

5. 结果整理

①剪应力按下式计算。

$$\tau = \frac{CR}{A_0} \times 10 \quad (1\text{-}2\text{-}44)$$

式中：τ——剪应力，kPa，计算至 0.1kPa；

C——测力计率定系数，N/0.01mm；

R——测力计读数，0.01mm；

A_0——试样初始的面积，cm²；

10——单位换算系数。

②以剪应力 τ 为纵坐标，剪切位移 Δl 为横坐标，绘制 $\tau\text{-}\Delta l$ 的关系曲线，如图 1-2-27 所示。

③以垂直压力 p 为横坐标，抗剪强度 S 为纵坐标，将每一试样的抗剪强度点绘在坐标纸上，并连成一直线。此直线的倾角为内摩擦角 φ，纵坐标上的截距为黏聚力 c，如图 1-2-28 所示。

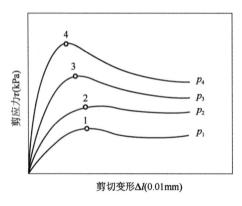

图 1-2-27 剪应力 τ 与剪切位移 Δl 的关系曲线

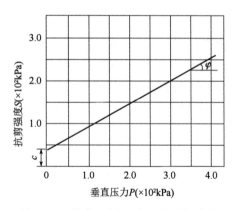

图 1-2-28 抗剪强度与垂直压力的关系曲线

课后习题

1. 土体抵抗剪切破坏的极限能力称为土的_____。土的抗剪强度指标包括_____和_____。

2. 表 1-2-11 是部分土样直剪试验结果,试应用库仑强度公式计算抗剪强度。

砌石料原岩质量技术指标   表 1-2-11

土样编号	1	2	3	4
c(kPa)	10.1	15.1	9.2	9
φ(°)	32.5	11.2	40.0	38.5
τ_f(kPa)				

3. 下列说法正确的有( )。

A. 土的抗剪强度大小对地基承载力有影响

B. 土的抗剪强度越大,地基承载力容许值越高

C. 库仑强度理论表明在法向应力变化范围不大时,抗剪强度与法向应力之间呈直线关系

D. 土的莫尔包线从严格意义上讲是一条向上略凸的曲线

E. 只有当土体处于弹性状态时,其极限平衡条件方可成立

F. 快剪、固结快剪和慢剪三种试验类型是为了模拟现场固结程度和排水条件而提出的

G. 三轴剪切试验是目前测定土的抗剪强度较为完善的方法之一

H. 三轴剪切试验能严格控制试样排水条件及测定孔隙水压力的变化

学习情境(三)

某一级公路,桩号 K2+600~K3+823 为土方路基填筑段,填土高度为 0~80cm,边坡坡度采用 1∶1.5,该段路基填筑土源为取土场取土,填筑前进行了土工试验,符合使用要求。土

方由自卸车自料场运至填方路基,路基填筑采用分层填筑,每层松铺厚度不大于30cm,压实度不小于设计值。请根据相关技术标准,判断路基压实质量。

相关知识

1. 土的压实性概念

为了改善填土和软弱地基的工程性质,常采用压实的方法使土变得密实,这往往是一种经济合理的改善土的工程性质的方法。这里所说的使土变密实的性质即土的压实性,是指采用人工或机械对土施以夯击、振动作用,使土在短时间内压实变密,获得最佳结构,以改善和提高土的力学强度的性能,或者称为土的击实性。它既不同于静荷载作用下的排水固结过程,也不同于一般压缩过程,而是在不排水条件下,由外部的夯压功能使土在短时间内得到新的结构强度,包括增强粗粒土之间的摩擦和咬合,增加细粒土之间的分子引力,从而改善土的性质。路堤、机场跑道等填土工程必须按一定标准压实使之具有足够的密实度,以确保行车平顺和安全。

2. 击实试验(见学习参考)

击实试验是研究土的压实性能的室内试验方法。击实是指对土瞬时地重复施加一定的机械功能使土体变密的过程。在击实过程中,由于击实功是瞬时作用在土上的,土中气体有所排出,而土中含水率却基本不变,因此土样可以预先调制成所需含水率,再将它击实成所需要的密度。研究土击实性的目的在于揭示击实作用下土的干密度、含水率和击实功三者之间的关系和基本规律,从而选定工程适宜的击实功。

3. 土的压实特性分析

击实试验所得到的击实曲线如图1-2-29所示,是研究土的压实特性的基本关系图。从图中可见,击实曲线(ρ_d-w 曲线)上有一峰值,此处的干密度最大,称为最大干密度ρ_{dmax}。与之对应的土样含水率则称为最佳含水率w_{op}(或称最优含水率)。从击实曲线可知,在一定的击实功作用下,只有当压实土料为最佳含水率时,击实的效果最好,土才能被击实至最大干密度,达到最为密实的填土密度。而土的含水率小于或大于最佳含水率时,所得干密度均小于最大干密度。

最佳含水率和最大干密度这两个指标是十分重要的,对于路基设计和施工有很多用处。大量工程实践表明最佳含水率与塑限相接近。黏性填土存在最佳含水率,因此在填土施工时可将土料的含水率控制在最佳含水率左右,以期用较小的能量获得最大的密度。当含水率控制在最佳含水率的干侧时(即小于最佳含水率),击实土的结构具有凝聚结构的特征。这种土比较均匀,强度较高,较脆硬,不易压密,但浸水时容易产生附加沉降。当含水率控制在最佳含水时的湿侧时(即大于最佳含水率),土具有分散结构的特征。这种土的可塑性大,适应变形的能力强,但强度较低,且具有不等向性。所以,土的含水率比最佳含水率偏高或偏低,填土的性质各有优缺点,在设计土料时要根据对填土提出的要求和当地土料的天然含水率,选定合适的含水率,一般选用的含水率要求在w_{op}±(2~3)%范围内。

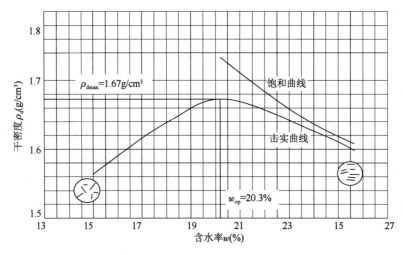

图 1-2-29　击实曲线

4. 压实特性在现场填土中的应用

上述所揭示的土的压实特性均是从室内击实试验中得到的。可工程上填土的压实与室内的试验条件是有差别的,如填筑路堤时压路机对填土的碾压和击实试验中的锤击的区别,但工程实践表明用室内击实试验来模拟工地压实是可靠的。为便于工地压实质量的施工控制,工程上采用压实度这一指标。压实度的定义是：

$$D_c = \frac{填土的干密度}{室内标准击实试验的 \rho_{dmax}} \times 100\% \qquad (1\text{-}2\text{-}45)$$

D_c 值越接近于 1,表示对压实质量的要求越高,这应用于主要受力层或者重要工程中;对于路基的下层或次要工程,D_c 值可取得小一些。从工地压实和室内击实试验对比可见,击实试验是研究土的压实特性的室内基本方法,而且对实际填方工程提供了两方面用途:一是用来判别在某一击实功作用下土的击实性能是否良好及土可能达到的最佳密实度范围与相应的含水率值,为填方设计(或为现场填筑试验设计)合理选用填筑含水率和填筑密度提供依据;另一方面为研究现场填土的力学特性制备试样,提供合理的密度和含水率。

学习参考

试验七　土的击实试验

1. 试验目的与适用范围

①本试验通过土的击实确定土的最佳含水率与相应的最大干密度,借以了解土的压实性能,作为工地土基压实控制的依据;

②本试验分轻型击实和重型击实。应根据工程要求和试样最大粒径按《公路土工试验规程》(JTG 3430—2020)表 T 0131-1 选用击实试验方法。当粒径大于 40mm 的颗粒含量大于 5%且不大于 30%时,应对试验结果进行校正。粒径大于 40mm 的颗粒含量大于 30%时,按规程 T 0133 试验进行。

2. 仪器设备

①标准击实仪;

②烘箱及干燥器;

③天平:感量 0.01g;

④台秤:称量 10kg,感量 5g;

⑤圆孔筛:孔径 40mm、20mm 和 5mm 筛各 1 个;

⑥拌和工具:400mm×600mm、深 70mm 的金属盘、土铲;

⑦其他:喷水设备、碾土器、盛土盘、量筒、推土器、铝盒、修土刀、直尺。

3. 试验步骤

①测击实筒的内径(d)和高度(h)并计算出击实筒的体积(V),称击实筒质量。

②分层击实:将击实筒放在坚硬的地面上,在筒壁上抹一薄层凡士林,并在筒底(小试筒)或垫块(大试筒)上放置蜡纸或塑料薄膜。取制备好的土样分 3~5 次倒入筒内。小筒使用三层法时,每次 800~900g(其量应使击实后的试样等于或略高于筒高的 1/3);使用五层法时,每次 400~500g(其量应使击实后的土样等于或略高于筒高的 1/5)。对于大试筒,先将垫块放入筒内底板上,按五层法时,每层需试样 900(细粒土)~1100g(粗粒土);按三层法时,每层需试样约 1700g。整平表面,并稍加压紧,然后按规定的击数击实第一层土,击实时击锤应自由垂直落下,锤迹必须均匀分布于土样面,第一层击实完后,将试样层面"拉毛"然后再装入套筒,重复上述方法击实其余各层土。小试筒击实后,试样不应高出顶面 5mm;大试筒击实后,试样不应高出筒顶面 6mm。

③称筒土质量:用修土刀沿套筒壁削刮,使试样与套筒脱离后,扭动并取下套筒,齐筒顶细心削平试样,拆除底板,擦净筒外壁,称量,精确至 1g。

④测含水率:用推土器推出筒内试样,从试样中心处取土样测其含水率,计算至 0.1%。

⑤其他试件的击实:将试样充分搓散,然后按上述方法用喷雾器加水,拌和,每次增加 2%~3% 的含水率,其中有两个大于和两个小于最佳含水率,所需加水量按下式计算。

$$m_w = \frac{m_i}{1 + 0.01w_i} \times 0.01(w - w_i) \qquad (1\text{-}2\text{-}46)$$

式中:m_w——所需的加水量,g;

m_i——含水率 w_i 时土样的质量,g;

w_i——土样原有含水率,%;

w——要求达到的含水率,%。

按上述步骤进行其他含水试样的击实试验。

4. 成果整理

按下式计算击实后各点的干密度。

$$\rho_d = \frac{\rho}{1 + 0.01w} \qquad (1\text{-}2\text{-}47)$$

式中:ρ_d——干密度,g/cm³,计算至 0.01g/cm³;

ρ ——湿密度，g/cm³；

w ——含水率，%。

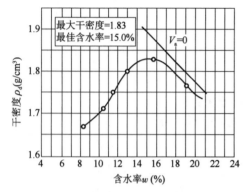

图 1-2-30 含水率与干密度的关系曲线示意

以干密度为纵坐标、含水率为横坐标，绘制干密度与含水率的关系曲线（图 1-2-30），曲线上峰值点的纵、横坐标分别为最大干密度和最佳含水率。如曲线不能给出明显的峰值点，应进行补点或重做。

按下式计算空气体积等于零的等值线，并将这根线绘在含水率与干密度的关系图上。

$$w_{\max} = \left[\frac{G_s \rho_w (1 + w) - \rho}{G_s \rho} \right] \times 100 \quad (1\text{-}2\text{-}48)$$

$$w_{\max} = \left(\frac{\rho_w}{\rho_d} - \frac{1}{G_s} \right) \times 100 \quad (1\text{-}2\text{-}49)$$

式中：$w_{\max}$——饱和含水率，%；

ρ ——试样的湿密度，g/cm³；

ρ_d——试样的干密度，g/cm³；

G_s——试样比重，对于粗粒土，则为土中粗细颗粒的混合比重；

w ——试样的含水率，%。

当试样中有大于 40mm 颗粒时，应先取出大于 40mm 颗粒，并求得其百分率 p，对小于 40mm 部分做击实试验，按下面公式分别对试验所得的最大干密度和最佳含水率进行校正（适用于大于 40mm 颗粒的含量小于 30% 时）。

最大干密度按下式校正。

$$\rho'_{dm} = \frac{1}{\dfrac{1 - 0.01p}{\rho_{dm}} + \dfrac{0.01p}{\rho_w G'_s}} \quad (1\text{-}2\text{-}50)$$

式中：ρ'_{dm}——校正后的最大干密度，g/cm³，计算至 0.01g/cm³；

ρ_{dm}——用粒径小于 40mm 的土样试验所得的最大干密度，g/cm³；

p ——试料中粒径大于 40mm 颗粒的百分数，%；

G'_s——粒径大于 40mm 颗粒的毛体积比重，计算至 0.01。

最佳含水率按下式校正。

$$w'_0 = w_0 (1 - 0.01p) + 0.01 p w_2 \quad (1\text{-}2\text{-}51)$$

式中：w'_0——校正后的最佳含水率，%，计算至 0.01%；

w_0——用粒径小于 40mm 的土样试验所得的最佳含水率，%；

p ——同前；

w_2——粒径大于 40mm 颗粒的吸水量，%。

本试验含水率须进行两次平行测定，取其算术平均值，允许平行差值应符合表 1-2-12 中规定。

含水率测定的允许平行差值 表1-2-12

含水率(%)	允许平行差值	含水率(%)	允许平行差值
5以下	0.3	40以下	≤1
40及以上	≤2		

试验八　土的承载比试验

1. 试验目的和适用范围

①本试验测定土的承载比,该方法只适用于在规定的试筒内制件后,对各种土和路面基层、底基层材料进行承载比试验;

②试样的最大粒径宜控制在20mm以内,最大粒径不得超过40mm且粒径在20～40mm的颗粒含量不宜超过5%。

2. 仪器设备

①圆孔筛:孔径40mm、20mm及5mm筛各1个。

②试筒:内径152mm、高170mm的金属圆筒;套环,高50mm;筒内垫块,直径151mm、高50mm;夯击底板,同击实仪。试筒的形式和主要尺寸如图1-2-31所示。也可用击实试验的大击实筒。

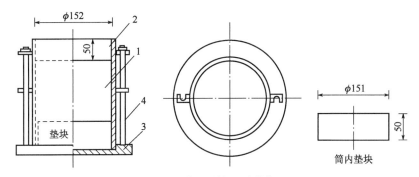

图1-2-31　承载比试筒(尺寸单位:mm)
1-试筒;2-套环;3-夯击底板;4-拉杆

③夯锤和导管:夯锤的底面直径50mm,总质量4.5kg。夯锤在导管内的总行程为450mm,夯锤的形式和尺寸与重型击实试验法所用的相同。

④贯入杆:端面直径50mm、长约100mm的金属柱。

⑤路面材料强度仪或其他载荷装置,如图1-2-32所示。能调节贯入速度至每分钟贯入1mm;测力环应包7.5kN、15kN、30kN、60kN、100kN和150kN等型号。

⑥百分表:3个。

⑦试件顶面上的多孔板(测试件吸水时的膨胀量),如图1-2-33所示。

⑧多孔底板(试件放在后浸泡水中)。

⑨测膨胀量时支承百分表的架子,如图1-2-34所示。

⑩荷载板:直径150mm,中心孔直径52mm,每块质量1.25kg,共4块,并沿直径分为两个半圆块,如图1-2-35所示。

⑪水槽:浸泡试件用,槽内水面应高出试件顶面25mm。

⑫天平:称量2000g,感量0.01g;称量50kg,感量5g。

⑬其他:拌和盘、直尺、滤纸、推土器等,与击实试验相同。

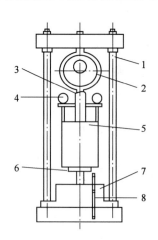

图1-2-32 载荷装置示意图

1-框架;2-测力环;3-贯入杆;4-百分表;5-试件;

6-升降台;7-蜗轮蜗杆箱;8-摇把

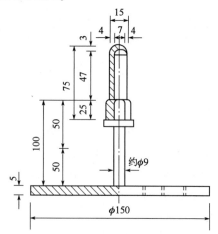

图1-2-33 带调节杆的多孔板

(尺寸单位:mm)

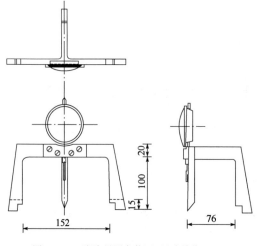

图1-2-34 膨胀量测定装置(尺寸单位:mm)

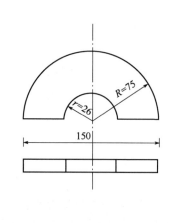

图1-2-35 荷载板(尺寸单位:mm)

3. 试验步骤

(1)试样准备

①将具有代表性的风干试料(必要时可在50℃烘箱内烘干),用木碾捣碎,但应尽量注意不使土或粒料的单个颗粒破碎。土团均应捣碎到通过5mm的筛孔。

②采取有代表性的试料50kg,用40mm筛筛除大于40mm的颗粒,并记录超尺寸颗粒的百分数。将已过筛的试料按四分法取出约25kg,再用四分法将取出的试料分成4份,每份质量6kg,供击实试验和制试件之用。

③在预定做击实试验的前一天,取有代表性的试料测定其风干含水率。测定含水率用的试样,数量可参照表1-2-13规定取样。

测定含水率用试样的数量　　　　　　　　表 1-2-13

最大粒径(mm)	试样质量(g)	个数
<5	15~20	2
约 5	约 50	1
约 20	约 250	1
约 40	约 500	1

（2）试验步骤

①称试筒本身质量（m_1），将试筒固定在底板上，将垫块放入筒内,并在垫块上放一张滤纸,安上套环。

②将 1 份试料,按重型击实试验法Ⅱ-2 规定的层数和每层击数,求试料的最大干密度和最佳含水率。

③将其余 3 份试料,按最佳含水率制备 3 个试件,将 1 份试料铺于金属盘内,按事先计算得的该份试料应加的水量均匀地喷洒在试料上。用小铲将试料充分拌和到均匀状态,然后装入密闭容器或塑料口袋内浸润备用。浸润时间:黏性土不得少于 24h,粉性土可缩短到 12h,砂土可缩短到 6h,天然砂砾可缩短到 2h 左右。制每个试件时,都要取样测定试料的含水率。

注：需要时,可制备 3 种干密度试件。如每种干密度试件制 3 个,则共制 9 个试件。每层击数分别为 30、50 和 98 次,使试件的干密度从低于 95% 到等于 100% 的最大干密度。这样 9 个试件共需试料约 55kg。

④将试筒放在坚硬的地面上,取备好的试样分 3 次倒入筒内（视最大粒径而定）。每层需试样 1700g 左右（其量应使击实后的试样高出 1/3 筒高 1~2mm）。整平表面,并稍加压紧,然后按规定的击数进行第一层试样的击实,击实时锤应自由垂直落下,锤迹必须均匀分布于试样面上。每一层击实完后,将试样层面"拉毛",然后再装入套筒。重复上述方法进行其余每层试样的击实,试筒击实制件完成后,试样不宜高出筒高 10mm。

⑤卸下套环,用直刮刀沿试筒顶修平击实的试件,表面不平整处用细料修补。取出垫块,称量筒和试件的质量（m_2）。

⑥泡水测膨胀量的步骤如下。

a. 在试件制成后,取下试件顶面的破残滤纸,放一张好滤纸,并在上安装附有调节杆的多孔板,在多孔板上加 4 块荷载板。

b. 将试筒与多孔板一起放入槽内（先不放水）,并用拉杆将模具拉紧,安装百分表,并读取初读数。

c. 向水槽内放水,使水自由进到试件的顶部和底部,在泡水期间,槽内水面应保持在试件顶面以上大约 25mm。通常试件要泡水 4 昼夜。

d. 泡水终了时,读取试件上百分表的终读数,并用式（1-2-52）计算膨胀量：

$$\delta_e = \frac{H_1 - H_0}{H_0} \times 100 \qquad (1\text{-}2\text{-}52)$$

式中：δ_e——试件泡水后有膨胀率,计算至 0.1%；

H_1——试件泡水终了的高度,mm；

H_0——试件初始高度,mm。

e. 从水槽中取出试件,倒出试件顶面的水,静置 15min,让其排水,然后卸去附加荷载和多孔板、底板和滤纸,并称其质量（m_3),以计算试件的湿度和密度的变化。

⑦贯入试验。

a. 将泡水试验终了的试件放到路面材料强度试验仪的升降台上,调整偏球座,使贯入杆与试件顶面全面接触,在贯入杆周围放置 4 块荷载板。

b. 先在贯入杆上施加 45N 荷载,然后将测力和测变形的百分表的指针都调至整数,并记读起始读数。

c. 加荷使贯入杆以 1～1.25mm/min 的速度压入试件,记录测力计内百分表某些整读数（如 20、40、60)时的贯入量,并注意使贯入量为 250×10^{-2}mm 时,能有 5 个以上的读数。因此,测力计内的第一个读数应是贯入量 30×10^{-2}mm 左右。

4. 结果整理

①以单位压力（p)为横坐标,贯入量（l)为纵坐标,绘制 p-l 关系曲线,如图 1-2-36 所示。图上曲线 1 是合适的,曲线 2 开始段是凹曲线,需要进行修正。修正时,在变曲率点引一切线,与纵坐标交于 O' 点,O' 即为修正后的原点。

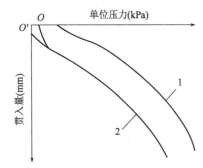

图 1-2-36 单位压力与贯入量的关系曲线

②根据式（1-2-53)和式（1-2-54)分别计算贯入量为 2.5mm 和 5mm 时的承载比（CBR)。

即：
$$CBR = \frac{p}{7000} \times 100 \qquad (1\text{-}2\text{-}53)$$

$$CBR = \frac{p}{10500} \times 100 \qquad (1\text{-}2\text{-}54)$$

式中：CBR——承载比,%,计算至 0.1%；

p——单位压力,kPa。

取两者的较大值作为该材料的承载比（CBR)。

③试件的天然密度用式（1-2-55)计算。

$$\rho = \frac{m_2 - m_1}{2177} \qquad (1\text{-}2\text{-}55)$$

式中：ρ——试件的天然密度,g/cm³,计算至 0.01g/cm³；

　　　m_2——试筒和试件的质量和,g；

　　　m_1——试筒的质量,g；

　　　2177——试筒的容积,cm³。

④试件的干密度用式（1-2-56)计算。

$$\rho_d = \frac{\rho}{1 + 0.01w} \qquad (1\text{-}2\text{-}56)$$

式中：ρ_d——试件的干密度,g/cm³,计算至 0.01g/cm³；

　　　w——试件的含水率。

⑤泡水后试件的吸水量按式(1-2-57)计算：

$$w_a = m_3 - m_2 \tag{1-2-57}$$

式中：w_a——泡水后试件的吸水量，g；

m_3——泡水后试筒和试件的合质量，g；

m_2——试筒和试件的合质量，g。

5. 精度要求

计算 3 个平行试验的承载比变异系数 C_v。如 C_v 小于 12%，则取 3 个结果的平均值。如 C_v 大于 12%，则去掉一个偏离大的值，取其余 2 个结构的平均值。

CBR 值(%)与膨胀量(%)取小数点后一位。

课后习题

1. 该公路 K2+600～K3+823 路段，在土方填筑前，试验员在取土场中取代表性土样做击实试验。请根据试验结果，填写击实试验数据记录表(表 1-2-14)，绘制击实曲线(图 1-2-37)并确定该土料的最大干密度和最佳含水率。

击实试验数据记录表　　　　　　　　　　表 1-2-14

土样编号			筒号			落距(cm)			
土样来源			筒容积(cm³)			每层击数			
试验日期			击锤质量(kg)			大于 5mm 颗粒含量			

	试验次数	1	2	3	4	5
干密度	筒+土质(g)					
	筒质量(g)					
	湿土质量(g)					
	湿密度(g/cm³)					
	干密度(g/cm³)					
含水率	盒号	1 | 2	1 | 2	1 | 2	1 | 2	1 | 2
	盒质量(g)					
	盒+湿土质量(g)					
	盒+干土质量(g)					
	水质量(g)					
	干土质量(g)					
	含水率(%)					
	平均含水(%)					
最大干密度 ρ_{dmax} =				最佳含水率 w_{op} =		

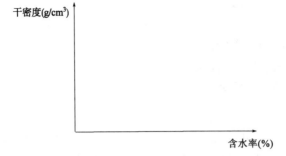

图 1-2-37　干密度与含水率的关系曲线

2. 在此段填方路基填筑完成后,进行压实质量检测,在 K2+900 处测得压实后土体湿密度为 2.03g/cm³,含水率为 14.7%,设计中要求此段路基的压实度不小于 95%,请判断检测点的压实质量是否满足设计要求。

3. 土的压实性指采用人工或机械对土施以_____作用,使土在短时间内_____,获得最佳结构,以改善和提高土的力学强度的性能。

4. 承载比(CBR)是指路基材料贯入量达到 2.5mm 或 5mm 时,_____和_____相同贯入时标准荷载强度(7MPa 或 10MPa)的比值。

5. 下列说法正确的有(　　)。
　　A. 土的压实过程与静荷载作用下的排水固结过程相同
　　B. 土的压实过程与一般的压缩过程不同
　　C. 击实试验是研究土的压实性能的室内试验方法
　　D. 在土的击实过程中,土中含水率不断减少
　　E. 饱和曲线是研究土的压实特性的基本关系图
　　F. 土的标准击实试验是为了确定干密度和最佳含水率
　　G. 压实度 K 值越接近于 1,表示对压实质量的要求越高
　　H. 在同一击实功能条件下,不同土类的击实特性基本相同
　　I. CBR 值越大,路基材料强度越高

任务四　认识土的工程分类

学习情境

某一级公路,桩号 K6+130~K8+800 为土方路基填筑段,依据《土工试验方法标准》(GB/T 50123—2019)、《公路土工试验规程》(JTG 3430—2020)、《公路桥涵地基与基础设计规范》(JTG 3363—2019)、《公路路基设计规范》(JTG D30—2015)、《公路路基施工技术规范》(JTG/T 3610—2019),采用原位测试和室内试验相结合的方法,对土进行工程分类,以便根据

土的名称大致判断土的工程性质,评价土作为建筑材料的适宜性及结合其他内容来确定地基承载力等指标。

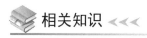

《公路桥涵地基与基础设计规范》(JTG 3363—2019)中土的分类

《公路桥涵地基与基础设计规范》(JTG 3363—2019)中,将公路桥涵地基的岩土分为岩石、碎石土、砂土、粉土、黏性土和特殊性岩土,下面主要介绍碎石土、砂土、粉土、黏土的分类。

1. 碎石土

碎石土是指粒径大于2mm的颗粒含量超过总质量50%的土。碎石土按照表1-2-15可分为漂石、块石、卵石、碎石、圆砾、角砾六类。

碎石土的分类 表1-2-15

土的名称	颗粒形状	颗粒级配
漂石	圆形及亚圆形为主	粒径大于200mm的颗粒含量超过总质量50%
块石	棱角形为主	
卵石	圆形及亚圆形为主	粒径大于20mm的颗粒含量超过总质量50%
碎石	棱角形为主	
圆砾	圆形及亚圆形为主	粒径大于2mm的颗粒含量超过总质量50%
角砾	棱角形为主	

注:碎石土分类时应根据粒组含量从大到小以最先符合者确定。

2. 砂土

砂土是指粒径大于2mm的颗粒含量不超过总质量50%、粒径大于0.075mm的颗粒超过总质量50%的土。砂土可分为砾砂、粗砂、中砂、细砂和粉砂五类,见表1-2-16所示。

砂土分类 表1-2-16

土的名称	颗粒级配
砾砂	粒径大于2mm的颗粒含量占总质量25%~50%
粗砂	粒径大于0.5mm的颗粒含量超过总质量50%
中砂	粒径大于0.25mm的颗粒含量超过总质量50%
细砂	粒径大于0.075mm的颗粒含量超过总质量85%
粉砂	粒径大于0.075mm的颗粒含量超过总质量50%

3. 粉土

粉土是指塑性指数$I_p \leq 10$且粒径大于0.075mm的颗粒含量不超过总质量50%的土。

4. 黏性土

黏性土是指塑性指数$I_p > 10$且粒径大于0.075mm的颗粒含量不超过总质量50%的土。

黏性土根据塑性指数 I_p 分为黏土、粉质黏土,如表 1-2-17 所示。

黏性土的分类　　　　　　　　　　　　　　　　表 1-2-17

塑性指数	土的名称
$10 < I_p \leq 17$	粉质黏土
$I_p > 17$	黏土

《公路土工试验规程》(JTG 3430—2020)中土的分类

《公路土工试验规程》(JTG 3430—2020)中根据土的分类的一般原则,结合公路工程实践中的研究成果,提出土的统一分类体系,将土分为巨粒土、粗粒土、细粒土,分类总体系如图 1-2-38 所示。对于特殊成因和年代的土类尚应结合其成因和年代特征定名,如图 1-2-39 所示。

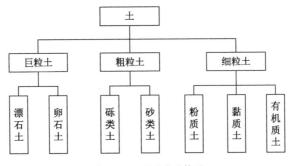

图 1-2-38　土分类总体系

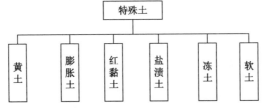

图 1-2-39　特殊土分类

1. 巨粒土分类

①巨粒组质量多于总质量 50% 的土称为巨粒土,分类体系见图 1-2-40。

a. 巨粒组质量大于总质量 75% 的土称漂(卵)石。

b. 巨粒组质量为总质量 50% ~75%(含 75%)的土称漂(卵)石夹土。

c. 巨粒组质量为总质量 15% ~50%(含 50%)的土称漂(卵)石质土。

d. 巨粒组质量小于或等于总质量 15% 的土,可扣除巨粒,按粗粒土或细粒土的相应规定分类定名。

②漂(卵)石按下列规定定名:

a. 漂石粒组质量大于卵石粒组质量的土称漂石,记为 B。

b. 漂石粒组质量小于或等于卵石粒组质量的土称卵石,记为 Cb。

③漂(卵)石夹土按下列规定定名：
a. 漂石粒组质量大于卵石粒组质量的土称漂石夹土，记为 BSl。
b. 漂石粒组质量小于或等于卵石粒组质量的土称卵石夹土，记为 CbSl。
④漂(卵)石质土按下列规定定名：
a. 漂石粒组质量大于卵石粒组质量的土称漂石质土，记为 SlB。
b. 漂石粒组质量小于或等于卵石粒组质量的土称卵石质土，记为 SlCb。
c. 如有必要，可按漂(卵)石质中的砾、砂、细粒土含量定名。

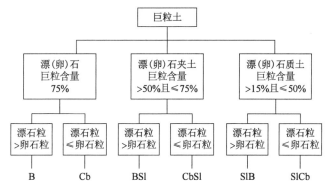

图 1-2-40　巨粒土分类体系

注：1. 巨粒土分类体系中的漂石换成块石，B 换成 Ba，即构成相应的块石分类体系。
　　2. 巨粒土分类体系中的卵石换成小块石，Cb 换成 Cb_a，即构成相应的小块石分类体系。

2. 粗粒土分类

试样中巨粒组土粒质量小于或等于总质量 15%，且巨粒组土粒与粗粒组质量之和大于总土质量 50% 的土称粗粒土。

(1) 砾类土

粗粒土中砾粒组质量多于砂粒组质量的土称砾类土，砾类土应根据其中细粒含量和类别以及粗粒组的级配进行分类，分类体系见图 1-2-41。

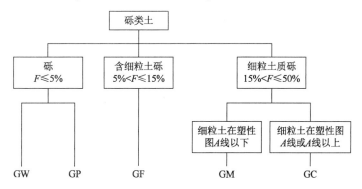

图 1-2-41　砾类土分类体系

注：砾类土分类体系中的砾石换成角砾，G 换成 G_a，即构成相应的角砾土分类体系。

①砾类土中细粒组质量小于或等于总质量 5% 的土称砾，按下列级配指标定名：
a. 当 $Cu \geq 5$，$Cc = 1 \sim 3$ 时，称级配良好砾，记为 GW。

b. 不同时满足①条件时,称级配不良砾,记为 GP。

②砾类土中细粒组质量为总质量 5%~15%(含 15%)的土称含细粒土砾,记为 GF。

③砾类土中细粒组质量大于总质量的 15%,并小于或等于总质量的 50% 时的土称细粒土质砾,按细粒土在塑性图中的位置定名:

a. 当细粒土位于塑性图 A 线以下时,称粉土质砾,记为 GM。

b. 当细粒土位于塑性图 A 线或 A 线以上时,称黏土质砾,记为 GC。

(2)砂类土

粗粒土中砾粒组质量小于或等于砂粒组质量的土称砂类土,砂类土应根据其中细粒含量和类别以及粗粒组的级配进行分类,分类体系见图 1-2-42。根据粒径分组由大到小,以首先符合者命名。

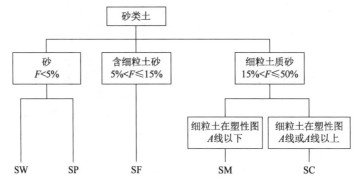

图 1-2-42 砂类土分类体系

注:需要时,砂可进一步细分为粗砂、中砂和细砂。

粗砂——粒径大于 0.5mm 颗粒大于总质量 50%;

中砂——粒径大于 0.25mm 颗粒大于总质量 50%;

细砂——粒径大于 0.075mm 颗粒大于总质量 50%。

①砂类土中细粒组质量小于或等于总质量 5% 的土称砂,按下列级配指标定名:

a. 当 $Cu \geqslant 5$,且 $Cc = 1 \sim 3$ 时,称级配良好砂,记为 SW。

b. 不同时满足上一条件时,称级配不良砂,记为 SP。

②砂类土中细粒组质量为总质量 5%~15%(含 15%)的土称含细粒土砂,记为 SF。

③砂类土中细粒组质量大于总质量的 15%,并小于或等于总质量的 50% 时的土称细粒土质砂,按细粒土在塑性图中的位置定名:

a. 当细粒土位于塑性图 A 线以下时,称粉土质砂,记为 SM。

b. 当细粒土位于塑性图 A 线或 A 线以上时,称黏土质砂,记为 SC。

3. 细粒土分类

试样中细粒组质量大于或等于总质量 50% 的土称细粒土,分类体系见图 1-2-43。

(1)按组分含量划分

①细粒土中粗粒组质量小于或等于总质量 25% 的土称粉质土或黏质土。

②细粒土中粗粒组质量为总质量 25%~50%(含 50%)的土称含粗粒的粉质土或含粗粒的黏质土。

③试样中有机质含量大于或等于总质量的 5% 的土称有机质土;试样中有机质含量大于或等于 10% 的土称为有机土。

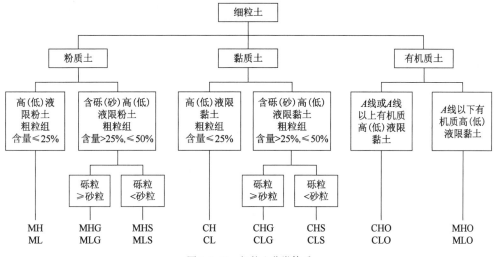

图 1-2-43　细粒土分类体系

（2）按塑性图分类

该分类的塑性图,如图 1-2-44 所示,采用下列液限分区：

低液限 $w_L < 50\%$

高液限 $w_L \geqslant 50\%$

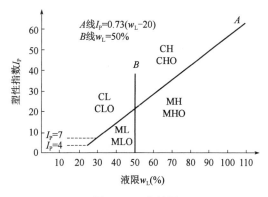

图 1-2-44　塑性图

细粒土应按其在塑性图 1-2-44 中的位置确定土名称：

①当细粒土位于塑性图 A 线或 A 线以上时,按下列规定定名：

a. 在 B 线或 B 线以右,称高液限黏土,记为 CH。

b. 在 B 线以左,$I_p = 7$ 线以上,称低液限黏土,记为 CL。

②当细粒土位于塑性图 A 线以下时,按下列规定定名：

a. 在 B 线或 B 线以右,称高液限粉土,记为 MH。

b. 在 B 线以左,$I_p = 4$ 线以下,称低液限粉土,记为 ML。

③黏土—粉土过渡区(CL—ML)的土可以按相邻土层类别考虑定名。

（3）有机质土的分类

土中有机质包括未完全分解的动植物残骸和完全分解的无定形物质。后者多呈黑色、青黑色或暗色；有臭味、有弹性和海绵感。借目测、手摸及嗅感判别。当不能判定时，可采用下列方法：将试样在 105~110℃ 的烘箱中烘烤。若烘烤 24h 后试样的液限小于烘烤前的四分之三，该试样为有机质土。测定有机质含量应按规程中的试验进行。

有机质土应根据图 1-2-44 按下列规定定名：

①位于塑性图 A 线或 A 线以上：

a. 在 B 线或 B 线以右，称有机质高液限黏土，记为 CHO；

b. 在 B 线以左，$I_p=7$ 线以上，称有机质低液限黏土，记为 CLO。

②位于塑性图 A 线以下：

a. 在 B 线或 B 线以右，称有机质高液限粉土，记为 MHO；

b. 在 B 线以左，$I_p=4$ 线以下，称有机质低液限粉土，记为 MLO。

③黏土—粉土过渡区（CL—ML）的土可以按相邻土层类别考虑定名。

《公路土工试验规程》（JTG 3430—2020）同时也给出了黄土、膨胀土和红黏土在塑性图的位置及其学名，以及盐渍土的含盐量标准和冻土的分类标准。

学习参考

对于土的工程分类法，世界各国、各地区、各部门，根据自己的传统与经验，都有自己的分类标准。但总体看来，国内外对分类的依据，在总的体系上也在趋近于一致，各分类法的标准也都大同小异。一般原则是：①粗粒土按粒度成分及级配特征；②细粒土按塑性指数和液限；③有机土和特殊土则分别单独各列为一类；④各个分类体系中对定出的土名给以明确含义的文字符号，既可一目了然，也为运用电子计算机检索土质试验资料提供条件。我国对土的成分、级配、液限和特殊土有通用的基本代号，见表 1-2-18。

土的成分代号　　　　　　　　　　表 1-2-18

土的成分	代号	土的成分	代号	土的级配	代号	土的液限	代号	特殊土	代号
漂石	B	砂	S	级配良好	W	高液限	H	黄土	Y
块石	B_a	粉土	M	级配不良	P	低液限	L	膨胀土	E
卵石	C_b	黏土	C					红黏土	R
小石块	C_{ba}	细粒土	F					盐渍土	St
砾	G	（混合）土（粗、细粒土合称）	Sl					冻土	Ft
角砾	G_a	有机质土	O					软土	Sf

土的名称可用一个基本代号表示。当由两个基本代号构成时，第一个代号表示土的主成分，第二个代号表示副成分（土的液限或土的级配）。当由三个基本代号构成时，第一个代号表示土的主成分，第二个代号表示液限的高低（或级配的好坏），第三个代号表示土中所含次要成分，见表 1-2-19。

土类的名称和代号   表1-2-19

名称	代号	名称	代号	名称	代号
漂石	B	粉土质砾	GM	含砂低液限粉土	MLS
块石	B_a	黏土质砾	GC	高液限黏土	CH
卵石	C_a	级配良好的砂	SW	低液限黏土	CL
小石块	Cb_a	级配不良的砂	SP	含砾高液限黏土	CHG
漂石夹土	BSl	粉土质砂	SM	含砾低液限黏土	CLG
卵石夹土	CbSl	黏土质砂	SC	含砂高液限黏土	CHS
漂石质土	SlB	高液限粉土	MH	含砂低液限黏土	CLS
卵石质土	SlCb	低液限粉土	ML	有机质高液限粉土	MHO
级配良好砾	GW	含砾高液限粉土	MHG	有机质低液限黏土	CLO
级配不良砾	GP	含砾低液限粉土	MLG	有机质高液限粉土	MHO
含细粒土砾	GF	含砂高液限粉土	MHS	有机质低液限粉土	MLO

课后习题

1. 为了确定土的种类,需要进行以下操作,具体情况如下:

(1)取代表性土样,烘干后称500g做试验,筛分结果见表1-2-20。请计算该土样的粒度成分,并给该土初步分类定名。

筛分试验数据记录表   表1-2-20

粒组 (mm)	料场土样	
	筛余量(g)	粒度成分(%)
10~5	24	
5~2	56	
2~1	55	
1~0.5	20	
0.5~0.25	15	
0.25~0.075	30	
<0.075	300	
定名		

(2)在该土样筛分完成后,取0.075mm筛下土样200g,做界限含水率试验,测得该土的塑限 $w_p = 16.5\%$,液限 $w_L = 39.8\%$。①计算该土的塑性指数 I_P;②根据塑性图及筛分试验结果对土进行综合定名。

2. 土的工程分类一般原则是:粗粒土按_____及_____;细粒土按_____和_____;有机土和特殊土则分别单独各列为一类。

3. 下列说法正确的有(　　)。
   A. 低液限黏土的代号是 ML
   B. 当不均匀系数 Cu≥5 且曲率系数 Cc 在 1~3 时,该土为级配不良的土
   C. 细粒土包括粉土和黏土
   D. 级配良好的砂的代号是 SW
   E. 细粒土的工程分类主要依据粒度成分和级配特征
   F. 砂土是指粒径大于 2mm 的颗粒含量不超过总质量的 50%,粒径大于 0.075mm 的颗粒超过总质量 50%
   G. 黏性土是指塑性指数 I_p >10 且粒径大于 0.075mm 的颗粒含量不超过总质量的 50% 的土

模块二

地质构造与地貌

地质构造是地壳或岩石圈各个组成部分的形态及其相互结合的方式和面貌特征的总称,简称构造。它是研究地壳运动的性质和方式的依据,有原生构造和次生构造之分。地貌即地球表面各种形态的总称,它的成因往往同地质构造有密切关系,是内、外力地质作用对地壳综合作用的结果。地貌形态直接关系到工程的造价、施工难度和使用效益。在平原和高原地区,地表起伏较小,有利于工程建设的选址、选线与施工;在丘陵和山区,相对高差大,地形陡峭,场地平整成本高,而且易发生地质灾害,不利于大型工程的选址和选线。

学习目标

1. 知道内外动力地质作用的种类及相互联系；
2. 记忆地质年代表并判断分析地层年代；
3. 认识各种地貌形态并判断分析各种地貌的工程地质条件；
4. 掌握地下水分类、赋存条件及补排关系；
5. 判断分析流砂、基坑涌水、路基翻浆、潜蚀等病害；
6. 读懂地质图；
7. 读懂地质勘查报告。

学习导图

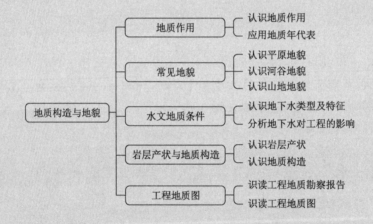

单元一 地质作用

地质作用的自然力是地质营力,力是能的表现。来自地球内部的能称为内能,主要有地内热能、重力能、地球旋转能、化学能和结晶能。来自地球外部的能称为外能,主要有太阳辐射热、位能、潮汐能和生物能等。地质作用可分为内动力地质作用和外动力地质作用。

情境描述

某隧道为双洞分修隧道,左线全长19981m,右线全长20042m。隧道穿越龙门山活动断裂带及断层破碎带,最大埋深达1445m。围岩以碳质板岩、砂岩、辉绿岩为主。施工过程中先后出现瓦斯、硫化氢、高地应力大变形、高地温等极端地质条件,为极高风险隧道。在隧道勘察设计之初,需要对当地的地貌、围岩岩性、地质作用、地质年代、地质构造等进行全面的研究分析。

任务一 认识地质作用

学习情境

由于隧道施工时围岩的性质对隧道安全稳定性影响极大,故隧道勘察设计之初需要对围岩稳定性进行判别和分析。假设该隧道围岩以碳质板岩、砂岩、辉绿岩为主,如果你是工程勘察或设计施工人员,请分析判断这三种岩石的形成原因和地质作用之间的关系。

相关知识

1. 内动力地质作用

由地球的旋转能和地球中的放射性物质在其衰减过程中释放出的热能所引起的地质作用称为内动力地质作用。内动力地质作用的种类,如图2-1-1所示。这类地质作用主要发生在地下深处,有的可波及地表,可使岩石圈或发生变形、变位,或发生变质,或发生物质重熔,以至形成新岩石。

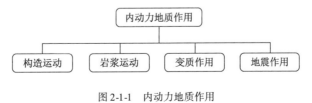

图2-1-1 内动力地质作用

(1) 构造运动(或称地壳运动)

构造运动有水平和垂直两种运动形式,可使岩石发生变形、变位,形成各种构造形迹。水平运动指地壳或岩石圈块体沿水平方向移动,它使岩层产生褶皱、断裂,如我国的横断山脉、喜马拉雅山、天山、祁连山等均为褶皱山系。垂直运动指地壳或岩石圈相邻块体或同一块体的不同部分做差异性上升或下降,使一些地区上升形成山岳、高原,另一些地区下降,形成湖、海、盆地。如喜马拉雅山上发现大量新生代早期的海洋生物化石,说明了五六千万年前,此处曾为汪洋大海,大约2500万年前才开始从海底升起。

(2) 岩浆作用

岩浆是地下岩石的高温(800~1200℃)熔融体。它不连续地发源于地幔顶部或地壳深处。岩浆形成后循软弱带从深部向浅部运动,在运动中随着温度、压力的降低,本身也不断发生变化,并与周围岩石相互作用。

(3) 变质作用

岩石变质后,其原有构造、矿物成分都有不同程度的变化,有的变化可完全改变原岩特征。

根据地质环境和主要变质因素(如温度、负荷压力、流体压力、应力、流体成分、氧逸度等),变质作用可划分为下列类型。

① 接触变质作用:接触变质作用也称热接触变质作用或接触热变质作用。接触变质作用是发育在与侵入岩体相接触围岩中的一种局部变质作用,由侵入岩体的热能使围岩发生变晶作用和重结晶作用,形成新的矿物组合和结构构造,但变质前后岩石的化学成分基本没有变化。接触变质作用的主要变质因素是温度,典型的接触变质岩石是角岩。

② 区域变质作用:在区域范围内大面积发生的变质作用,统称为区域变质作用。其主要特征是,出露面积从几百到几千平方千米,常呈面状或宽带状分布。产生区域变质作用的地质环境多种多样,其变质因素十分复杂,所以区域变质作用是由地质环境所导致的各种变质因素综合作用的一种变质作用。种类繁多的区域变质岩,是地壳中分布最广的变质岩石。按产生区域变质作用的地质环境可以将区域变质作用划分为下列几种。

a. 大陆结晶基底的变质作用。主要发育在大陆结晶基底的变质作用,由区域变质作用所形成的变质岩呈面状分布。其主要变质因素有温度、压力(静压力和应力)和流体。大多数结晶基底主要由中、高级区域变质岩组成。

b. 造山变质作用。主要发育在造山带的变质作用,其变质岩呈宽带状分布。造山带的变质作用与大地构造环境密切相关,可分为高压型、中压型和低压型。高压型主要发育在板块俯冲带和碰撞带,而中、低压型多分布于岛弧、大陆拉张带,大陆碰撞带。

c. 洋底变质作用。洋底变质作用是在大洋中脊附近的一定深度范围内,由于海底扩张、深部热流上升,加热了洋壳岩石和其中的海水,通过热对流的循环,致使洋中脊附近的洋壳岩石(主要是辉长岩、玄武岩和超镁铁质岩石)发生变质作用。变质过程中,原岩的化学成分发生不同程度的改变。洋底变质岩的变质程度较低,主要是由绿帘石、绿泥石、阳起石、钠长石(方解石)等矿物组成的变质辉长岩、变质玄武岩等,它们是具有块状构造的绿色浅变质岩石。

d. 埋深变质作用。埋深变质作用是指在剧烈凹陷的沉积-火山盆地的底部,因地壳下沉被埋在地下深处的岩石,由于受上覆岩石的负荷压力和地热增温的影响而发生的变质作用。此类变质作用与造山运动和岩浆活动没有明显的联系,致使埋深变质岩石缺乏片理。由于变质温度很低,重结晶作用和变晶作用不彻底,变质岩石由浊沸石、葡萄石、绿纤石等很多低温矿物和原岩残留的矿物组成,原岩的组构保存较好。埋深变质作用与成岩作用之间呈渐变过渡关系,致使埋深变质作用形成的变质岩与沉积岩不易区分。

③动力变质作用:动力变质作用是发育在构造断裂带中,由构造应力影响而产生的一种局部变质作用,也称断层变质作用。变质作用的主要变质因素是构造应力。断裂带中的岩石通过碎裂、变形和重结晶作用,使原岩的结构构造发生变化形成动力变质岩,其中各种变形组构十分发育,有时岩石中的矿物也有变化。典型的动力变质岩石是糜棱岩、碎裂岩和断层角砾岩。

④冲击变质作用:当陨石高速冲击星球表面,在强大的冲击波作用下,被撞击的岩石压力突然增高、温度骤增,引起陨石坑周围的岩石发生变质作用。冲击变质作用的特点是在很短的时间内,定向压力很大,温度很高,因此,在冲击变质岩中常出现超高压矿物(如柯石英、斯石英)。瞬时高速冲击所产生的高温还可能使岩石熔融形成玻璃质,因此,在陨石坑中也常有陨击角砾岩产出。

⑤气液变质作用:气液变质作用是由化学性质比较活泼的气体和热液与固体岩石发生交代作用,使原来岩石的化学成分和矿物发生变化的一种变质作用。气液变质作用主要变质因素是组分的化学势和温度。气液变质岩的物质成分在变质前后常有明显的差异,这是与其他变质作用最主要的差别。气液变质岩石多发育在侵入岩体的顶部及其内外接触带、断裂带及其附近、热液矿体的周围和火山活动区。云英岩、矽卡岩、绢英岩、青磐岩等是气液变质岩的典型岩石。

⑥混合岩化作用:在中高级变质岩区的一些变质岩石中,经深熔作用形成主要组分为富长英质、长石质的熔体(新成体)和未被熔融的岩石(古成体)相互作用形成各种混合岩的地质作用,称为混合岩化作用,亦称"超变质作用"。混合岩化作用是变质作用和岩浆作用之间一种过渡的地质作用,各种类型的混合岩是混合岩化作用的产物。

上述变质作用也可按发生的地质环境及涉及的范围大小进行划分。其中,接触变质作用、动力变质作用、冲击变质作用和气液变质作用都属于局部变质作用,它们的分布范围小(一般均小于$100km^2$),变质因素相对单一,且大多分布在岩浆侵入体、火山活动区、构造断层带、陨石坑和热液矿床等的周围。区域变质作用和混合岩化作用涉及的范围很大,可达数千平方千米,它们都是由多种变质因素综合作用的复杂的变质作用,其中混合岩化作用常与大规模的区域变质作用相伴生。区域变质作用的地质环境较复杂,可发生在大陆地壳、大洋地壳甚至岩石圈的地幔中。

(4)地震作用

地震发源于地下深处,并波及地表,绝大多数地震是由于构造运动引起岩石断裂而产生的。

2. 外动力地质作用

外动力地质作用是因地球外部能产生的,它主要发生在地表或地表附近,使地表形态和地壳岩石组成发生变化。外动力地质作用在形式上表现为河流的地质作用、地下水的地质作用、冰川的地质作用、湖泊和沼泽的地质作用、风的地质作用和海洋的地质作用等。外动力地质作用按照其发生的序列还可分成风化作用、剥蚀作用、搬运作用、沉积作用和成岩作用,如

图 2-1-2 所示。

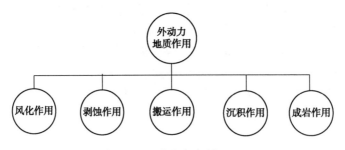

图 2-1-2　外动力地质作用

(1) 风化作用

根据风化作用的因素和性质可将其分为三种类型：物理风化作用、化学风化作用、生物风化作用。

①物理风化作用：又称为机械破碎作用，只改变岩石的完整性和形状，不会产生新矿物。

②化学风化作用：在改变岩石完整性的同时，会产生新矿物（如黏土矿物）。常见的有氧化作用、溶解作用和水解作用。

③生物风化作用：常见的有植物根劈作用、微生物作用等。

(2) 剥蚀作用

剥蚀作用通常是指河流、地下水、冰川、风等在运动中，使地表岩石产生破坏并将其产物剥离原地。

(3) 搬运作用

搬运作用是指各种地质营力（重力、风力、水力等）将风化、剥蚀作用形成的物质从原地搬往他处的过程。

(4) 沉积作用

沉积作用是指各种被外营力搬运的物质因营力动能减小或介质的物化条件发生变化而沉淀、堆积的过程。

(5) 成岩作用

成岩作用是指松散沉积物转变为坚硬岩石的过程。这种过程往往是因上覆沉积物的重荷压力作用使下层沉积物孔隙减少，沉积物中水分被排出，碎屑颗粒间的联系力增强而发生；也可以因碎屑间隙中的充填物质具有黏结力，或因压力、温度的影响，沉积物部分溶解并再结晶而发生。

学习参考

岩石遭受风化作用的时间越长，岩石破坏得就越严重。风化作用使坚硬致密的岩石松散破坏，改变了岩石原有的矿物组成和化学成分，使岩石的强度和稳定性大为降低，对工程建筑条件起着不良的影响。滑坡崩塌、碎落、岩堆及泥石流等不良地质现象，大部分都是在风化作用的基础上逐渐形成和发展起来的，如图 2-1-3 所示。

  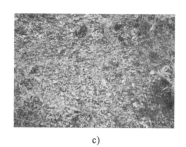

a)   b)   c)

图 2-1-3 岩石风化

不同岩石的风化速度并不一样,有的岩石风化过程进行得很缓慢,其风化特征只有经过长期暴露地表以后才能显示出来;而有的岩石则相反,如泥岩、页岩及某些片岩等,当基坑开挖后不久,很快就风化破碎,所以在施工中必须采取相应的工程防护措施。

1. 岩石性质与风化的关系

①岩浆岩比变质岩和沉积岩易于风化。岩浆形成于高温高压,矿物质种类多,内部矿物抗风化能力差异大。

②岩浆岩中基性岩比酸性岩易于风化,基性岩中暗色矿物较多,颜色深,易于吸热、散热。

③沉积岩易溶岩石(如石膏、碳酸盐类等岩石)比其他沉积岩易于风化。

④差异风化:在相同的条件下,不同矿物组成的岩块由于风化速度不等,岩石表面凹凸不平;或由不同岩性组成的岩层,抗风化能力弱的岩层形成相互平行的沟槽。

2. 岩石的结构构造与风化的关系

①岩石结构较疏松的易于风化;

②不等粒者易于风化,粒度粗者较细者易于风化;

③构造破碎带易于风化,往往形成洼地或沟谷。

3. 工程活动与风化作用的关系

①不宜将建筑物设置在风化严重的岩层上,如果不能完全避开风化岩层时,应注意加强工程防护。如隧道穿过易风化的岩层,在隧道施工开孔后,要及时做支护,以确保隧道的稳定和施工的安全。

②风化岩层中的路堑边坡不宜太陡,同时还要采取防护措施。

③风化的岩石更不宜作为建筑材料。

因此,从工程建筑观点来研究岩石的风化特性、分布规律,对选择建筑物的合理位置,如隧道的进山口位置,路堑边坡坡度,隧道的支护方法及衬砌厚度,大型建筑物的地基承载力和开挖深度以及合理的选择施工方法等都有着重要的意义。

 课后习题

1. 结合本任务学习情境中的资料,回答下列问题:

(1)地球表面有三大岩类,分别是_____、_____、_____。学习情境中隧道围岩的碳质板岩、砂岩、辉绿岩分别属于_____、_____、_____。

(2)辉绿岩的形成是由_____作用导致的。这个作用与内动力作用中的其他作用有何联系？

(3)碳质板岩的形成是由_____作用导致的，这种作用又分为_____、_____、_____、_____、_____。

2.内动力地质作用对地球面貌的形成产生了哪些影响？

3.外动力地质作用对地球面貌的塑造产生了哪些影响？

4.内、外动力地质作用之间的关系如何评价？

任务二　应用地质年代表

学习情境

对该隧道围岩进行勘察后，绘制局部地层示意图(图2-1-4)，图中字母是地质年代表中各地层的字母代号。如果你是工程勘察或设计施工人员，试分析图2-1-4中地层各自所属的地质年代，以及地质年代有无缺失，分析图上地层J、T、P之间的接触关系。

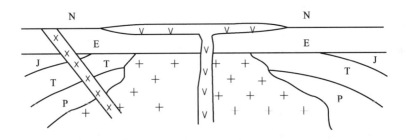

图2-1-4　局部地层示意图

相关知识

地质年代就是从最老的地层到最新的地层所代表的整个时代。各地层的新、老关系对于判别褶曲、断层等地层构造形态，有着非常重要的作用。地质年代可分为相对地质年代和绝对地质年代(同位素年龄)两种，目前常用的是相对地质年代。

1.沉积岩相对地质年代的确定

沉积岩相对地质年代的确定方法主要有以下几种。

(1)地层层序律

沉积岩在形成过程中，先沉积的一定位于下部，后沉积的一定位于上部。自然的层序总是先老后新(下老上新)。但需注意，只有正常的地层层序才能按此规律判断；如果岩层发生了倒转,则无法直接判断地层的新老关系,如图 2-1-5 所示。

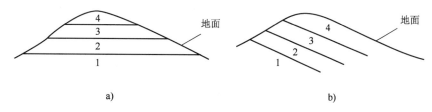

图 2-1-5　地层层序律 Ⅰ

若对各地地层层序剖面进行综合研究,把各个时期出露的地层拼接起来,建立较大区域乃至全球的地层顺序系统,则称为标准地层剖面。通过标准地层剖面的地层顺序,对照某地区的地层情况,也可排列出该地区地层的新老关系,如图 2-1-6 所示。

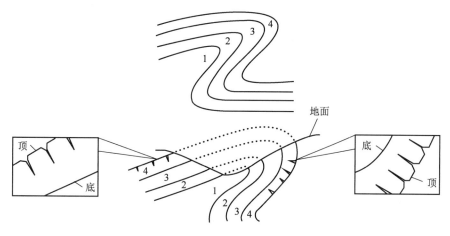

图 2-1-6　地层层序律 Ⅱ

（2）化石层序律（生物演化律）

不同时代的地层中具有不同的古生物化石组合,相同时代的地层中具有相同或相似的古生物化石组合。古生物化石组合的形态、结构越简单,地层的时代越老。这一规律称为化石层序律或生物演化律。

利用化石层序律,不仅可以确定地层的先后顺序,而且可以大致确定地层形成的时代。利用一些演化较快、存在时间短、分布广泛、特征明显的标准化石,作为划分地层相对地质年代的依据。

（3）标准地层对比法（岩性对比法）

在一定区域内,同一时期形成的岩层,其岩性特点是一致或相近的,可以以岩石的组成、结构、构造等特点,作为岩层对比的基础。但是此方法具有一定的局限性和不可靠性。

（4）地层的接触关系

地层的接触关系,是指层状堆积、上下叠置的岩层彼此之间的衔接状态。沉积岩层之间的接触关系一般分为整合接触与不整合接触。

2. 岩浆岩相对地质年代的确定

岩浆岩相对地质年代是通过它与沉积岩的接触关系以及它本身的穿插、切割关系来确定的。

3. 地质年代表

计算地质年龄的方法有两种：①根据生物的发展和岩石形成顺序，将地壳历史划分为对应生物发展的一些自然阶段，即相对地质年代。它可以表示地质事件发生的顺序、地质历史的自然分期和地壳发展的阶段。②根据岩层中放射性同位素蜕变产物的含量，测定出地层形成和地质事件发生的年代，即绝对地质年代。据此，可以编制出地质年代表。

学习参考

地质年代歌

为便于记忆，根据地质年代表，结合对应的地质构造运动。地质工作者编写了地质年代歌。

新生早晚三四纪，六千万年喜山期？
中生白垩侏叠三，燕山印支两亿年？
古生二叠石炭泥，志留奥陶寒武系？
震旦青白蓟长城，海西加东到晋宁。

注：1. 新生代分第四纪、新近纪和古近纪三个纪，构造动力属喜山期，时间约从 6500 万年前开始。2. 中生代约从 2.5 亿年前开始，包括燕山、印支两期，燕山期包括白垩纪、侏罗纪和三叠纪的一部分，印支期全在三叠纪内。3. 古生代分为早古生代和晚古生代，二叠纪、石炭纪、泥盆纪属晚古生代，属海西期；志留纪、奥陶纪、寒武纪在早古生代，属加里东期。震旦纪、青白口纪、蓟县纪、长城纪在元古代，震旦属加里东期，其余属晋宁期。

课后习题

1. 请问沉积岩接触关系中的整合接触和不整合接触有何区别？
2. 请问沉积岩相对地质年代确定的方法有哪几种？
3. 结合本任务学习情境中的资料(图 2-1-4)回答下列问题。
(1) 图中沉积岩和岩浆岩之间的接触关系是_____，岩浆岩之间的接触关系_____。
(2) 请分析辉绿岩(βμ)和砂岩(SS)的成岩年代。
(3) 在分析了该地区的地质年代之后，可以推断出该地区曾经发生过的地质作用是什么？

单元二　常见地貌

道路工程建设与地貌有着密切的关系。道路是建筑在地壳表面的线形建筑物,它常常穿越不同的地貌单元,在道路勘测设计、桥隧位置选择等方面,经常会遇到各种不同的地貌问题。因此,地貌条件便成为评价道路工程地质条件的重要内容之一。为了处理好工程建筑物与地貌条件之间的关系,提高道路的勘测设计质量,就必须学习一定的地貌知识。

情境描述

某高速公路是北京至昆明高速公路的重要组成部分,位于雅安市、凉山彝族自治区州境内。该高速公路由四川盆地边缘向横断山区高地爬升,沿南丝绸之路穿越我国大西南地质灾害频发的深山峡谷地区,地形、地质、气候极为复杂,被国内外专家学者公认为国内乃至全世界自然环境恶劣、工程难度大、科技含量高的山区高速公路之一。

该高速公路跨越青衣江、大渡河、安宁河等水系和12条地震断裂带,整条高速公路路线展布在崇山峻岭之间,山峦重叠,地势险峻,每向前延伸一公里,平均海拔高程就上升7.5m,有着"天梯高速"的别称。起点至汉源流沙河大桥的路线展布于有川西屏障之称的大相岭泥巴山南北坡,设有泥巴山特长隧道;流沙河大桥至石棉为大渡河瀑布沟库区河谷地貌;石棉至菩萨岗隧道为"彝汉走廊"拖乌山北坡越岭线;菩萨岗隧道至终点泸沽由拖乌山下行至安宁河平原;由于通过区域崇山峻岭、深谷切割,路线海拔高度在630～2440m之间变化。项目区域降雨量、气温等气象要素在不同地区和海拔高度变化显著,雅安至大相岭泥巴山北坡为多雨潮湿区、泥巴山南坡至石棉为干旱河谷区、石棉至拖乌山为中雨区、拖乌山以南为干旱少雨高原区,此外,在泥巴山北坡和拖乌山北坡一定海拔高度上还存在季节性冰冻积雪、浓雾、强暴雨不良气候。

任务一　认识平原地貌

学习情境

某高速公路菩萨岗隧道至终点泸沽,由拖乌山下行至安宁河平原。安宁河是安宁河谷(图2-2-1)的血脉,安宁河谷平原是四川省的第二大平原,位于凉山彝族自治州。安宁河谷阶地发育,宽4～10km,坡度平缓,面积达1800km^2,为川西南最大河谷平原。由于谷地宽展,气候温暖,灌溉便利,土壤肥沃,故耕地连片,人口集中,农业发达,是川西南主要产粮区。

图 2-2-1　安宁河谷

相关知识

平原是地势低平坦荡、面积辽阔广大的陆地。根据平原的高度,把海拔 0~200m 的称为低平原,如我国东北、华北、长江中下游平原。把海拔高于 200m 的称为高平原,如我国成都平原。东北平原、华北平原、长江中下游平原是我国的三大平原,全部分布在中国东部,在第三级阶梯上。东北平原是中国最大的平原,海拔 200m 左右,广泛分布着肥沃的黑土。华北平原是中国东部大平原的重要组成部分,大部分海拔 50m 以下,交通便利,经济发达。长江中下游平原大部分海拔 50m 以下,地势低平,河网纵横,向来有"水乡泽国"之称。

平原地区多数是鱼米之乡,土地肥沃,水资源丰富,但是人口密集,特别是耕地尤为紧张,人均耕地 0.5~1.0 亩(1 亩 = 666.67m^2)。修一条高等级公路要占用许多土地,在选线时,要考虑到尽可能少占耕地,不破坏农田水系。常用的方法是利用河堤,除了能节省耕地,不破坏水系外,还有以下一些好处:①利用老路,这个地区以前的低等级公路大多数是在河堤上建筑的,长期的自重作用和车辆荷载作用使路基沉陷趋于稳定,在路基处理时可以节省费用;②可以减少拆迁,由于有老路的存在,沿线的拆迁量减少;③由于河堤较高,可以节约土地用量,减少耕地的开挖,节省了耕地;④充分利用土地资源,减少拆迁,就地取材,带动沿线城镇及地方经济的发展;⑤利用老的低等级公路网进行技术改建,提高技术标准,改造成新型的高等级公路网,可以有利于公路网路建设,加快路网建设的速度。

线路穿越平原地貌时,应该注意以下事项:①正确处理道路与农业之间的关系;②合理考虑路线与城镇之间的关系;③处理好路线与桥位之间的关系;④注意土壤水文条件;⑤正确处理新旧路之间的关系。

学习参考

平原地区河道密布、沟塘众多,在交通工程建设特别是高等级公路建设中,桥涵构造物及沟塘软基处理增多,使得工程造价大大增加。在一级公路中,桥涵构造物和沟塘处理费用要占总造价的一半以上。因此,所选路线直接影响公路工程的总造价,在选线时要作认真的比较。

绕避沟塘和减少中小桥涵的数量,合理选择大桥桥位可使桥长缩短,交角变小。有时在个别地段,由于地形限制,要达到一级公路的要求需要增加相当多的费用。例如沿河路线要跨越河流时,由于河流较宽且为等级航道,如果要达到一级公路技术标准,要么使桥大角度斜穿河道,要么在桥头设匝道。大桥大角度斜穿河道就相应增加桥长和跨径,角度越大增加越多,所需要的费用也就越多。在桥头设置匝道,由于是等级航道,通航净空较大,桥头较高,要使匝道部分平曲线和竖曲线达到一级公路要求,匝道将会很长,这样会大大增加路线长度并且增加工程造价。

 课后习题

1.结合本学习情境资料回答下列问题。

(1)平原地貌分为两种,海拔0~200m的称为_____,高于200m的称为_____,安宁河平原属于_____。

(2)结合前面学过的地质作用,请问图2-2-1中安宁河谷平原地貌是受哪些地质作用影响而形成的?

2.请问线路穿越平原地貌时,应该注意哪些事项?

3.请问平原路线该如何处理好路线与农田水利设施的关系和城镇发展的关系?

任务二　认识河谷地貌

 学习情境

该高速公路流沙河大桥至石棉为大渡河瀑布沟库区河谷地貌。大渡河流域内地形复杂,经川西北高原、横断山地东北部和四川盆地西缘山地。在绰斯甲河口以上上游上段属海拔3600m以上丘原,丘谷高差100~200m,河谷宽阔,支流多,河流浅切于高原面上,曲流漫滩发育。至泸定为上游下段,河流穿行于大雪山与邛崃山之间,河谷束狭,河流下切,岭谷高差在500m以上,谷宽100m左右,谷坡陡峻,河中巨石梗阻,险滩密布。中游泸定至石棉,蜿蜒于大雪山、小相岭与夹金山、二郎山、大相岭之间,地势险峻,谷宽200~300m,谷坡40°~70°,水面宽60~150m,河中水深流急;沿河有多处面积较广的冲积锥、洪积扇,向南河面逐渐展宽,河漫滩、阶地断续分布。石棉以下的下游段,河流急转东流,绕行于大相岭南缘,横切小相岭、大凉山北端及峨眉山后进入四川盆地西南部的平原丘陵地带,沿河两岸山势渐缓,河谷渐阔,汉源至峨边的局部河道狭窄,河宽60~100m,谷坡陡峭;轸溪至铜街子河长63km,直线距仅7km,形成一大河湾。河流两岸阶地分布广泛,并有较大面积的阶地。沙湾以下,河流进入乐山冲积平原。下游河中有河漫滩、沙洲分布。

相关知识

流水地貌是地表流水作用形成的地貌。地表的流水地貌可以根据其特征的差异分为坡面流水地貌和河流流水地貌。

1. 坡面流水地貌

(1) 坡积层(图 2-2-2)

片流(坡流、面流):在降雨或融雪时,地表水一部分渗入地下,其余的沿坡面向下运动。这种暂时性的无固定流槽的地面薄层状、网状细流称为片流。片流对坡面的破坏作用称为洗刷作用。洗刷作用使坡面土石等物质被携带堆积到坡脚,形成坡积层。

坡积层的组成成分为岩屑、矿屑、砂砾或矿质黏土,与坡上基岩性质密切相关。碎屑颗粒大小混杂、棱角分明、分选性差、层理不明显。

(2) 冲沟地貌

洪流:坡流逐渐集中汇成几段较大的线状水流,再向下汇聚成快速奔腾的洪流。洪流猛烈冲刷沟底、沟壁的岩石并使其遭受破坏,称为冲刷作用。

冲刷作用将坡面凹地冲刷成两壁陡峭的沟谷。多次冲刷使两侧形成许多小冲沟,共同构成了冲沟地貌。冲沟地貌发育分为四个阶段。

① 细沟(图 2-2-3):由坡地上的细股水流侵蚀而成,宽度与深度相等或略大于深度,有固定的位置,纵剖面的坡度与坡地坡度基本一致,没有明显的沟缘。

图 2-2-2　坡积层　　　　　　　　图 2-2-3　细沟

② 切沟:流水作用形成的细沟继续发展成为具有明显沟缘、纵剖面与山坡坡面不完全吻合、规模较大的侵蚀沟。

③ 冲沟(图 2-2-4):由下切能力很强的水流侵蚀而成,长度多为数千米至数十千米,其纵剖面的坡度与坡地的坡度不一致,多呈下凹形态。深度较大,深度有时大于宽度,横剖面呈 V 形。冲沟具有很强的溯源与下切能力。

④ 坳谷:纵向侵蚀减弱,沟谷顶部峭壁变缓,冲沟岸坡逐渐塌落,达到稳定的天然斜坡角,局部被植物所覆盖。

(3) 洪积扇(图 2-2-5)

暂时性的沟谷水流搬运的大量碎屑物质在冲出沟谷山口后,由于坡度的变化、水流的挟沙力降低而沉积下来形成的堆积物称为洪积物。由于形成的地貌多呈扇形,故称为洪积扇。

图 2-2-4　冲沟

图 2-2-5　洪积扇

根据洪积扇的物质组成与分布特征,可将其分为以下三个组成部分。

①扇顶相:由砾石组成,含砂透镜体,有层理,分选性较差,磨圆度较差。

②扇中相:主要由砂、粉砂、亚黏土组成,含细砂透镜体,有清楚的层理。

③扇缘相:主要由细的亚黏土、黏土和部分粉砂组成,清晰层理,由于地下水的出露,常为干旱地区的绿洲所在之地。

坡积层、冲沟地貌和洪积扇三种坡面流水地貌分别产生坡积物、冲积物和洪积物,三种堆积物的比较见表 2-2-1。

三种堆积物比较表　　　　　　　　　　　　　　　　　　　　　　　表 2-2-1

坡积物	冲积物	洪积物
①不具分带现象; ②坡积物来自附近山坡,一般比洪积物成分更单纯,砾石少,碎屑多,而洪积物砾石丰富; ③分选性比洪积物差; ④比洪积物的磨圆度低; ⑤坡积物略显层状; ⑥坡积物多分布于坡麓,构成坡积裙,厚度小;而洪积物分布于沟口形成洪积扇,厚度较大	①冲积物具有明显的相变; ②砾石成分复杂,往往具叠瓦状排列;砂和粉砂的矿物成分中不稳定组分较多; ③分选性较好; ④磨圆度较高; ⑤层理发育,类型丰富,层理一般倾向下游; ⑥往往具有二元结构,下部为河床沉积,上部为河漫滩沉积	①洪积物具有明显的相变,但比较粗略,各带之间没有截然的界线; ②具有明显的地域性,物质成分较单一,不同地点的洪积物岩性差别较大; ③分选性差; ④磨圆度较低; ⑤层理不发育; ⑥在剖面上呈现多元结构

2. 河流流水地貌

(1)河谷

河流在地面上沿着狭长的谷地流动,此谷地称为河谷。

河谷的要素包括谷底、谷坡、河床、河漫滩等。

①谷底:河谷的最低部分,地势一般比较平坦。

②谷坡:高出谷底的河谷两侧的坡地。

③河床:经常性水流所占据的河道。

④河漫滩:河床两侧高出平均水位之上而又常被洪水淹没,枯水期又露出水面的平坦开阔

地带称为河漫滩。

(2) 河流阶地

河流阶地是在地壳反复升降和河流沉积、冲蚀作用交替进行过程中形成的位于河床两侧的台阶状高地。河流阶地分为以下三种。

① 侵蚀阶地：由基岩构成，一般阶地面较窄，没有或零星有冲积物，阶地崖较高（图 2-2-6 中Ⅲ）。一般形成于构造抬升的山区河谷中。

② 基座阶地：阶地面上为冲积物，阶地下部可见到基岩（图 2-2-6 中Ⅱ）。基座阶地的形成说明河流下蚀的深度大于原生沉积物厚度。

③ 堆积阶地：全部由冲积物构成，无基岩出露（图 2-2-6 中Ⅰ）。

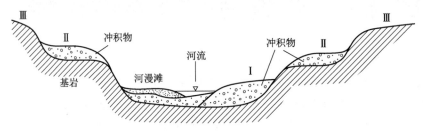

图 2-2-6　河流阶地

(3) 河曲与牛轭湖

河曲又称曲流或蛇曲，即蜿蜒曲折的一段河道。其形成原因较为复杂。流水的侵蚀方式主要有两种：下切侵蚀（下蚀）、侧向侵蚀（侧蚀）。下蚀主要是通过底部辐射型的双向环流来完成的，使得河流不断加深。侧蚀主要是通过单向环流和底部辐聚型的双向环流来完成的。下切侵蚀与侧向侵蚀并不是分开进行的，而是同时进行的。

河道水流除向下游运动外，还存在垂直于主流方向的横向流动，表层的横向水流与底部的横向水流方向相反，这样在过水断面上就形成一个闭合的横向环流，如图 2-2-7 所示。横向环流与纵向水流运动结合在一起，就形成了一种螺旋状前进的水流。在螺旋状水流的不断作用下，河曲地貌不断发育。

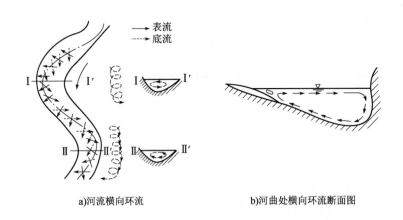

图 2-2-7　横向环流示意图

河流的侵蚀作用主要发生于河流的上游,在河流的中游也有发生。受水流流动方向的影响,河流中段的侧向淘刷发生在河流的凹岸,而沉积则发生在凸岸,这也是河曲地貌产生的原因之一。一旦河流弯曲,凹岸不断被淘蚀而凸岸不断沉积,河流变得越来越弯曲。河曲不断扩大,便形成牛轭湖,如图2-2-8所示。

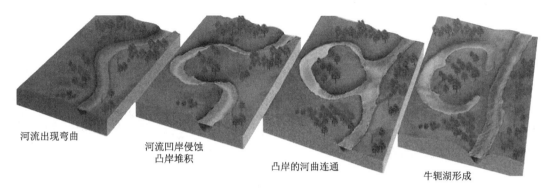

河流出现弯曲　　河流凹岸侵蚀凸岸堆积　　凸岸的河曲连通　　牛轭湖形成

图2-2-8　河曲及牛轭湖的形成

学习参考 ◀◀◀

1. 沿河路基水毁成因

在洪水期间,沿河(溪)公路因受洪水顶冲和淘刷,路基可能发生坍塌或缺断,进而影响行车安全,乃至中断交通。沿河路基水毁常发生在弯曲河岸和半填半挖路段,其主要成因有下列几种:

①路线与河道并行,一面傍山,一面临河,许多路基是半挖半填或全部为填方筑成。路基边坡多数未做防冲刷加固措施,在洪水期间路基因受洪水顶冲与淘刷发生坍塌破坏,轻则出现许多缺口,重则坍塌半个以上路基。

②路基防护构造物因基础处理不当或埋置深度不足而被破坏,引起路基水毁。

③半填半挖路基地面排水不良,路面、边沟严重渗水,路基下边坡坡面渗流、地下水普遍出露、局部管涌引起路基坍垮。

④当洪水位骤降,在路基半坡内形成自路基向河道的反向渗流,产生渗透压力和孔隙压力,造成边坡失稳。

⑤不良地质、地形路段,发生山体滑坡或路基滑移。

⑥道路防洪标准低,路面设计洪水位高程不够,或涵洞孔径偏小,道路排水系统不完善,造成洪水漫溢路面、水洗路面甚至冲毁路基。

⑦原有道路施工质量不佳,挡墙砌筑砂浆强度达不到设计要求,砂浆砌筑不饱满,石料尺寸偏小,砌体整体强度不够。

⑧原有路基边坡坡度太陡,没有达到设计要求。

⑨较陡的山坡填筑路基,原地面未清除杂草或挖人工台阶,坡脚未进行必要支撑,在填方自重或荷载作用下,造成路基整体或局部下滑。

⑩填方填料不佳、压实不够,在水渗入后,土体重度增大,抗剪强度降低,造成路基失稳。

⑪植被破坏,水土流失,在强降雨形成的地面径流冲击下,造成边坡坍方。

⑫道路养护工作不及时,导致涵洞淤塞,排水不畅,造成水洗路面甚至冲毁路基。

公路水毁如图2-2-9所示。

图2-2-9　路基水毁

2.桥梁水毁(图2-2-10)成因

图2-2-10　桥梁水毁

(1)桥梁排洪能力不足

如果桥梁的设计孔径不够大,桥梁排洪能力满足不了相应等级公路规定的排泄能力,致使桥梁被冲毁或防护工程引道被冲毁。

(2)养护不到位

检查和维修不够及时,没有根据历年洪水规律添建和改建必要调治结构物,对已建成的木桥,定期防腐注意不够;对大中型桥梁,汛期缺乏组织专门力量,采取防险措施;受养护资金限制,桥梁养护费用严重不足,使桥梁锥坡及防护工程的轻微损坏如沉陷或勾缝脱落不能及时得到处理,洪水来临时不能抵抗洪水侵袭,造成锥坡和防护工程毁坏,或桥梁局部被冲毁。

(3) 桥梁墩台基础埋深不够

桥梁如果为浅基防护基础,则桥梁从设计到施工各阶段普遍存在重主体、轻防护的现象。同时由于小桥不进行水力计算,埋深只是从原河床算起,一些桥梁未做护底。近年来众多河流上游流域自然环境被破坏,降雨导致水流比以前集中,流速快,冲刷加剧,基础埋深相对降低,一旦洪水来临,必将导致桥梁因墩台基础被掏空而倾覆。

(4) 桥梁调治与防护设施不完善

桥梁调治构造物的功能是调治水流,使桥孔通畅泄洪。如果桥梁缺乏必要的调治与防护设施,洪水主流摆动往往偏离桥孔中心,使桥下有效泄洪面积减小,继而加剧了墩台的局部冲刷。

(5) 河道变迁的影响

桥位上游大多是耕种用地,水土流失量大,河床上容易沉积泥沙,形成各式各样的岛状河滩,增加了环流强度。河流一方面继续冲刷凹岸,另一方面更加促使凸岸推进使河道变迁,改变了原先建桥时河水的流向,使水流方向与桥梁形成偏角,直接冲击墩台,冲刷加剧,基础外露,洪水来临时,墩台很难再承受水流的冲刷而产生倾覆。

(6) 河道内漂浮物造成桥梁水毁

在洪水期间,河道内大量漂浮物(主要是树木和杂草)堵塞桥孔,造成过高的桥前壅水,对桥梁产生过大推力和浮力,使桥梁被推倒或冲走,这些情况对于小跨径桥和拱桥的影响尤为严重。大型漂浮物还会撞击墩台,使桥遭到破坏。

课后习题

结合本任务学习情境中的资料,回答下列问题。

1. 河流的地质作用包括_____、_____和_____。大渡河上游河流穿行于大雪山与邛崃山之间,河谷束狭,岭谷高差在 500m 以上,河流的作用主要表现为_____。

2. 大渡河中游泸定至石棉沿河有多处面积较广的冲积锥、洪积扇,请结合背景资料完成下面连线题。

面流　　　　　　　　　洪积扇

洪流　　　　　　　　　冲积层

河流　　　　　　　　　坡积层

3. 洪积扇的组成物质有何特点?洪积层的工程性质如何?

4. 公路选线穿越洪积扇区域时该如何选择?

5. 冲沟地貌发育主要经历哪四个阶段?这四个阶段的措施分别是什么?

6. 河流阶地形成的原因是什么?公路布线选择哪几级阶地最好?为什么?

7. 在河曲地貌中,公路布线应遵循的原则是什么?

8. 如果公路路线布设在凹岸,可采取哪些防护措施?

任务三　认识山地地貌

学习情境

该高速公路由四川盆地边缘向横断山区高地爬升,沿南丝绸之路穿越我国大西南地质灾害频发的深山峡谷地区,地形、地质、气候极为复杂,被国内外专家学者公认为国内乃至全世界自然环境恶劣、工程难度大、技术含量高的山区高速公路之一。山区公路在修建过程中遇到的山地地貌有哪些特征呢?山区公路设计施工人员该如何因地制宜?

相关知识

我国是个山脉众多的国家,有著名的喜马拉雅山、天山、昆仑山等。山地地貌海拔在500m以上,切割度大于200m。通常按地质成因和构造形式对山体进行分类。

1. 单斜山

单斜山是指由单向倾斜的岩层组成的山体。单斜山包括单面山和猪背山。

(1)单面山

单面山(图2-2-11)又称半屏山,是一边陡峭一边平缓的山。其形成的原因通常是原本倾斜排列的岩层,其上层岩石较硬,下层岩石较软,受到风或水的侵蚀之后,较软一边的地层受到较多的侵蚀,形成较另一边陡的坡度,因而形成单面山。单面山山体延伸方向与构造线一致,山脊往往呈锯齿形,两坡明显不对称。一般较缓的、与岩层倾斜方向一致的一侧为构造坡(后坡或顺向坡),而较陡的、与岩层的构造面不一致的一侧为剥蚀坡(前坡或逆向坡)。

图2-2-11　单面山

(2)猪背山

单斜山两侧都陡峻的山称为猪背山(图2-2-12),其构造坡与剥蚀坡的坡度与坡长相差不大。构成山体的单斜岩层几乎全为硬岩层,且倾角较大。山脊走线平直。这类山地多形成于背斜或穹窿构造的陡斜翼上。

图 2-2-12 猪背山

工程评价:单斜山的前坡,由于地形陡峻,若岩层裂隙发育,风化强烈,则易发生崩塌,且其坡脚常分布有较厚的坡积物和倒石堆,稳定性差,故对敷设线路不利。后坡由于山坡平缓,坡积物较薄,所以常是敷设线路的理想部位。但在岩层倾角小的后坡上深挖路堑时,如果开挖路堑与岩层倾向一致,会因坡脚开挖而失去支撑,尤其是当地下水沿着其中的软弱岩层渗透时,易产生顺层滑坡。

2. 断块山

断块山是指由断裂变动所形成的山地。这种山一般是山边线平直,山坡陡峻成崖,它可能只在一侧有断裂,也可能两侧均有断裂。断块山的山麓地带常发育断层崖、断层三角面。

断块山在我国华北和西北地区比较多见。比如我国的五岳名山,除河南嵩山为褶皱山之外,东岳泰山、西岳华山、南岳衡山、北岳恒山都是断块山。其中的西岳华山,位于陕西省华阴市境内,由一块完整巨大的花岗岩体构成,由于地层在这里发生断裂,沿着断裂面一边上升,一边下降,形成了极其陡峻的山坡,故而很早就有"华山自古一条路"的说法,因此华山被誉为"奇险天下第一山"(图 2-2-13)。

图 2-2-13 断块山——华山

工程评价:断块山会影响河谷发育。断块翘起的一坡河谷切割深,谷坡陡,谷地横剖面呈 V 形狭谷,纵剖面坡度大,多跌水、裂点。在断块缓倾的一坡,沟谷切割较浅,谷地较宽,纵剖面较缓。断块山处的断层活动常使阶地错断变形。

3. 褶皱山

地表岩层受垂直或水平方向的构造作用力而形成岩层弯曲的褶皱构造山地。新构造运动作用下形成高大的褶皱构造山系是褶皱地貌中最大的类型。褶皱构造山地常呈弧形分布,延伸数百千米。山地的形成和排列都与受力作用方式关系密切。某一方向的水平挤压作用,都会使弧形顶部向前进方向突出。弧形山地不仅地层弯曲,常有层间滑动或剪切断层错动,使外弧层背着弧顶方向移动,内弧层向弧顶方向移动。

　　地球上高大的山峰,一般都是由于板块相互碰撞而引起的褶皱山(图2-2-14)。安第斯山脉是世界上典型的褶皱山,位于南美洲大陆的西部,总体上与太平洋海岸平行,全长约8900km,为世界上最长的山脉。安第斯山脉的形成缘于太平洋板块向东与南美洲板块发生碰撞挤压,南美洲板块的岩层弯曲拱起,这期间伴随着多次地壳抬升、挤压变形、断层断裂以及火山喷发活动。安第斯山脉的最高峰位于阿根廷内的阿空加瓜山,海拔6962m,它也是世界上最高的一座火山。亚洲的喜马拉雅山脉、欧洲的阿尔卑斯山脉、北美洲的落基山脉这些绵延数千公里的大型山脉都属于褶皱山。

图 2-2-14　褶皱山

4. 侵蚀山

　　在地壳上升区,地面遭外力长期剥蚀和侵蚀作用而成的山地称为侵蚀山(图2-2-15)。有的侵蚀山是由构造山或高原经外力作用塑造而成的,也有的是经外力作用不断冲刷,坚硬岩层残留下来而成的,称为蚀余山。侵蚀山多分布于上升的古陆地区和地台区,如四川的瓦屋山,平台上纵横交错的溪流沿着陡峭的绝壁倾泻而下,形成许多壮观的瀑布。

图 2-2-15　侵蚀山

5. 火山

　　火山是一种由固体碎屑、熔岩流或穹状喷出物围绕着其喷出口堆积而成的隆起的丘或山。火山喷出口是一条由地球上地幔或岩石圈到地表的管道,大部分物质堆积在火山口附近,有些被大气携带到高处而扩散到几百或几千公里外的地方。火山主要形成在板块交界处。这是因为在板块交界处,一个板块会俯冲到另一个板块之下,俯冲下去的那个板块的岩石会因为强大的压力而融化形成岩浆。岩浆会上升,有些在上升到一定程度就停住了,另外一些(大部分)会上升到地面从而形成火山,地球内部的放射性物质衰变释放出的热量也会使岩石融化上升到地表形成火山(大部分非板块交界处的火山)。按活动情况,火山分为活火山、死火山、休眠火山三种。火山喷发类型按岩浆的通道分为裂隙式喷发、熔透式喷发和中心式喷发三大类。

6. 山坡与垭口

山岭地区往往山高谷深,地形复杂,但山脉水系分明,这就基本上决定了山区路线方向选择的两种可能的方案:一是顺山沿水,二是横越河谷和山岭。顺山沿水路线又可按行经地带的部位分为沿河线、越岭线、山脊线、山腰线等线形。

山坡(图 2-2-16)是山地的主要组成要素,是介于山顶和山麓之间的部分。山坡的形态复杂,有直线、凹形、凸形和阶梯形。公路路线绝大部分都设在山坡或靠近山顶的斜坡上,路基多采用半填半挖式。

图 2-2-16　山坡

垭口是山脊高程较低的鞍部,即相连的两山顶之间较低的部分,通常是在山地地质构造的基础上经外力剥蚀作用而形成的。在公路选线时,通常选择通过垭口翻越山岭。因此,垭口的地质条件和地形条件尤为重要。

根据垭口形成的主导因素,垭口分为构造型垭口、剥蚀型垭口和剥蚀-堆积型垭口,如图 2-2-17 所示。

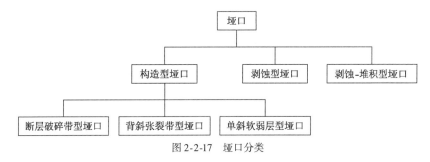

图 2-2-17　垭口分类

①构造型垭口:是由构造破碎带或软弱岩层经外力剥蚀作用而形成的垭口,构造型垭口又分为三类,如图 2-2-17 所示。

②剥蚀型垭口:是以外力强烈剥蚀为主导因素所形成的垭口。

③剥蚀-堆积型垭口：是以剥蚀和堆积作用为主导因素所形成的垭口。

各类型垭口的示意图如图 2-2-18 所示。

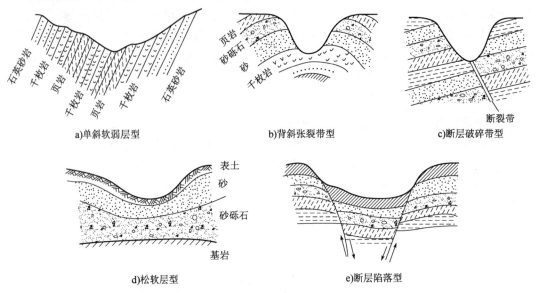

图 2-2-18 垭口类型示意图

一般选择松散覆盖层薄、外形浑圆、宽厚的垭口作为过岭垭口；对岩性松软、风化严重、稳定性差的垭口，不宜深挖，多以低填或浅挖的断面形式通过。

学习参考

山坡的分类见表 2-2-2。

山坡分类表　　　　　　　　　　　　　　表 2-2-2

山坡分类方法	山坡类别	特征
按山坡的形状轮廓分类	直线形坡	岩性单一的山坡，稳定性较高。单斜岩层构成的山坡，在开挖路基时应注意防止大规模的顺层滑坡。经剥蚀碎落和破面堆积而形成的山坡，其山坡稳定性最差
	凸形坡	山坡上缓下陡，坡度渐增，下部甚至呈直立状态。其稳定性取决于岩体结构，一旦发生坡体变形破坏，则会形成大规模的崩塌或滑坡
	凹形坡	山坡上陡下缓，下部急剧变缓，可能是古滑坡的滑动面或崩塌体的依附面，其稳定性较差
	阶梯形坡	(1)由软硬岩层差异风化形成的山坡，其稳定性较高。 (2)由滑坡变形造成的山坡，施工时应小心，不合理的切坡将引起古滑坡复活。 (3)由河流阶地组成，其工程地质性质取决于河流堆积物的厚度
按山坡的纵向坡度分类	微坡	坡度小于 15°
	缓坡	坡度为 16°～30°
	陡坡	坡度为 31°～70°
	垂直坡	坡度大于 70°

课后习题

1. 山地地貌按照成因可分为_____、_____、_____、_____、_____。
2. 单斜山主要是_____构造形成的山岭。单斜山布线应尽量选择_____，因为_____。
3. 敷设越岭线路往往会通过垭口，典型的构造型垭口分为哪几种？
4. 断裂构造形成的山岭往往非常险峻，我国典型的断块山有哪些？如何评价断块山的工程条件？

单元三　水文地质条件

水文地质条件是指有关地下水形成、分布和变化规律等条件的总称,包括地下水的补给、埋藏、径流、排泄、水质和水量等。一个地区的水文地质条件随自然地理环境、地质条件以及人类活动的影响而变化。开发利用地下水或防止地下水的危害,必须勘察查明水文地质条件。

情境描述

某国家高速公路全长 83.567km,全部为新建。项目区地下水由高处向低处径流,由于切割深、地形陡、水力坡度大,径流通畅。径流途径一般不长,于地形低凹处溢出地表。地下水具有就地补给、就地排泄的特点。区内地下水补给来源以大气降水为主,较为单一。受制于降水的控制,地下水水量季节性变化明显,地下水水位、流量动态变化较大。结合该区水文地质条件进行分析及判断。

任务一　认识地下水类型及其特征

地下水是宝贵的自然资源,可作为生活饮用水和工农业生产用水;一些含特殊组分的地下水称为矿泉水,具有医疗保健作用;含盐量多的地下水如卤水,可作为化工原料;地下热水可用于取暖和发电。

学习情境

经过地质勘查,该项目水文地质条件如下:

1. 松散岩类孔隙水

(1)河(沟)谷松散岩类孔隙水

其主要分布于黄河河谷漫滩及Ⅰ、Ⅱ级阶地。这些地方为松散岩类,主要由砾石、砾石层、砂、亚砂土及黄土状土组成。含水层厚度 3~28m,地下水埋深 1~25m,单井涌水量 100~1000m³/d。河谷地下水主要以接受地表水、降水补给和地下潜水补给为主,地下水水质一般,富水性弱—中等。水质类别主要为碳酸钙型水、碳酸钙镁型水和硫酸钙镁型水,矿化度为 0.5~5g/L。

(2)黄土孔隙潜水

其主要分布于黄土梁峁区及高阶地,这些地方主要以黄土为主,岩性质地均匀、结构疏松、多大孔隙,含水层多不连续,水量贫乏。富水性弱,其补给来源为大气降水,径流途径短,并以泉的形式排泄,大部分在枯水季节干涸。单泉流量 0.01~1.0L/s,枯水期地下径流模数小于 1L/(s·km²)。

2.基岩裂隙水

(1)层状岩类裂隙水

其主要分布于高山村至陈家湾一带,含水层为新近系咸水河组(N1x)、白垩系河口群(K1hk)及前寒武系皋兰群(Anϵgl)。

咸水河组(N1x)岩类主要为泥岩、砂岩和含砾砂岩。河口群(K1hk)岩类主要为页岩、砾岩、砂岩与黏土岩互层,夹少量杂色页岩及粉砂岩条带等。皋兰群(Anϵgl)岩类主要为角闪片岩、云母片岩、绢云片岩夹薄层石英岩。裂隙潜水主要赋存于基岩风化裂隙及构造裂隙中。地下水以接受大气降水补给为主,经短途径流后,多以泉水的形式出露地表。富水性较弱,单井涌水量小于1L/s,一般地下水径流模数 $0.2\sim1L/(s\cdot km^2)$,矿化度为 $0.5\sim5g/L$。

(2)块状岩类裂隙水

其主要分布于项目区盐池沟一带,含水层为加里东早期侵入岩($\gamma 31$),岩性为红色花岗岩及灰白色花岗闪长石,二者的渐变关系没有明显分界线。地下水多沿表层风化裂隙以泉的形式溢出。

结合本项目中的资料,画图表示含水层厚度和潜水埋藏深度。

相关知识 <<<<

1.地下水分类

地下水按埋藏条件可划分为包气带水、潜水和承压水三类;按含水层性质可划分为孔隙水、裂隙水和岩溶水。地下水分类如图2-3-1所示。

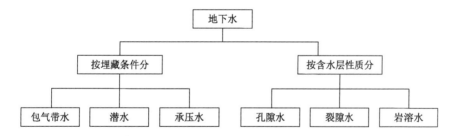

图2-3-1 地下水分类

地下水按埋藏条件分类,如图2-3-2所示,各类地下水的特征见表2-3-1。

地下水根据埋藏条件分类 表2-3-1

分类	定义	特征	补给和排泄
包气带水	处于地表面以下、潜水位以上的包气带岩土层中的地下水	(1)在包气带局部隔水层上积聚具有自由水面的重力水,称为上层滞水。在雨季,由于上层滞水水位上升,使土、石强度降低,造成道路翻浆并导致路基稳定性的破坏。 (2)包气带中还有一部分水称为毛细水,由于地下潜水位上升,毛细水上升高度增大,常导致冻胀、翻浆现象发生,在路基设计中应充分重视	(1)分布最接近地表,接受大气降水的补给; (2)以蒸发形式排泄或向隔水底板边缘排泄

续上表

分类	定义	特征	补给和排泄
潜水	是饱和带中第一个稳定隔水层之上、具有自由水面的含水层中的重力水	（1）潜水在重力作用下，由水位高的地方向水位低的地方径流； （2）潜水的动态（水位、水量、水温等）随季节不同而明显变化； （3）水质变化较大，且易受到污染	（1）分布区和补给区基本一致，大气降水和地表水可通过包气带水入渗直接补给给潜水； （2）排泄方式：一种是水平排泄，以泉的方式排泄或流入地表水等；另一种是垂直排泄，通过包气带蒸发进入大气
承压水	充满于两个稳定隔水层之间、含水层中具有水头压力的地下水	（1）具有隔水顶板，地下水面承受静水压力； （2）具有隔水顶板，所以承压水的水位、水量、水温及水质等受气候、水文等因素变化的直接影响较小； （3）承压含水层的厚度较稳定，且比潜水埋藏更深，不易被污染	承压水上下都有隔水层，具有明显的补给区、承压区和排泄区。通常，补给区远小于分布区；补给区与排泄区通常相距较远

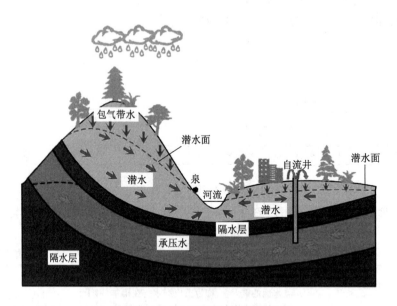

图 2-3-2 地下水按埋藏条件分类示意图

2.地下水的形成条件

地下水是在一定自然条件下形成的，它的形成条件包括岩性条件、地质构造条件、气候条件、地貌条件、人为因素等，见表 2-3-2。

地下水的形成条件　　　　　　　　　　　　表2-3-2

形成条件	描述
岩性条件	岩石中的空隙和裂隙大，易形成含水层，比如砂岩层、砾岩层、石灰岩层等。孔隙和裂隙少而小，相对致密的岩土层称为不透水层或隔水层，如页岩层、泥岩层等
地质构造条件	对于地质构造发育地带，岩层透水性增强，常形成良好的蓄水空间，如致密的不透水层，当其位于褶曲轴附近时可因裂隙发育而强烈透水，又如断层破碎带是地下水流动的通道
气候条件	气候条件对地下水的形成有着重要的影响，如大气降水、地表径流、蒸发等方面的变化将影响到地下水的水量
地貌条件	不同的地貌条件与地下水的形成关系密切。一般在平原、山前区易于储存地下水，形成良好的含水层；在山区一般很难储存大量的地下水
人为因素	比如大量抽取地下水，会引起地下水位大幅下降；修建水库，可促使地下水位上升等

3. 地下水的性质

（1）地下水的物理性质。

①温度：受各地区的地温条件影响，地下水温度常随埋藏深度不同而异，埋藏越深的，水温越高。

②颜色：地下水一般是无色透明的，但当水中含有有色离子或悬浮质时，便会带有各种颜色或显得混浊。如含高价铁的水为黄褐色，含腐殖质的水为淡黄色。

③味：地下水一般无嗅、无味，但含硫化氢时，会有臭鸡蛋味；含氯化钠的水味咸，含镁离子的水味苦。

④导电性：地下水的导电性取决于水中各种离子的含量与离子价，离子含量越多，离子价越高，则水的导电性越强。

（2）地下水的化学成分。

地下水的矿化度即为水中 Cl^-、SO_4^{2-}、HCO_3^-、Na^+、K^+、Ca^{2+}、Mg^{2+} 离子的总和。按照矿化度的高低把地下水分为淡水、低矿化水、中等矿化水、高矿化水和卤水（表2-3-3）。地下水矿化类型不同，地下水中占主要地位的离子或分子也随之发生变化。水的矿化度、pH值、硬度对水泥混凝土的强度有影响，水中的侵蚀性 CO_2、SO_4^{2-}、Mg^{2+} 等也决定着地下水对混凝土的腐蚀性。

地下水的化学成分表　　　　　　　　　　　　表2-3-3

化学成分	分类				
矿化度（g/L）	淡水	低矿化水	中等矿化水	高矿化水	卤水
	<1	1～3	3～10	10～50	>50
pH值	强酸性水	弱酸性水	中性水	弱碱性水	强碱性水
	<5	5～7	7	7～9	>9
硬度（$CaCO_3$ mg/L）	极软水	软水	中硬水	硬水	极硬水
	0～150	150～300	300～450	450～550	>550

课后习题

1. 请结合本任务学习情境中的资料回答:地下水按照含水层性质划分为_____、_____、_____。该区域主要的类型有_____。
2. 地下水按照埋藏条件的不同可以分为哪些类别?
3. 地下水化学性质的不同对工程会产生哪些影响?

任务二　分析地下水对工程的影响

地下水是地质环境的组成部分之一,会对工程的稳定性产生影响,这对土木工程尤为重要。地基土中的水能降低土的承载力;基坑涌水不利于工程施工;地下水常常是滑坡、地面沉降和地面塌陷发生的主要原因;一些地下水还会腐蚀建筑材料。因此,土木工程师必须重视地下水,掌握地下水的知识,以便更好地为工程建设服务。

学习情境

通过勘查发现,项目区地下水不太发育,仅在咸水河附近、白茨沟沟谷 K7+650~K10+400 段、平岘沟沟谷 AK7+000~AK9+800 段和黄河两岸揭露到地下水,其余地段均未揭露到地下水。取地下水水样进行水质分析结果显示:咸水河附近地下水均为氯化钙镁型水,pH=7.62~8.04,属弱碱性水,按化学成分的组合来看,多为氯化钙镁型水,无色、味苦涩、无嗅;黄河两岸地下水均为氯化钙型水,pH=7.74,属弱碱性水,按化学成分的组合来看,多为氯化钙型水,无色、无嗅。如果你是工程技术员,请分析地下水对工程的影响。

相关知识

地下水是地质环境的重要组成部分,在许多情况下,地质环境的变化常常是由地下水的变化引起的。地下水的变化往往带有偶然性,且多为局部发生,难以预测,对工程危害很大。

地下水对工程有以下影响。

1. 地基沉降(图 2-3-3)

在松散沉积层中进行深基础施工时,往往需要人工降低水位。若降水不当,会使周围地基土层产生固结沉降,轻者造成邻近建筑物或地下管线的不均匀沉降,重者造成建筑物基础下的土体颗粒流失,甚至基础被掏空,导致建筑物开裂并危及安全。若附近抽水井滤网和砂滤层的设计不合理或施工质量差,会导致抽水时软土层中的黏粒、粉粒甚至细砂等细小颗粒随同地下水一起被带出地面,使周围地面土层很快出现不均匀沉降,造成地面建筑物和地下管线不同程度的损坏。另外,井管开始抽水时,井内水位下降,井外含水层中的地下水不断流向滤管,经过一段时间后,在井周围形成漏斗状的弯曲水面,称之为降水漏斗。降水漏斗范围内的软土层会发生渗透固结而造成地基土沉降。而且,由于土层的不均匀性和边界条件的复杂性,降水漏斗往往是不对称的,因而导致周围建筑物或地下管线产生不均匀沉降,甚至开裂。

图 2-3-3　地基沉降

2. 流砂

地下水在土体中流动时,由于受到土粒的阻力作用而引起水头损失,从作用力与反作用力的原理可知,水流经过时必定对土颗粒施加一种渗流作用力,称为渗流力。在向上的渗流力作用下,粒间有效应力为零时,颗粒群发生悬浮、移动的现象称为流砂(图 2-3-4)或流土。

图 2-3-4　流砂

流砂多发生在颗粒级配均匀的饱和细、粉砂和粉质黏土层中。它的发生一般是突发性的,对工程危害极大。流砂现象是否发生不仅取决于渗流力的大小,同时与土的颗粒级配、密度及透水性等条件相关。

这种情况常是由于在地下水位以下开挖基坑、埋设地下水管、打井等工程活动而引起的,所以流砂是一种工程地质现象。流砂在工程施工中能造成大量的土体流动,致使地表塌陷或建筑物的地基破坏,给施工带来很大困难,或直接影响建筑工程及附近建筑物的稳定,因此必须进行防治。在可能产生流砂的地区,若其上面有一定厚度的土层,应尽量利用上面的土层做天然地基,也可用桩基穿过流砂。总之,应尽可能地避免在流砂区进行开挖。

流砂的防治原则是:
①减小或消除水头差,如采用基坑外的井点降水法降低地下水位,或采取水下挖掘;
②增长渗流路径,如打板桩;
③在向上渗流出口处地表用透水材料覆盖压重以平衡渗流力;
④采取土层加固处理措施,如冻结法、注浆法等。

3. 管涌

在渗流作用下,土中的细颗粒在粗颗粒形成的孔隙中移动以致流失。随着土的孔隙不断扩大,渗透速度不断增加,较粗颗粒也相继被水流带走,最终导致土体内形成贯通的渗流管道,造成土体塌陷,这种现象称为管涌(图2-3-5)。可见管涌破坏一般有一个时间发展过程,是一种渐进性的破坏。

 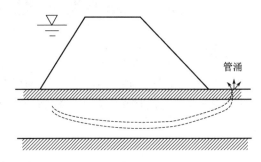

图 2-3-5 管涌

土是否发生管涌,首先取决于土的性质。管涌多发生在砂性土中,其特征是颗粒大小差别大,往往缺少某种粒径,孔隙直径大且相互连通。无黏性土产生管涌必须具备两个条件:一是几何条件,土中颗粒所构成的孔隙直径必须大于细颗粒的直径,这是必要条件,一般不均匀系数 >10 的土才会发生管涌;二是水利条件,渗流力能够带动细颗粒在孔隙间滚动或移动是发生管涌的水力条件,可用管涌的水力梯度来表示。管涌临界水力梯度的计算方法至今尚未成熟,对于重大工程,其值应尽量由试验确定。

防治管涌现象,一般可从下列两方面采取措施:一是改变几何条件,在渗流逸出部位铺设反滤层是防止管涌破坏的有效措施;二是改变水利条件,降低水力梯度,如打板桩。

4. 潜蚀

在自然界中,一定条件下同样会发生上述渗透破坏作用,为了与人类工程活动所引起的管涌进行区别,通常称之为潜蚀(图2-3-6)。潜蚀作用有机械的和化学的两种。机械潜蚀是指渗流的机械力将细土冲走而形成洞穴;化学潜蚀是指水流溶解了土中的易溶盐或胶结物使土变松散,进而细土粒被水冲走而形成洞穴。

这两种作用一般是同时进行的。在地基土层内如具有地下水的潜蚀作用,将会破坏地基土的强度,形成空洞,产生地表塌陷,影响建筑工程的稳定。在我国的黄土层及岩溶地区的土层中,常有潜蚀现象发生,修建建筑物时应予注意。

对潜蚀的处理可以采取堵截地表水流入土层、阻止地下水在土层中流动、设置反滤层、改造土的性质、减小地下水流速及水力坡度等措施。这些措施应根据当地地质条件分别或综合采用。

图 2-3-6 黄土潜蚀地貌景观

5. 地下水的浮托作用

当建筑物基础底面位于地下水位以下时,地下水对基础底面产生静水压力,即产生浮托力。如果基础位于粉性土、砂性土、碎石土和节理裂隙发育的岩石地基上,则按地下水位100%计算浮托力;如果基础位于节理裂隙不发育的岩石地基上,则按地下水位50%计算浮托力;如果基础位于黏性土地基上,其浮托力较难准确计算,应结合地区的实际经验考虑。

6. 基坑突涌

当基坑下伏有承压含水层时,开挖基坑减小了底部隔水层的厚度,当隔水层较薄经受不住承压水头压力作用时,承压水的水头压力会冲破基坑底板,这种工程地质现象被称为基坑突涌。

学习参考

1. 工程概况

某工程基坑深 15m,采用桩锚支护,钢筋混凝土灌注桩直径为 800mm,桩顶高程 3.0m,桩顶设一道钢筋混凝土圈梁,圈梁上做 3m 高的挡土砖护墙,并加钢筋混凝土结构柱。在圈梁下 2m 处设置一层锚杆,用钢腰梁将锚杆固定,锚杆长 20m,角度 15°~18°,锚筋为钢绞线。

该场地地质情况从上到下依次为:杂填土,粉质黏土,黏质粉土,粉细砂,中粗砂,石层等。地下水分为上层滞水和承压水两种。

基坑开挖完毕,正在进行底板施工。天降大雨,造成基坑西南角 30 余根支护桩折断坍塌,圈梁拉断,锚杆失效拔出,砖护墙倒塌,大量土方涌入基坑。西侧基坑周围地面也出现大小不等的裂缝。

2. 事故分析

①锚杆设计的角度偏小,锚固段大部分位于黏性土层中,使得锚固力较小,后经验算,发现锚杆的安全储备不足。

②持续的大雨使地基土的含水率剧增,黏性土体的内摩擦角和黏聚力大大降低,导致支护桩的主动土压力增加。同时沿地裂缝(甚至于空洞)渗入土体中的雨水,使锚杆锚固端的摩阻力大大降低,锚固力减小。

③基坑西南角挡土墙后滞留着一个方洞,大量的雨水从此灌入,对该处的支护桩产生较大的侧压力,并且冲刷锚杆,导致锚杆失效。

3. 事故处理

事故发生后,施工单位对西侧桩后出现裂缝的地段紧急用工字钢斜撑支护圈梁,阻止其继续变形。西南角塌方段,从上到下进行人工清理,一边清理一边用土钉墙进行加固。

课后习题

1. 地下水带来的工程病害有哪些?请简单分析原因。
2. 为防止管涌病害发生,可采取防治的措施有哪些?
3. 结合本任务学习情境资料,回答下列问题。

(1)咸水河附近地下水对混凝土结构和钢筋混凝土结构中的钢筋是否具有腐蚀性?属于哪个级别的?

(2)白茨沟沟谷 K7+650~K10+400 段、平岘沟沟谷 AK7+000~AK9+800 段地下水对混凝土结构是否具有腐蚀性?属于哪个级别?

4. 地下水带来的工程病害有哪些?请简单分析原因。
5. 为防止管涌病害发生,可采取防治的措施有哪些?

单元四　岩层产状与地质构造

地质构造是地壳运动的产物,是岩层或岩体在地壳运动中,由于构造应力长期作用使之发生永久性变形变位的现象。地质构造大大改变了岩层和岩体原来的工程地质性质,褶皱和断裂使岩层或岩体产生弯曲、破裂和错动,破坏了岩层或岩体的完整性,降低了其稳定性,增大了其渗透性,使工程建筑的地质环境复杂化。

情境描述

拟建××高速公路,根据初步设计,现进入施工图设计详细地质勘查阶段;线路走廊带分属某构造变形区;要求详细查明沿线地质构造的分布与特征,并对工程地质条件做出评价。

任务一　认识岩层产状

学习情境

对××高速公路进行详细勘查,K2+145.375~K2+268.373段穿过页岩与泥岩组成的山体。岩层总体呈单斜产出,产状为195°∠30°,岩体裂隙不发育,路线与山体走向一致。

相关知识 <<<

1. 产状三要素

岩层产状是指岩层的空间位置,用于描述岩层的空间展布特征。岩层的走向、倾向、倾角称为岩层产状三要素,如图2-4-1所示。

(1)岩层走向是指层面与假想水平面交线的方向,它标志着岩层的延伸方向(图2-4-1中AB)。走向是两端所指的方向,因此走向的方位角有2个,相差180°。

(2)岩层倾向是指垂直于走向顺层面向下的倾斜线在假想水平面的投影所指的方向(图2-4-1中CD)。倾向只有一个方向,走向=倾向±90°。

(3)岩层倾角是指层面与假想水平面的最大交角。沿倾向方向测量的倾角,称为真倾角,

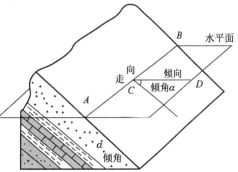

图2-4-1　岩层产状要素示意图

(图 2-4-1 中∠α);沿其他方向测量的交角均较真倾角为小,称为视倾角。

产状要素用地质罗盘仪进行测量,如图 2-4-2 所示。一切面状要素的空间位置,都可以通过测量该面的产状要素来确定。

图 2-4-2 岩层产状的测量示意图

2. 岩层产状的测量方法

(1)测走向

将罗盘仪的长边(平行于南北刻度线的仪器外壳边缘)紧靠岩层层面,调整罗盘位置使水准气泡居中,待磁针静止,读指北针(在岩层的上层面测)或指南针(在岩层的下层面测)所指的方位角度数,就是走向的方位。

(2)测倾向

将罗盘仪的短边(与长边垂直)紧贴岩层层面,罗盘指示砧板则指向岩层倾斜方向。调整罗盘位置使水准气泡居中,待磁针静止,读指北针所指的方位角度数,就是所测之倾向方位。

(3)测倾角

将罗盘仪竖放在层面上,使其长边与走向垂直,旋转罗盘仪背部的旋钮,待水准气泡居中,倾角指示器所指的度数即为岩层的倾角。

3. 岩层产状的表示方法

由地质罗盘仪测得的数据,通常用方位角法进行记录。

方位角法是将水平面按顺时针方向划分为 360°,以正北方向为 0°,再将岩层产状投影到该水平面上,将倾向与正北方向所夹的角度记录下来。一般按倾向、倾角的顺序记录。

课后习题 ◂◂◂

1. 结合本任务学习情境资料,回答下列问题。

该路段的岩层产状是_____;说明岩层的倾向为_____,倾角为_____,走向为_____和_____。

2. 关于本任务学习情境描述的岩层,下列说法正确的有(　　)。

　　A. 岩层自然产出即为倾斜状,未受构造变动影响

　　B. 路线与山体走向一致,说明路线的走向在 105°左右

　　C. 在野外测定岩层产状时,通常使用地质罗盘

　　D. 使用地质罗盘测定岩层产状时,通常只需测倾向和倾角

　　E. 因岩层的空间位置是固定的,故测量岩层产状时,无须区分上下层面

任务二　认识地质构造

学习情境（一）

续本单元任务一的学习情境，在公路初步设计中，此路段为挖方路段，边坡坡度比为1∶1。分析路线两侧的边坡稳定性；若不稳定，需提出处治措施。

相关知识

一、单斜构造

单斜构造一般可将它分成三种：倾斜构造、水平构造、直立构造，如图2-4-3所示。

a)　　　　　　　　　　　　　　b)　　　　　　　　　　　　　　c)

图2-4-3　单斜构造
a)倾斜构造；b)水平构造；c)直立构造

1. 倾斜构造

原来水平或近水平沉积的地层在地壳运动的影响下产状改变而发生倾斜变化。此时，岩层面与水平面就有了一定的倾角，成为具有倾斜构造的岩层，如图2-4-3a)所示。它常常是褶皱的一翼或断层的一盘，也可能是由区域内的不均匀上升或下降所形成的。

2. 水平构造

原始沉积的岩层，一般是水平或近于水平的。先沉积的在下，后沉积的在上。当岩层层面与水平面的交角近于或等于0°时，称为水平构造，岩层为水平岩层，如图2-4-3b)所示。

3. 直立构造

当地壳运动使原始水平的岩层发生改变，岩层面与水平面的交角近于或等于90°时，称为直立构造，岩层为直立岩层，如图2-4-3c)所示。

二、单斜构造与道路的关系

1. 路线走向与岩层走向一致

如图 2-4-4 所示,路线走向与岩层走线一致,公路布设选择顺向坡或逆向坡需要综合考虑各种因素。图 2-4-4 中,a)、b)、c)为顺向坡,需注意岩层倾角 β 与边坡坡角 α 的大小关系;当 $\beta \geq \alpha$[图 2-4-4a)、b)]时,对边坡稳定有利;当 $\beta < \alpha$[图 2-4-4c)]时,对边坡稳定不利。逆向坡通常对边坡稳定是有利的,但若倾向坡外的节理发育且层间结合差[图 2-4-4d)、倾角陡,则易发生崩塌。图 2-4-4e)、f)分别为水平岩层和直立岩层,对边坡稳定有利。

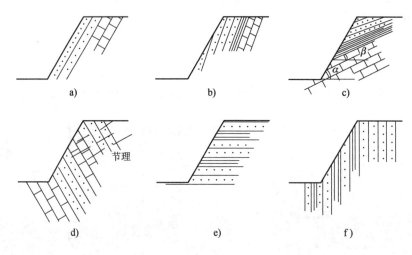

图 2-4-4 单斜构造与道路的关系

2. 路线走向与岩层走向正交

此时,如果没有倾向于路基的节理存在,或无节理交线倾向路基时,可形成较稳定的高陡边坡。

3. 路线走向与岩层走向斜交

其边坡稳定情况介于上述两者之间。

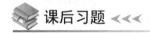

课后习题

1. 结合本单元任务一与任务二的学习情境资料,此挖方路段边坡的岩层构造为_____;路线走向与岩层走向_____(一致/正交/斜交),边坡为_____(顺向/逆向)坡,岩层倾角_____(小于/大于)边坡坡脚,对边坡稳定_____(有利/不利)。

2. 结合本学习情境中的资料,回答下列问题。
   (1)如图 2-4-5 所示的路堑边坡,最不稳定的是_____。
   (2)结合图 2-4-5 中的挖方边坡,提出你觉得可行的处治措施。

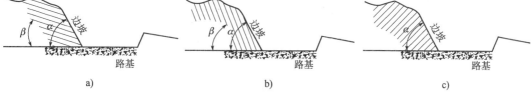

图 2-4-5 路堑边坡与岩层示意图
a)路堑①；b)路堑②；c)路堑③

学习情境(二)

××高速公路 K54+350~K54+410 段为一处深路堑。对该路段进行详细勘查，获取了该路段的地层岩性、岩层产状、地质构造等相关信息。要求对该路段的边坡及地质构造进行分析，研究其对公路的影响。

相关知识 ◂◂◂

一、褶皱的概念

组成地壳的岩层，由于受力变形产生的一系列连续弯曲，称为褶皱，也称褶曲。岩层出现褶皱后，原有的位置和形态均已发生改变，但其连续性未受到破坏。褶皱是由相邻岩块发生挤压或剪切错动而形成的，是构造作用的直观反映，如图 2-4-6 所示。

图 2-4-6 褶皱构造

1. 褶皱的几何要素

褶皱构造中岩石的每一个弯曲(一个完整的波形)称为一个褶皱。其形态要素包括：核部、翼部、轴面、轴线和枢纽，如图 2-4-7 所示。

①核部：褶皱中心部位的岩层，见图 2-4-7 中 a。

②翼部：位于核部两侧，向不同方向倾斜的岩层，见图 2-4-7 中 b。

③轴面：褶皱两翼近似对称的面(假想面)。它也可以是曲面，其产状随着褶皱形态的变化而变化，见图 2-4-7 中 e。

④轴线:轴面与水平面的交线,见图 2-4-7 中 AD。
⑤枢纽:轴面与褶皱在同一岩层层面上的交线,见图 2-4-7 中 cd。

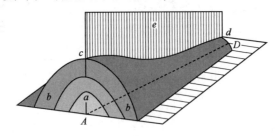

图 2-4-7 褶皱的形态要素
a-核部;b-翼部;e-轴面;cd-枢纽;AD-轴线

2. 褶皱的形态

原始水平岩层受力后向上凸曲者,称为背斜;向下凹曲者,称为向斜,如图 2-4-8 所示。凡背斜者,核部地层最老,翼部依次变新;凡向斜者,核部地层最新,翼部依次变老。

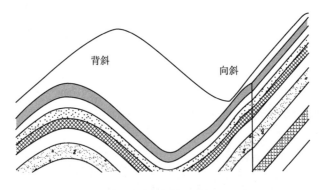

图 2-4-8 褶皱的形态

背斜与向斜通常是并存的。相邻背斜之间为向斜,相邻向斜之间为背斜,相邻的向斜与背斜共用一个翼。

①根据轴面的产状,褶皱可分为:

a. 直立褶皱:轴面近于直立,两翼倾向相反,倾角近于相等[图 2-4-9a)]。

b. 倾斜褶皱:轴面倾斜,两翼岩层倾斜方向相反,倾角不等[图 2-4-9b)]。

c. 倒转褶皱:轴面倾斜,两翼岩层向同一方向倾斜,倾角不等。其中一翼岩层为正常层序,另一翼岩层为倒转层序[图 2-4-9c)]。如两翼岩层向同一方向倾斜,且倾角相等则称为同斜褶皱。

d. 平卧褶皱:轴面近于水平,两翼岩层产状近于水平重叠,一翼岩层为正常层序,另一翼岩层为倒转层序[图 2-4-9d)]。

在褶皱比较强烈的地区,一般的情况都是线形的背斜与向斜相间排列,以大体一致的走向平行延伸,有规律地组合成不同形式的褶皱构造。

②根据枢纽的产状,褶皱可分为:

a. 水平褶皱:枢纽近于水平延伸,两翼岩层走向平行,如图 2-4-10 所示。

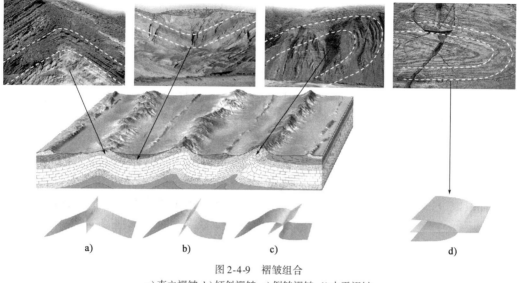

图 2-4-9 褶皱组合
a)直立褶皱;b)倾斜褶皱;c)倒转褶皱;d)水平褶皱

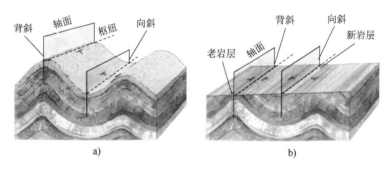

图 2-4-10 水平褶皱
a)未剥蚀前的水平褶皱;b)剥蚀后的水平褶皱

b. 倾伏褶皱:枢纽向一端倾伏,两翼岩层走向发生弧形合围。对背斜说来,合围的尖端指向枢纽的倾伏方向;对向斜说来,合围的开口方向指向枢纽的倾伏方向,如图 2-4-11 所示。

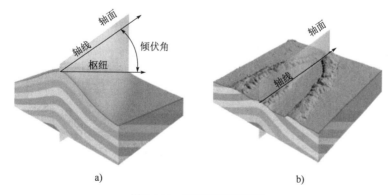

图 2-4-11 剥蚀后的倾伏褶皱
a)未剥蚀前的倾伏褶皱;b)剥蚀后的倾伏褶皱

二、褶皱的野外识别

1. 褶皱辨认的一般过程

在野外辨认褶皱时,主要是判断褶皱是否存在,区别背斜与向斜,并确定其形态特征。

在野外,如沿山区河谷或公路两侧,岩层的弯曲常直接暴露,背斜或向斜易于识别。但在多数情况下,地面岩层呈倾斜状态,岩层弯曲的全貌并非一目了然。

首先应该知道,地形上的高低并不是判别背斜与向斜的标志。岩石变形之初,背斜为高地,向斜为低地,即背斜成山,向斜成谷。这时的地形是地质构造的直观反映。但是,经过较长时间的剥蚀后,特别是如其核部为很容易被剥蚀的软岩层时,地形就会发生变化,背斜可能会变成低地或沟谷,称为背斜谷。相应地,向斜的地形就会比相邻背斜的地形高,称为向斜山。这种地形高低与褶皱形态凸凹相反的现象,称为地形倒置或逆地形,如图 2-4-12 所示。

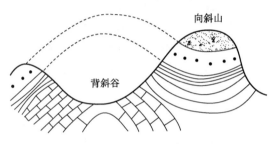

图 2-4-12　褶皱地形倒置

地形倒置的形成原因是背斜遭受剥蚀的速度较向斜快。因为背斜轴部(即褶皱枢纽所在部位)裂隙发育,岩层较为破碎,而且地形突出,剥蚀作用容易快速进行。如果褶皱的上层岩石坚硬(如石英砂岩、石灰岩),下层岩石较弱(如页岩),强烈的剥蚀作用便首先切开其上层,一旦剥蚀到下层,其破坏速度加快。与此相反,向斜轴部岩层较为完整,并常有剥蚀产物在其轴部堆积,起到"保护"作用,因此其剥蚀速度较背斜轴部为慢。

2. 野外识别方法

在野外识别褶皱(图 2-4-13)的方法有穿越法和追索法。通常以穿越法为主,追索法为辅。

图 2-4-13　野外褶皱示意图

(1) 穿越法

穿越法是沿垂直岩层走向进行观察的方法。用穿越法便于了解岩层的产状、层序及其新老关系。

①通过横向、纵向的观察,找地层界限、断层线、化石等,观察岩层是否有对称重复出现的现象,确定是否是褶皱构造;

②比较核部与翼部岩层的新老关系,确定是背斜或向斜;

③比较翼部岩层的走向和倾向,确定褶皱的形态分类。

(2) 追索法

追索法是沿平行岩层走向进行观察的方法。沿平行岩层走向进行追索观察,便于查明褶皱延伸的方向及其构造变化的情况。

穿越法和追索法,不仅是野外观察识别褶皱的主要方法,同时也是野外观察和研究其他地质构造现象的基本方法。

三、褶皱构造对工程建设的影响

褶皱构造普遍存在,无论是找矿、找地下水还是进行工程建设,都要对它进行研究。褶皱对油气和矿床的保存也有重要作用。宽阔和缓的背斜核部往往是油气储集的重要场所,许多层状矿体(如煤矿)常保存在向斜中,大规模地下水也常常储集在和缓的向斜中。根据褶皱两翼对称式重复的规律,在褶皱的一翼发现沉积矿层时,可以预测另一翼也有相应的矿层存在。此外,背斜轴部岩层容易断裂破碎,因此,如果水库位于背斜轴部,就会留下漏水的隐患。

1. 褶皱的核部

褶皱核部岩层由于受水平挤压作用,产生许多裂隙,这会直接影响岩体的完整性。褶皱的核部是岩层强烈变形的部位,常伴有断裂构造,造成岩石破碎或形成构造角砾岩带;地下水多聚积在向斜核部,背斜核部的裂隙也往往是地下水富集和流动的通道,必须注意岩层的坍落、漏水及涌水问题;在石灰岩地区还往往发育有岩溶。由于岩层构造变形和地下水的影响,道路、隧道或桥梁工程施工在褶皱核部易遇到地质问题,应尽量避免。

2. 褶皱的翼部

褶皱的翼部通常是单斜岩层,工程性质相对于核部通常更稳定。但需注意岩层倾向、倾角与开挖面之间的位置关系,尤其要注意软弱夹层的存在。

3. 褶皱与隧道的关系

对于隧道等深埋地下的工程,从褶皱的翼部通过一般是比较有利的。因为隧道通过均一岩层有利于稳定,但如果中间有松软岩层或软弱构造面时,则在顺倾向一侧的洞壁,有时会出现明显的偏压现象,甚至会导致支撑破坏,发生局部坍塌。

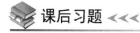
课后习题

结合本任务学习情境资料,回答下列问题。

1. 详细勘察中,K54+350~K54+410段为深挖路堑剖面,如图2-4-14所示。

(1) 该构造属于_____构造;岩层向下弯曲,为_____。

(2) 请在图中合适的位置,标注褶皱的形态要素。

(3) 按轴面位置和翼部倾斜情况,此褶皱是_____。

(4) 从地形来看,此处向斜成山,是_____(正/逆)地形,主要是受_____(内力/外力)地质作用的结果。

图 2-4-14 K54+350~K54+410 段剖面图

2. 下列关于褶皱的描述,正确的有(　　)。

　　A. 褶皱的基本类型有背斜和向斜

　　B. 地形向上拱起的是背斜

　　C. 地形向上拱起的是向斜

　　D. 不能仅依靠地形起伏判断背斜与向斜

　　E. 向斜核部为老地层,翼部为新地层

　　F. 褶皱是岩层产生了一系列波状弯曲

　　G. 背斜成谷(背斜谷)、向斜成山(向斜山)的地形,称为逆地形

　　H. 褶皱形成的时间介于组成褶皱的最新岩层年代与未参与该褶皱的上覆地层的最老岩层年代之间

3. 根据详细勘查获取的地质资料,绘制了 K54+320~K54+600 段的褶皱构造立体图(图 2-4-15)。

(1) 野外识别褶皱构造的方法有_____和_____。

(2) 识别图中褶皱类型时,使用_____法,从北向南依次出现的地层是_____、_____、_____、_____、_____、_____。

(3) 从中可以发现,地层出现了_____(对称/非对称)重复,可判断该构造为_____。

(4) S-D-C-D-S 地层,以_____为核部,翼部地层较核部地层更_____(老/新),可判断为_____;两翼岩层的倾向相对,倾角分别为_____和_____,可判断为_____褶皱。

(5) C-D-S-D-C 地层,以_____为核部,翼部地层较核部地层更_____(老/新),可判断为_____;两翼岩层的倾向相同,倾角分别为_____和_____,可判断为_____褶皱。

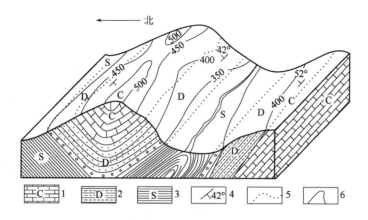

图 2-4-15　褶皱构造立体图
1-石炭系;2-泥盆系;3-志留系;4-岩层产状;5-岩层界线;6-地形等高线

(6)根据图 2-4-15 可知,路线走向与该向斜走向_____(相同/垂直),对边坡稳定_____(有利/不利)。

4.判断图 2-4-16 中 a、b、c 三个隧道所通过褶皱的位置,并评价其工程性质。

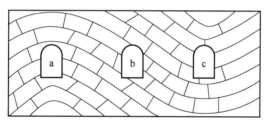

图 2-4-16　隧道与褶皱的关系

学习情境(三)

××高速公路,包桂山隧道,所处场区属构造变形区,隧址区出口段附近发育断层 F_1,于 ZK60+740(K60+774)与路线相交,交角 55°,为非活动性逆断层,断层产状 271°∠75°。破碎带宽度约 5.0m,影响带宽度 5~10m,破碎带为角砾岩,泥质胶结。该断层距隧道较远,隧址区未见其他活动性断层。岩体节理、裂隙发育,呈不规则状。隧道进口段岩层呈单斜状产出,岩层产状为 274°∠51°。岩体中主要发育两组节理,J_1:产状为 4°∠86°,结构面起伏粗糙,无胶结或偶夹泥质胶结,结构面张开度 1~3mm,结合程度较差,延伸 3~5m,发育间距 0.2~0.5m;J_2:产状为 5°∠86°,结构面起伏粗糙,泥质胶结,延伸 1~3m,张开度 3~10mm,结合程度差,泥质夹岩屑充填,发育间距 0.2~0.4m。

相关知识 ◂◂◂

组成地壳的岩体在地应力作用下发生变形,当应力超过岩石的强度,岩体的完整性受到破坏,形成断裂。

断裂是地壳中常见的地质构造,在断裂构造发育地区,常成群分布,形成断裂带。断裂带是矿液和地下水的运移通道,也是矿体的储存场所。因此,研究断裂带的特征,对寻找矿产及地下水具有重要的实用意义。根据岩体断裂后两侧岩块相对位移的情况,断裂构造可分为节理[图2-4-17a)]和断层[图2-4-17b)]。

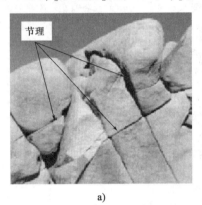 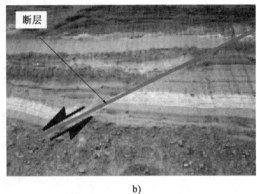

图 2-4-17　节理与断层
a)节理;b)断层

一、节理

节理也称裂隙,是由于岩石受力而出现的,裂开面两侧的岩体无明显位移的小型断裂构造。

1. 节理的分类

节理通常成群成组发育,分类标准也较多。

(1)按成因分

原生节理是指成岩过程中形成的节理。例如沉积岩中的泥裂,岩浆岩冷凝收缩形成的柱状节理[图2-4-18a)]等。

次生节理是指岩石成岩后形成的节理,包括非构造节理(风化节理)[图2-4-18b)]和构造节理。

图 2-4-18　原生节理与次生节理
a))原生节理;b)次生节理之非构造节理

其中构造节理根据力学性质又可分为张节理和剪节理。

张节理:如图 2-4-19a)中Ⅰ、Ⅳ所示,短、小、粗糙不平,延伸不远,常呈豆荚状、树枝状。节理面上无擦痕,常绕过砾石,如图 2-4-19b)所示。

剪节理:如图 2-4-19a)中Ⅱ、Ⅲ所示,长、大、平直光滑,延伸稳定。节理面上常见擦痕,能切过砾石和胶结物。在应力作用下,沿着共轭剪切面的方向会形成两组交叉的剪节理,称共轭节理或称"X"节理。两组剪节理互相交切,常将岩石切割成一系列的菱形方块,如图 2-4-19c)所示。

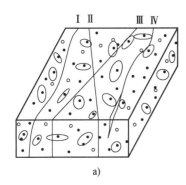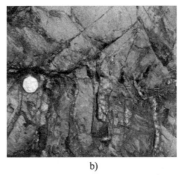

图 2-4-19 张节理与剪节理
a)示意图;b)张节理(脉状填空);c)剪节理

(2)按节理与岩层产状的关系分

节理走向与岩层走向可以平行、垂直或斜交,因而可分别形成走向节理、倾向节理或斜节理,如图 2-4-20 所示。

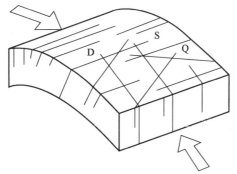

图 2-4-20 褶皱岩层中的节理
S-走向节理;D-倾向节理;Q-斜节理

2. 节理对工程建设的影响

①节理破坏了岩体的完整性,使岩体的稳定性和承载能力降低,常造成边坡的坍塌和滑动,以及造成地下洞室围岩的脱落。

②节理为大气和水进入岩体内部提供了通道,加速了岩石的风化和破坏;节理也是地下水的良好通道,对水文地质意义重大。

③节理是矿液运移、沉积场所,对找矿有利。

④在挖方或采石中,节理的存在可以提高工作效率。

总的来说,岩体中的节理,在工程上有利于材料的采集,不利于岩体的强度和稳定性。

3. 节理调查、统计及表示方法

节理对工程岩体稳定和渗漏的影响程度取决于节理的成因、形态、数量、大小、连通以及充填等特征。因此,需要对节理的发育情况进行调查统计。测节理的产状与测岩层产状的方法相同。在野外,对岩体中节理分布的多少常用节理密度来标定。所谓节理密度,是指岩石中某节理组在单位面积或单位体积中、单位长度的节理总数。统计得到的数据可以表格形式表示,但更常用节理(裂隙)玫瑰花图(图 2-4-21)来表示。玫瑰花图可用节理走向来编制,也可以用节理倾向或倾角来编制。

二、断层

岩层受构造应力作用发生断裂,两侧岩层沿断裂面发生了移动或明显错位,这种断裂构造被称为断层。

1. 断层要素

断层要素主要有断层面、断层线、断盘、断距等,如图 2-4-22 所示。

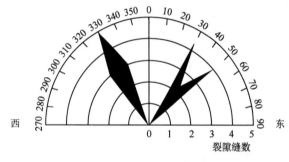
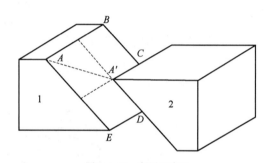

图 2-4-21 节理(裂隙)玫瑰花图

图 2-4-22 断层要素图
1,2-断盘;ABCDE-断层面;AA′-断距;AB-断层线

①断层面:两侧岩块发生相对位移的断裂面。其间岩石破碎,因而称破碎带。其中,在大断层的断层面上常有擦痕,断层带中常形成糜棱岩、断层角砾和断层泥等。

②断层线:断层面与地面的交线。

③断盘:断层面两侧的岩块。若断层面是倾斜的,位于断层面上侧的岩块,称上盘;位于断层面下侧的岩块,称下盘。相对上升者为上升盘,相对下降者为下降盘。若断层面是直立的,就分不出上、下盘。若岩块做水平滑动,就分不出上升盘和下降盘。

④断距:断层两盘沿断层面移动开的距离。断层两盘相当的点(在断层面上的点,未断裂前为同一点),因断裂而移动,其两点的直线距离,称为断距。

2. 断层的类型

①按断层两盘相对位移方向,可分为正断层、逆断层和平移断层。

a. 正断层:断层上盘相对向下移动,下盘相对向上移动,如图 2-4-23b)所示。

b. 逆断层:断层上盘相对向上移动,下盘相对向下移动,如图 2-4-23c)所示。逆断层的倾角变化很大,若逆断层中断层面倾斜平缓,倾角小于 23°,则称逆掩断层。

c. 平移断层:断层的两盘沿陡立的断层面做水平滑动,又称走滑断层,如图 2-4-23d)所示。

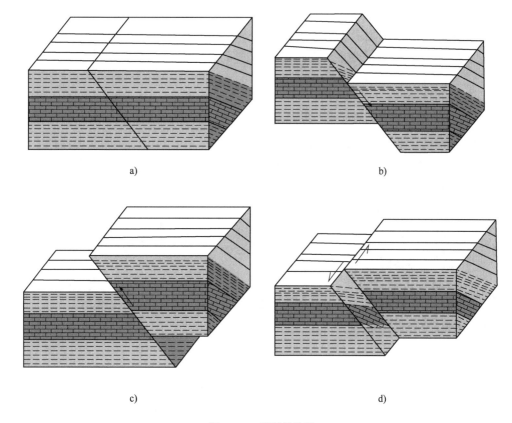

图 2-4-23 断层的类型
a)断层断开前;b)正断层;c)逆断层;d)平移断层

断层如兼有两种滑动性质,可复合命名,如平移-逆断层,逆-平移断层。前者表示以逆断层为主兼有平移断层性质,后者表示以平移断层为主兼有逆断层性质。

②根据断层的组合形式,可分为阶梯状构造、叠瓦状构造以及地垒和地堑。

断层很少孤立出现,往往由一些正断层和逆断层有规律地组合,构成不同形式的断层带。如阶梯状构造[图 2-4-24a)]、叠瓦状构造[图 2-4-24b)]、地垒和地堑[图 2-4-24c)]等。

例如,我国江西的庐山是地垒;山西的汾河及渭河河谷是地堑,称汾渭地堑。国外著名的有东非地堑、莱茵河谷地堑等。

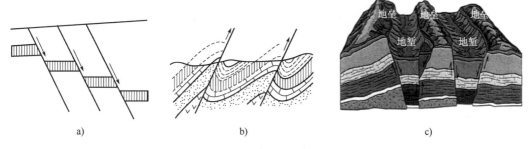

图 2-4-24 断层的组合形式
a)阶梯状构造;b)叠瓦状构造;c)地垒和地堑

3. 断层的野外识别

在自然界中,大部分断层由于后期遭受剥蚀破坏和覆盖,在地表上暴露得不清楚,因此需根据构造、地层等直接证据和地貌、水文等方面的间接证据,来判断断层的存在与否及断层类型。

(1) 构造上的标志

①擦痕、镜面和阶步:断层面上平行而密集的沟纹,称为擦痕[图2-4-25a)];平滑而光亮的表面,称为镜面。它们都是断层两侧岩块滑动摩擦所留下的痕迹。断层面上往往还有垂直于擦痕方向的小陡坎,其陡坡与缓坡连续过渡者,称为阶步[图2-4-25b)]。擦痕的方向平行于岩块的运动方向。阶步中从缓坡到陡坡的方向(陡坡的倾向)指示上盘岩块的运动方向。

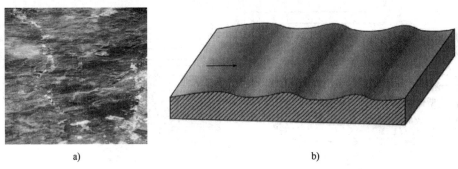

图2-4-25 擦痕和阶步
a)擦痕;b)阶步(指示上盘从左向右运动)

②地质体错断:任何线状或面状的地质体,如地层、岩脉、岩体、不整合面、侵入体与围岩的接触面、褶皱的枢纽及早期形成的断层等,在平面或剖面上会形成突然中断、错开(图2-4-26)等不连续现象,这是判定断层存在的一个重要标志。

图2-4-26 岩脉错断及牵引弯曲

③牵引褶皱:断层两侧岩层受断层错动影响所发生的变薄和变弯曲。因断层性质和滑动方向不同,牵引褶皱的弯曲方向指示本盘的位移方向(图2-4-27)。

④断层角砾岩:断层两侧的岩石在断裂时被破碎,碎块经胶结而成的岩石称为断层角砾岩(图2-4-28)。其碎块为棱角状,大小不一,常见于正断层中;因碎块来自断层两侧岩石,故仔细追索其中某种成分碎块的分布,有助于推断断层的动向。

图 2-4-27　牵引褶皱的形态与断层滑动的关系

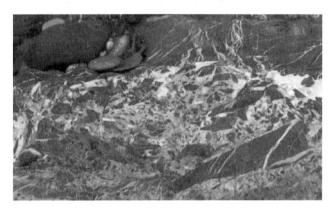

图 2-4-28　断层角砾岩

⑤断层泥：断层两侧岩石因断裂作用，先破碎后研磨而形成的泥状物质。断层泥常与断层角砾岩共生。

（2）地层上的标志

在单斜岩层地区，沿岩层走向观察，若岩层突然中断，呈交错的不连续状态，或改变了地层的正常层序，使地层发生不对称的重复或缺失现象，往往说明有断层存在。地层的重复与缺失所出现的断层，可能有 6 种情况，如表 2-4-1 所示。

走向断层造成地层重复与缺失情况　　　　　　表 2-4-1

断层性质	断层倾向与岩层倾向关系		
	相反	相同	
		断层倾角 > 岩层倾角	断层倾角 < 岩层倾角
正断层	重复	缺失	重复
逆断层	缺失	重复	缺失

（3）地形地貌上的标志

由断层两次岩块的差异性升降而形成的陡崖，称为断层崖；如正断层横切一系列平行的山脊，经过流水的侵蚀作用，形成一系列横穿崖壁的 V 形谷面，谷与谷之间便呈现出三角形的横切面，称为断层三角面（图 2-4-29、图 2-4-30）。

当断层横穿河谷时，可能使河流纵坡发生突变，造成河流纵坡的不连续现象；水平方向相对位移显著的断层，可将河流或山脊错开，使河流流向或山脊走向发生急剧变化；断陷盆地是断层围限的陷落盆地，由不同方向断层所围或一边以断层为界，多呈长条菱形或楔形，盆地内有厚的松散物质。我国的断陷盆地有东营盆地、二连盆地、云南东部的岩溶断陷盆地等。断陷盆地积水形成湖泊就是断层湖，如云南的滇池、新疆的赛里木湖。

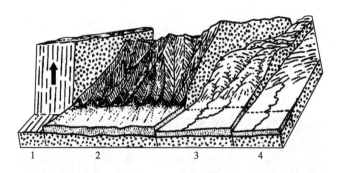

图 2-4-29　断层的地形地貌特征
1-断盘上升形成断层崖；2-断层崖剥蚀形成三角面；3、4-继续侵蚀，三角面消失

图 2-4-30　昆仑断裂断层三角面

（4）水文地质的标志

断层的存在常常控制和影响水系的发育，断层是地下水或矿液的通道，故沿断层延伸地带常能见到一系列泉水出露或矿化现象。例如，西藏念青唐古拉山山麓和四川茂县叠溪镇松坪沟景区内都有串珠状湖泊，提示有断层的存在。

以上就是野外识别断层的主要标志。但是，由于自然界的复杂性，其他因素也可能造成以上的某些特征，所以不能孤立地看问题，要全面观察、综合分析，才能得到可靠的结论。

4. 断层对工程建设的影响

①与桥基工程的关系：在确定桥位前，首要任务是勘察桥位可能穿越的地质情况，应尽可能地避开断层破碎带（图 2-4-31）。若桥基岩体破碎，易风化渗水，受桥基和桥体荷载作用后会出现沉陷，或沿断层破裂面错动的方向，使桥墩发生滑移或倾斜。

②与隧道工程的关系：在隧道勘测过程中，遇活动性断层或宽度较大的断层破碎带时，切忌与断层面呈平行或小角度布线，应尽量绕避或远离。若必须穿越时，应使隧道中线与断层面正交，以减小断层对隧道工程的影响范围。

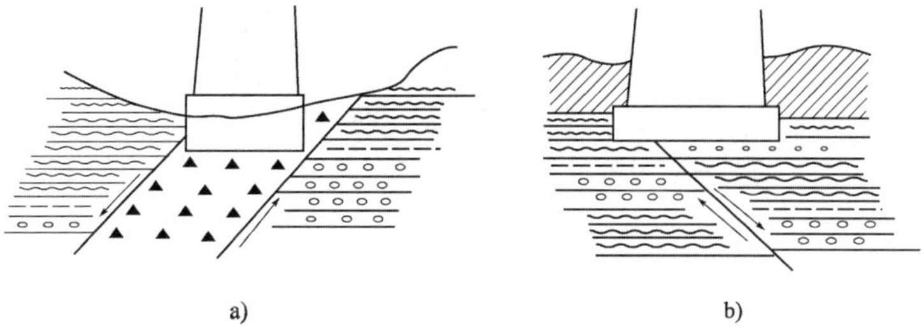

图 2-4-31　断层对桥基影响示意图
a)桥基位于断层破碎带范围内；b)桥基位于断层面处

课后习题

1.结合本任务学习情境中的资料,回答下列问题。

(1)F_1 是_____(断层/节理),J_1 和 J_2 是_____(断层/节理)。两者的主要区别在于_____。

(2)J_1 和 J_2,按形成原因是_____(原生/次生)节理,按受力是_____(张/剪)节理。

(3)隧道进口段岩层_____产出,产状为_____,J_1 的产状为_____,按照节理与岩层产状的关系,J_1 是_____(走向/倾向/斜向)节理。

(4)断层的要素包含_____、_____、_____、_____等。

(5)断层 F_1 的类型是_____(正/逆/平移)断层,产状为_____,其_____(上盘/下盘)相对下降。

(6)在野外,为了识别出断层,通常需要找出_____、_____、_____、_____、_____、_____等标志。

(7)包桂山隧道隧址区_____附近发育断层 F_1,于_____与路线相交,交角_____。根据情景描述,隧道_____(可以/不可以)通过所在场地。

2.以下描述,正确的有(　　)。

　A.节理和解理都是指构造

　B.节理是岩层断裂后未发生相对位移的构造

　C.节理越发育,岩体的承载力越差

　D.断层的上盘即为上升盘

　E.断层只能造成地层的缺失,不能造成地层的重复

　F.某套地层在地表呈现出有规律的重复,则由该套地层组成的构造是断层构造

3.如图 2-4-32 所示,你能发现哪几种地质构造?他们形成的先后顺序怎样?

图 2-4-32 地质构造示意图

4. 如图 2-4-33 所示，_____图地层有缺失，_____图地层有重复。地层的缺失与重复是_____（对称/不对称）的，说明这是_____（断层/褶皱）。请说明判断过程。

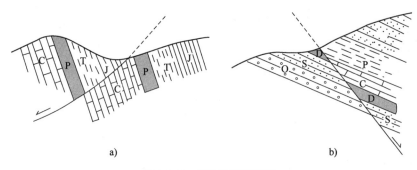

图 2-4-33 地层的重复与缺失

单元五　工程地质图

情境描述

××高速公路第TXTJ-4标段(K50+195.475~K71+803.680),线路全长21.684km。绥阳县境内路线长11.78km,新蒲新区境内路线长9.903km。设计标准为双向4车道,设计速度为100km/h。本标段内主要工程包括:主线涵洞45道,互通及改移路涵洞10道,天桥3座,大桥13座,隧道5座,互通匝道桥4座,互通式立交2处(郑场互通、民群互通)。

勘察单位依据交通部颁布的《公路工程地质勘察规范》(JTG C20—2011),进行了工程地质调绘、钻探、测量、简易钻探和岩、土、水测试等详细工程地质勘察工作,提交了《××××详细工程地质勘察报告》。现须阅读该工程地质勘察报告及工程地质图,并对工程地质条件做出评价。

任务一　识读工程地质勘察报告

学习情境

工程地质勘察报告是重要的工程技术资料,对工程设计、施工都有极其重要的指导作用。现有某工程第4标段两阶段施工图设计详细工程地质勘察报告的总说明和地质勘察的相关图表。

工程技术人员可以从阅读报告的总说明目录(图2-5-1)开始,逐步熟悉工程地质勘察报告内容。

相关知识

工程地质勘察报告是工程地质勘察的文字成果,为工程建设的规划、设计和施工提供参考。

工程地质勘察的最终成果是以《工程地质勘察报告》的形式提交的,勘察报告是在工程地质调查与测绘、勘探、试验测试等已获得原始资料的基础上,结合工程特点和要求,进行整理统计、归纳、分析、评价,提出工程建议,形成文字报告并附各种图表的勘察技术文件。公路工程的勘察报告的具体内容除应满足《公路工程地质勘察规范》(JTG C20—2011)(以下简称《勘察规范》)等相关规范、标准的要求外,还和勘察阶段、勘察任务要求、场地及工程的特点等有关。

目　录

1 概述 1
　1.1 项目背景 1
　1.2 任务依据 2
　1.3 勘察界面划分 2
　1.4 工程概况 2
　1.5 勘察目的、执行的规程规范 3
　1.6 勘察工作方法及完成工作量 3
　1.7 前期成果利用情况 4
　1.8 质量控制 4
　1.9 对勘察工作大纲执行情况及质量控制评述 5
　1.10 工作质量 5
2 自然地理条件 6
　2.1 地形、地貌 6
　2.2 气象条件 6
　2.3 水文及河流 7
3 工程地质条件 7
　3.1 地层岩性 7
　3.2 地质构造 9
　3.3 水文地质 9
　3.4 不良地质与特殊岩土 10
　3.5 地震 11
　3.6 工程地质概况 11
4 岩土工程地质性质及特征 12
　4.1 土体工程地质类型及物理力学特征 12
　4.2 岩体工程地质类型及物理力学特征 12
　4.3 岩土工程参数设计建议值 13
5 沿线筑路材料 14
　5.1 砂石料等 14
　5.2 开采方式、运输条件 15
6 工程地质评价 15
　6.1 路基主要工程地质问题及处理意见 15
　6.2 典型桥梁工程地质条件及评价 18
　6.3 典型隧道工程地质条件及评价 20
　6.4 ××互通工程地质条件及评价 23
　6.5 ××互通工程地质条件及评价 24
7 结论及建议 25
　7.1 结论 25
　7.2 建议 25

图 2-5-1　总说明目录

一、工程地质勘察报告的基本内容

《勘察规范》规定公路工程地质勘察分为预可行性研究阶段工程地质勘察(简称预可勘察)、工程可行性研究阶段工程地质勘察(简称工可勘察)、初步设计阶段工程地质勘察(简称初步勘察)和施工图设计阶段工程地质勘察(简称详细勘察)四个阶段。对应不同勘察阶段,应编制相应的工程地质勘察报告。

工程地质勘察报告的编制应充分利用勘察取得的各项地质资料,在综合分析的基础上进行,所依据的原始资料在使用前均应进行整理、检查、分析,确认无误。形成的工程地质勘察报告应资料完整,内容翔实准确、重点突出,有明确的工程针对性,所作结论应依据充分、建议合理。

通常,公路工程地质勘察报告包括总报告和工点报告,总报告和工点报告均由文字说明和图表部分组成。

1. 总报告

总报告的文字说明应包括下列内容:

①前言:任务依据、目的与任务、工程概况、执行的技术标准、勘察方法及勘察工作量、布置情况、勘察工作过程等;

②自然地理概况:项目所处的地理位置、气象、水文和交通条件等;

③工程地质条件：地形地貌、地层岩性、地质构造、岩土的类型、性质和物理力学参数、新构造运动、水文地质条件、地震与地震动参数、不良地质和特殊性岩土的发育情况、建筑材料等；

④工程地质评价与建议：包括公路沿线水文地质及工程地质条件评价、工程建设场地的稳定性和适宜性评价、不良地质与特殊性岩土及其对公路工程的危害和影响程度评价、环境水或土的腐蚀性评价、岩土物理力学性质及其设计参数评价、工程地质结论与建议等。

总报告图表应包括路线综合工程地质平面图、路线综合工程地质纵断面图、不良地质和特殊性岩土一览表等。

2. 工点报告

对于路基、桥梁、涵洞、隧道、路线交叉、料场、沿线设施等独立勘察对象，应编制工点报告。

工点报告的文字说明应对总报告中的①、②、③的内容进行简要叙述，并针对工点工程地质条件、存在的工程地质问题与建议等进行说明。工点报告的图表编制应符合《勘察规范》中相关章节的具体规定。

工点报告应按工程结构的类型进行归类，综合考虑其建设规模和里程桩号等按序编排、分册装订。

二、工程地质勘察报告的编写

工程地质勘察报告的编写是在综合分析各项勘察工作所取得的成果基础上进行的，必须结合结构类型和勘察阶段规定其内容和格式。

下面，以《××至××高速公路第 TXRJ-4 标段两阶段施工图设计详细工程地质勘察报告》为例，来介绍工程地质勘察报告的内容与编写。

1. 总说明

总说明通常包含概论、通论、专论和结论四个板块。

①概论：一般写作概述或前言，其内容主要是说明勘察工作的项目背景、任务、勘察阶段和需要解决的问题、采用的勘察方法及其工作量，以及取得的成果，附以实际材料图。为了明确勘察的任务和意义，应先说明结构物的类型和规模，以及它的国民经济意义。

②通论：一般可分为自然地理条件、工程地质条件、岩土性质指标等。阐明项目所处的地理位置、气象、水文条件；工作地区的工程地质条件、区域地质地理环境和各种自然因素，如地形地貌、气象条件等。其内容应当既能阐明当地工程地质条件的特征及其变化规律，又须紧密联系工程目的。

③专论：主要内容为工程地质评价，是工程地质报告的核心内容。其内容是对建设中可能遇到的工程地质问题进行分析，并回答设计方面提出的地质问题与要求，对建筑地区作出定性的、定量的工程地质评价；作为选定建筑物位址、结构型式和规模的地质依据，并在明确不利的地质条件的基础上，考虑合适的处理措施。专论部分的内容与勘察阶段的关系特别密切，勘察阶段不同，专论涉及的深度和定量评价的精度也有差别。

④结论:其内容是在工程地质评价的基础上,对各种具体问题作出简要明确回答。态度要明确,措辞要简练,评价要具体,对问题不要含糊其词,模棱两可。

在总说明的编写过程中,既要遵循《勘察规范》的基本要求,又要依据建筑类型和勘察阶段不同,根据实际情况,综合分析各项勘察中所取得的成果。

2. 图表

工程地质勘察报告中,非常重要的组成内容就是地质勘察的相关图表,一般包括特殊性岩土说明表、不良地质说明表、勘探点一览表、工程地质图例、综合地层柱状剖面图、工程地质平面图、工程地质纵断面图、钻孔柱状图等。总说明中的文字内容必须与对应的勘察图表一致,互相照应、互为补充,共同达到为工程服务的目的。

(1)勘探点一览表或勘察点(线)平面位置图及场地位置示意图

勘探点一览表是将勘探点的平面位置、高程、钻孔深度等信息用表格方式记录下来,与勘探点布置图作用相同,如表 2-5-1 所示。

勘探点平面布置图及场地位置示意图是在勘察任务书所附的场地地形图的基础上绘制的,图中应注明建筑物的位置,各类勘探、测试点的编号、位置,并用图例表将各勘探、测试点及其地面标高和探测深度表示出来。

(2)特殊性岩土说明表和不良地质说明表

特殊性岩土说明表和不良地质说明表是对"说明"中工程地质条件的详细说明。根据野外勘察资料,填写特殊性岩土和不良地质现象的类别、起讫桩号、对应长度或位置、工程地质特征及不良地质状况、建议处治措施等信息,如表 2-5-2、表 2-5-3 所示。

(3)工程地质图例

凡是图内出现的地层、岩性、土、构造、不良地质界线、不良地质、钻孔、岩层产状及其他地质现象都应在图例中表示出来,如图 2-5-2 所示。

(4)综合地层柱状图

综合地层柱状图中从地面往下按照地层分布进行标注,对应有地层年代、图例、分布区间、岩性描述和工程地质特性描述等,如图 2-5-3 所示。

(5)路线工程地质平面图

在路线工程地质平面图中,沿公路路线两侧应标明岩性、地层年代、覆盖层情况、岩层产状、钻孔位置及不良地质等,如图 2-5-4 所示。

(6)路线工程地质纵断面图

在路线工程地质纵断面图中,同样应标明岩性、地层年代、覆盖层情况、岩层产状、钻孔位置及不良地质等,并且在断面图下方还应有地质概况说明,如图 2-5-5 所示。

(7)钻孔柱状图

钻孔柱状图是根据钻孔的现场记录整理出来的,记录中除了注明钻进所用的工具、方法和具体事项外,其主要内容是关于地层的分布和各层岩土特征和性质的描述,如图 2-5-6 所示。

勘探点一览表

表 2-5-1

××互通式立交钻孔

序号	里程	偏移量	钻孔编号	X	Y	高程	深度
1	EK0+148.9	0.0	QZK01	523789.78	3089876.55	869.60	30.0
2	EK0+173.4	左1.0	QZK02	523824.04	3089901.35	854.99	25
3	EK0+193.0	右3.3	QZK03	523843.71	3089902.54	855.31	25
4	EK0+235.3	右4.7	QZK04	523884.44	3089896.28	867.73	30
5	AK0+671.5	右2.3	QZK05	523619.88	3089562.22	852.53	25
6	AK0+891.2	右0.1	QZK06	523488.44	3089388.27	853.35	25
7	K52+268.4	右11.2	LJZK01	523740.21	3090106.33	862.11	15.1
8	CK0+121.5	左31.7	LJZK02	523818.71	3090193.15	894.62	25
9	CK0+121.5	左6.8	LJZK02-1	523818.20	3090168.22	885.35	26.2
10	CK0+098.2	左10.6	LJZK03	523876.54	3090168.49	876.16	27
11	AK0+063.2	21.2	LJZK04	523959.81	3090063.62	855.20	19.8
12	AK0+553.7	右5.7	LJZK05	523629.67	3089675.99	889.48	30
合计							303.1

××互通式立交钻孔

序号	里程	偏移量	钻孔编号	X	Y	高程	深度
1	BK0+059.8	右1.0	LJZK01	529622.266	3080771.865	1027.08	15
2	AK0+076.8	右7.3	LJZK02	529587.815	3080660.804	1032.698	15
3	AK0+302.9	右1.4	LJZK03	529794.722	3080568.066	1031.976	15
4	AK0+583.0	左1.9	LJZK04	529966.112	3080718.729	1059.235	20.7
5	AK0+884.3	右11.0	LJZK06	530086.058	3080978.279	1077.431	30

特殊性岩土说明表

表 2-5-2

序号	里程桩号	长度 (m)	侧别	特殊岩土类型	工程地质特征及不良地质状况	建议处治措施	参考勘探点名称
1	K50+555.0~K50+750.0	195.0	左	软弱土	该软弱土主要分布在水稻田、油菜地两季作物田地内，土质含水率随季节变化较大。坡洪积成因，附近有水沟通过，地形较平坦，土层上部多为可塑状的粉质黏土，深度一般分布在0~5.2m；下部为软塑~可塑状的粉质黏土夹层状不等厚分布3.4~4.6m，其中软塑状软弱土呈线状不等厚分布。基岩为志留系韩家店组泥岩、页岩。软塑状粉质黏土力学性质差、承载力低，不宜作为基础持力层；此段公路以填方通过，基础作力不均匀及过量沉降的问题，填筑坡体易失稳，应进行相应处置	挖除换填/碎石桩	JT01、JT03
2	K50+910.0~K51+360.0	450.0	双	淤泥质和软弱土	该软弱土主要分布在水稻田、油菜两季作物作田地，土质含水率随季节变化较大。坡洪积成因，附近水沟与线路交通斜通过，地形较为平坦。上覆土层为全新统淤泥质黏土，呈流塑~软塑状，软塑~可塑状层页岩二叠系分布厚度0~10.4m，基岩为水下统韩家店组中统栖霞、茅口组灰岩层；淤泥质软弱土力学性质差、承载力低，不宜作为基础持力层；此段公路以填方通过，存在不均匀填以及过量沉降的问题，应进行相应处置	挖除换填、桩基穿越软土层	JT04、JT05、JT06、JT08、JT09、JT10
3	K51+650.0~K51+840.0	190.0	右	红黏土	该段特殊性岩土主要为第四系的红黏土，具有高塑性，分布在山体坡表，部分已被人工改造为排地，呈阶梯状。红黏土土层厚度3.0~4.0m；基岩为二叠系下统栖霞、茅口组灰岩。此段公路以挖方通过，红黏土对路基工程会有一定的影响，需采用一定的措施进行处理。	合理设置放坡坡率+工程加固	
4	K52+020.0~K52+174.0	154.0	双	软弱土	该段特殊性岩土主要分布在油菜作物田地内，土质含水率随季节变化较大。附近低洼处有积水现象，坡洪积成因，坡洪状的粉质黏土，深度一般分布在0~3.8m；下部为二叠系下统栖霞、茅口组灰岩。软塑状粉质黏土层分布0.5~1.3m，呈不等厚分布。基岩为二叠系下统栖霞、茅口组灰岩层；软塑状粉质黏土力学性质差、承载力低，不宜作为基础持力层；此段公路以填方通过，存在不均匀及过量沉降的问题，应进行相应处置	挖除换填	JT12

不良地质说明表（危岩特征及稳定性评价）

表 2-5-3

编号	名称	观测点号	分布里程及坐标	相对高度（m）	规模 m×m×m	特征	现场典型图片	对拟建公路影响	处理建议
1	危岩	G-85	X=522583.0788 Y=3092193.7256 K49+845 右侧105	-16	长×宽×厚：15m×10m×2.5m 体积约：375m³	危岩体主要为奥陶系中上统灰岩；分布高程约为870m。危岩受裂隙切割影响，呈镶嵌的大块体状，目前局部呈悬空，上部呈"直立状"。危岩体现状基本稳定，主崩方向为251°		危岩体位于××大桥桥台附近南西侧自然斜坡对线路无影响。危岩对线路无影响。危岩体主崩方向为251°，主崩方向有机场路通过，未来工程施工时，尤其是路基的爆破施工，易对危岩的稳定性造成不利影响，危及既有道路安全运营	施工过程中，应减少施工震动对危岩体的影响，加强监测，如有失稳、坠落趋势，应先清除该危岩体，如无法清除，需对危岩进行加固处理
2	地表滑塌/错落	—	X=522755.75 Y=3091446.85 K50+600 右侧105	24.5	面积约 70m×70m	疑似地表滑塌区，该点位于K50+600右侧山前斜坡地带，坡度约为25°周围植被发育，所在地层为志留系中统石牛栏组泥岩。坡体前缘为第四纪残坡积层（Q₄ᵈˡ⁺ᵈˡ），上面呈反翘，后缘岩体错断，裂缝1~1.5m		该错落体对填方路堤基本无影响	建议加强坡体稳定性观测
3	危岩	G-160	X=525477.4132 Y=3086992.8496 K55+950 中线附近	桥台附近	长×宽×厚：10×8×3 体积约：240m³	危岩体主要为三叠系下统茅草铺组灰岩，分布高程为908m，岩层产状207°∠26°，178°∠22°。节理裂隙发育，主要发育裂隙①状56°∠51° ②308°∠81°，未见明显脱离山体，现状稳定，主崩方向211°，线路走向156°。此危岩体位于采石场挖方临空面上方，采石场现已废弃		危岩体位于××大桥桥台北东侧自崩坡上，危岩体主崩方向下方为桥台，危岩体对桥梁存在安全隐患。未来工程施工时，易因其爆破施工，易对危岩的稳定性造成不利影响，危及大桥施工，运营安全	桥梁施工前，应先清除该危岩体，如无法清除，需对危岩进行加固处理

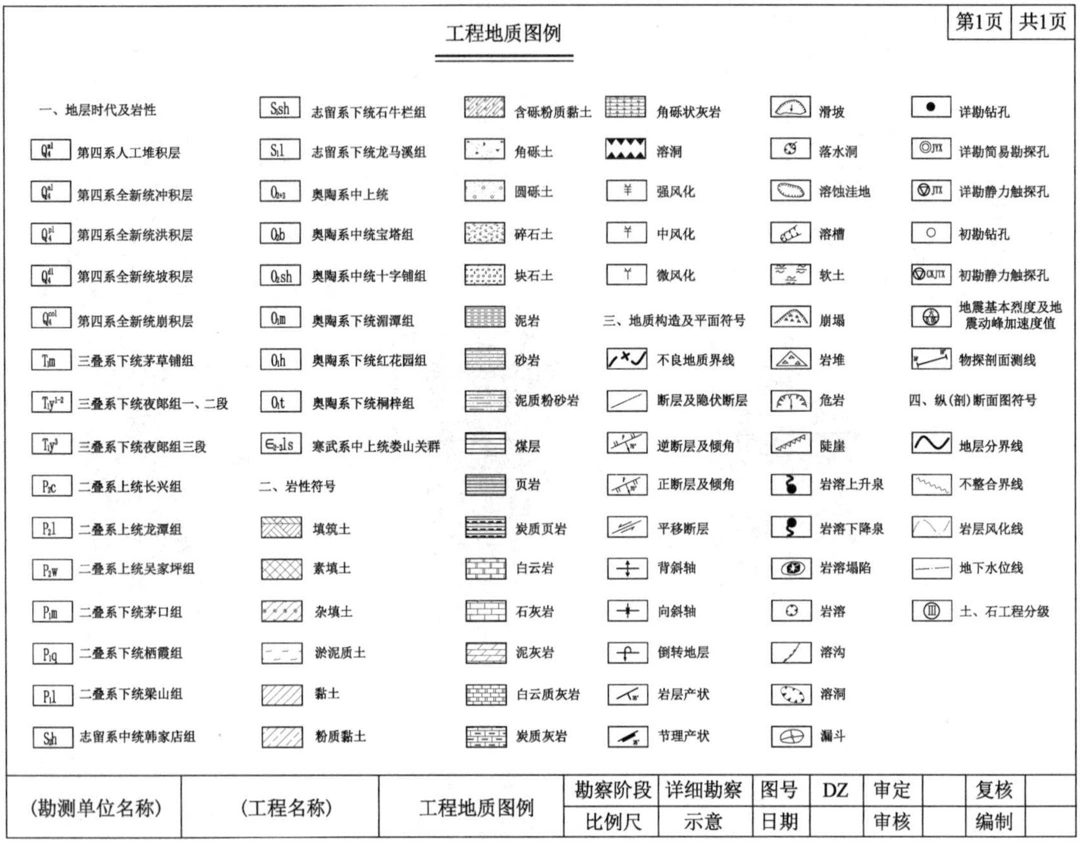

工程地质图例									第1页 | 共1页
一、地层时代及岩性		S_1sh	志留系下统石牛栏组	含砾粉质黏土	角砾状灰岩		滑坡	•	详勘钻孔
Q_4^{ml}	第四系人工堆积层	S_1l	志留系下统龙马溪组	角砾土	溶洞		落水洞		详勘简易勘探孔
Q_4^{al}	第四系全新统冲积层	O_{2+3}	奥陶系中上统	圆砾土	强风化		溶蚀洼地		详勘静力触探孔
Q_4^{pl}	第四系全新统洪积层	O_2b	奥陶系中统宝塔组	碎石土	中风化		溶槽	○	初勘钻孔
Q_4^{dl}	第四系全新统坡积层	O_2sh	奥陶系中统十字铺组	块石土	微风化		软土		初勘静力触探孔
Q_4^{col}	第四系全新统崩积层	O_1m	奥陶系下统湄潭组	泥岩	三、地质构造及平面符号		崩塌		地震基本烈度及地震动峰加速度值
T_1m	三叠系下统茅草铺组	O_1h	奥陶系下统红花园组	砂岩	不良地质界线		岩堆		物探剖面测线
T_1y^{1-2}	三叠系下统夜郎组一、二段	O_1t	奥陶系下统桐梓组	泥质粉砂岩	断层及隐伏断层		危岩		四、纵(剖)断面图符号
T_1y^3	三叠系下统夜郎组三段	$\varepsilon_{2-3}ls$	寒武系中上统娄山关群	煤层	逆断层及倾角		陡崖		地层分界线
P_2c	二叠系上统长兴组	二、岩性符号		页岩	正断层及倾角		岩溶上升泉		不整合界线
P_2l	二叠系上统龙潭组		填筑土	炭质页岩	平移断层		岩溶下降泉		岩层风化线
P_2w	二叠系上统吴家坪组		素填土	白云岩	背斜轴		岩溶塌陷		地下水位线
P_1m	二叠系下统茅口组		杂填土	石灰岩	向斜轴		岩溶		土、石工程分级
P_1q	二叠系下统栖霞组		淤泥质土	泥灰岩	倒转地层		溶沟		
P_1l	二叠系下统梁山组		黏土	白云质灰岩	岩层产状		溶洞		
S_2h	志留系中统韩家店组		粉质黏土	炭质灰岩	节理产状		漏斗		

(勘测单位名称)	(工程名称)	工程地质图例	勘察阶段	详细勘察	图号	DZ	审定		复核	
			比例尺	示意	日期		审核		编制	

图 2-5-2 ××高速公路详细勘察报告工程地质图例

在绘制柱状图之前，应根据室内土工试验成果及保存的土样对分层的情况和野外鉴别记录加以认真的校核。当现场测试和室内试验成果与野外鉴别不一致时；一般应以测试试验成果为准，只有当样本太少且缺乏代表性时，才以野外鉴别为准。存在疑虑较大时，应通过补充勘察重新确定。绘制柱状图时，应自下而上对地层进行编号和描述，并按公认的勘察规范所认定的图例和符号以一定比例绘制，在柱状图上还应同时标出取土深度、标准贯入试验等原位测试位置，地下水位等资料。柱状图只能反映场地某个勘探点的地层竖向分布情况，而不能说明地层空间分布情况，也不能完全说明整个场地地层竖向分布情况。

总的来说，勘察报告应当简明扼要，切合主题，内容安排应当合乎逻辑顺序，说明与图表前后对应。所提出的结论和建议应有充分的实际资料为依据，并附有必要的图片和说明。需注意的是，文字说明是最重要的部分，图表作为支撑；不能以"表格化"代替报告书。

	界	系	统	组	符号	柱状图	分布里程	岩性描述
（勘测单位名称）	新生界	第四系	全新统		Qh	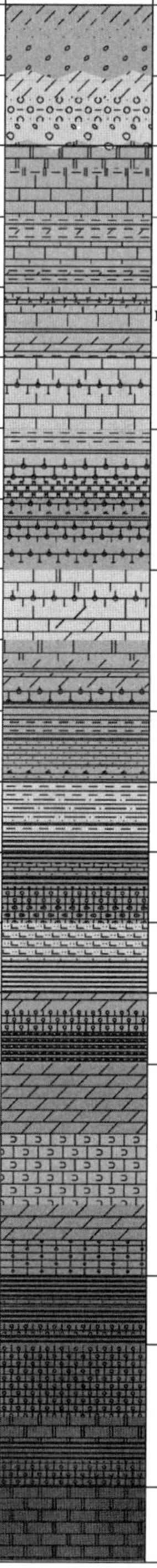		残坡积、坡洪积、冲洪积等成因形成的碎石土、砂、黏土及亚黏土层
			更新统		Qp			冲积成因的砂土、砾石，残积黏土及亚黏土层
（工程名称）	中生界	三叠系	下统	茅草铺组	T_1m		K54+010~K54+250、K55+690~K57+918、K68+605~K71+803	上部中厚层白云岩夹泥质白云岩，下部为浅灰色至深灰色厚层灰岩
				夜郎组第三段	T_1y^3		K53+255~K54+010、K54+250~K55+467、K57+918~K58+218、K68+185~K68+605	上部为紫红色泥岩夹泥灰岩，中部为浅灰、浅肉红色厚层灰岩，下部为暗紫色泥岩夹泥灰岩
				夜郎组一、二段	T_1y^{1-2}		K52+633~K53+255、K55+467~K55+690、K58+218~K58+360、K58+620~K58+656、K68+000~K68+185	二段浅灰至深灰、浅肉红色薄至厚层灰岩夹鲕状灰岩、泥灰岩，一段灰、深灰、黄绿色页岩、钙质泥岩、泥灰岩，底部常有灰白色黏土岩
综合地层柱状剖面图	上古生界	二叠系	上统	长兴组	P_2c		K58+360~K58+537、K58+656~K59+000、K67+800~K68+000	灰色厚层块状灰岩、燧石灰岩，局部含可采煤层
				龙潭组	P_2l		K52+430~K52+633、K58+537~K58+620、K59+000~K59+100、K67+650~K67+800	灰、深灰色泥岩、页岩夹燧石灰岩，含煤层2~10余层，底部含黄铁矿、铁锰矿
				吴家坪组	P_2w			灰、深灰色中厚层燧灰岩，上部夹硅质页岩；中部夹一层含煤页岩。底部为含煤页岩
			下统	茅口组	P_1m		K51+063~K52+430、K59+100~K59+785、K67+420~K67+650	上部浅灰色厚层灰岩，时含白云岩，中部深灰色燧石灰岩，下部浅灰色灰岩及白云质灰岩
				栖霞组	P_1q			上部浅灰色灰岩、白云岩，中部深泥灰岩夹燧石灰岩、页岩，下部页岩夹煤
				梁山组	P_1l		K50+995~K51+063、K67+280~K67+420	灰、深灰色黏土(页)岩、粉砂岩、砂岩夹硅质岩及煤
比例尺	下古生界	志留系	中统	韩家店组	S_2h		K50+670~K50+995、K59+785~K59+900、K67+240~K67+280	灰绿色页岩、泥岩夹少量薄层砂岩、灰岩及灰岩透镜
勘察阶段			下统	石牛栏组	S_1sh		K50+420~K50+670、K59+900~K60+000	中上部为灰绿色页岩夹砂岩、泥质灰岩，下部为灰色中至厚层含生物碎屑灰岩、瘤状灰岩
详细勘察				龙马溪组	S_1l		K50+262~K50+420、K60+000~K60+070、K67+205~K67+240	中上部为灰色薄层钙质粉砂岩，下部为灰绿色页岩
示意 图号		奥陶系	上统	五峰组	O_3w			上部为含生物碎屑灰岩、泥灰岩，下部为炭质页岩
日期 DZ				涧草沟组	O_3j		K49+740~K50+225	灰色薄层泥灰岩
审核 审定			中统	宝塔组	O_2b		K60+070~K60+275、K66+940~K67+205	灰、紫红色中厚层龟裂纹灰岩
				十字铺组	O_2sh			灰色中厚层泥灰岩，厚层结晶灰岩
编制 复核			下统	湄潭组	O_1m		K60+275~K60+960、K66+710~K66+940	灰绿色页岩夹薄层砂岩，生物碎屑灰岩
				红花园组	O_1h		K63+240~K63+700、K66+490~K66+710	灰色厚层生物碎屑灰岩
				桐梓组	O_1t			上部为灰色中至厚层白云质灰岩、白云岩，下部为灰绿色页岩、灰色薄层生物碎屑灰岩
		寒武系	上中统	娄山关群	$\in_{2-3}ls$		K60+960~K63+240、K63+700~K66+490	浅灰色、灰色中至厚层微晶、细晶白云岩，夹藻屑白云岩及黏土质泥晶白云岩

图 2-5-3 综合地层柱状图

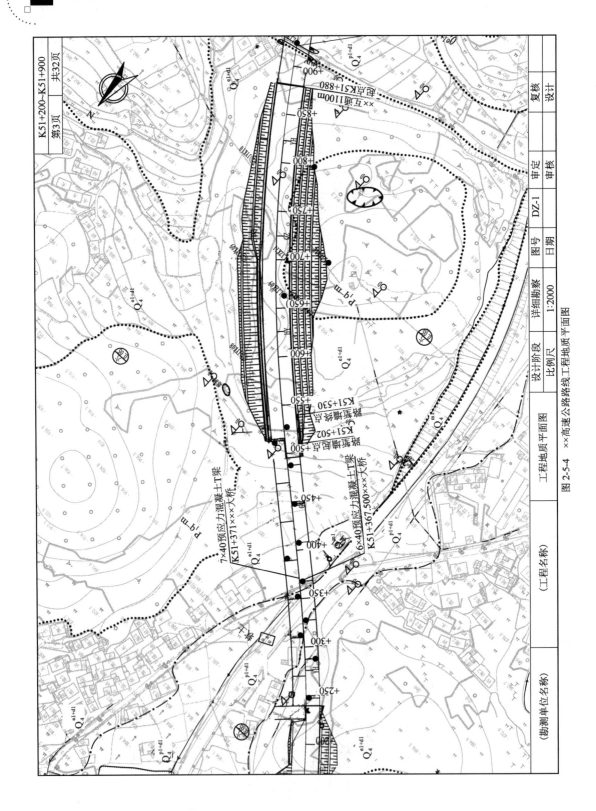

图 2-5-4 ××高速公路路线工程地质平面图

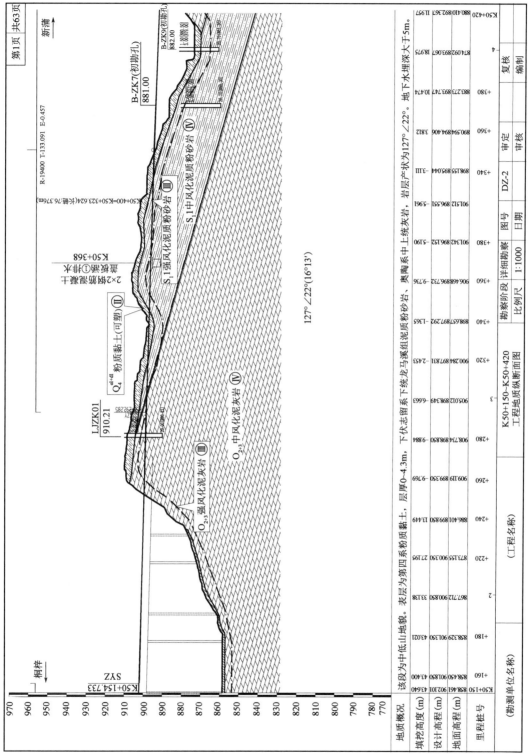

图 2-5-5 ××高速公路工程地质纵断面

钻孔柱状图　　第1页　共1页

工程名称	桐梓至新蒲高速公路 第TXTJ-4标段两阶段施工图设计				
工点名称	路基	钻孔编号	LJZK04		
孔口高程(m)	910.21	坐标(m) X=522733.66	开工日期	稳定水位深度(m)	
孔口直径(mm)	127.00	坐标(m) Y=3091849.30	竣工日期	测量水位日期	

地层编号	时代成因	层底高程(m)	层底深度(m)	分层厚度(m)	柱状图 1:200	岩土名称及其特征（颜色,粒度,矿物组成,风化程度,结构构造,含有物,温度,状态……）	重Ⅱ击数 $N'_{63.5}$ / 标贯击数 $N_{63.5}$/深度(m)	稳定水位(m)和水位日期	初见水位(m)和水位日期	岩土样编号
					∇910.209	里程	稳定水位深度			未见地下水
①$_3$	Q_4^{el+dl}	905.909	4.30	4.30		粉质黏土：褐黄色，可塑，成份以黏粒为主，粉粒次之，黏性一般，表层0.3m含植物根系，其中4.0~4.3m含泥灰岩碎块，块径1~4cm				LJZK01-1 0.70-0.90 LJZK01-2 2.80-3.00
⑨$_1$	Q_{2+3}	903.509	6.70	2.40		强风化泥灰岩：浅灰色，泥晶质结构，层状构造，节理裂隙发育，岩体破碎，岩芯多呈块状，饼状，少见短柱状，节长5~10cm，块径2~9cm，岩质软锤击易碎，遇阳光易风化				
⑨$_2$	O_{2+3}	890.209	20.00	13.30		中风化泥灰岩：表灰色，泥晶质结构，层状构造，节理裂隙发育，见方解石脉充填，岩芯完整，岩芯多呈柱状、长柱状，少量短柱状及块状，节长10~40cm，最长55cm，块径2~9cm，岩质软锤击易碎，遇阳光易风化				LJZK01-3 9.50-10.00 LJZK01-4 15.30-15.70

第1页　共43页

钻孔柱状图　　第1页　共1页

工程名称	桐梓至新蒲高速公路 第TXTJ-4标段两阶段施工图设计				
工点名称	路基	钻孔编号	LJZK02		
孔口高程(m)	922.55	坐标(m) X=522707.46	开工日期	稳定水位深度(m)	11.50
孔口直径(mm)	127.00	坐标(m) Y=3091844.61	竣工日期	测量水位日期	

地层编号	时代成因	层底高程(m)	层底深度(m)	分层厚度(m)	柱状图 1:200	岩土名称及其特征（颜色,粒度,矿物组成,风化程度,结构构造,含有物,温度,状态……）	重Ⅱ击数 $N'_{63.5}$ / 标贯击数 $N_{63.5}$/深度(m)	稳定水位(m)和水位日期	初见水位(m)和水位日期	岩土样编号
					∇922.553	里程	稳定水位深度			11.50m
⑨$_1$	Q_{2+3}	912.053	10.50	10.50		强风化泥灰岩：褐黄色，泥晶质结构，层状构造，节理裂隙较发育，岩体破碎，岩芯多呈短柱状，块状及饼状，节长5~25cm，块径2~8cm，其中9.0~10.5m岩芯呈土柱状，岩质软锤击易碎				LJZK02-1 6.10-6.50
⑨$_2$	Q_{2+3}	890.553	32.00	21.50		中风化泥灰岩：青灰色，泥晶质结构，层状构造，节理裂隙不发育，岩体较完整，岩芯多呈柱状，长柱状，少呈短柱状及块状，节长5~45cm，最长70cm，块径2~8m，岩质软锤击易碎		(2)911.053 2020.06.11		LJZK02-2 14.60-15.00 LJZK02-3 21.50-21.80 LJZK02-4 24.70-25.00 LJZK02-5 30.30-30.60

(勘测单位名称)	(工程名称)	路基钻孔柱状图	勘察阶段	详细勘察	图号	DZ-4	审定		复核	
			比例尺	1:200	日期		审核		编制	

图 2-5-6　××高速公路路基钻孔柱状图

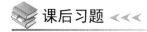 **课后习题**

1. 公路工程地质勘察报告，须遵循什么规范？
2. 工程地质勘察报告的基本内容，包括哪些？

任务二　识读工程地质图

 学习情境

作为工程技术人员，请仔细阅读黑山寨地区地质图（图 2-5-7 和图 2-5-8），根据地质图中地质构造的类型，分析地貌特征，对其工程地质条件进行初步评价，并提出进一步勘察工作的意见。

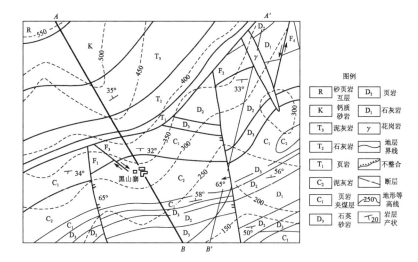

图 2-5-7　黑山寨地区地质平面图（1∶10000）

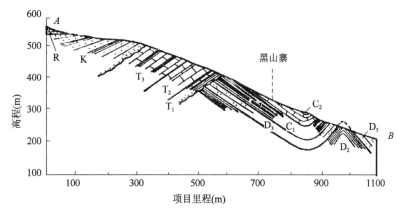

图 2-5-8　黑山寨 A—B 地质剖面图（1∶10000）

相关知识

用规定的符号、线条、色彩来反映一个地区地质条件和地质历史发展的图,叫地质图。它是依据野外探明和收集的各种地质勘测资料,按一定比例投影在地形底图上编制而成的,是地质勘察工作的主要成果之一。

一、地质图的种类和规格

1. 地质图的种类

（1）普通地质图

以一定比例尺的地形图为底图,反映一个地区的地形、地层岩性、地质构造、地壳运动及地质发展历史的基本图件,称为普通地质图,简称地质图。在一张普通地质图上,除了地质平面图（主图）外,一般还有一个或两个地质剖面图和综合地层柱状图,普通地质图是编制其他专门性地质图的基本图件。

按工作的详细程度和工作阶段不同,地质图可分为大比例尺的（>1:25000）、中比例尺的（1:5000~1:10万）、小比例尺的（1:20万~1:100万）。在工程建设中,一般是大比例尺的地质图。

（2）地貌及第四纪地质图

以一定比例尺地形图为底图,主要反映一个地区的第四纪沉积层的成因类型、岩性及其形成时代、地貌单元的类型和形态特征的一种专门性地质图,称为地貌及第四纪地质图。

（3）水文地质图

以一定比例尺地形图为底图,反映一个地区总的水文地质条件或某一个水文地质条件及地下水的形成、分布规律的地质图,称为水文地质图。

（4）工程地质图

工程地质图是各种工程建筑物专用的地质图,如房屋建筑工程地质图、水库坝址工程地质图、铁路工程地质图等。工程地质图一般是以普通地质图为基础,只是增添了各种与工程有关的工程地质内容。如在地下洞室纵断面工程地质图上,要表示出围岩的类别、地下水量、影响地下洞室稳定性的各种地质因素等（通常以反映工程地质条件为主要内容）。工程地质图可以按不同比例尺把所要表达的内容直接展示在图面上。

2. 地质图的规格

一幅正规的地质图都有自己的规格,除正图部分外,还应该有图名、比例尺、方位、图例和责任表（包括编图单位、负责人员、编图日期及资料来源等）、综合地层柱状图和地质剖面图等。

①图名:表明图幅所在的地区和图的类型。一般以图区内主要城镇、居民点或主要山岭、河流等命名,一般写于图的正上方。

②比例尺:用以表明图幅反映实际地质情况的详细程度。地质图的比例尺与地形图或地图的比例尺一样,有数字比例尺和线条比例尺。比例尺一般注于图框外上方,图名之下或下方正中位置。比例尺的大小反映图的精度,比例尺越大,图的精度越高,对地质条件的反映越详细。比例尺的大小取决了地质条件的复杂程度和建筑工程的类型、规模及设计阶段。

③图例:是一张地质图不可缺少的部分,用各种规定的颜色和符号来表明地层、岩体的时代和性质等信息。图例通常是放在图框外的右边或下边,也可放在图框内足够安排图例的空白处。图例要按一定顺序排列,一般按地层、岩石和构造这样的顺序排列。构造符号的图例放在地层、岩石图例之后,一般的排列顺序是:地质界线、断层、节理等。凡图内表示出的地层、岩石、构造及其他地质现象都应有图例,如图 2-5-2 所示。

④责任栏(图签):图框外右上侧写明编图日期;左下侧注明编图单位、技术负责人及编图人;右下侧注明引用资料的单位、编制者及编制日期,如图 2-5-2 所示。也可将上述内容列绘成"责任表"放在图框外右下方。

二、地质条件在地质图上的表示

当岩层产状、断层类型等地质条件按规定图例符号绘入图中时,按符号即可阅读。但有些地质现象是没有图例符号的,比如接触关系。此时,需要根据各种界线之间与地形等高线的关系来分析判断。

1. 不同产状岩层界线的分布特征

(1)水平岩层

水平岩层的产状与地形等高平行或重合,呈封闭的曲线,如图 2-5-9 所示。

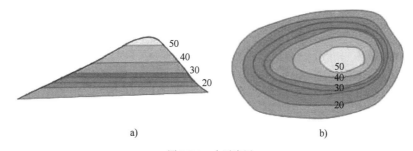

图 2-5-9　水平岩层
a)剖面图;b)平面图

(2)直立岩层

直立岩层的地层界线不受地形的影响,呈直线沿岩层的走向延伸,并与地形等高线直交,如图 2-5-10 所示。

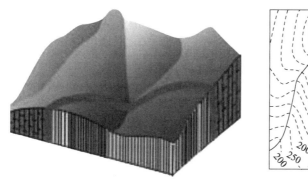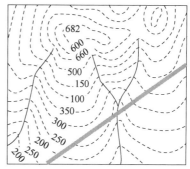

图 2-5-10　直立岩层(实线为地层界线,虚线为地形等高线)

(3)倾斜岩层

根据岩层倾向于地形坡向的不同,其地质图有三种情况,可按"V"字法则进行判断,如图2-5-11所示。

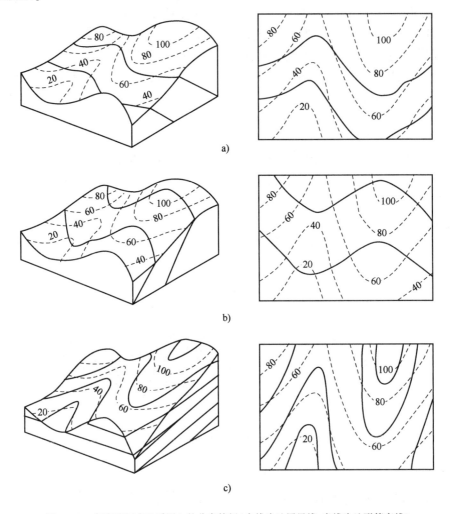

图2-5-11 倾斜岩层在地质图上的分布特征(实线为地层界线、虚线为地形等高线)
a)立体图;b)平面图

倾斜岩层的分界线在地质图上是一条与地形等高线相交的"V"字形曲线。①当岩层倾向与地面倾斜的方向相反时,在山脊处"V"字形的尖端指向山麓,在沟谷处"V"字形的尖端指向沟谷上游,但地层界线的弯曲程度比地形等高线的弯曲程度要小,如图2-5-11a)所示;②当岩层倾向与地形坡向一致,若岩层倾角大于地形坡角,则地层界线的弯曲方向和地形等高线的弯曲方向相反,如图2-5-11b)所示;③当岩层倾向与地形坡向一致,若岩层倾角小于地形坡角则地层界线弯曲方向和等高线相同,但地层界线的弯曲度大于地形等高线的弯曲度,如图2-5-11c)所示。

2. 褶皱

一般根据图例符号识别,若没有图例符号,则主要通过地层的分布规律、年代新老关系和岩层产状综合分析确定。

(1) 水平褶曲

水平褶曲在地质平面图上是一组近似平行线,以某套地层为中心,两侧对称重复,如图 2-5-12 所示。

(2) 倾伏褶曲

枢纽向一端倾伏,两翼岩层走向发生弧形合围。对背斜说来,合围的尖端指向枢纽的倾伏方向;对向斜说来,合围的开口方向指向枢纽的倾伏方向,如图 2-5-13 所示。

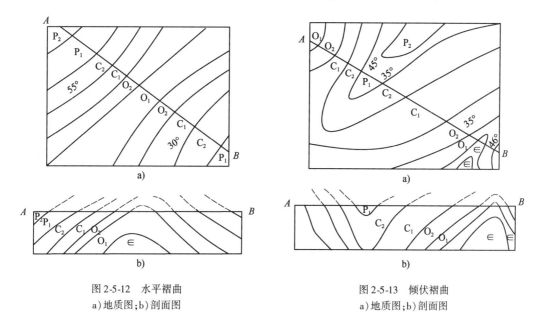

图 2-5-12　水平褶曲
a) 地质图;b) 剖面图

图 2-5-13　倾伏褶曲
a) 地质图;b) 剖面图

3. 断层

一般是根据图例符号识别断层,若无图例符号,则根据岩层分布重复、缺失、中断、狭窄变化或错动等现象识别。一般有两种情况:

① 当断层走向大致平行岩层走向时,断层线两侧出露老岩层的为上升盘,出露新岩层的为下降盘,如图 2-5-14a) 为逆断层。

② 当断层与褶皱垂直或相交时,背斜的上升盘核部变宽,向斜的下降盘核部变宽。如图 2-5-14b) 为正断层。

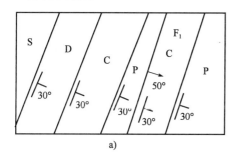
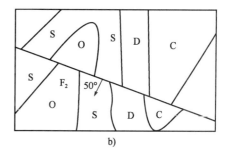

图 2-5-14　断层的表示
a) 断层在地质图上的特征;b) 断层与褶皱相交时在地质图上的特征

三、地质图

地质图通常包含平面图、剖面图和柱状图,如图 2-5-15 所示。

1. 平面图

平面图是反映地表地质条件的图,是地质图最基本的图件[图 2-5-15b)]。主要包括:

①地理概况:地质图所在的区域地理位置(经纬度、坐标线)、主要居民点(城镇、乡村所在地)、地形、地貌特征等。

②一般地质现象:地层、岩性、产状、断层等。

③特殊地质现象:崩塌、滑坡、泥石流、喀斯特(岩溶)、泉及主要蚀变现象。

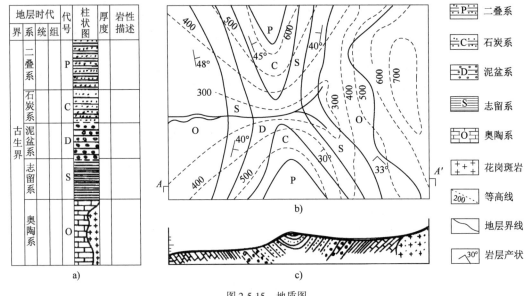

图 2-5-15　地质图

2. 剖面图

剖面图[图 2-5-15c)]配合平面图,反映一些重要部位的地质条件。它对地层层序和地质构造现象的反映比平面图更清晰、更直观。正规地质图常附有一幅或数幅切过图区主要构造的剖面图,置于图的下方。在地质图上标注出切图位置。剖面图所用地层符号应与地质图一致。

3. 柱状图

地层柱状图[图 2-5-15a)],通常附在地质图的左边,也可以单独成一幅图。在柱状图中,表示出各地层单位、岩性、厚度、时代和地层间的接触关系等。比例尺可据反映地层详细程度的要求和地层总厚度而定。

4. 综合地层柱状图

正式的地质图或地质报告中常附有工作区的综合地层柱状图(图 2-5-3)。综合地层柱状图是将工作区所涉及的地层,按新老叠置关系恢复成原始水平状态切出的一个具有代表性的柱形。其比例尺可根据反映地层详细程度的要求和地层总厚度而定。图名书写于图的上方,一般标为"××地区综合地层柱状图"。

四、阅读分析地质图

不论何种类型的地质图,读图步骤和方法都是一样的。

首先读图名、比例尺、图例。通过图名知道地质图的类型和主要地名,依据比例尺了解地质内容的精度、控制的范围(长度、面积)、地质构造的尺度及地质体大致的露头范围;通过地层及岩性图例了解图幅内地层、岩石类型及出露情况,通过构造图例,了解褶皱、断裂等地质构造的类型。

其后,认识图区内地势、地貌。在无等高线的地质图上,可根据水系、山峰的分布,地质界线与产状的关系(大比例尺地质图中地质界线露头线形态受地形影响较大,而小比例尺图中受影响较小)来认识地势特点;有地形等高线的地质图,则可从等高线形态,结合水系、高程仔细分析地貌特征。

最后,根据图内表现的地质条件,可对建筑物场地的工程地质条件进行初步评价,并可提出进一步勘察工作的意见。

学习参考

案例

以太阳山地区地质图为例,介绍阅读地质图的方法。

根据太阳山地区地质图(图 2-5-16)及综合地层柱状图(图 2-5-17),对该区地质条件分析如下:

太阳山地区地质图的比例尺为 1∶100000,即图上 1cm 代表实地距离 1000m。区内最高点为太阳山,高程达 1100 多 m,山脊呈南北向。区内有三条河谷,最大的河谷在西南部,高程约 300m,河谷两岸有第四纪冲积物分布。区内地势以太阳山脉(南北向)最高,其两侧(东、西部)逐渐变低。

区内出露的地层有石炭系(C)、二叠系(P)、中上三叠系(T_{2-3})、中上侏罗系(J_{2-3})、下白系(K_1)及第四系。图中石炭系与二叠系地层间、下白垩系与侏罗系地层间没有缺失地层,岩层产状一致,为整合接触;二叠系与三叠系地层之间岩层产状一致,但缺失下三叠系地层,两者为平行不整合接触;图中的侏罗系与石炭系、二叠系、三叠系中上统三个地质年代较老的地层接触,其岩层产状斜交,以及第四系与老地层之间均为角度不整合接触。辉绿岩是沿三条近南北向的张性断裂侵入到石炭系、二叠系及中上三叠系地层中,因此区内出露的三条辉绿岩墙或岩脉与石炭系、二叠系及中上三叠系地层为侵入接触,而与中上侏罗系及下白垩系之间为沉积接触。

太阳山地区基底褶皱构造由三个褶曲组成,轴向均为 NE—SW。其中,西北部的短轴背斜和东南角的短轴背斜(图幅内仅出露了该背斜的西北翼),其核部均由下石炭系(C_1)地层的灰白色石英砂岩组成,两翼对称分布 C_2、C_3、P_1、P_2、T_2 和 T_3 地层。两个短轴背斜之间开阔地带则以上三叠系灰白色白云质灰岩为核部的向斜,两翼对称分布 T_2、P_2、P_1、C_3、C_2、C_1 地层,两翼岩层倾角平缓,为 20°左右。

区内有两组断裂,一组为 NE—SW 走向的 F_1 断裂,和区内基底褶皱轴向一致,其倾角近于直立,断裂面两侧岩层无明显位移;另一组为三条南北走向张性断裂,均被辉绿岩浆侵入而形成辉绿岩墙或岩脉,只有中间一条断裂尚保留了一段 F_2 没有被辉绿岩侵入。

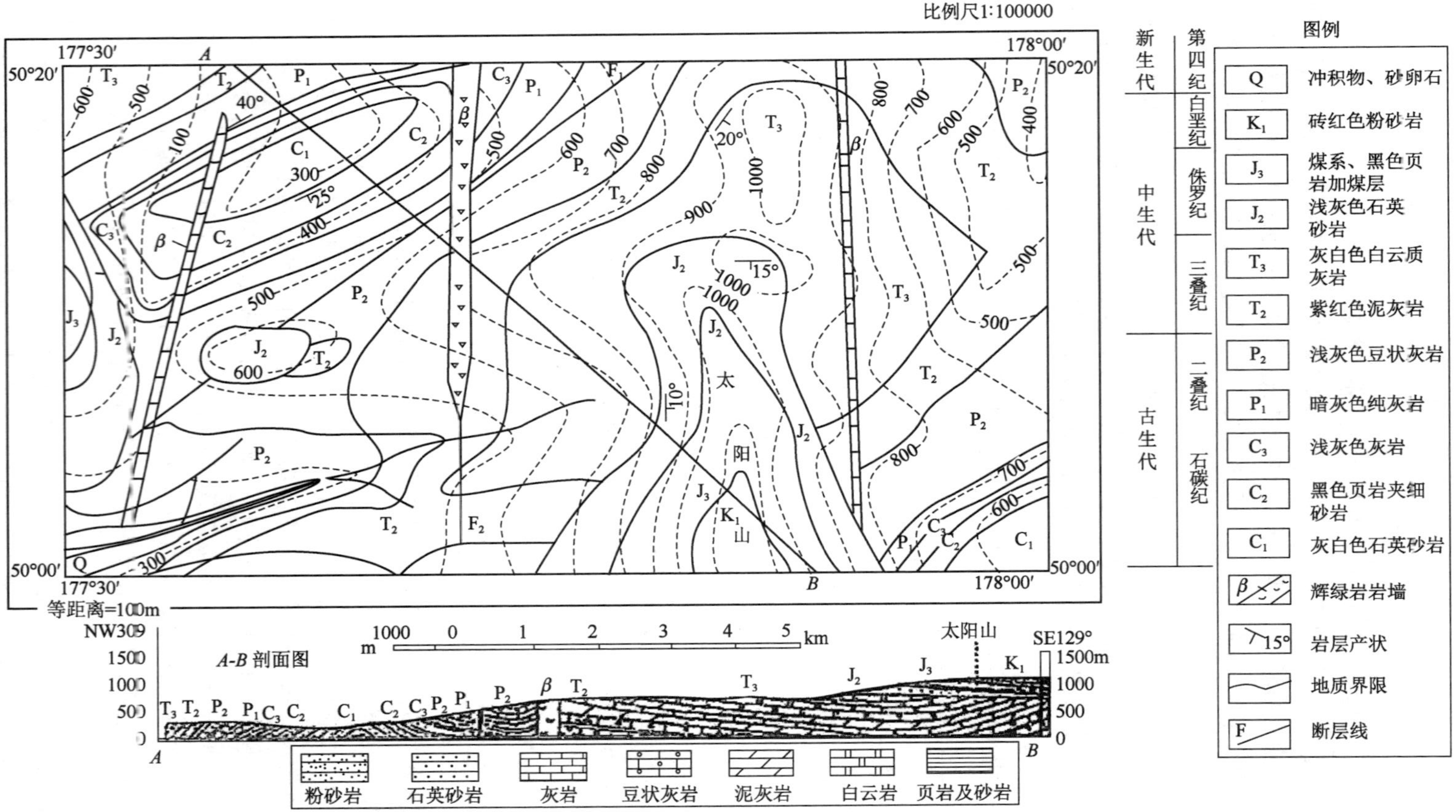

图 2-5-16 太阳山地区地质图

1:15000

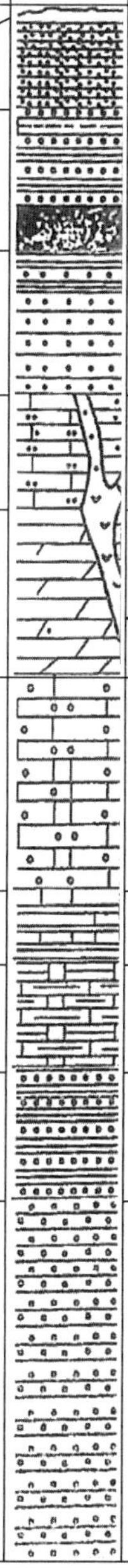

界	地层系	统	阶	地层代号	厚度(m)	岩性符号	层序	岩性简述	地貌	水文
新生界	第四系			Q	0-20		11	河流淤积：卵石及砂	有时构成阶地	
中生界	门垩系			K	155		10	砖红色粉砂岩，胶结物为钙质，有交错层		裂隙水
	侏罗系	上统		J_3	135 30 75		9	煤系：黑色页岩为主，夹有灰白色细粒砂岩，中下部有可采煤系一层厚50m		
		中统		J_2	233		8	浅灰色中粒石英砂岩，间或夹有薄层绿色页岩，砂岩具有洪流之交错层	常成陡崖	
								———角度不整合———		
	三叠系	上统		T_3	180		7	灰白色白云质灰岩，夹有紫色泥岩一层厚5m灰岩中有缝合线构造		
		中统		T_2	265		6	紫红色泥灰岩中夹鲕状石灰岩互层	风化后成平缓山坡	在顶部岩层面有水渗出
								灰绿岩岩墙	呈凹地	
								———平行不整合———		
古生界	二叠系	上统		P_2	356		5	浅灰色豆状石灰岩夹页岩	在顶部顺层有溶洞出现	
		下统		P_1	110		4	暗灰色纯灰岩		
	石炭系	上统		C_3	176		3	浅灰色石灰岩，有燧石结核排列成层		
		中统		C_2	210		2	黑色页岩夹细砂岩		
		下统		C_1	600		1	灰白色石英砂岩，中夹页岩及煤线		

图 2-5-17　太阳山地区综合地层柱状图

从该区的地层分布及接触关系分析，辉绿岩的形成地质时代应为三叠纪以后、中侏罗纪之前，区内缺失下侏罗系(J_1)地层，且上三叠系(T_3)与中侏罗系(J_2)地层间呈角度不整合接触。从图2-5-16中看出，辉绿岩墙被F_1断裂所切割，则F_1断裂形成时间晚于F_2断裂。F_1、F_2两组断裂切割了上三叠系(T_3)地层，而没有切割中侏罗系(J_2)地层。因此，F_1、F_2断裂都形成于早侏罗世(J_1)，但F_2断裂早于F_1断裂。所以在早侏罗世(J_1)时期，该地区发生过一次规模较大的构造运动,称印支运动,形成了该区的基底褶皱构造形态和南北向张性断裂,该次构造运动后期伴有岩浆活动,并沿张性断裂侵入形成辉绿岩岩墙或岩脉。

课后习题

1. 以下关于地质图的说法,正确的有( )。
   A. 1∶500 的比例尺比 1∶1000 小
   B. 地面坡度越缓,水平岩层的露头宽度越窄
   C. 同一地层的走向发生合围转折表明褶皱的枢纽是倾伏的
   D. 某倾伏背斜,弧尖的指向代表枢纽的倾伏方向
   E. 被断层切断的向斜,上升盘的核部地层会变宽

2. 倾斜岩层分界线的弯曲方向和地形等高线的弯曲方向:
   (1) 相反时,则岩层倾向与坡向_____,岩层倾角_____地形坡角;
   (2) 相同时,若岩层界限的弯曲度大于地形等高线的弯曲度,则岩层倾斜与坡向_____,岩层倾角_____地形坡角;
   (3) 相同时,若岩层界限的弯曲度小于地形等高线的弯曲度,则岩层倾斜与坡向_____。

3. 工程地质图例是表达工程地质成果的主要形式和手段,是读图的共同语言。图 2-5-2 是该公路详细工程地质勘察报告中的图例,请阅读并练习绘制泥灰岩、砂岩图例,绘制中风化、强风化符号。

4. 请阅读如图 2-5-4 所示工程地质平面图,并完成以下内容。
   (1) 该图的图名_____,比例尺_____,设计路线与河流_____交,道路 K50+100~K50+200 分布有_____土。
   (2) 地表覆盖物主要为_____纪地层,用_____符号表示。
   (3) K51+500~K51+880 段是_____(填方/挖方)路段,其中道路右侧的 K51+502~K51+530 设置有_____。

5. 请阅读如图 2-5-5 所示工程地质纵断面图,并描述道路中线工程地质条件。
   (1) 该段为_____地貌,表层为_____土,下伏志留系下统_____岩,奥陶系中上统_____岩,岩层产状为_____。地下水埋深_____5m。
   (2) K50+260 桩号地面高程_____,设计高程_____,填挖高度_____。

6. 钻孔柱状图是反映地下地质情况的最重要信息来源,请阅读如图 2-5-6 所示路基工点 LJZK01 钻孔柱状图,说明该钻孔反映岩土名称及其特征、地下水埋藏情况。
   (1) 钻孔编号 LJZK01 中,LJ 代表_____,ZK 代表_____,01 代表_____。
   (2) 该钻孔的孔口高程为_____m,孔底高程为_____m,钻孔深度_____m。
   (3) 根据钻孔所获取的资料,揭示该处岩土体,至上而下分别是_____m 厚_____,_____m 厚_____和_____m 厚_____。
   (4) 简要说明粉质黏土的工程性质。

模块三

地基土变形与承载力

地基承受建(构)筑物荷载的作用后,内部应力发生变化。一方面,应力引起地基土变形;另一方面,应力会引起地基土体剪应力增大。如荷载继续增大,地基内极限平衡区随之不断扩大,局部塑性区发展成连续贯穿到地面的整体滑动面。此时,基础下一部分土体将沿滑动面产生整体滑移,发生地基失稳。如果这种情况发生,建(构)筑物将发生塌陷、倾斜等灾害性破坏。

学习目标

1. 了解土中应力的含义,理解土中应力计算原理,掌握土中应力计算方法;
2. 进行土中应力计算训练,能够进行简单地基应力分析;
3. 依据《公路桥涵地基与基础设计规范》(JTG 3363—2019)的要求,根据规范方法,完成地基沉降量计算;
4. 了解地基承载力测试方法,理解地基承载力特征值在桥涵地基设计中的作用。

学习导图

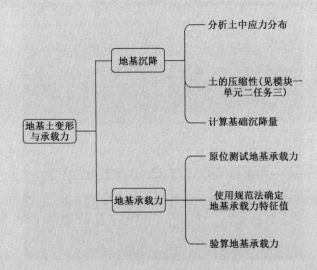

单元一 地 基 沉 降

建筑物基础随地基土变形产生的竖向变位称之为沉降。沉降是地基稳定性评价的重要决策依据之一,为了保证建筑物的安全和正常使用,必须限制基础的沉降量和沉降差在允许范围内。正确计算地基沉降量可以使工程设计、施工与运营等过程决策更具合理性,学习和探讨其计算方法具有重要的理论意义与工程应用价值。

沉降量的大小取决于地基土的压缩变形量,它一方面与其应力状态,即荷载作用情况有关;另一方面则与土的变形特性,即土的压缩性有关。前者可视为地基变形的外因,后者则是地基变形的内因。

情境描述

青延公路 K21+600 小桥 2 号墩进行地基基础设计时,因基础承受荷载较小,从经济性和施工技术方面考虑采用钢筋混凝土浅基础,在桥梁使用阶段,为防止相邻墩台间不均匀沉降在上部结构中产生额外应力,造成裂缝、倾斜等危害,需要计算其地基沉降量,判别该浅基础方案是否可行。

任务一 分析土中应力分布

学习情境(一)

为研究青延公路 K21+600 小桥 2 号墩的沉降,首先从地基土的受力进行分析。请根据图 3-1-1 中土层分布和表 3-1-1 中的参数,分析在小桥修建之前土层中自重应力如何分布。

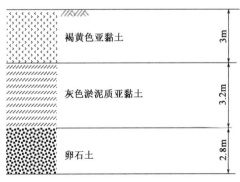

图 3-1-1 土层剖面图

地基土层参数表　　　　　　　　　　　　表 3-1-1

土层	重度 （kN/m³）	黏聚力 （kPa）	内摩擦角 （°）	压缩模量 E_s （MPa）	平均厚度 （m）
褐黄色亚黏土	18.7	22.6	13.2	3.2	3.0
灰色淤泥质亚黏土	16.2	11.4	6.1	6.1	3.2
卵石土	19.0	5.0	38	260	2.8

相关知识

1. 土中应力分析

（1）土中应力

土体在自身重力、外荷载[如建（构）筑物荷载、车辆荷载、土中水的渗流力和地震力等]作用下，会产生应力。土中应力按其产生的原因和作用效果分为自重应力和附加应力。自重应力是由于土的自身重力引起的应力。对于长期形成的天然土层，土体在自重应力的作用下，其沉降早已稳定，不会产生新的变形。所以自重应力又被称为原存应力或长驻应力。附加应力是由于外荷载作用在土体上时，土中产生的应力增量。土中某点的总应力应为自重应力与附加应力之和。土中应力是矢量（图 3-1-2），在实际应用中经常用到的是竖向应力的计算。

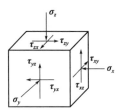

图 3-1-2　土中应力

（2）土中应力计算原理

目前计算土中应力的方法，主要是采用弹性理论公式，也就是把地基土视为均匀的、各向同性的半无限弹性体。这虽然同土体的实际情况有差别，但其计算结果基本能满足实际工程实践的要求。

2. 自重应力计算

（1）均质土层中的自重应力

在计算自重应力时，假定土体为半无限体，即土体的表面尺寸和深度都是无限大，土体在自重应力作用下的地基视为均质的、线性变形的半无限体，即任何一个竖直平面均可视为半无限体对称面。因此在任意竖直平面上，土的自重都不会产生剪应力，只有正应力存在。由此得知：在均匀土体中，土中某点的自重应力只与该点的深度有关。

设土中某 M 点距离地面的深度为 z，土的重度为 γ，如图 3-1-3 所示，求作用于 M 点上竖向自重应力 σ_{cz}，可在过 M 点平面上取一截面面积 ΔA，然后以 ΔA 为底，截取高为 z 的土柱，由于土体为半无限体，土柱的 4 个竖直面均是对称面，而且对称面上不存在剪应力作用，因此作用在 ΔA 上的压力就是土柱的重力 G，即 $\Delta A \gamma z$，那么 M 点的自重应力为：

$$\sigma_{cz} = \frac{\Delta A \gamma z}{\Delta A} = \gamma z \qquad (\text{kPa}) \tag{3-1-1}$$

式中：γ——土的重度，kN/m³；

z——计算点的深度,m。

M 点的水平方向自重应力 σ_{cx} 为:

$$\sigma_{cx} = \sigma_{cy} = \xi\sigma_{cz} \qquad (3\text{-}1\text{-}2)$$

式中:ξ——土的侧压力系数,其值与土的类别和土的物理状态有关,可通过试验确定;

σ_{cz}——土的竖向自重应力。

在这里只研究竖直方向的自重应力,水平方向的自重应力将在后续模块中讨论。

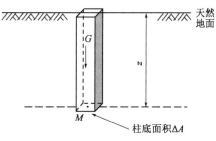

图 3-1-3　均质地层中的自重应力

(2)成层地基土中自重应力计算

天然地基土往往是成层的,各层天然土层具有不同的重度,所以需要分层来计算。第 n 层土中任一点处的自重应力为:

$$\sigma_{cz} = \gamma_1 h_1 + \gamma_2 h_2 + \cdots + \gamma_n h_n = \sum_{i=1}^{n} \gamma_i h_i \qquad (3\text{-}1\text{-}3)$$

式中:h_i——第 i 层土的厚度;

γ_i——第 i 层土的重度。

(3)土层中有地下水时自重应力计算

计算地下水位以下土的自重应力时,应根据土的性质确定是否需考虑水的浮力作用。通常认为对于砂性土应该考虑浮力作用,对于黏性土则视其物理状态而定。

一般认为对于水下黏性土的应力计算,有以下几种情况:

①液性指数 $I_L \geq 1$,土颗粒间存在着大量自由水,考虑浮力作用,自重应力采用有效重度进行计算;

②液性指数 $I_L \leq 0$,土处于固体状态,不能传递静水压力,自重应力采用土的天然重度计算,并考虑上覆水重引起的应力;

③当 $0 < I_L < 1$,土处于塑性状态,土颗粒是否受到水的浮力作用较难确定,一般在实践中均按不利状态来考虑。

(4)土中自重应力的分布规律

自重应力在等重度的土中随深度呈直线分布,自重应力分布线的斜率是土的重度;自重应力在不同重度的成层土中呈折线分布,折点在土层分界线和地下水位线处;自重应力随深度的增加而增大。

例题 3-1-1　某土层的物理性质指标如图 3-1-4 所示,试计算土中的自重应力,并绘制自重应力分布图。

解:第一层为细砂,地下水位以上的细砂不受浮力作用,取 $\gamma_1 = 19\text{kN/m}^3$ 计算土的自重;而地下水位以下应考虑浮力作用,取 $\gamma_1' = 10\text{kN/m}^3$ 计算土的自重;

第二层为黏土,$I_L = 1.09 > 1$,故黏土层应考虑浮力作用,采用 $\gamma_2' = 7.1\text{kN/m}^3$ 来计算自重应力。

a 点:由于 a 点深度为 0,故自重应力为 0。

b 点：$\quad\sigma_{cz}=\gamma_1 h_1=19\times 2=38(\text{kPa})$

c 点：$\quad\sigma_{cz}=\sum_{i=1}^{n}\gamma_i h_i=19\times 2+10\times 3=68(\text{kPa})$

d 点：$\quad\sigma_{cz}=\sum_{i=1}^{n}\gamma_i h_i=19\times 2+10\times 3+7.1\times 4=96.4(\text{kPa})$

自重应力分布如图 3-1-4 所示。

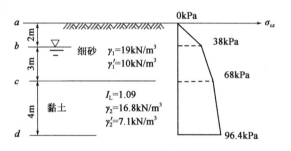

图 3-1-4　土层分布图

例题 3-1-2　某土层的物理性质指标如图 3-1-5 所示，试计算土中的自重应力，并绘制自重应力分布图。（水的重度 $\gamma_w=9.81\text{kN/m}^3$）

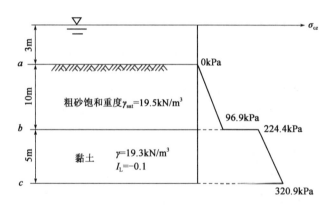

图 3-1-5　土层分布图

解：水下的粗砂受到水的浮力作用，其有效重度：

$$\gamma'=\gamma_{sat}-\gamma_w=19.5-9.81=9.69(\text{kN/m}^3)$$

黏土层 $I_L<0$，所以土层不考虑浮力作用，该土层还受到其上方静水压力作用。土中各点的自重应力计算如下：

a 点：由于 a 点在土中深度为 0，故土的自重应力为 0。

b 点：该点位于粗砂层和黏土层分界处，而黏土层是不透水层，所以应力会在该处发生变化，有 13m 的水压力作用在不透水的黏土层上。

砂层底面自重应力：$\quad\sigma_{cz}=\gamma' h=9.69\times 10=96.9(\text{kPa})$

黏土层顶面自重应力：$\quad\sigma_{cz}=\gamma' h+\gamma_w h_w=96.9+9.81\times 13=224.4(\text{kPa})$

c 点：$\quad\sigma_{cz}=224.4+19.3\times 5=320.9(\text{kPa})$

该土层的自重应力分布如图 3-1-5 所示。

课后习题

1. 土中应力按其产生的原因和作用效果分为_____应力和_____应力。_____是由于土的自身重力引起的应力,又被称为原存应力或长驻应力。通常沉降产生是_____应力作用的结果。

2. 请结合本学习情境中的土层分布情况(图 3-1-1)、地基土层参数(表 3-1-1),计算桥位地基土层中自重应力。

   (1) 褐黄色亚黏土层顶(地面)的自重应力为_____kPa;
   (2) 褐黄色亚黏土层底自重应力为_____kPa;
   (3) 灰色淤泥质亚黏土层底自重应力为_____kPa;
   (4) 卵石土层底自重应力为_____kPa。

   小提示:计算地面及土层分界线处的自重应力,分析同重度土层中应力分布规律。

3. 请依据图 3-1-1 及表 3-1-1 绘制土层自重应力分布图。

4. 总结土中自重应力的分布规律。

5. 下列说法正确的有( )。

   A. 地下水位升降对土中自重应力有影响
   B. 地下水位下降会使土中的自重应力增大
   C. 自重应力在均匀土层中呈曲线分布
   D. 自重应力在均匀土层中呈均匀分布
   E. 自重应力在均匀土层中呈直线分布
   F. 应用弹性理论计算地基中应力时,假定地基土是均匀的
   G. 应用弹性理论计算地基中应力时,假定地基土是连续的
   H. 应用弹性理论计算地基中应力时,假定地基土是各向同性的
   I. 应用弹性理论计算地基中应力时,假定地基土是各向异性的

6. 自古以来有水乡之称的某城市却属水质性缺水地区,人们不得不大量开采地下水以满足生产、生活需要。过度的开采使地下水水位埋深从 1990 年的 40m 左右普遍降低到 2010 年的 60m 左右,地下出现了一个巨大降落"漏斗",许多乡镇均发生了较为严重的地面沉降。统计数据表明:20 年来,该地区地面实际下沉了 1.084m,累计沉降量达 1.117m;地面沉降、地裂缝以及地面塌陷,地质灾害十分严重。请应用土中自重应力计算知识,说明地下水位下降导致地面沉降的原因。

学习情境(二)

某公路 K21+600 处小桥 2 号墩拟建浅基础(图 3-1-6),基础底面为矩形,长度 $l=6.60\mathrm{m}$,宽度 $b=3.00\mathrm{m}$,使用阶段作用在桥墩基础底面中心处的荷载 $N=1890\mathrm{kN}$,$M=0$,分析基础底面压力分布。(不考虑埋置深度的影响)

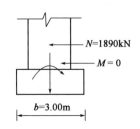

图 3-1-6 小桥基础断面示意图

 相关知识 ‹‹‹

1. 基础底面压力分布

基础底面的压力分布问题涉及基础与地基土两种不同物体间的接触压力问题,在弹性理论中称为接触压力问题。这是一个比较复杂的问题,影响它的因素很多,如基础的刚度、形状、尺寸、埋置深度以及土的性质、荷载大小等。

若一个基础上作用均布荷载,假设基础是由许多小块组成,如图 3-1-7a)所示,各小块之间光滑而无摩擦力,则这种基础相当于绝对柔性基础,基础上荷载通过小块直接传递到土上,基础底面的压力分布图形将与基础上作用的荷载分布图形相同。这时,基础底面的沉降则各处不同,即中央大而边缘小。因此,柔性基础的底面压力分布与作用的荷载分布形状相同。如由土筑成的路堤,可以近似地认为路堤本身不传递剪力,那么它就相当于一种柔性基础,路堤自重引起的基底压力分布与路堤断面形状相同,呈梯形分布,如图 3-1-7b)所示。

图 3-1-7 柔性基础下的压力分布
a)理想柔性基础下的压力分布;b)路堤底面压力分布

刚性基础是指基础本身刚度相对地基土来说很大,在受力后基础产生的挠曲变形很小(可以忽略不计)的基础。对于刚性基础,当基础底面为对称形状(如矩形、圆形)时,在中心荷载的作用下,一般基础底面的压力分布图形呈马鞍形,如图 3-1-8a)所示。但随着荷载的大小、土的性质和基础埋置深度等变化,其分布图形还可能变化。例如,当荷载较大、基础埋置深度较小或地基为砂土时,由于基础边缘土的挤出而使边缘压力减小,其基底的压力分布图形将呈抛物线形,如图 3-1-8b)所示。随着荷载的继续增大,基底的压力分布图形可发展呈倒钟形,如图 3-1-8c)所示。若按上述情况计算土中附加应力,计算非常复杂,因此在实际计算中常采用一种简便而又符合工程实际的方法。

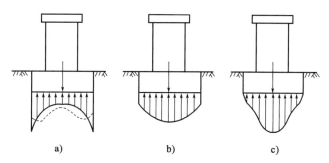

图 3-1-8　刚性基础下的压力分布
a)马鞍形分布；b)抛物线形分布；c)钟形分布

2. 基底压力的简化计算方法

理论和试验均已证明：在荷载合力大小和作用点不变的前提下,基底压力分布形状对土中附加应力分布的影响,在超过一定深度后就不显著了。由此,在实际计算中,可以假定基底压力分布呈直线变化,这样就大大简化了土中附加应力的计算。桥涵墩台底面多为矩形,以矩形底面基础为例说明基底应力简化计算方法：

①中心荷载作用时,如图 3-1-9a)所示,基础底面压力的计算公式为：

$$p = \frac{N}{A} \qquad (3\text{-}1\text{-}4)$$

式中：p——基础底面压应力,kPa；

N——作用于基底中心上的竖向荷载合力,kN；

A——基础底面面积,m²。

②偏心荷载作用,合力作用点不超过基底截面重心时,如图 3-1-9b)所示,基础底面压力的计算公式为：

$$p_{\min}^{\max} = \frac{N}{A} \pm \frac{M}{W} = \frac{N}{A}\left(1 \pm \frac{6e_0}{b}\right) \qquad (3\text{-}1\text{-}5)$$

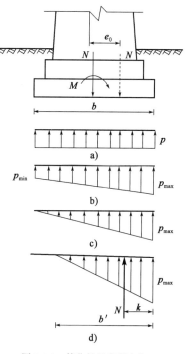

式中：$p_{\max}$、$p_{\min}$——基础底面边缘处最大、最小压应力,kPa；

N、A——同上；

M——偏心荷载对基底重心力矩,kN·m；

W——基础底面偏心方向的面积抵抗矩,m³,对于长度为 l、宽度为 b 的矩形底面,$W = \dfrac{lb^2}{6}$；

图 3-1-9　简化的基底压力分

e_0——偏心距,荷载 N 作用点距截面重心的距离,m,当 $e_0 = \dfrac{b}{6}$ 时,$p_{\min} = 0$,基底应力呈三角形分布,如图 3-1-9c)所示。

③偏心荷载作用,合力作用点超过基底截面核心半径时,偏心距 $e_0 > \dfrac{b}{6}$,截面上将出现拉应力,但基础与地基之间不可能出现拉应力,于是基底应力将会重新分布在($b' \times l$)上。此时,假定基底压力在压力分布宽度 b'(小于基础宽度 b)范围内按三角形分布,如图 3-1-9d)所示,根据静力平衡条件应有以下关系:$N = \dfrac{1}{2}p_{max}b'l$,因为荷载 N 应该通过压力分布图三角形的形心,见图 3-1-9d)中 $k = \dfrac{1}{3}b'$,所以荷载分布宽度 $b' = 3k = 3\left(\dfrac{b}{2} - e_0\right)$,可得基础底面边缘处最大压应力:

$$p_{max} = \dfrac{2N}{3\left(\dfrac{b}{2} - e_0\right)l} \tag{3-1-6}$$

式中:p_{max}——基础底面边缘处最大压应力,kPa;
$\quad\quad N$——作用于基底的竖向荷载合力,kN;
$\quad\quad b$——偏心方向基础底面的边长,m;
$\quad\quad l$——垂直于 b 边基础底面的边长,cm;
$\quad\quad e_0$——同上。

学习参考

例题 3-1-3 某基础底面尺寸为 $1.2m \times 1.5m$,作用基础底面的荷载 $N = 180kN$,如果基底合力偏心距 e_0 分别等于 $0m、0.1m、0.2m、0.3m$,试确定基础底面压应力。

解:偏心距 $e_0 = 0$,基底压应力:

$$p = \dfrac{N}{A} = \dfrac{180}{1.2 \times 1.5} = 100(kPa)$$

基础底面压力为 $p = 100kPa$ 的均布荷载。

偏心距 $e_0 = 0.1 < \dfrac{b}{6} = \dfrac{1.2}{6} = 0.2(m)$ 时,基底压应力:

$$p_{min}^{max} = \dfrac{N}{A} \pm \dfrac{M}{W} = \dfrac{180}{1.2 \times 1.5} \pm \dfrac{180 \times 0.1}{\dfrac{1}{6} \times 1.5 \times 1.2^2} = \dfrac{150}{50}(kPa)$$

基础底面压力是最大应力为 $150kPa$,最小应力为 $50kPa$ 的梯形分布荷载。

偏心距 $e_0 = 0.2 = \dfrac{b}{6} = \dfrac{1.2}{6} = 0.2(m)$ 时,基底压应力:

$$p_{min}^{max} = \dfrac{N}{A} \pm \dfrac{M}{W} = \dfrac{180}{1.2 \times 1.5} \pm \dfrac{180 \times 0.2}{\dfrac{1}{6} \times 1.5 \times 1.2^2} = \dfrac{200}{0}(kPa)$$

基础底面压力是最大应力为 $200kPa$ 的三角形分布荷载,分布宽度为 $1.2m$。

偏心距 $e_0 = 0.3 > \dfrac{b}{6} = \dfrac{1.2}{6} = 0.2(\text{m})$ 时，基底压应力：

$$p_{\max} = \dfrac{2N}{3\left(\dfrac{b}{2} - e_0\right)l} = \dfrac{2 \times 180}{3 \times \left(\dfrac{1.2}{2} - 0.3\right) \times 1.5} = 266.67(\text{kPa})$$

压力分布宽度：$b' = 3k = 3\left(\dfrac{b}{2} - e_0\right) = 3 \times \left(\dfrac{1.2}{2} - 0.3\right) = 0.9(\text{m})$

基础底面压力是最大应力为266.67kPa的三角形分布荷载，分布宽度为0.9m。

课后习题

1. 基础底面的压力分布问题涉及基础与地基土两种不同物体间的接触压应力问题，影响它的因素有_____、形状、_____、埋置深度以及土的性质、荷载大小等。
2. 建筑物的基础按使用材料受力特点分可分为_____和_____基础。
3. 根据图3-1-9，列出情况下基底压力的分布形式。
 (1) 当 $e = 0$ 时；基底压力呈_____分布。
 (2) 当合力偏力矩 $0 < e < \dfrac{b}{6}$ 时，基底压力呈_____分布。
 (3) 当合力偏力矩 $e = \dfrac{b}{6}$ 时，基底压力呈_____分布。
 (4) 当 $e > \dfrac{b}{6}$ 时，基底压力呈_____分布。
4. 结合本学习情境中的资料，计算图3-1-6中小桥基础的底面压力分布，并绘制应力分布图。
5. 青延公路K20+300～K20+600为填方路段，路基填土情况如图3-1-10所示，填土重度 $\gamma = 18\text{kN/m}^3$，求路基基底压力分布，并绘制分布图。

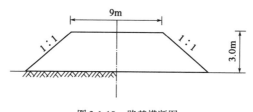

图3-1-10 路基横断图

学习情境（三）

如图3-1-11，青延公路K21+600小桥2号墩基础埋深为1m，基础底面尺寸3.0m×6.6m，基础底面中心荷载 $N = 1890\text{kN}$，$H = 0$，$M = 0$ 作用下，分析基础中心轴线上的附加应力分布。（褐黄色亚黏土 $\gamma = 18.7\text{kN/m}^3$）

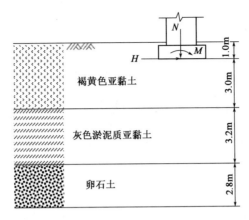

图 3-1-11 土层剖面图

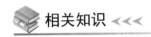

相关知识

地基中附加应力可直接运用弹性理论成果。弹性理论的研究对象是均匀的、各向同性的弹性体。显然地基土并非是均匀的弹性体,地基土通常是分层的,实验证明:当地基上作用荷载不大,土中的塑性变形区很小时,荷载与变形之间近似地呈直线关系,直接用弹性理论成果,具有足够的准确性。

1. 竖直集中荷载作用下附加应力的计算

地基表面上作用有竖直集中荷载 P 时(图 3-1-12),基础竖向变形计算直接有关的竖向附加应力 σ_z 为:

$$\sigma_z = \frac{3P}{2\pi} \frac{z^3}{R^5} = \alpha \frac{P}{z^2} \tag{3-1-7}$$

式中:P——集中荷载,kN;

z——M 点距弹性体表面的深度,m;

α——应力系数,可由 r/z 值查表 3-1-2 得到;

R——M 点到力 P 的作用点 O 的距离,m。

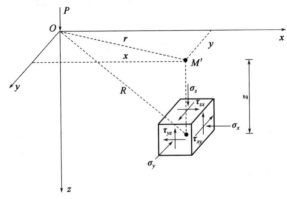

图 3-1-12 半无限体表面受竖直集中荷载作用时的应力

集中荷载下竖向附加应力系数 α　　　　　表 3-1-2

r/z	α	r/z	α	r/z	α	r/z	α	r/z	α
0.00	0.4775	0.50	0.2733	1.00	0.0844	1.50	0.0251	2.00	0.0085
0.05	0.4745	0.55	0.2466	1.05	0.0744	1.55	0.0224	2.20	0.0058
0.10	0.4657	0.60	0.2214	1.10	0.0658	1.60	0.0200	2.40	0.0040
0.15	0.4516	0.65	0.1978	1.15	0.0581	1.65	0.0179	2.60	0.0029
0.20	0.4329	0.70	0.1762	1.20	0.0513	1.70	0.0160	2.80	0.0021
0.25	0.4103	0.75	0.1565	1.25	0.0454	1.75	0.0144	3.00	0.0015
0.30	0.3849	0.80	0.1386	1.30	0.0402	1.80	0.0129	3.50	0.0007
0.35	0.3577	0.85	0.1226	1.35	0.0357	1.85	0.0116	4.00	0.0004
0.40	0.3294	0.90	0.1083	1.40	0.0317	1.90	0.0105	4.05	0.0002
0.45	0.3011	0.95	0.0956	1.45	0.0282	1.95	0.0095	5.00	0.0001

①在集中荷载作用线上（$r=0$），附加应力随深度的增加而减小；当 $z=0$ 时，$\sigma_z = \infty$，这是由于将集中力作用面积看作零所致，它一方面说明该解不适用集中力作用点处及其附近，另一方面也说明在集中力作用点处 σ_z 很大。

②在 $r>0$ 的竖直线上，附加应力从零随深度的增加而先增加，至一定深度后达到最大；而后随深度增加而减小。

③在同一水平面上（$z=$ 常数），竖直集中力作用线上的附加应力最大，并随着 r 的增加逐渐减小。随着 z 的增加，集中力作用线上的 σ_z 减小，而水平面上应力的分布趋于均匀，如图 3-1-13 所示。

如果将空间 σ_z 相同的点连接成曲面，便得到 σ_z 等值线，其空间曲面的形状如泡状，是向下、向四周无限扩散的应力泡，如图 3-1-14 所示。

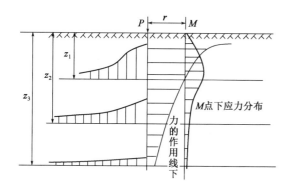

图 3-1-13　集中力作用下土中应力 σ_z 的分布

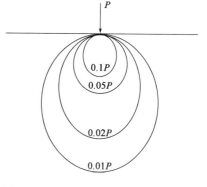

图 3-1-14　集中力作用下土中 σ_z 分布等值线

2. 局部面积上各种分布荷载作用下的附加应力计算

在实践中，荷载很少是以集中力的形式作用在地基上，往往是通过基础分布在一定面积上。如果基础底面的形状或者基础底面荷载分布是不规则的,就可以把分布荷载分割为若干单元面积上的集中力,然后应用集中应力的叠加原理计算土中应力。若基础底面的形状和分布荷载是有规律的,就可以应用积分法解得相应的公式去计算土中应力。

①矩形面积上竖向均布荷载作用时角点下附加应力计算。

如图 3-1-15 所示,地基表面有一矩形面积,宽度为 b,长度为 l,其上作用竖向均布荷载,荷载强度为 p,矩形面积角点下不同深度处的附加应力:

$$\sigma_z = \alpha_c p \tag{3-1-8}$$

式中:α_c——矩形面积受竖直均布荷载作用时,角点以下的应力分布系数,根据 $m = \dfrac{l}{b}, n = \dfrac{z}{b}$,从表 3-1-3 中查得,其中 l 为矩形的长边尺寸,b 为矩形的短边尺寸。

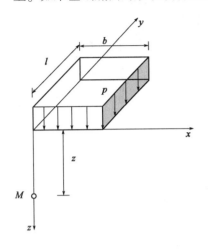

图 3-1-15 矩形面积均布荷载作用时角点下的应力

矩形面积受竖直均布荷载作用时角点下的应力系数 α_c　　　　表 3-1-3

$n = z/b$	$m = \dfrac{l}{b}$										
	1.0	1.2	1.4	1.6	1.8	2.0	3.0	4.0	5.0	6.0	10.0
0	0.25	0.25	0.25	0.25	0.25	0.25	0.25	0.25	0.25	0.25	0.25
0.2	0.2486	0.2489	0.249	0.2491	0.2491	0.2491	0.2492	0.2492	0.2492	0.2492	0.2492
0.4	0.2401	0.242	0.2429	0.2434	0.2437	0.2439	0.2442	0.2443	0.2443	0.2443	0.2443
0.6	0.2229	0.2275	0.23	0.2315	0.2324	0.2329	0.2339	0.2341	0.2342	0.2342	0.2342
0.8	0.1999	0.2075	0.212	0.2147	0.2165	0.2176	0.2196	0.22	0.2202	0.2202	0.2202
1	0.1752	0.1851	0.1911	0.1955	0.1981	0.1999	0.2034	0.2042	0.2044	0.2045	0.2046
1.2	0.1516	0.1626	0.1705	0.1758	0.1793	0.1818	0.187	0.1882	0.1885	0.1887	0.1888
1.4	0.1308	0.1423	0.1508	0.1569	0.1613	0.1644	0.1712	0.173	0.1735	0.1738	0.174
1.6	0.1123	0.1241	0.1329	0.1436	0.1445	0.1482	0.1567	0.159	0.1598	0.1601	0.1604
1.8	0.0969	0.1083	0.1172	0.1241	0.1294	0.1334	0.1434	0.1463	0.1474	0.1478	0.1482
2	0.084	0.0947	0.1034	0.1103	0.1158	0.1202	0.1314	0.135	0.1363	0.1368	0.1374
2.2	0.0732	0.0832	0.0917	0.0984	0.1039	0.1084	0.1205	0.1248	0.1264	0.1271	0.1277
2.4	0.0642	0.0734	0.0812	0.0879	0.0934	0.0979	0.1108	0.1156	0.1175	0.1184	0.1192
2.6	0.0566	0.0651	0.0725	0.0788	0.0842	0.0887	0.102	0.1073	0.1095	0.1106	0.1116
2.8	0.0502	0.058	0.0649	0.0709	0.0761	0.0805	0.0942	0.0999	0.1024	0.1036	0.1048
3	0.0447	0.0519	0.0583	0.064	0.069	0.0732	0.087	0.0931	0.0959	0.0973	0.0987

续上表

$n=z/b$	$m=\dfrac{l}{b}$										
	1.0	1.2	1.4	1.6	1.8	2.0	3.0	4.0	5.0	6.0	10.0
3.2	0.0401	0.0467	0.0526	0.058	0.0627	0.0668	0.0806	0.087	0.09	0.0916	0.0933
3.4	0.0361	0.0421	0.0477	0.0527	0.0571	0.0611	0.0747	0.0814	0.0847	0.0864	0.0882
3.6	0.0326	0.0382	0.0433	0.048	0.0523	0.0561	0.0694	0.0763	0.0799	0.0816	0.0837
3.8	0.0296	0.0348	0.0395	0.0439	0.0479	0.0516	0.0645	0.0717	0.0753	0.0773	0.0796
4	0.027	0.0318	0.0362	0.0403	0.0441	0.0474	0.0603	0.0674	0.0712	0.0733	0.0758
4.2	0.0247	0.0291	0.0333	0.0371	0.0407	0.0439	0.0563	0.0634	0.0674	0.0696	0.0724
4.4	0.0227	0.0268	0.0306	0.0343	0.0376	0.0407	0.0527	0.0597	0.0639	0.0662	0.0696
4.6	0.0209	0.0247	0.0283	0.0317	0.0348	0.0378	0.0493	0.0564	0.0606	0.063	0.0663
4.8	0.0193	0.0229	0.0262	0.0294	0.0324	0.0352	0.0463	0.0533	0.0576	0.0601	0.0635
5	0.0179	0.0212	0.0243	0.0274	0.0302	0.0328	0.0435	0.0504	0.0547	0.0573	0.061
6	0.0127	0.0151	0.0174	0.0196	0.0218	0.0233	0.0325	0.0388	0.0431	0.046	0.0506
7	0.0094	0.0112	0.013	0.0147	0.0164	0.018	0.0251	0.0306	0.0346	0.0376	0.0428
8	0.0073	0.0087	0.0101	0.0114	0.0127	0.014	0.0198	0.0246	0.0283	0.0311	0.0367
9	0.0058	0.0069	0.008	0.0091	0.0102	0.0112	0.0161	0.0202	0.0235	0.0262	0.0319
10	0.0047	0.0056	0.0065	0.0074	0.0083	0.0092	0.0132	0.0167	0.0198	0.0222	0.028

②矩形面积上竖向均布荷载作用下任意点附加应力计算——角点法。

利用矩形面积角点下的附加应力计算公式(3-1-8)和应力叠加原理,推求地基中任意点的附加应力的方法称为角点法。角点法的应用可以分下列两种情况:

第一种情况:计算矩形面积内任一点 M' 下方深度为 z 的附加应力[图 3-1-16a)]。过 M' 点将矩形 $abcd$ 分成 4 个小矩形,M' 点为 4 个小矩形的公共角点,则 M' 点下方 z 深度处的附加应力为:

$$\sigma_{zM} = (\alpha_{cⅠ} + \alpha_{cⅡ} + \alpha_{cⅢ} + \alpha_{cⅣ})p \qquad (3\text{-}1\text{-}9a)$$

第二种情况:计算矩形面积外任意点 M' 下深度为 z 的附加应力。思路是:仍然设法使 M' 点成为几个小矩形面积的公共角点,如[图 3-1-16b)]所示。然后将其应力进行代数叠加。

$$\sigma_{zM} = (\alpha_{cⅠ} + \alpha_{cⅡ} - \alpha_{cⅢ} - \alpha_{cⅣ})p \qquad (3\text{-}1\text{-}9b)$$

以上 $\alpha_{cⅠ}$、$\alpha_{cⅡ}$、$\alpha_{cⅢ}$、$\alpha_{cⅣ}$ 分别是矩形 $M'hbe$、$M'fce$、$M'hag$、$M'fdg$ 的竖向均布荷载角点下的应力系数,p 为荷载强度。需要注意的是应用角点法时,对于每一块矩形面积,l 为矩形的长边尺寸,b 为矩形的短边尺寸。

3. 矩形面积承受竖直三角形分布荷载作用时的附加应力计算

如图 3-1-17 所示,地面有一矩形,宽度为 b,长度为 l,其上作用竖向三角形分布荷载,荷载最大边上荷载强度为 p_t,矩形压力为零的角点下不同深度处的附加应力为:

$$\sigma_z = \alpha_t \cdot p_t \qquad (3\text{-}1\text{-}10)$$

式中,α_t 为矩形面积受竖直三角形分布荷载作用时的竖向附加应力分布系数,可查表 3-1-4。其中 $m = \dfrac{l}{b}$,$n = \dfrac{z}{b}$,b 为沿荷载变化方向矩形边长;l 为矩形另一边长。

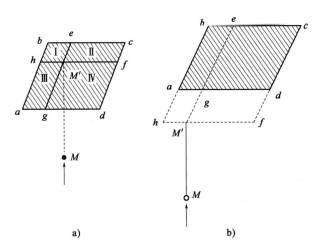 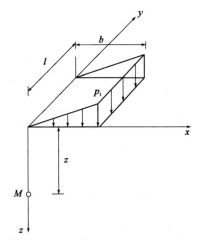

图 3-1-16 用角点法计算 M' 点以下的附加应力　　　图 3-1-17 矩形面积作用三角形分布荷载时角点下的应力

对于基底范围内(或外)任意点下的竖向附加应力,仍然可以利用"角点法"和叠加原理进行计算。

矩形面积上竖直三角形分布荷载作用下压力为零的角点附加压力系数 α_t　　表 3-1-4

$n = z/b$	$m = \dfrac{l}{b}$										
	0.2	0.4	0.6	1.0	1.4	2.0	3.0	4.0	6.0	8.0	10.0
0	0	0	0	0	0	0	0	0	0	0	0
0.2	0.0223	0.028	0.0296	0.0304	0.0305	0.0306	0.0306	0.0306	0.0306	0.0306	0.0306
0.4	0.0269	0.042	0.0487	0.0531	0.0543	0.0547	0.0548	0.0549	0.0549	0.0549	0.0549
0.6	0.0259	0.0448	0.056	0.0654	0.0684	0.0696	0.0701	0.0702	0.0702	0.0702	0.0702
0.8	0.0232	0.0421	0.0553	0.0688	0.0739	0.0764	0.0773	0.0776	0.0776	0.0776	0.0776
1	0.0201	0.0375	0.0508	0.0666	0.0735	0.0774	0.079	0.0794	0.0795	0.0796	0.0796
1.2	0.0171	0.0324	0.045	0.0615	0.0698	0.0749	0.0774	0.0779	0.0782	0.0783	0.0783
1.4	0.0145	0.0278	0.0392	0.0554	0.0644	0.0707	0.0739	0.0748	0.0752	0.0752	0.0753
1.6	0.0123	0.0238	0.0339	0.0492	0.0586	0.0656	0.0697	0.0708	0.0714	0.0715	0.0715
1.8	0.0105	0.0204	0.0294	0.0435	0.0528	0.0604	0.0652	0.0666	0.0673	0.0675	0.0675
2	0.009	0.0176	0.0255	0.0384	0.0474	0.0553	0.0607	0.0624	0.0634	0.0636	0.0636
2.5	0.0063	0.0125	0.0183	0.0284	0.0362	0.044	0.0504	0.0529	0.0543	0.0547	0.0548
3	0.0046	0.0092	0.0135	0.0214	0.028	0.0352	0.0419	0.0449	0.0469	0.0474	0.0476
5	0.0018	0.0036	0.0054	0.0088	0.012	0.0161	0.0214	0.0248	0.0253	0.0296	0.0301
7	0.0009	0.0019	0.0028	0.0047	0.0064	0.0089	0.0124	0.0152	0.0186	0.0204	0.0212
10	0.0005	0.0009	0.0014	0.0023	0.0033	0.0046	0.0066	0.0084	0.0111	0.0123	0.0139

4. 建筑物基础下地基应力

当建筑物修建在地面上时,基础底面的附加应力就是基础底面的接触压力 p,但一般基础建设时,通常建筑物的基础建在地面以下一定的深度(图 3-1-18),此时,基础底面的附加压力变为:

$$p_0 = p - \gamma h \tag{3-1-11}$$

式中:p_0——基础底面的附加压力,kPa;

p——基础底面的接触压力,kPa;

γ——基础底面以上地基土的重度,kN/m³;

h——基础的埋置深度,m。

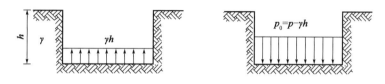

图 3-1-18　基础底面附加压力

在未修建基础之前,地面下深为 h 处原已存在大小为 γh 的自重应力。当修建基础时,将这部分土挖除后又建基础,所以在建筑物建基底处实际增加的压力为 $p_0 = p - \gamma h$。即超过自重应力的为附加压力。

当建筑物基础建在地面上时,地基中的附加应力即可用土中附加应力计算公式来求;当建筑物基础底面在地面以下一定深度处,严格地说不能按前述的土中附加应力计算公式求解,但考虑基础的埋置深度不太大,埋置深度对土中应力的影响不大,所以仍按前述附加应力公式计算。

当基础底面为矩形时,在均布荷载 p 的作用下,基础底面中心下深度为 z 的附加应力为:

$$\sigma_z = 4\alpha_c p_0 = 4\alpha_c(p - \gamma h) \tag{3-1-12}$$

式中:α_c——矩形竖向均布荷载角点下的应力系数,可查表 3-1-3 得,需要注意的是:查表时,深度 z 从基础底面算起,而不是从地面算起。

例题 3-1-4　有均布荷载 $p = 100 \text{kN/m}^2$,荷载作用面积为 2m×1m,如图 3-1-19 所示,求荷载面积上角点 A、边点 E、中心点 O 以及荷载面积外 F 点和 G 点等各点下 $z = 1\text{m}$ 深度处的附加应力。并利用计算结果说明附加应力的扩散规律。

解:(1) A 点下的附加应力

A 点是矩形 $ABCD$ 的角点,且 $m = \dfrac{l}{b} = \dfrac{2}{1} = 2$,$n = \dfrac{z}{b} = 1$,查表 3-1-3 可得,$\alpha_c = 0.1999$,故

$$\sigma_{zA} = \alpha_c p = 0.1999 \times 100 = 20(\text{kPa})$$

(2) E 点下的附加应力

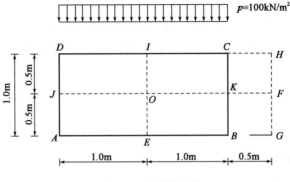

图 3-1-19 荷载分布图

通过 E 点将矩形荷载面积划分为两个相等的矩形 $EADI$ 和 $EBCI$。求 $EADI$ 的角点应力系数:

$$m = \frac{l}{b} = \frac{1}{1} = 1, n = \frac{z}{b} = \frac{1}{1} = 1$$

查表 3-1-3 得 $\alpha_c = 0.1752$,故

$$\sigma_{zE} = 2\alpha_c p = 2 \times 0.1752 \times 100 = 35 \,(\text{kPa})$$

(3) O 点下的附加应力

通过 O 点将原矩形面积分为 4 个相等的矩形 $OEAJ$, $OJDI$, $OICK$ 和 $OKBE$。求 $OEAJ$ 角点的附加应力系数 α_c:

$$m = \frac{l}{b} = \frac{1}{0.5} = 2, n = \frac{z}{b} = \frac{1}{0.5} = 2$$

查表 3-1-3 得 $\alpha_c = 0.1202$,故

$$\sigma_{zO} = 4\alpha_c p = 4 \times 0.1202 \times 100 = 48.1 \,(\text{kPa})$$

(4) F 点下的附加应力

过 F 点作矩形 $FGAJ$, $FJDH$, $FGBK$ 和 $FKCH$。假设 α_{cI} 为矩形 $FGAJ$ 和 $FJDH$ 的角点应力系数; α_{cII} 为矩形 $FGBK$ 和 $FKCH$ 的角点应力系数。

求 α_{cI}:

$$m = \frac{l}{b} = \frac{2.5}{0.5} = 5, n = \frac{z}{b} = \frac{1}{0.5} = 2$$

查表 3-1-3 得 $\alpha_{cI} = 0.1363$

求 α_{cII}:

$$m = \frac{l}{b} = \frac{0.5}{0.5} = 1, n = \frac{z}{b} = \frac{1}{0.5} = 2$$

查表 3-1-3 得 $\alpha_{cII} = 0.0840$,故

$$\sigma_{zF} = 2(\alpha_{cI} - \alpha_{cII})P = 2 \times (0.1363 - 0.0840) \times 100 = 10.5 \,(\text{kN/m}^2)$$

(5) G 点下的附加应力

通过 G 点作矩形 $GADH$ 和 $GBCH$ 分别求出它们的角点应力系数 α_{cI} 和 α_{cII}。

求 α_{cI}：

$$m = \frac{l}{b} = \frac{2.5}{1} = 2.5, n = \frac{z}{b} = \frac{1}{1} = 1$$

查表 3-1-3 得 $\alpha_{cI} = 0.2016$

求 α_{cII}：

$$m = \frac{l}{b} = \frac{1}{0.5} = 2, n = \frac{z}{b} = \frac{1}{0.5} = 2$$

查表 3-1-3 得 $\alpha_{cII} = 0.1202$

故 $\sigma_{zG} = (\alpha_{cI} - \alpha_{cII})p = (0.2016 - 0.1202) \times 100 = 8.1 (\text{kPa})$

在矩形面积受均布荷载作用时，不仅在受荷面积垂直下方的范围内产生附加应力，而且在荷载面积以外的地基土中（F、G 点下方）也会产生附加应力。另外，在地基中同一深度处（例如 $z = 1\text{m}$），离受荷面积中线越远的点，其附加应力值越小，矩形面积中点处附加应力最大，如图 3-1-20a）所示。将中点 O 下和 F 点下不同深度的附加应力求出并绘成曲线，如图 3-1-20b）所示，可看出地基中附加应力的扩散规律。

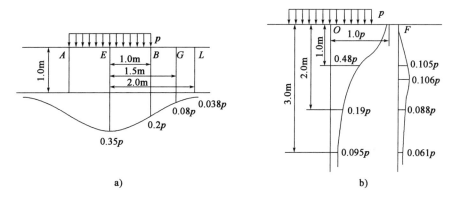

图 3-1-20 附加应力分布图

例题 3-1-5 某桥墩基础及土层剖面如图 3-1-21 所示，已知基础底面尺寸 $b = 2\text{m}, l = 8\text{m}$。作用在基础底面中心处的荷载：$N = 1120\text{kN}, H = 0, M = 0$。计算在竖向荷载作用下，基础中心轴线上的自重应力和附加应力，并画出应力分布图。

已知各层土的物理指标：

褐黄色亚黏土 $\gamma = 18.7\text{kN/m}^3$（水上）；$\gamma' = 8.9\text{kN/m}^3$（水下）

灰色淤泥质亚黏土 $\gamma' = 8.4\text{kN/m}^3$（水下）

解： 在基础底面中心轴线上取几个计算点 0、1、2、3，它们都位于土层分界面上，如图 3-1-21 所示。

(1) 自重应力计算

按公式 (3-1-3) 计算，将各点的自重应力结果列于表 3-1-5 中。

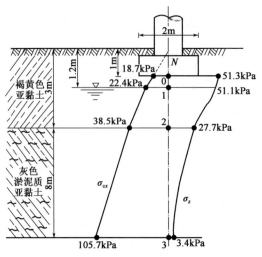

图 3-1-21　土层应力分布图

自重应力计算表　　　　　　　　　　　　　　　　　　　　　　　　表 3-1-5

计算点	土层厚度 h_i (m)	重度 γ_i (kN/m³)	$\gamma_i h_i$ (kPa)	$\sigma_{cz} = \sum \gamma_i h_i$ (kPa)
0	1.0	18.7	18.7	18.7
1	0.2	18.7	3.74	22.4
2	1.8	8.9	16.02	38.5
3	8	8.4	67.2	105.7

（2）附加应力计算

基底压力：
$$p = \frac{N}{A} = \frac{1120}{2 \times 8} = 70 (\text{kPa})$$

基底处附加应力：　　$p_0 = p - \gamma h = 70 - 18.7 = 51.3 (\text{kPa})$

将各点的附加应力结果列于表 3-1-6 中。

附加应力计算表　　　　　　　　　　　　　　　　　　　　　　　　表 3-1-6

计算点	z (m)	$m = \dfrac{l}{b}$	$n = \dfrac{z}{b}$	α_c	$\sigma_0 = 4\alpha_c p_0$
0	0	4	0	0.2500	51.3
1	0.2	4	0.2	0.2492	51.1
2	2	4	2	0.1350	27.7
3	10	4	10	0.0167	3.4

 课后习题 ◁◁◁

1. 根据图 3-1-11，解释基础埋置深度的含义。

2. 解释建筑物基础底面附加压力计算公式 $p_0 = p - \gamma h$ 中 p 的含义。

小提示：图 3-1-11 中基础受力属于矩形面积荷载在土层中引起附加应力，为便于理解附加应力作用原理，请从集中荷载作用下土层中附加应力分布进行学习，更有利于对附加应力的理解。

3. 地面上作用有竖直集中荷载 P，在土中某点引起附加应力 $\sigma_z = \alpha \dfrac{P}{z^2}$，附加应力系数 α 可以根据_____数值查表（表 3-1-2）确定。

4. 如图 3-1-22 所示，地面上有两个集中荷载：$P_1 = 2000\text{kN}$，$P_2 = 1000\text{kN}$，求土中 M 点受到的竖向附加应力。

5. 地基表面有一矩形面积，宽度为 b，长度为 l，其上作用竖向均布荷载，荷载强度为 p，矩形面积角点下附加应力 $\sigma_z = \alpha_c p$，应力分布系数 α_c 采用查表的方式确定时，需要根据_____和_____进行查表。

6. 如图 3-1-23 所示，矩形面积 $ABCD$ 上作用均布荷载 200kPa，求 H 点下深度为 2m 处的竖向附加应力。

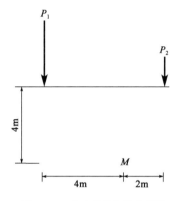

图 3-1-22 集中荷载作用示意图

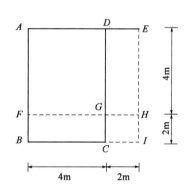

图 3-1-23 基础底面平面图

7. 图 3-1-11 中小桥 2 号墩基础底面附加压力 $p_0 =$ _____，补齐表 3-1-7 中的数据。

附加应力表　　　　　　　　　　　　　　表 3-1-7

计算点	z (m)	$m = \dfrac{l}{b}$	$n = \dfrac{z}{b}$	α_c	$\sigma_0 = 4\alpha_c p_0$
0（基础底面中心点）	0				
1					
2				0.0300	
3				0.0194	

8. 在图 3-1-11 中绘制附加应力分布图。

9. 下面计算有哪些错误,进行改正。

旱地上基础,基础底面为 2m×4m 的矩形,作用于基础底面中心竖向荷载 $N=4000$ km,埋置深度 2m,从地面到深度 7m 都是均匀砂性土,重度 $\gamma=17$ kN/m³,计算基底中心以下 4m 处的应力。

解:基底中心以下 4m 处的应力计算如下:

自重应力:$17\times4=68(\text{kPa})$,基底附加应力:

$$p=N/A=4000/8=500(\text{kPa})$$

根据 $\dfrac{l}{b}=\dfrac{4}{2}$,$\dfrac{z}{b}=\dfrac{4}{2}$ 查表 3-1-2 得

$$\alpha_c=0.1202,\ \sigma_z=\alpha_c p=500\times0.1202=60.1(\text{kPa})$$

学习情境(四)

青延公路 K20+300~K20+600 填土情况如图 3-1-24 所示,填土重度 $\gamma=19$ kN/m³,求路基中心点下 3m 和 4.5m 处附加应力。

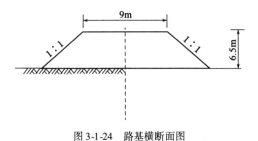

图 3-1-24 路基横断面图

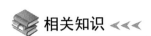 **相关知识** ◀◀◀

若在半无限宽弹性体表面作用无限长条形面积分布荷载,而且荷载在各个截面上的分布都相同时,则垂直于长度方向的任一截面内附加应力的大小及分布规律都是相同的,即与所取截面的位置无关,只与土中所求应力点的平面位置有关,故又被称为平面问题。实际工程中,当然没有无限长条形面积分布荷载,在实际应用中,一般截面荷载面积的延伸长度 l 与其宽度 b 之比,即 $\dfrac{l}{b}\geq 10$ 时,即可认为是条形基础。像墙基、路基、挡土墙和堤坝等,均可按平面问题计算地基中的附加应力,其计算结果与实际较接近。

1. 竖直均布条形荷载作用下的附加应力

如图 3-1-25 所示,当地面上作用着强度为 p 的竖向均布荷载时,土中任意点 M 所引起的竖向附加应力:

$$\sigma_z = \alpha_u p \qquad (3\text{-}1\text{-}13)$$

式中：α_u——条形面积受竖直均布荷载作用时的竖向附加应力分别系数，由表 3-1-8 查得，b 为基底的宽度，z 为计算点的深度。

条形面积上竖直均布荷载作用下的附加应力系数 α_u　　　表 3-1-8

z/b	x/b				
	0.00	0.25	0.50	1.00	2.00
0	1	1	0.5	0	0
0.25	0.96	0.9	0.5	0.02	0
0.5	0.82	0.74	0.48	0.08	0
0.75	0.67	0.61	0.45	0.15	0.02
1	0.55	0.51	0.41	0.19	0.03
1.5	0.4	0.38	0.33	0.21	0.06
2	0.31	0.31	0.28	0.2	0.08
3	0.21	0.21	0.2	0.17	0.1
4	0.16	0.16	0.15	0.14	0.1
5	0.13	0.13	0.12	0.12	0.09

2. 竖向条形三角形分布荷载作用下附加应力

如图 3-1-26 所示，当条形面积上受最大强度为 p 的三角形分布荷载作用时，对 M 点引起的竖向附加应力为：

$$\sigma_z = \alpha_s p \qquad (3\text{-}1\text{-}14)$$

式中：α_s——竖向条形三角形分布荷载作用时的竖向附加应力分布系数，查表 3-1-9。

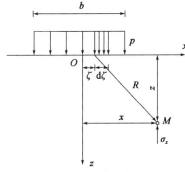
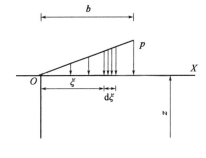

图 3-1-25　竖向均布条形荷载作用下的附加应力　　　图 3-1-26　竖向三角形条形荷载作用下的附加应力

竖直条形三角形分布荷载作用时的应力系数 α_s　　　表 3-1-9

z/b	x/b										
	-1.5	-1.0	-0.5	0	0.25	0.5	0.75	1.0	1.5	2.0	2.5
0	0	0	0	0	0.25	0.50	0.75	0.75	0	0	0
0.25	—	—	0.001	0.075	0.256	0.480	0.643	0.424	0.015	0.003	—
0.50	0.002	0.003	0.023	0.127	0.263	0.410	0.477	0.353	0.056	0.017	0.003
0.75	0.006	0.016	0.042	0.153	0.248	0.335	0.361	0.293	0.108	0.024	0.009

续上表

z/b	x/b										
	-1.5	-1.0	-0.5	0	0.25	0.5	0.75	1.0	1.5	2.0	2.5
1.0	0.014	0.025	0.061	0.159	0.223	0.275	0.279	0.241	0.129	0.045	0.013
1.5	0.020	0.048	0.096	0.145	0.178	0.200	0.202	0.185	0.124	0.062	0.041
2.0	0.033	0.061	0.092	0.127	0.146	0.155	0.163	0.153	0.108	0.069	0.050
3.0	0.050	0.064	0.080	0.096	0.103	0.104	0.108	0.104	0.190	0.071	0.050
4.0	0.051	0.060	0.067	0.075	0.078	0.085	0.082	0.075	0.073	0.060	0.049
5.0	0.047	0.052	0.057	0.059	0.062	0.063	0.063	0.065	0.061	0.051	0.047
6.0	0.041	0.041	0.050	0.051	0.052	0.053	0.053	0.053	0.050	0.050	0.045

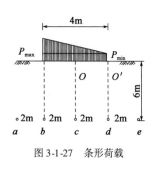

图 3-1-27 条形荷载

例题 3-1-6 如图 3-1-27 所示,宽度 4m 的条形基础承受偏心荷载,在基底的压力强度 $p_{max}=450\text{kPa}$,$p_{min}=200\text{kPa}$,求图中 a、b、c、d、e 各点的竖向附加压应力(c 点在基础中心线上,其他相邻两点间的水平距离均为 2m)。

解: 可将梯形荷载分解成一个 $p_1 = p_{min} = 200\text{kPa}$ 的均布荷载,坐标原点建立在 O 点;另一个 $p_2 = p_{max} - p_{min} = 250\text{kPa}$ 的三角形分布荷载,坐标原点建立在 O' 点,它们分布在各点产生的竖向压应力见表 3-1-10 与表 3-1-11。

均布条形荷载在各点产生的竖向压应力计算表　　表 3-1-10

计算点	a	b	c	d	e
z/b	1.5				
x/b	1.0	0.5	0	0.5	1.0
α_u	0.21	0.33	0.4	0.33	0.21
σ_{z1} (kPa)	42.0	66.0	80.0	66.0	42.0

三角形分布条形荷载在各点产生的竖向压应力计算表　　表 3-1-11

计算点	a	b	c	d	e
z/b	1.5				
x/b	1.5	1	0.5	0	-0.5
α_s	0.124	0.185	0.2	0.145	0.096
σ_{z2} (kPa)	31.0	46.3	50.0	36.3	24.0

将以上两表中的计算结果进行叠加,即得到梯形荷载作用下各点的压应力。计算结果见表 3-1-12。

梯形分布条形荷载在各点产生的竖向压应力　　表 3-1-12

计算点	a	b	c	d	e
$\sigma_z = \sigma_{z1} + \sigma_{z2}$ (kPa)	73.0	112.3	130	102.3	66

学习参考

桥台地基附加应力的计算是台后路基荷载对桥台影响分析的重要一环。在路桥过渡段设计中,为了综合考量地形、流域以及整体线路规划等因素,路基中心线与桥台台背斜交接续的情况时有出现。斜交角使桥台地基附加应力分布沿路基中心线发生偏转,改变了应力沿路基中心对称分布的特性,且随着斜交角的增大,应力偏转现象加剧,这会造成桥台侧移及台后路基差异沉降,对于软基高填方桥台,建议设计时尽量减小斜交角的大小。

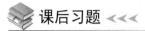 课后习题

1. 图 3-1-24 中路堤长度远远大于宽度,路堤基底上的作用荷载可以称之为条形荷载,荷载面积的延伸长度 l 与其宽度 b 之比满足_____即可认为是条形基础。

2. 条形面积受竖直均布荷载作用时的竖向附加应力 $\sigma_z = \alpha_u p$,查表确定应力系数 α_u 时,需要计算 $m = \dfrac{x}{b}, n = \dfrac{z}{b}$,$b$ 为基底的宽度,z 为_____,x 是从_____到计算点的水平距离。

3. 青延公路 K20+300~K20+600 填土高 3m(图 3-1-24),路基中心线地面下 3m 处的附加应力包括以下三部分:

(1)竖直均布条形荷载作用下的附加应力 = _____;
(2)左侧三角形荷载作用下的附加应力 = _____;
(3)左侧三角形荷载作用下的附加应力 = _____;
(4)路基中心线地面下 3m 处的附加应力 = _____。

任务二　计算基础沉降量

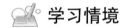 学习情境

如图 3-1-28,青延公路 K21+600 小桥 2 号墩基础埋深 1m,基础底面尺寸 3.00m×6.60m,正常使用极限状态下,基础底面中心荷载 $N = 1890\text{kN}, H = 0, M = 0$。计算其沉降量。(褐黄色亚黏土的地基承载力特征值 $f_{a0} = 130\text{kPa}, \gamma = 18.7\text{kN/m}^3$)

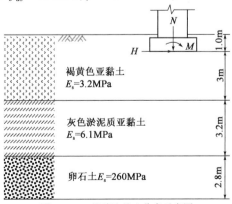

图 3-1-28　基础地基土分布示意图
注:E_s 为压缩模量。

相关知识

1. 沉降量计算原理

沉降一般按地基土的天然分层面划分计算土层,引入土层平均附加应力的概念,通过平均附加应力系数,将基底中心以下地基中 $z_{i-1} \sim z_i$ 深度范围的附加应力按等面积原则化为相同深度范围内矩形分布时的分布应力大小,如图 3-1-29 所示。再按矩形分布应力情况计算土层的压缩量,各土层压缩量的总和即为地基的计算沉降量。

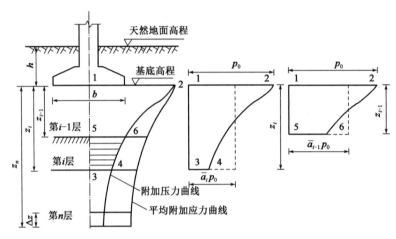

图 3-1-29 地基应力示意图

如果在地层中截取某层土(图 3-1-29 中第 i 层土),基底中心点下 $z_{i-1} \sim z_i$ 深度范围,附加应力随深度发生变化,假设压缩模量 E_s 不变,由于压缩模量是指土体在无侧膨胀条件下受压时,竖向压应力增量与相应应变增量之比值,那么第 i 层土的压缩量:

$$\Delta s_i = \frac{\Delta A_i}{E_{si}} = \frac{A_i - A_{i-1}}{E_{si}} \tag{3-1-15}$$

为便于计算,引入一个竖向平均附加应力(面积)系数 $\overline{\alpha}_i = \dfrac{A_i}{p_0 z_i}$,把附加应力的面积化为矩形面积,如图 3-1-29 中 $A_{1234} = \overline{\alpha}_i p_0 z_i$。

则:
$$A_i = \overline{\alpha}_i p_0 z_i$$
$$A_{i-1} = \overline{\alpha}_{i-1} p_0 z_{i-1}$$

以上公式中 $p_0 \overline{\alpha}_i z_i$ 和 $p_0 \overline{\alpha}_{i-1} z_{i-1}$ 是 z_i 和 z_{i-1} 深度范围内竖向附加应力面积 A_i 和 A_{i-1} 的等代值。就是以附加应力面积等代值引出一个平均附加应力系数表达的从基底至任意深度 z 范围内地基沉降量的计算公式。由此可得成层地基沉降量的计算公式:

$$\Delta s_i = \frac{A_{3456}}{E_{si}} = \frac{A_{1234} - A_{1256}}{E_{si}} = \frac{p_0}{E_{si}}(z_i \overline{\alpha}_i - z_{i-1} \overline{\alpha}_{i-1}) \tag{3-1-16}$$

$$p_0 = p - \gamma h \tag{3-1-17}$$

式中：p_0——对应于荷载长效效应组合时的基础底面处附加应力，kPa；

p——基底压应力，kPa，当 $z/b>1$ 时，采用基底平均压应力；$z/b \leq 1$ 时，p 按压应力图形采用距最大应力点 $b/3 \sim b/4$ 处的压力值（对于梯形分部荷载，前后端压应力差值较大时，可采用上述 $\frac{b}{4}$ 处的压力值；反之，则采用上述 $\frac{b}{3}$ 处的压应力值），以上 b 为基础宽度；

h——基底埋置深度，m，当基础受到水流冲刷时，从一般冲刷线算起；当不受水流冲刷时，从天然地面算起；如位于挖方内，则由开挖后的地面算起；

z_i、z_{i-1}——基础底面至第 i 层、$i-1$ 层底面的距离；

γ——h 内土的重度，kN/m³，基底为透水地基时，水位以下取浮重度。

那么 n 层总的压缩量为：

$$s_0 = \sum_{i=1}^{n} \Delta s_i = \sum_{i=1}^{n} \frac{p_0}{E_{si}}(z_i \overline{a_i} - z_{i-1} \overline{\alpha_{i-1}}) \tag{3-1-18}$$

式中：n——地基变形计算深度范围内所划分的土层数；

E_{si}——基底以下第 i 层土的压缩模量，按第 i 层实际应力变化范围取值；

z_i、z_{i-1}——基础底面至第 i 层，$i-1$ 层底面的距离；

$\overline{\alpha_i}$、$\overline{\alpha_{i-1}}$——基础底面到第 i 层，第 $i-1$ 层底面范围内平均附加系数，可查表 3-1-13 得。

矩形面积上均布荷载作用下中点下平均附加压力系数 $\overline{\alpha}$　　　　表 3-1-13

z/b	l/b												
	1.0	1.2	1.4	1.6	1.8	2.0	2.4	2.8	3.2	3.6	4.0	5.0	≥10.0
0	1	1	1	1	1	1	1	1	1	1	1	1	1
0.1	0.997	0.998	0.998	0.998	0.998	0.998	0.998	0.998	0.998	0.998	0.998	0.998	0.998
0.2	0.987	0.99	0.991	0.992	0.992	0.992	0.993	0.993	0.993	0.993	0.993	0.993	0.993
0.3	0.967	0.973	0.976	0.978	0.979	0.98	0.98	0.981	0.981	0.981	0.981	0.981	0.981
0.4	0.936	0.947	0.953	0.956	0.958	0.965	0.961	0.962	0.962	0.963	0.963	0.963	0.963
0.5	0.9	0.915	0.924	0.929	0.933	0.935	0.973	0.939	0.939	0.94	0.94	0.94	0.94
0.6	0.858	0.878	0.89	0.898	0.903	0.906	0.91	0.912	0.913	0.914	0.914	0.915	0.915
0.7	0.816	0.84	0.855	0.865	0.871	0.876	0.881	0.884	0.885	0.886	0.887	0.887	0.888
0.8	0.775	0.801	0.819	0.831	0.839	0.844	0.851	0.855	0.857	0.858	0.859	0.86	0.86
0.9	0.735	0.764	0.784	0.797	0.806	0.813	0.821	0.826	0.829	0.83	0.831	0.83	0.836
1	0.689	0.728	0.749	0.764	0.775	0.783	0.792	0.798	0.801	0.803	0.804	0.806	0.807
1.1	0.663	0.694	0.717	0.733	0.744	0.753	0.764	0.771	0.755	0.777	0.799	0.78	0.782
1.2	0.631	0.633	0.686	0.703	0.715	0.725	0.737	0.744	0.749	0.752	0.754	0.756	0.758
1.3	0.601	0.633	0.657	0.674	0.688	0.698	0.711	0.719	0.725	0.728	0.73	0.733	0.735
1.4	0.573	0.605	0.629	0.648	0.661	0.672	0.687	0.696	0.701	0.705	0.708	0.711	0.714
1.5	0.548	0.58	0.604	0.622	0.637	0.648	0.664	0.673	0.679	0.683	0.686	0.69	0.693
1.6	0.524	0.556	0.58	0.599	0.613	0.625	0.641	0.651	0.658	0.663	0.666	0.67	0.675
1.7	0.502	0.533	0.558	0.577	0.591	0.603	0.62	0.631	0.638	0.643	0.646	0.651	0.656

续上表

z/b	l/b												
	1.0	1.2	1.4	1.6	1.8	2.0	2.4	2.8	3.2	3.6	4.0	5.0	≥10.0
1.8	0.482	0.513	0.537	0.556	0.571	0.588	0.6	0.611	0.619	0.624	0.629	0.633	0.638
1.9	0.463	0.493	0.517	0.536	0.551	0.563	0.581	0.593	0.601	0.606	0.61	0.616	0.622
2	0.446	0.475	0.499	0.518	0.533	0.545	0.563	0.575	0.584	0.59	0.594	0.6	0.606
2.1	0.429	0.459	0.482	0.5	0.515	0.528	0.546	0.559	0.567	0.574	0.578	0.585	0.591
2.2	0.414	0.443	0.466	0.484	0.499	0.511	0.53	0.543	0.552	0.558	0.563	0.57	0.577
2.3	0.4	0.428	0.451	0.468	0.484	0.496	0.515	0.528	0.537	0.544	0.548	0.554	0.564
2.4	0.387	0.414	0.436	0.454	0.469	0.481	0.5	0.513	0.523	0.53	0.535	0.543	0.551
2.5	0.374	0.401	0.423	0.441	0.455	0.468	0.486	0.5	0.509	0.516	0.522	0.53	0.539
2.6	0.362	0.389	0.41	0.428	0.442	0.473	0.473	0.487	0.496	0.504	0.509	0.518	0.528
2.7	0.351	0.377	0.398	0.416	0.43	0.461	0.461	0.74	0.484	0.492	0.497	0.506	0.517
2.8	0.341	0.366	0.387	0.404	0.418	0.449	0.449	0.463	0.472	0.48	0.486	0.495	0.506
2.9	0.331	0.356	0.377	0.393	0.407	0.438	0.438	0.451	0.461	0.469	0.475	0.485	0.496
3	0.322	0.346	0.366	0.383	0.397	0.409	0.427	0.441	0.451	0.459	0.465	0.474	0.487
3.1	0.313	0.337	0.357	0.373	0.387	0.398	0.417	0.43	0.44	0.448	0.454	0.464	0.477
3.2	0.305	0.328	0.348	0.364	0.377	0.389	0.407	0.42	0.431	0.439	0.445	0.455	0.468
3.3	0.297	0.32	0.339	0.355	0.368	0.379	0.397	0.411	0.421	0.429	0.436	0.446	0.46
3.4	0.289	0.312	0.331	0.346	0.359	0.371	0.388	0.402	0.412	0.42	0.427	0.437	0.452
3.5	0.282	0.304	0.323	0.338	0.351	0.362	0.38	0.393	0.403	0.412	0.418	0.429	0.444
3.6	0.276	0.297	0.315	0.33	0.343	0.354	0.372	0.385	0.395	0.403	0.41	0.421	0.436
3.7	0.269	0.29	0.308	0.323	0.335	0.346	0.364	0.377	0.387	0.395	0.402	0.413	0.429
3.8	0.263	0.284	0.301	0.316	0.328	0.339	0.356	0.369	0.379	0.388	0.394	0.405	0.422
3.9	0.257	0.277	0.294	0.309	0.321	0.332	0.349	0.362	0.372	0.38	0.387	0.398	0.415
4	0.251	0.271	0.288	0.302	0.314	0.325	0.342	0.355	0.365	0.373	0.379	0.391	0.408
4.1	0.246	0.265	0.282	0.296	0.308	0.318	0.335	0.348	0.368	0.366	0.372	0.384	0.402
4.2	0.241	0.26	0.276	0.29	0.302	0.312	0.328	0.341	0.352	0.359	0.366	0.377	0.396
4.3	0.236	0.255	0.27	0.284	0.296	0.306	0.322	0.335	0.345	0.363	0.359	0.371	0.39
4.4	0.231	0.25	0.265	0.278	0.29	0.3	0.316	0.329	0.339	0.347	0.353	0.365	0.384
4.5	0.226	0.245	0.26	0.273	0.285	0.294	0.31	0.323	0.333	0.341	0.347	0.359	0.378
4.6	0.222	0.24	0.255	0.268	0.279	0.289	0.305	0.317	0.327	0.335	0.341	0.353	0.373
4.7	0.218	0.235	0.25	0.263	0.274	0.284	0.299	0.312	0.321	0.329	0.336	0.347	0.367
4.8	0.214	0.231	0.245	0.258	0.269	0.279	0.294	0.306	0.316	0.324	0.33	0.342	0.362
4.9	0.21	0.227	0.241	0.253	0.265	0.274	0.289	0.301	0.311	0.319	0.325	0.337	0.357
5	0.206	0.223	0.237	0.249	0.26	0.269	0.284	0.296	0.306	0.313	0.32	0.332	0.352

注：表中 b、l 分别是矩形基础的短边和长边；z 是从基础底面算起的土层深度（m）。

2. 沉降计算经验系数 ψ_s

ψ_s 综合反映了计算公式中一些未能考虑的因素,它是根据大量工程实例中沉降的观测值与计算值的统计分析比较而得的。ψ_s 的确定与地基土的压缩模量 $\overline{E}_s$ 以及地基承载力特征值有关,具体见表3-1-14。

沉降计算经验系数 ψ_s　　　　　表3-1-14

基底附加应力	$\overline{E}_s$ (MPa)				
	2.5	4.0	7.0	15.0	20.0
$p_0 \geq f_{a0}$	1.4	1.3	1.0	0.4	0.2
$p_0 \leq 0.75 f_{a0}$	1.1	1.0	0.7	0.4	0.2

注:表中 f_{a0} 为地基承载力特征值。

$\overline{E}_s$ 为沉降计算深度范围内的压缩模量当量值,按下式计算:

$$\overline{E}_s = \frac{\sum A_i}{\sum \dfrac{A_i}{E_{si}}} = \frac{p_0 \sum_{i=1}^{w}(z_i \overline{\alpha}_i - z_{i-1}\overline{\alpha}_{i-1})}{p_0 \sum_{i=1}^{w}\dfrac{z_i \overline{\alpha}_i - z_{i-1}\overline{\alpha}_{i-1}}{E_{si}}} \quad (3\text{-}1\text{-}19)$$

式中:A_i——第 i 层附加应力系数沿土层深度的积分值;
　　　$\overline{E}_s$——相应于该土层的压缩模量。

综上所述,应力面积法的地基最终沉降量计算公式为:

$$s = \psi_s s_0 = \psi_s \sum_{i=1}^{n} \frac{p_0}{\overline{E}_{si}}(z_i \overline{\alpha}_i - z_{i-1}\overline{\alpha}_{i-1}) \quad (3\text{-}1\text{-}20)$$

式中:ψ_s——沉降计算经验系数,根据地区沉降观测资料及经验确定,缺少沉降观测资料及经验数据时,可查表3-1-14确定;
　　　s——地基的最终沉降量;
　　　s_0——求得 n 层地基压缩量。

3. 地基沉降计算深度 z_n

地基沉降计算深度 z_n,应满足:

$$\Delta s_n \leq 0.025 \sum_{i=1}^{n} \Delta s_i \quad (3\text{-}1\text{-}21)$$

式中:Δs_n——计算深度处向上取厚度 Δz 分层的沉降计算值,Δz 的厚度选取与基础宽度 b 有关,见表3-1-15。
　　　Δs_i——计算深度范围内第 i 层土的沉降计算值。

Δz 值　　　　　表3-1-15

b(m)	≤2	2<b≤4	4<b≤8	8<b
Δz(m)	0.3	0.6	0.8	1.0

当无相邻荷载影响,基础宽度在 1~30m 范围内时,基底中心的地基沉降计算深度也可按

式(3-1-22)简化公式计算:

$$z_n = b(2.5 - 0.14\ln b) \tag{3-1-22}$$

式中:b——基础宽度,m。

在计算深度范围内存在基岩时,z_n 可取至基岩表面;当存在较厚的坚硬黏土层,其孔隙比小于0.5、压缩模量大于50MPa,或存在较厚的密实砂卵石层,其压缩模量大于80MPa时,可取至该土层表面。

例题 3-1-7 某基础底面尺寸为 $4m \times 2m$,埋深为 1.5m,传至基础底面的中心荷载 $N = 1434kN$,如图 3-1-30 所示,持力层的地基承载力特征值 $f_{a0} = 150kPa$,用压力面积法计算基础中点的最终沉降。

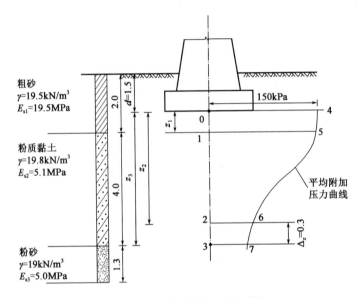

图 3-1-30 地基沉降计算分层示意图

解:(1)基底附加压力

$$p_0 = p - \gamma h = \frac{1434}{4 \times 2} - 19.5 \times 1.5 = 150(kPa)$$

(2)计算深度 z_n,利用式 3-1-22 计算地基沉降计算深度为:

$$z_n = b(2.5 - 0.4\ln b) = 2 \times (2.5 - 0.4\ln 2) = 4.445(m) \approx 4.5m$$

按该深度,沉降量计算至粉质黏土层底面。

(3)沉降量计算见表 3-1-16。

①表中 $\bar{\alpha}$ 是基础底面中心平均附加压力系数,查表 3-1-13。

②z_n 校核。

根据规范规定,由表 3-1-15 得 $\Delta z = 0.3m$,计算 0.3m 厚土层的压缩量,即图 3-1-30 中 2 点到 3 点的土层压缩量。计算过程见表 3-1-16 中点号 3 的计算过程。

沉降量计算表 表 3-1-16

点号	z（m）	l/b	z/b	$\bar{\alpha}_i$	$z_i\bar{\alpha}_i$（mm）	$z_i\bar{\alpha}_i - z_{i-1}\bar{\alpha}_{i-1}$（mm）	P_0/E_{si}	$\dfrac{p_0}{E_{si}}(z_i\bar{\alpha}_i - z_{i-1}\bar{\alpha}_{i-1})$（mm）	$\sum\limits_{i=1}^{n}\Delta s_i$（mm）
0	0		0	1.000	0	0	0.033	0	0
1	0.50	4/2=2	0.25	0.9855	492.75	492.75	0.033	16.26	16.26
2	4.2		2.1	0.5280	2217.6	1724.85	0.029	50.02	66.28
3	4.5		2.25	0.5035	2265.75	48.15	0.029	$1.40 < 0.025 \times 67.68$	67.68

对于 3 点：$l/b = 4/2 = 2$，$z/b = 4.5/2 = 2.25$，
查表 3-1-13 得

$$\bar{\alpha}_i = 0.5035, z_i\bar{\alpha}_i = 0.5035 \times 4.5 \times 10^3 = 2265.75 \text{(mm)}$$

$$z_i\bar{\alpha}_i - z_{i-1}\bar{\alpha}_{i-1} = 2265.75 - 2217.6 = 48.15 \text{(mm)}, P_0/E_{si} = \dfrac{150}{5.1 \times 10^3} = 0.029$$

$$\Delta s_n = \dfrac{p_0}{E_{si}}(z_i\bar{\alpha}_i - z_{i-1}\bar{\alpha}_{i-1}) = 1.40 \text{(mm)}, 0.025\sum_{i=1}^{n}\Delta s_i = 0.025 \times 67.68 = 1.692 \text{mm}, 满足 \Delta s_n \leqslant$$

$0.025\sum\limits_{i=1}^{n}\Delta s_i$，证明 $z_n = 4.5$m 符合要求。

（4）确定沉降经验系数 ψ_s

$$\overline{E_s} = \dfrac{\sum A_i}{\sum \dfrac{A_i}{E_{si}}} = \dfrac{p_0\sum(z_i\bar{\alpha}_i - z_{i-1}\bar{\alpha}_{i-1})}{p_0\sum\dfrac{z_i\bar{\alpha}_i - z_{i-1}\bar{\alpha}_{i-1}}{E_{si}}} = \dfrac{492.75 + 1724.85 + 48.15}{\dfrac{492.75}{4.5} + \dfrac{1724.85}{5.1} + \dfrac{48.15}{5.1}}$$

$$= \dfrac{2265.75}{109.5 + 338.2.7 + 9.4} = 4.9 \text{(MPa)}$$

由于 $p_0 = f_{a0}$，查表 3-1-14 内插得 $\psi_s = 1.2$。

（5）计算基础中点最终沉降量 s

$$s = \psi_s s_0 = \psi_s\sum_{i=1}^{n}\dfrac{p_0}{E_{si}}(z_i\bar{\alpha}_i - z_{i-1}\bar{\alpha}_{i-1}) = 1.2 \times 67.68 = 81.22 \text{(mm)}$$

学习参考

对于填方路堤，由于受到填料性质、填方高度、边坡坡率等因素的影响，完工后会产生不同程度的沉降变形。高填方路堤施工后沉降越大，路堤填方体产生结构性破坏的可能性就越大。因此，在施工现场，通过布置沉降监测孔和监测点，对路面沉降、填方体沉降、分层沉降进行监测。通过施工现场原位监测数据，分析路堤的稳定性，制定可靠的施工方案。

课后习题

结合本学习情境中的资料，回答下列问题。

1. 图 3-1-28 中基础基底附加压力 $p_0 = $ _____ kPa。
2. 图 3-1-28 基础无相邻荷载影响，基底中心的地基沉降计算深度简化公式 $z_n = $ _____ = _____ m。（精确至 0.1m）
3. 通过填写表 3-1-17 计算沉降量：

表 3-1-17

点号	z (m)	l/b	z/b	$\bar{\alpha}_i$	$z_i \bar{\alpha}_i$ (mm)	$z_i \bar{\alpha}_i - z_{i-1} \bar{\alpha}_{i-1}$ (mm)	P_0/E_{si}	$\dfrac{p_0}{E_{si}}(z_i \bar{\alpha}_i - z_{i-1} \bar{\alpha}_{i-1})$ (mm)	$\sum\limits_{i=1}^{n} \Delta s_i$ (mm)

4. 确定沉降经验系数 ψ_s

压缩模量当量值 $\bar{E}$ = _____

查表 3-1-14 得 ψ_s = _____

小提示：因褐黄色亚黏土 $f_{a0} = 130\text{kPa}$，按照 $p_0 < 0.75 f_{a0}$ 查表。

5. 计算基础中点最终沉降量 s

小提示：经计算青延公路 K21+600 小桥 2 号墩最终沉降量为 6.6cm，根据《规范》要求相邻墩台间不均匀沉降差值(不包括施工中的沉降)，不应使桥面形成大于 2‰ 的附加纵坡(折角)。超静定结构桥梁墩台间不均匀沉降差值，还应满足结构的受力要求。如不满足要求，考虑对地基进行加固或设计桩基础等深基础。

单元二　地基承载力

地基承载力是指地基单位面积所能承受荷载的能力。通常分为两种承载力：一种为极限承载力，它是指地基单位面积所能承受的最大荷载，也就是地基即将丧失稳定性时的承载力；另一种称为地基承载力特征值，它是考虑一定安全储备和变形的地基承载力，也就是地基稳定有足够的安全度并且变形在建筑物容许范围内时的承载力。确定地基承载力特征值的方法是采用载荷试验或其他原位测试实测得到，但是桥涵地基有时无法进行载荷试验或其他原位测试试验，目前，一般依据规范中提供的地基承载力表，通过查表获得地基承载力特征值。

情境描述

吉新高速公路 K35+000～K64+500 段勘察任务，依据《公路桥涵地基与基础设计规范》（JTG 3363—2019）、《公路工程地质勘察规范》（JTG C20—2011）、《岩土工程勘察规范》（GB 50021—2001）（2009 版），采用野外工程地质调查与钻探、原位测试、室内试验等相结合的法确定地基承载力，为公路选线、确定工程构造物的位置和编制施工图设计文件提供资料。

任务一　确定地基承载力特征值

学习情境（一）

吉新高速试验路段，起讫桩号为 K21+900～K24+900，道路设计标准为双向 6 车道，设计速度为 100km/h，该段试验路经过农田，施工人员采用平板荷载试验法对土层承载能力进行评价，在利用载荷试验确定地基承载力时，荷载-沉降（$p\text{-}s$）曲线不再保持线性关系时，试验结束。根据载荷试验 $p\text{-}s$ 曲线可简单定性分析地基土所处的受力状态。

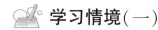

原位测试是为了研究岩土的工程特性，在现场原地层中，基本保持岩土原来的结构、湿度和应力状态，对岩土体进行的测试。常见的原位测试方法有载荷试验、静力触探试验、圆锥动力触探试验、标准贯入试验、十字板剪切试验、旁压试验等。实际工作中根据勘察目的、岩土条件及测试方法的适用性进行选用。

1. 载荷试验

载荷试验用于测定承压板下，荷载主要影响范围内的岩土的承载力和变形特性。浅层平板载荷试验适用于浅层地基土；深层平板载荷试验适用于埋深等于或大于 3m 并位于地下水位以上的地基土;螺旋板载荷试验适用于深层地基土或地下水位以下的地基土。

浅层载荷试验,在准备修建基础的地点开挖基坑,并使其深度等于基础的埋置深度,然后在坑底安置刚性承压板、加载设备和测量地基变形的仪器(图 3-2-1)。具体试验方法见模块二单元二中的相关内容。将试验成果整理后,以承压板的压力强度 p 为横坐标,总沉降量 s 为纵坐标,在直角坐标系中绘出压力与沉降关系曲线,即可得到载荷试验沉降曲线,即 $p-s$ 曲线。在不同的破坏模式下,$p-s$ 曲线表现出不同的形态,如图 3-2-2 所示。地基承载力特征值可以根据《公路工程地质原位测试规程》(JTG 3223—2021)中规定的方法确定。

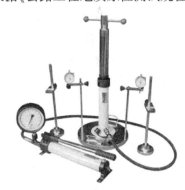

图 3-2-1　平板载荷试验仪

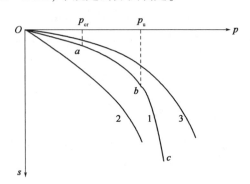

图 3-2-2　载荷试验 $p-s$ 曲线

1-整体剪切破坏;2-局部剪切破坏;3-冲剪破坏

浅层地基承载力不足发生破坏的形式主要有以下三种:

(1)整体剪切破坏

荷载较小时,基础下形成一个三角形压密区[图 3-2-3a)],这时的 p-s 曲线呈直线关系,如图 3-2-2 中的 oa 段。此阶段变形主要是土的孔隙体积被压缩而引起土粒发生垂直方向为主的位移,称压密变形。土中各点的剪应力均小于土的抗剪强度,处于弹性平衡状态,弹性阶段末期对应的基底压力记为 p_{cr},相应于 a 点的荷载称为比例界限 p_{cr},也称临塑荷载。

随荷载增加,压密区挤向两侧,基础边缘土中首先产生塑性区[图 3-2-3a)],相当于图 3-2-2 上的 ab 段。此阶段 p-s 曲线已不再保持线性关系,沉降的增长率 $\Delta s/\Delta p$ 随荷载的增大而增加。地基土中局部范围内的剪应力达到土的抗剪强度,土体发生剪切破坏,这些区域也称塑性区。相应于 p-s 曲线上 b 点的荷载称为极限荷载 p_u。

随荷载增大,塑性区逐渐扩大、逐步形成连续的滑动面[图 3-2-3a)],而且趋向完全破坏阶段。即 p_u 点以下的一段,最后滑动面贯通整个基底,并发展到地面,基底两侧土体隆起,基础下沉或倾斜而破坏。

整体剪切破坏常发生于浅埋基础下的密实砂土或密实黏土中。

(2)局部剪切破坏

类似于整体剪切破坏,但土中塑性区仅发展到一定范围便停止,基础两侧的土体虽然隆起,但不如整体剪切破坏明显[图 3-2-3b)],常发生于中密土层中。发生局部剪切破坏的地基 p-s 曲线也有一个转折点,但不如整体剪切破坏明显,过了转折点后,沉降明显增大。

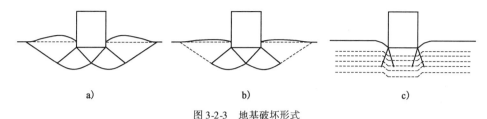

图 3-2-3 地基破坏形式
a) 整体剪切破坏；b) 局部剪切破坏；c) 冲剪破坏

(3) 刺入式剪切破坏

软土(松砂或软黏土)地基随荷载的增加,基础下土层发生压缩变形,基础随之下沉;荷载继续增加,基础周围的土体发生竖向剪切破坏,使基础沉入土中。刺入式剪切破坏其 p-s 曲线没有明显的转折点。

2. 静力触探试验

静力触探试验是通过一定的机械装置,以静力将圆锥形探头按一定速率匀速压入土层中,同时利用传感器或机械测量仪表,测试土层对触探探头的贯入阻力,如图 3-2-4 所示。根据静力触探资料,利用地区经验,可进行力学分层,估算土的塑性状态或密实度、强度、压缩性、地基承载力。

3. 动力触探试验

动力触探试验是用一定质量的击锤,以一定的自由落距,将一定规格的探头击入土层一定深度所需的锤击数,来判断土层性状和评价其承载力的原位测试方法。动力触探试验可分为圆锥动力触探和标准贯入试验两大类。

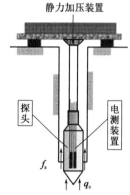

图 3-2-4 静力触探试验示意图
q_c-锥尖阻力；f_s-侧壁摩阻力

(1) 圆锥动力触探试验

圆锥动力触探试验根据圆锥探头规格分为轻型、重型和超重型三种,规定一定的贯入深度,采用一定规格(探头截面、圆锥角和质量)的落锤和规定的落距,根据探头贯入土中所需要的锤击数,判断土的力学特性,见表 3-2-1。

圆锥动力触探类型　　　　　　　　　　表 3-2-1

类型		轻型	重型	超重型
落锤	锤的质量(kg)	10	63.5	120
	落距(cm)	50	76	100
探头	直径(mm)	40	74	74
	锥角(°)	60	60	60
探杆直径(mm)		25	42	50~60
指标		贯入30cm的读数 N_{10}	贯入10cm的读数 $N_{63.5}$	贯入10cm的读数 N_{120}
主要适用岩土		浅部的填土、砂土、粉土、黏性土	砂土、中密以下的碎石土、极软岩	密实和很密的碎石土、软岩、极软岩

(2) 标准贯入试验

标准贯入试验触探头不是圆锥形探头,而是标准规格的圆筒形探头(由两个半圆管合成的取土器),称为贯入器。是用 63.5kg 的穿心锤,以 76cm 的落距,将标准规格的贯入器,自钻孔底部预打 15cm,记录再打入 30cm 的锤击数,来判定土的力学特性。砂土的密实度应根据标准贯入试验锤击数实测值 N 划分(表 3-2-2)。

砂土密实度分类　　　　　　　表 3-2-2

标准贯入锤击数 N	$N \leq 10$	$10 < N \leq 15$	$15 < N \leq 30$	$N > 30$
密实度	松散	稍密	中密	密实

学习参考

开展原位测试工作之前,应充分收集和研究工作区既有的工程地质资料,根据勘察目的、场地岩土条件及测试方法的适用性选定原位测试方法和设备,见表 3-2-3,确定原位测试方案。

原位测试常用方法适用范围一览表　　　　　　　表 3-2-3

测试方法	适用的岩土类别							取得的岩土参数				
	岩石	碎石土	砂土	粉土	黏性土	软土	填土	剖面分层	物理状态	强度参数	承载力	液化判别
载荷板试验	△	○	○	○	○	○	○			△	○	
标准贯入试验			○	△	△	◇	◇	△	△		△	○
动力触探试验		○	○	△	△	◇	◇	△	◇		△	
静力触探试验			△	○	○	○	△	○	△	△	△	○

注:○很适用,△适用,◇较适用。

课后习题

1. 学习情境中的载荷试验属于原位测试,原位测试是在现场原地层中,基本保持岩土原来的_____、_____和_____,对岩土体进行的测试。

2. 动力触探试验包括_____和_____两类。

3. 地基承载力特征值,它是考虑一定安全储备和_____的地基承载力,也就是地基稳定有足够的安全度并且_____在建筑物容许范围内时的承载力。

4. 下列关于圆锥动力触探正确的有(　　)。

  A. 圆锥动力触探试验的类型可分为轻型、中型和重型三种

  B. 轻型动力触探锤重 10kg

  C. 重型动力触探锤重 100kg

  D. 特重型动力触探锤重 120kg

  E. 轻型动力触探贯入 30cm 的读数 N_{10}

F. 轻型动力触探贯入 10cm 的读数 N_{10}
G. 重型动力触探贯入 10cm 的读数 $N_{63.5}$
H. 重型动力触探贯入 10cm 的读数 N_{10}
I. 重型动力触探贯入 30cm 的读数 $N_{63.5}$
J. 超重型动力触探主要适用于密实和很密的碎石土、软岩、极软岩

学习情境（二）

吉新高速公路 K54+691.48 处，一处兼具人员通行功能排水功能的钢筋混凝土盖板涵 1-4×3.5，如图 3-2-5 所示，涵址处地面高程 1021.98～1044.27m，地势为缓坡-中坡，纵向坡度约 5°～25°。上覆为可塑状粉质黏土，厚度 2～6m，粉质黏土土工试验结果见表 3-2-4，下为白云岩，岩层产状 254°∠85°，强风化层厚度约 4m，地下水主要受大气降水补给，水文地质条件简单，无不良地质现象。因受到现场条件限制，开展载荷试验和其他原位测试确有困难，应用规范初步确定地基承载力特征值。

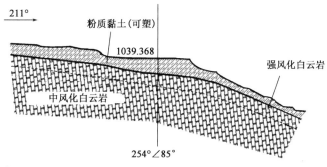

图 3-2-5　K54+691.48 盖板涵址断面图

粉质黏土土工试验结果　　表 3-2-4

试验项目		试验结果
含水率 $w(\%)$		52.1
湿密度 $\rho(g/cm^3)$		1.91
塑限 $w_P(\%)$		22.2
液限 $w_L(\%)$		41.2
压缩系数 $a_{1-2}(MPa^{-1})$		1.020
压缩模量 $E_{s1-2}(MPa)$		2.230
有机质含量(%)		4.3
直接快剪	黏聚力 $c(kPa)$	2.6
	内摩擦角 $\varphi(°)$	2.9
三轴 UU	黏聚力 $c(kPa)$	11.7
	内摩擦角 $\varphi(°)$	3.3

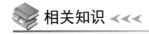相关知识

地基承载力特征值 f_{a0} 宜由载荷试验或其他原位测试方法实测取得,其值不应大于地基极限承载力的 1/2。对中小桥、涵洞,当受现场条件限制或开展载荷试验和其他原位测试确有困难时,也可按《公路桥涵地基与基础设计规范》(JTG 3363—2019)有关规定确定。

1. 黏性土

①一般黏性土地基,按液性指数 I_L 和天然孔隙比 e 查表 3-2-5。

一般黏性土地基承载力特征值 f_{a0} (kPa)　　　　表 3-2-5

e	I_L												
	0	0.1	0.2	0.3	0.4	0.5	0.6	0.7	0.8	0.9	1.0	1.1	1.2
0.5	450	440	430	420	400	380	350	310	270	240	220	—	—
0.6	420	410	400	380	360	340	310	280	250	220	200	180	—
0.7	400	370	350	330	310	290	270	240	220	190	170	160	150
0.8	380	330	300	280	260	240	230	210	180	160	150	140	130
0.9	320	280	260	240	220	210	190	180	160	140	130	120	100
1.0	250	230	220	210	190	170	160	150	140	120	110	—	—
1.1	—	—	160	150	140	130	120	110	100	90	—	—	—

注:1. 土中含有粒径大于 2mm 的颗粒质量超过总质量 30% 以上者,f_{a0} 可适当提高。
　　2. 当 $e<0.5$ 时,取 $e=0.5$;当 $I_L<0$ 时,取 $I_L=0$。此外,超过列表范围的一般黏性土,$f_{a0}=57.22E_s^{0.57}$。
　　3. 一般黏性土地基承载力特征值 f_{a0} 取值大于 300kPa 时,应有原位测试数据作依据。

②新近沉积黏性土指第四纪全新世中近期沉积的土,具有承载力低、变形大的特点,可根据液性指数 I_L 和天然孔隙比 e 确定地基承载力特征值 f_{a0},见表 3-2-6。

新近沉积黏性土地基承载力特征值 f_{a0} (kPa)　　　　表 3-2-6

e	I_L		
	≤0.25	0.75	1.25
≤0.8	140	120	100
0.9	130	110	90
1.0	120	100	80
1.1	110	90	—

③老黏性第四纪晚更新世及其以前堆积的黏性土,一般具有较高的强度和较低的压缩性。老黏性土地基可根据压缩模量 E_s 确定地基承载力特征值 f_{a0},见表 3-2-7。

老黏性土地基承载力特征值 f_{a0}　　　　表 3-2-7

E_s(MPa)	10	15	20	25	30	35	40
f_{a0}(kPa)	380	430	470	510	550	580	620

注:当老黏性土 E_s <10MPa 时,地基承载力特征值 f_{a0} 按一般黏性土(表 3-2-5)确定。

2. 砂土

砂土地基承载力特征值 f_{a0} 根据土的密实度和水位情况按表 3-2-8 选用。

砂土地基承载力特征值 f_{a0}(kPa)　　　　表 3-2-8

土名	湿度	密实程度			
		密实	中密	稍密	松散
砾砂、粗砂	与湿度无关	550	430	370	200
中砂	与湿度无关	450	370	330	150
细砂	水上	350	270	230	100
	水下	300	210	190	—
粉砂	水上	300	210	190	—
	水下	200	110	90	—

3. 碎石

碎石地基承载力特征值 f_{a0} 根据其类别和密实程度按表 3-2-9 选用。

碎石地基承载力特征值 f_{a0}(kPa)　　　　表 3-2-9

土名	密实程度			
	密实	中密	稍密	松散
卵石	1200~1000	1000~650	650~500	500~300
碎石	1000~800	800~550	550~400	400~200
圆砾	800~600	600~400	400~300	300~200
角砾	700~500	500~400	400~300	300~200

注:1. 由硬质岩组成,填充砂土者取其高值;由软质岩组成,填充黏性土者取其低值。
　2. 半胶结的碎石土,可按密实的同类土的 f_{a0} 值提高 10%~30%。
　3. 松散的碎石土在天然河床中很少遇见,需要特别注意鉴定。
　4. 漂石、块石的 f_{a0} 值,可参照卵石、碎石适当提高。

4. 岩石

一般岩石地基可根据强度等级、节理按表 3-2-10 确定承载力特征值 f_{a0}。对于复杂的岩层(如溶洞、断层、软弱夹层、易溶岩石、软化岩石等)应按各项因素综合确定。

岩石地基承载力特征值 f_{a0}（kPa） 表 3-2-10

坚硬程度	节理发育程度		
	节理不发育	节理发育	节理很发育
坚硬岩、较硬岩	>3000	3000~2000	2000~1500
较软岩	3000~1500	1500~1000	1000~800
软岩	1200~1000	1000~800	800~500
极软岩	500~400	400~300	300~200

岩石地基的承载力与岩石的成因、构造、矿物成分、形成年代、裂隙发育程度和水浸湿影响等因素有关。各种因素影响程度视具体情况而异，通常主要取决于岩块强度和岩体破碎程度这两个方面。新鲜完整的岩体主要取决于岩块强度；受构造作用和风化作用的岩体，岩块强度低，破碎性增加，则其承载力不仅与强度有关，而且与破碎程度有关。因此，将岩石地基按岩石强度分类，再以岩体破碎程度分级，即明确又能反映客观实际。

5. 粉土

粉土地基承载力特征值 f_{a0} 可根据土天然孔隙比 e 和天然含水率 w 按表 3-2-11 选用。

粉土地基承载力特征值 f_{a0}（kPa） 表 3-2-11

e	$w(\%)$					
	10	15	20	25	30	35
0.5	400	380	355	—	—	—
0.6	300	290	280	270	—	—
0.7	250	235	225	215	205	—
0.8	200	190	180	170	165	—
0.9	160	150	145	140	130	125

学习参考

地基设计采用正常使用极限状态，所选定的地基承载力为地基承载力特征值，这是由于土是大变形材料，当荷载增加时，随着地基变形的相应增长，地基承载力也在逐渐增大，很难界定出一个真正的"极限值"；另外桥涵结构物的使用有一个功能要求，常常是地基承载力还有潜力可挖，而地基的变形却已经达到或超过按正常使用的限值。f_{a0} 的确定需同时满足强度和变形两个条件，因此可视为按正常使用极限状态确定的地基承载力。

课后习题

1. 结合本学习情境中的资料（图 3-2-5），完成以下问题。
   (1) 根据表 3-2-4 中试验结果，粉质黏土孔隙比 e 计算公式_____，数值_____。
   (2) 根据表 3-2-4 中试验结果，计算粉质黏土液性指数 I_L 计算公式_____，数值_____，塑性指数 I_P 计算公式_____，数值_____。
   (3) 根据规范确定粉质黏土承载力特征值 f_{a0} 为_____。

(4)现场勘察强风化白云岩夹碎石,属于稍密-中密状角砾土,根据规范确定其承载力特征值建议为_____,具体数值结合地区经验等指标确定。

(5)现场勘察中风化白云岩体节理很发育,饱和抗压强度45~55MPa,属于较硬岩。根据规范确定其承载力特征值建议为_____至_____,具体数值结合地区经验等指标确定。

2.根据土的(　　),黏性土可分为:老黏性土、一般黏性土和新近沉积黏性土。
　　A.颗粒级配　　B.塑性指数　　C.工程特性　　D.沉积年代

3.某桥位勘察最大钻探深度为35.00m,按钻探揭露的先后顺序中第③层为中粗砂:以石英长石为主,含泥量较大,次棱角和次圆状,稍密状态,属于中压缩性地基土。实测标准贯入锤击数平均为$N=12.00$击,该层分布均匀,层厚为0.80~4.50m,根据规范确定地基承载力特征值建议_____至_____。

4.根据《规范》确定地基承载力特征值,下列说法正确的有(　　)。
　A.若液性指数I_L不变,天然孔隙比e越大,规范中一般黏性土的地基承载力特征值越大
　B.新近沉积黏性土可根据液性指数I_L和天然孔隙比e确定地基承载力特征值
　C.砾砂、粗砂地基承载力特征值与湿度无关
　D.水上细砂比水下细砂地基承载力特征值大
　E.半胶结的碎石土,可按密实的同类土的f_{a0}值降低10%~30%
　F.粉土地基承载力特征值f_{a0}可根据土天然孔隙比e和天然含水率w确定
　G.地基承载力特征值f_{a0}宜由载荷试验或其他原位测试方法实测取得,开展原位测试确有困难,可按《公路桥涵地基与基础设计规范》(JTG 3363—2019)确定

任务二　验算地基承载力

学习情境

吉新高速公路K50+967.41处为钢筋混凝盖板涵(1-6×4.5)排水涵涵址,如图3-2-6所示。地面高程为852.8~853.92m,地势平缓,纵向坡度约0°~1°,无不良地质现象。上覆为软塑状淤泥黏土,平均厚度4m,下为泥灰岩,岩层产状135°∠20°,强风化层厚度约为2m,无地下水影响。涵洞基础底面压力均匀分布$P=150$kPa(基础底面尺寸7m×5.5m),如图3-2-7所示,验算强风化泥灰岩作为持力层的地基承载力是否合格。

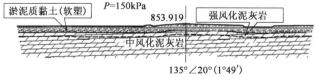

图3-2-6　K50+967.41涵址断面图

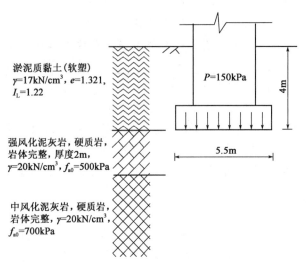

图 3-2-7 简化涵洞基础断面示意图

相关知识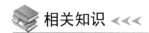

地基承载力特征值不仅与地基土的性质和状态有关,而且与基础尺寸和埋置深度有关(有时还与地面水的深度有关)。因此,当基底宽度 $b>2\mathrm{m}$、埋置深度 $h>3\mathrm{m}$ 且 $h/b\leqslant 4$ 时,地基承载力特征值应该修正,修正后的地基承载力特征值 f_a 可按式(3-2-1)计算,当基础位于水中不透水地层上时,f_a 按平均常水位至一般冲刷线的水深每米再增大 10kPa。

$$f_a = f_{a0} + k_1\gamma_1(b-2) + k_2\gamma_2(h-3) \tag{3-2-1}$$

式中:f_a——修正后的地基承载力特征值,kPa。

$\quad b$——基础底边的最小边宽,m;当 $b<2\mathrm{m}$ 时,取 $b=2\mathrm{m}$;当 $b>10\mathrm{m}$ 时,取 $b=10\mathrm{m}$。

$\quad h$——基底埋置深度,m,无水流冲刷时自天然地面算起,有水流冲刷时自一般冲刷线算起;当 $h<3\mathrm{m}$ 时,取 $h=3\mathrm{m}$;当 $h/b>4$ 时,取 $h=4b$。

$\quad k_1$、k_2——基础宽度、深度修正系数,根据基底持力层土的类别按表 3-2-12 确定。

$\quad \gamma_1$——基底持力层土的天然重度,$\mathrm{kN/m^3}$;持力层在水以下且为透水土层者,应取浮重度。

$\quad \gamma_2$——基底以上土层的加权平均重度,$\mathrm{kN/m^3}$;换算时若持力层在水面以下,且不透水时,不论基底以上土的透水性质如何,一律取饱和重度;当透水时水中部分土层则应取浮重度。

关于宽度和深度的修正问题,应该注意:从地基强度考虑,基础越宽,承载力越大,但从沉降方面考虑,在荷载强度相同的情况下,基础越宽,沉降越大,这在黏性土地基上尤其明显,故在表 3-2-12 中它的 k_1 为 0,即不做宽度修正。对其他土的宽度修正,也作了一定的限制,如规定 $b>10\mathrm{m}$ 时,按 $b=10\mathrm{m}$ 计。对深度的修正由于公式是按浅基础概念导出的,为了安全相对埋深限制 $h/b\leqslant 4$,地基土承载力宽度、深度修正系数如表 3-2-12 所示。

地基土承载力宽度、深度修正系数 k_1、k_2 表 3-2-12

系数	黏性土			粉土	砂土							碎石土			
	老黏性土	一般黏性土		新近沉积黏性土	—	粉砂		细砂		中砂		砾砂粗砂	碎石圆砾角砾		卵石	
		$I_L \geq 0.5$	$I_L < 0.5$			中密	密实	中密	密实	中密	密实	中密	密实	中密	密实	中密	密实
k_1	0	0	0	0	0	1.0	1.2	1.5	2.0	2.0	3.0	3.0	4.0	3.0	4.0	3.0	4.0
k_2	2.5	1.5	2.5	1.0	1.5	2.0	2.5	3.0	4.0	4.0	5.5	5.0	6.0	5.0	6.0	6.0	10

注：1. 对稍密和松散状态的砂、碎石土，k_1、k_2 值可采用表列中密值的 50%。
   2. 强风化和全风化的岩石，可参照所风化成的相应土类取值；其他状态下的岩石不修正。

公路桥涵地基与基础应进行承载力的竖向承载力验算，荷载在土层中产生的应力不超过地基承载力特征值，以保证地基强度不发生破坏。具体要求是：

$$p_{max} \leq \gamma_R f_a \quad (3\text{-}2\text{-}2)$$

式中：γ_R——地基承载力抗力系数（表 3-2-13）；
  f_a——修正后的地基承载力特征值，kPa；
  p_{max}——土层承受的最大压应力，kPa。

地基承载力抗力系数表   表 3-2-13

受荷阶段	作用组合或地基条件		f_a(kPa)	γ_R
使用阶段	频遇组合	永久作用与可变作用组合	≥150	1.25
			<150	1.00
		仅计结构重力、预加力、土的重力、土侧压力和汽车荷载	—	1.00
	偶然组合		≥150	1.25
			<150	1.00
	多年压实未遭破坏的非岩石旧桥基		≥150	1.5
			<150	1.25
	岩石旧桥基		—	—
施工阶段	不承受单向推力		—	1.25
	承受单向推力		—	1.5

例题 3-2-1 某桥墩基础如图 3-2-8 所示，已知基础底面宽度 $b = 5m$，长度 $l = 10m$，埋置深度 $h = 4m$，作用在基底中心的竖向荷载 $N = 8000kN$，地基土的性质如图 3-2-8 所示，试按《公路桥涵地基与基础设计规范》(JTG 3363—2019) 验算地基承载力是否满足要求。

解：首先由已知地基下持力层为中密粉砂（水下），查表 3-2-8 得 $f_{a0} = 110kPa$；其次地基土为中密粉砂在水下且透水，故 $\gamma_1 = \gamma_{sat} - \gamma_w = 20 - 10 = 10(kN/m^3)$；由已知基础底面以上为中密粉砂，但在水以上，故 $\gamma_2 = 20kN/m^3$；由表 3-2-12 查得 $k_1 = 1.0$，$k_2 = 2.0$。

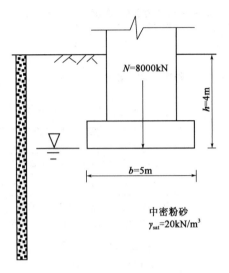

图 3-2-8　桥墩基础横断示意图

$$f_a = f_{a0} + k_1\gamma_1(b-2) + k_2\gamma_2(h-3)$$
$$= 110 + 1 \times 10 \times (5-2) + 2 \times 20 \times (4-3)$$
$$= 110 + 30 + 40$$
$$= 180(\text{kPa})$$

基底压力：
$$\sigma = \frac{N}{bl} = \frac{8000}{50} = 160(\text{kPa}) < f_a = 180\text{kPa}$$

故地基强度满足要求。

 学习参考 ◄◄◄

地基承载力特征值与工程地质条件、水文地质条件，以及建筑物基础形式等因素有关。因此，在确定地基承载力特征值时，不宜根据某一种方法确定，而应该采用多种方法综合分析，并结合工程经验，为设计提供最符合工程实际情况的数值。例如：重庆某项目浅基础采用白垩系上统正阳组砂岩为地基持力层，但该层砂岩厚度不稳定，易碎、强度较低，揭露后极易风化，不易加工成标准试件进行单轴抗强度试验，超前钻勘测单位根据岩石点荷载试验提供的承载力特征值仅为409kPa，远低于前期勘察单位提供的承载力1627kPa。经过论证，拟通过现场原位岩基载荷试验，判断地基的承载力特征值是否满足设计要求。

课后习题 ◄◄◄

1. 结合本学习情境，根据图3-2-7中的资料完成下列题目。

（1）涵洞基础埋置深度为＿＿＿＿＿＿，基础宽度b为＿＿＿＿＿＿，淤泥质黏土的承载力特征值＿＿＿＿＿＿（大于或小于）150kPa，＿＿＿＿＿＿（适合、不适合）作持力层。

小提示：基础埋置深度4m，在强风化泥灰岩的顶层，如岩层表面倾斜时，不得将基础的一部分置于岩层上,而另一部分则置于土层上,以防基础因不均匀沉降而发生倾斜甚至断裂。

(2) 依据图 3-2-8 按规范法确定强风化泥灰岩修正后的地基承载力特征值 $f_a =$ _____ kPa。

(3) 强风化泥灰岩作为持力层的地基承载力是否合格_____(填是、否)。

2. 公式 $f_a = f_{a0} + k_1\gamma_1(b-2) + k_2\gamma_2(h-3)$ 中关于 h 说法正确的有( )。

  A. 无水流冲刷时自天然地面算起

  B. 有水流冲刷时自局部冲刷线算起

  C. 有水流冲刷时自一般冲刷线算起

  D. 当 $h < 3$m 时,取 $h = 3$m

  E. 当 $h < 2$m 时,取 $h = 2$m

  F. 当 $h/b > 4$ 时,取 $h = 4$m

  G. 当 $h/b > 4$ 时,取 $h = 4$m

3. 某小桥桥墩基础位于水位线以下,基础底面尺寸为 $4.0\text{m} \times 6.0\text{m}$,平均常水位到一般冲刷线的深度为 3.5m,基础埋置深度为 4.0m。持力层是一般黏性土,其土粒重度 $\gamma_s = 27.3\text{kN/m}^3$,天然重度 $\gamma = 20.5\text{kN/m}^3$,天然含水率 $w = 28\%$,塑限 $w_p = 24\%$,液限 $w_L = 32.5\%$。基底以上全为中密的粉砂,其饱和重度 $\gamma_{sat} = 20.0\text{kN/m}^3$。试用规范法确定持力层的地基承载力特征值 f_a。(取 $\gamma_w = 10\text{kN/m}^3$)(计算值精确到 0.01)

(1) 规范中地基承载力特征值修正公式: $f_a =$ _____;

(2) 持力层的天然孔隙比计算公式 $e =$ _____; 计算值 $e =$ _____;

(3) 液性指数计算公式 $I_L =$ _____; 计算值 $I_L =$ _____;

(4) 根据 e_0 和 I_L 值,查表得 $f_{a0} =$ _____ kPa;

(5) 修正后的地基承载力特征值 $f_a =$ _____ kPa。

模块四

土压力及边坡稳定性

我国幅员辽阔、地形多样,公路常依山傍河而建,因而会遇到大量的边坡稳定性问题。边坡的变形和破坏,会影响工程建(构)筑物的稳定和安全。在公路工程实践中,遇到的各种各样的工程地质问题,归纳起来,主要就是路基边坡稳定问题,路、桥地基稳定问题和隧道围岩稳定问题。这三方面的问题,实质上即为岩土体的稳定性问题。

学习目标

1. 能够根据实际情况判断不同挡土结构物上土压力的类型,并计算相应的土压力;
2. 理解土质边坡稳定性分析方法,能计算无黏性土土质边坡的安全稳定系数,分析其稳定性;了解各种条分法在黏性土土质边坡稳定分析中的应用及求解条件;
3. 能够根据边坡中结构面、岩体结构的类型和特征进行判断分析,确定边坡可能的破坏模式;
4. 了解岩质边坡稳定性分析方法,能应用工程地质类比法、赤平极射投影法等方法对岩质边坡稳定性进行分析,为边坡防治设计提供参考。

学习导图

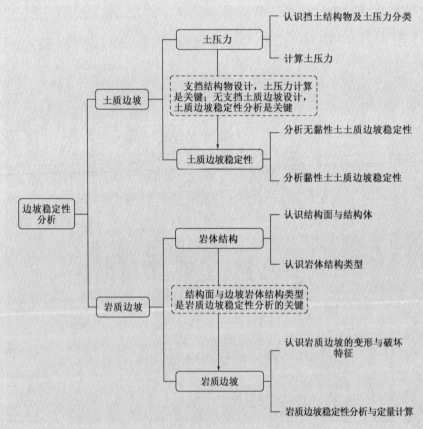

单元一 土 压 力

土建工程中,许多构筑物如挡土墙、隧道和基坑围护结构等挡土结构物起着支撑土体、保持土体稳定,使其不致坍塌的作用。以挡土墙为例,挡土墙通常承受其后填土因自重或外荷载作用对墙背产生的侧向压力,这种侧向压力就是土压力。挡土墙所受土压力与墙后填土性质、挡土墙形状和位移方向以及地基土性质等因素有关。

 情境描述

某公路路基设计中,为收缩边坡坡角,在多处设置了挡土结构物。挡土结构物的设计,取决于自身所受土压力的大小,试根据《公路桥涵设计通用规范》(JTG D60—2015)的土压力计算方法,计算不同挡土结构物上承受的土压力。

任务一 认识挡土结构物及土压力分类

 学习情境

某公路某路段属于高填方路段,路基土为砂性土,为节省用地,收缩坡角,需要选择一种合适的挡土墙形式并确定挡土墙所受土压力类型。

相关知识 ◂◂◂

1. 挡土结构物类型

土质边坡可分为由于地质作用而形成的天然土质边坡和因平整场地、开挖基坑等而形成的人工土质边坡。由于某些外界不利因素,边坡可能出现局部土体滑动问题而丧失其稳定性。边坡的坍塌常造成严重的工程事故,并危及人身安全。因此,应验算边坡的稳定性并采取适当的工程措施进行防护。

挡土结构物是防止土体坍塌的构筑物,在房屋建筑和铁路、公路、桥梁以及水利工程中广泛使用。以常见的挡土结构物——挡土墙为例,建造挡土墙的目的是用来阻挡土质边坡滑动或用于储藏粒状材料等。图 4-1-1 所示为工程中经常采用的几种挡土结构物形式。

2. 土压力种类

土压力通常是指挡土墙后的填土因自重或外荷载作用对墙背产生的侧向压力。就像在水中作用有水压力一样,在土中也作用着土压力。水在静止状态下没有抗剪强度,所以水在任何方向的压力都相等。然而,因为土有抗剪强度,所以在不同方向上,或者根据变形不同,土压力的大小也不同。

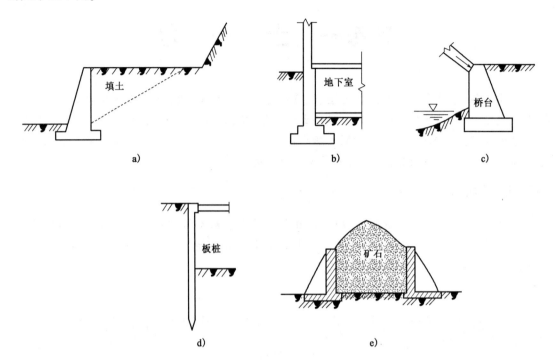

图 4-1-1　挡土结构物在实际工程中的应用
a)填方区用的挡土墙；b)地下室侧墙；c)桥台；d)基坑板桩；e)散粒储仓挡土墙

形成挡土墙与土体界面上侧向压力的主要荷载包括：土体自重引起的侧向压力、水压力、影响区范围内的构筑物荷载、施工荷载以及必要时应考虑的地震荷载等引起的侧向压力。

土压力是设计挡土墙断面及验算其稳定性的主要外荷载。因此，设计挡土墙时首先要确定土压力的性质、大小、方向和作用点。土压力的计算影响因素很多，其大小和分布除了与土的性质有关外，还和墙体的位移方向、位移量、土体与结构物间的相互作用以及挡土墙的结构类型有关。在影响土压力的诸多因素中，墙体位移条件是最主要的因素。墙体位移的方向和位移量决定着所产生的土压力的性质和大小，因此根据挡土墙的位移方向、大小及墙后填土所处的应力状态不同，可将土压力分为静止土压力、主动土压力、被动土压力三种。

①静止土压力。当挡土墙静止不动，墙后土体处于弹性平衡状态时[图 4-1-2a)]，作用在墙背上的土压力称为静止土压力，用 E_0 表示。如地下室外墙、地下水池侧壁、涵洞的侧壁以及其他不产生位移的挡土构筑物所承受的土压力，均可按静止土压力计算。

②主动土压力。当挡土墙向前移动或转动时，墙后土体向墙一侧伸展达到极限平衡状态时[图 4-1-2b)]，作用在墙背上的土压力称为主动土压力，一般用 E_a 表示。

③被动土压力。当挡土墙在外力作用下，向土体方向偏移至墙后土体达到极限平衡状态时[图 4-1-2c)]，作用在墙背上的土压力称为被动土压力，一般用 E_p 表示。如拱桥桥台在桥上荷载作用下挤压土体并产生一定量的位移，则作用在台背的侧压力属于被动土压力。

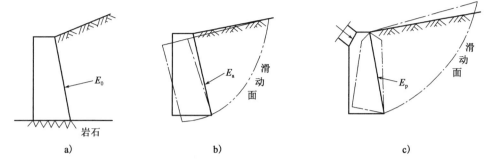

图 4-1-2 挡土墙上的三种土压力
a) 静止土压力；b) 主动土压力；c) 被动土压力

太沙基于 1929 年通过挡土墙模型试验，研究了土压力（E）与墙体位移（Δ）之间的关系，得到了如图 4-1-3 所示的关系曲线。

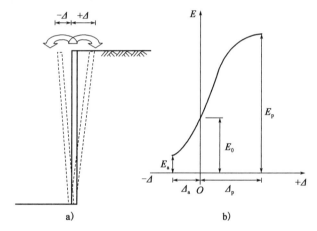

图 4-1-3 挡土墙后土压力之间的关系

由图可知：

①挡土墙所受的土压力类型首先取决于墙体是否发生位移以及位移方向，据此可将土压力分为静止土压力 E_0、主动土压力 E_a 和被动土压力 E_p 三种类型。

②墙所受土压力的大小并非恒定不变，而是随着墙体位移量的变化而变化。

③产生主动土压力所需的墙体位移量很小，而产生被动土压力则需要较大的墙体位移量。经验表明：土推墙前移，土体达到主动极限平衡状态所需的相对位移量（墙体位移量与墙高的比值）为 0.001~0.005；而墙在外力作用下推向土体（墙后移），使墙后土体达到被动极限平衡状态所需的相对位移量为 0.01~0.05。可见，产生被动土压力比产生主动土压力要困难得多。

④在相同的墙高和填土条件下，$E_p > E_0 > E_a$。

在上文介绍的三种土压力中，静止土压力 E_0 属于弹性状态土压力，可用弹性理论计算。主动土压力 E_a 和被动土压力 E_p 则属于极限平衡状态土压力，目前对这两种土压力的计算仍是以抗剪强度理论和极限平衡理论为基础的古典土压力理论（即朗肯土压力理论和库仑土压力理论)为主。然而,在实际工程中,很多挡土结构的位移量未达到土体发生主动或被动极限平衡状态所需的位移量。因此,其土压力的大小可能介于主动土压力与被动土压力之间的某一数值,这主要取决于墙体、土体和地基三者的变形、强度特性以及相互作用。

学习参考 ◀◀◀

某高速公路,线路穿越区域的整体地貌类型属山地地貌,沿线地形地貌复杂,水系发育。根据绝对高度和相对高度可进一步划分为中山区、低山-丘陵区及山间沟谷流水侵蚀堆积地貌,在山间河谷两岸一般都有发育数级阶地。填方挡墙地基主要为河滩地、林地、农田、山体坡脚等位置,局部地基承载力较低。通过对不同圬工材料挡墙、不同结构形式挡墙的适用性及优缺点进行对比分析,再结合本高速公路自身特点确定最终采用片石混凝土挡墙,该挡墙工程应用较多,技术成熟,结构稳定、抗冲刷能力较好。

课后习题 ◀◀◀

1. 土质边坡按其成因分为_____和_____。
2. 土压力根据挡土墙的位移情况和墙后土体所处的应力状态,可分为_____、_____和_____。
3. 静止土压力是指由于挡土墙_____,土体无_____,墙后任意点土体均处于稳定状态,作用在墙背上的土压力。
4. 主动土压力是指当挡土墙_____移动或转动时,墙后土体向墙一侧伸展达到_____时,作用在墙背上的土压力。
5. 在相同的墙高和填土条件下,土压力大小关系为( )。

   A. $E_p > E_0 > E_a$

   B. $E_0 > E_p > E_a$

   C. $E_a > E_p > E_0$

6. 下列说法正确的有( )。

   A. 主动土压力大于被动土压力

   B. 挡土墙的土压力大小取决于土的自重和外荷载大小,与挡土墙的形状无关

   C. 产生主动土压力所需的墙体位移量很小,而产生被动土压力则需要较大的墙体位移量

   D. 挡土墙通常只承受其后填土因自重对墙背产生的侧向压力

   E. 设计挡土墙时首先要确定土压力的性质、大小、方向和作用点

   F. 主动土压力 E_a 和被动土压力 E_p 则属于极限平衡状态土压力

7. 常见的挡土结构物有哪些?

任务二 计算土压力

学习情境(一)

某公路上某一路段属于高填方路段,选用了重力式挡土墙,墙体刚性,挡土墙处于相对静止状态,试确定挡土墙背上静止土压力的大小。

相关知识

挡土墙受静止土压力作用时,由于挡土墙静止不动,土体无侧向位移,墙后任意点土体均处于稳定状态,假设墙体为刚性,墙背竖直,墙后填土为均质、各向同性且无限延伸,则可以把墙体看作土体的一部分进行研究。在墙后深度 z 处取一微小单元体,作用在此单元体上的竖向应力为土的自重应力 γ_z,水平向应力即为静止土压力强度 p_0,那么:

$$p_0 = K_0 \gamma z \tag{4-1-1}$$

式中: p_0——静止土压力强度,kPa;
γ——墙后填土的重度,kN/m³;
z——计算点深度,m;
K_0——静止土压力系数。

土体的静止土压力系数可按照下式计算:

$$K_0 = \frac{\mu}{1-\mu}$$

式中: μ——土的泊松比。

静止土压力系数 K_0 与土的性质、密实程度等因素有关,一般砂土可取 0.35 ~ 0.50;黏性土为 0.50 ~ 0.70。

静止土压力系数 K_0 可在室内由三轴仪或在现场由原位自钻式旁压仪等测试手段和方法得到。应该指出,目前测定 K_0 的设备和方法还不够完善,所得结果还不能完全令人满意。在缺乏试验资料时,对正常固结土,可近似地按下列半经验公式(4-1-2)计算。

$$K_0 = 1 - \sin\varphi' \tag{4-1-2}$$

式中: φ'——有效内摩擦角。

静止土压力系数 K_0 与土体黏聚力大小无关。这是因为土体静止时无位移,无位移则黏聚力不能发挥作用。

由图 4-1-4 可知,在地面水平的均质土中,静止土压力强度 p_0 关于深度 z 呈三角形分布,对于高度为 h 的墙背竖直挡墙,作用在单位长度墙后的静止土压力合力 E_0 为土压力强度分布图的面积。

$$E_0 = \frac{1}{2} K_0 \gamma h^2 \tag{4-1-3}$$

式中：h——挡土墙高度，m。

合力 E_0 的方向水平，作用点在距墙底 $h/3$ 高度处。

例题 4-1-1 某边坡嵌于岩基上的挡土墙，墙高 $h=4\text{m}$，墙后填土重度 $\gamma=18.5\text{kN/m}^3$，静止土压力系数 $K_0=0.35$，求作用在挡土墙上的土压力。

解：因为挡土墙嵌于岩基上，可以认为挡土墙基本不发生移动，应按静止土压力计算。

（1）计算墙顶和墙踵两点处的静止土压力强度：

墙顶处： $p_0=0$

墙踵处： $p_0=K_0\gamma h=0.35\times 18.5\times 4=25.9(\text{kPa})$

（2）绘出静止土压力分布图，如图 4-1-5 所示。

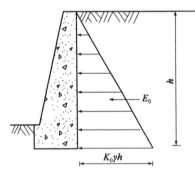

图 4-1-4 静止土压力分布图

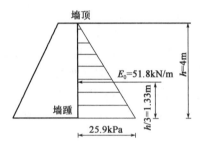

图 4-1-5 静止土压力计算

（3）计算总静止土压力，大小即土压力分布图面积：

$$E_0=\frac{1}{2}\times 25.9\times 4=51.8(\text{kN/m})$$

E_0 方向水平指向墙背，作用点距墙底 $h/3=1.33\text{m}$。

课后习题

1. 静止土压力计算假设墙体为_____，墙后填土为_____、_____且_____。

2. 下列说法正确的有（   ）。
   A. 静止土压力系数可在室内由三轴仪或在现场由原位自钻式旁压仪等测试手段和方法得到
   B. 静止土压力系数与土体黏聚力大小无关
   C. 土的泊松比越大，静止土压力系数越大
   D. 静止土压力大小与外荷载大小无关

3. 某公路路堤高度为 6.0m，假定墙背垂直和光滑，墙后填土面水平，填土的黏聚力 $c=20\text{kPa}$，内摩擦角 $\varphi=20°$，重度 $\gamma=19\text{kN/m}^3$。试求墙背静止土压力（强度）分布图形和静止土压力的合力。

小提示：墙背后土体均匀，只计算墙顶和墙踵处静止土压力强度值，分布图为直线，合力为三角形面积。

学习情境(二)

某公路某路段属于高填方路段,路基土为砂性土,选用重力式挡土墙,墙背竖直,试计算该结构物墙背上的主动土压力。

相关知识

1857 年英国学者朗肯(Rankine)研究了土体在自重作用下发生平面应变时达到极限平衡的应力状态,建立了朗肯土压力理论。由于其概念明确,方法简便,至今仍被广泛应用。

1.朗肯土压力理论假定

朗肯土压力理论是根据半空间的应力状态和土体的极限平衡条件建立的,即将土中某一点的极限平衡条件应用到挡土墙的土压力计算中,分析时假定:

①挡土墙是无限均质土体的一部分;
②墙背竖直光滑;
③墙后填土面是水平的。

由前述假定可以保证墙背竖直且和填土之间没有摩擦力。按墙身的移动情况,根据填土内任一点处于主动或被动极限平衡状态时最大与最小主应力之间的关系求得主动或被动土压力强度。因未考虑摩擦力的存在,这种方法求得的主动土压力值偏大,而被动土压力值偏小。因此,用朗肯土压力理论来设计挡土墙是偏安全的。

2.主动土压力

由土体极限平衡理论公式可知,大、小主应力 σ_1、σ_3 应满足下述关系:

无黏性土:

$$\sigma_3 = \sigma_1 \tan^2\left(45° - \frac{\varphi}{2}\right) \tag{4-1-4}$$

黏性土:

$$\sigma_3 = \sigma_1 \tan^2\left(45° - \frac{\varphi}{2}\right) - 2c\tan\left(45° - \frac{\varphi}{2}\right) \tag{4-1-5}$$

设墙背竖直光滑、填土面水平[图 4-1-6a)],当挡土墙偏离土体时,墙背土体中离地表任意深度 z 处竖向应力 σ_{cz} 为大主应力 σ_1,σ_{cx} 为小主应力 σ_3,且 $\sigma_{cz} = \gamma z$,$\sigma_{cx} = \sigma_a$,故可得朗肯主动土压力强度 σ_a 为:

无黏性土:

$$\sigma_a = \sigma_{cx} = \gamma z \tan^2\left(45° - \frac{\varphi}{2}\right)$$
$$\sigma_a = \gamma z K_a^2 \tag{4-1-6}$$

黏性土:

$$\sigma_a = \sigma_{cx} = \gamma z \tan^2\left(45° - \frac{\varphi}{2}\right) + 2c\tan\left(45° - \frac{\varphi}{2}\right)$$
$$\sigma_a = \gamma z K_a^2 + 2cK_a \tag{4-1-7}$$

式中：K_a——主动土压力系数，$K_a = \tan^2\left(45° - \dfrac{\varphi}{2}\right)$；

c——填土的黏聚力，kPa；

φ——填土的内摩擦角，(°)；

γ——土的重度，kN/m³；

z——计算点深度，m。

对于无黏性土，主动土压力强度与深度 z 成正比，沿墙高呈三角形分布，如图 4-1-6b) 所示。所以单位长度墙体上作用的主动土压力合力 E_a 大小为：

$$E_a = \frac{1}{2}\gamma h^2 K_a \tag{4-1-8}$$

E_a 的作用点通过三角形压力分布图 ABC 的形心，距墙底 $h/3$ 处。

对于黏性土，其土压力强度分布如图 4-1-6c) 所示。主动土压力强度由两部分组成：一部分是由土的自重应力引起的土压力，另一部分是由黏聚力引起的负侧压力。主动土压力是这两部分土压力叠加的结果。土压力强度为零的点位于土面以下 z_0 深度处，z_0 深度以上土压力为负值，即拉力。实际上挡土墙与土之间是无拉力的，数值上 σ_a 会随深度 z 增加逐渐由负值变为零，对应于 $\sigma_a = 0$ 处的相应深度为：

$$z_0 = \frac{2c}{\gamma\sqrt{K_a}} \tag{4-1-9}$$

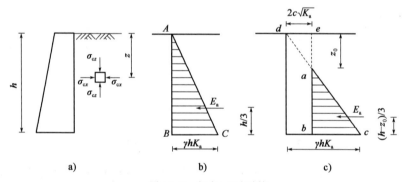

图 4-1-6 主动土压力计算

a) 主动土压力计算条件；b) 无黏性土主动土压力分布；c) 黏性土主动土压力分布

黏性土单位长度挡土墙上作用的主动土压力 E_a 可按下式计算：

$$E_a = \frac{1}{2}\gamma(h - z_0)(\gamma h K_a - 2c\sqrt{K_a}) \tag{4-1-10}$$

将式(4-1-9)代入式(4-1-10)得：

$$E_a = \frac{1}{2}\gamma h^2 K_a - 2ch\sqrt{K_a} + \frac{2c^2}{\gamma} \tag{4-1-11}$$

E_a 的作用点通过三角形 abc 的形心，即作用在距墙底 $(h - z_0)/3$ 处。

例题 4-1-2 有一挡土墙，高 6m，墙背竖直、光滑，墙后填土面水平。填土为黏性土，其重度 $\gamma = 17\text{kN/m}^3$，内摩擦角 $\varphi = 20°$，黏聚力 $c = 8\text{kPa}$。试求主动土压力合力 E_a 及其作用点，并绘出主动土压力分布图。

解：主动土压力系数：$K_a = \tan^2\left(45° - \dfrac{\varphi}{2}\right) = \tan^2\left(45° - \dfrac{20°}{2}\right) = 0.49$

墙底主动土压力：$\sigma_a = \gamma h K_a - 2c\sqrt{K_a} = 17 \times 6 \times 0.49 - 2 \times 8 \times \sqrt{0.49} = 38.8(\text{kPa})$

临界深度：$z_0 = \dfrac{2c}{\gamma\sqrt{K_a}} = \dfrac{2 \times 8}{17 \times \sqrt{0.49}} = 1.34(\text{m})$

主动土压力合力：$E_a = \dfrac{1}{2}(h - z_0)\sigma_a = \dfrac{1}{2} \times (6 - 1.34) \times 38.8 = 90.4(\text{kN/m})$

主动土压力合力作用点距墙底距离：$(h - z_0)/3 = (6 - 1.34)/3 = 1.55(\text{m})$

主动土压力分布图如图 4-1-7 所示。

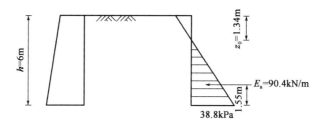

图 4-1-7　主动土压力分布图

3. 几种常见土压力计算

（1）填土面作用均布荷载

当填土面上作用均布荷载 q 时，如图 4-1-8 所示，墙后距填土面为 z 深度处一点的大主应力（竖向）$\sigma_1 = q + \gamma z$，小主应力 $\sigma_3 = \sigma_a$，于是根据土的极限平衡条件可得：

无黏性土：

$$\sigma_a = (q + \gamma z)K_a \qquad (4\text{-}1\text{-}12)$$

黏性土：

$$\sigma_a = (q + \lambda z)K_a - 2c\sqrt{K_a} \qquad (4\text{-}1\text{-}13)$$

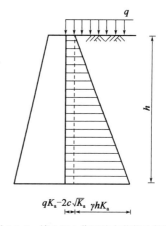

图 4-1-8　填土面上作用均布荷载示意图

当填土为黏性土时，令 $z = z_0$，$\sigma_a = 0$，带入式(4-1-13)，可得临界深度计算公式为：

$$z_0 = \dfrac{2c}{\gamma\sqrt{K_a}} - \dfrac{q}{\gamma} \qquad (4\text{-}1\text{-}14)$$

若均布荷载 q 较大，则式(4-1-14)计算的 z_0 会出现负值，此时说明在墙顶处存在土压力，σ_a 可通过令 $z = 0$ 由式(4-1-13)求得：

$$\sigma_a = qK_a - 2c\sqrt{K_a} \qquad (4\text{-}1\text{-}15)$$

（2）成层填土情况

如图 4-1-9 所示，挡土墙后填土由几种性质不同的土层组成，在计算土压力时将受到不同填土性质的影响。当满足朗肯土压力理论的基本假定时,仍可用朗肯土压力理论进行计算。若要求某深度 z 处的土压力,只需求出该点的竖向应力,再乘以该点所在土层的土压力系数。假设图 4-1-9 挡土墙后填土为无黏性土,则各点主动土压力计算如下:

0 点土压力: $\sigma_{a0} = 0$

1 点临界上层土压力: $\sigma_{a1上} = \gamma_h h_1 K_{a1}$

1 点临界下层土压力: $\sigma_{a1下} = \gamma_h h_1 K_{a2}$

2 点临界上层土压力: $\sigma_{a2上} = (\gamma_1 h_1 + \gamma_2 h_2) K_{a2}$

2 点临界下层土压力: $\sigma_{a2下} = (\gamma_1 h_1 + \gamma_2 h_2) K_{a3}$

3 点土压力: $\sigma_{a3上} = (\gamma_1 h_1 + \gamma_2 h_2 + \gamma_3 h_3) K_{a3}$

由于各层土的性质不同,其压力系数也不相同,因此在土层的分界面上,土压力有两个数值,即土压力在层面处有突变。图 4-1-9 中,1 点处 $K_{a1} > K_{a2}$,2 点处 $K_{a2} < K_{a3}$。若墙后土体为黏性土,其主动土压力应扣除 $2c\sqrt{K_a}$。

4. 墙后填土有地下水

填土中若有地下水存在,如图 4-1-10 所示,则墙背同时受到土压力和静水压力的作用。地下水位以上的土压力可按前述方法计算;地下水位以下的土层压力,应考虑地下水引起填土重度的减小及抗剪强度改变的影响。在一般的工程中,可不计地下水对土体抗剪强度的影响,而只需以有效重度 γ' 和土体原有的黏聚力 c 和内摩擦角 φ 来计算土压力。总侧压力为土压力和水压力之和,挡土墙墙底位置处的总侧压力为 $\sigma_{a土}$ 和 $\sigma_{a水}$ 之和。

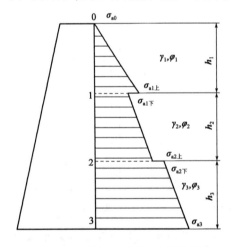
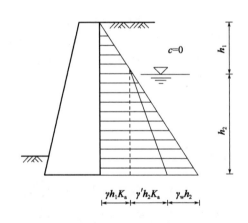

图 4-1-9 挡土墙后土压力之间的关系　　图 4-1-10 填土中有地下水的土压力计算

$$\sigma_a = \sigma_{a土} + \sigma_{a水} = (\gamma h_1 + \gamma' h_2) + \gamma_w h_2 \tag{4-1-16}$$

式中: γ——土的重度;

γ'——土的有效重度;

γ_w——水的重度。

例题 4-1-3 某挡土墙高为 5m,墙背竖直光滑,墙后填土面水平,其上作用有均布荷载 $q = 10\text{kPa}$(图 4-1-11)。填土的物理力学指标为: $\varphi = 24°, c = 6\text{kPa}, \gamma = 18\text{kN/m}^3$。求主动土压力合力 E_a,并绘出主动土压力分布图。

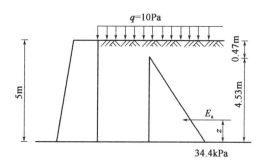

图 4-1-11 主动土压力分布图

解：填土表面处主动土压力强度：

$$\sigma_{a1} = qK_a - 2c\sqrt{K_a} = 10 \times \tan^2\left(45° - \frac{24°}{2}\right) - 2 \times 6 \times \tan\left(45° - \frac{24°}{2}\right)$$
$$= -3.58(\text{kPa})$$

墙底处的土压力强度：

$$\sigma_{a2} = (q + \gamma h)K_a - 2c\sqrt{K_a} = -3.58 + 18 \times 5 \times \tan^2\left(45° - \frac{24°}{2}\right) = 34.4(\text{kPa})$$

临界深度：
$$z_0 = \frac{3.58}{34.4 + 3.58} = 0.47(\text{m})$$

主动土压力合力：
$$E_a = \frac{1}{2} \times 34.4 \times 4.53 = 77.9(\text{kN/m})$$

主动土压力合力作用点位置：$z = \frac{1}{3} \times (5 - 0.47) = 1.51(\text{m})$

例题 4-1-4 有一挡土墙高为 5m，墙背竖直光滑，墙后填土面水平，且分两层。各层土的物理力学性质指标如图 4-1-12a) 所示。试求主动土压力合力 E_a，并绘制出主动土压力的分布图。

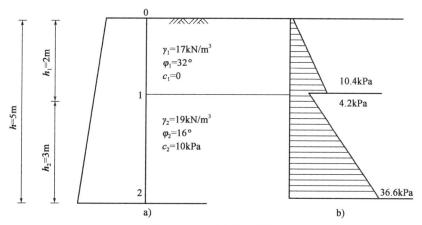

图 4-1-12 主动土压力计算
a) 墙后填土物理力学性质；b) 主动土压力分布图

解：(1) 各层土上、下面处的主动土压力强度：

$$\sigma_{a0} = \gamma z \tan^2\left(45° - \frac{\varphi_1}{2}\right) = 0$$

$$\sigma_{a1} = \gamma_1 h_1 \tan^2\left(45° - \frac{\varphi_1}{2}\right) = 17 \times 2 \times \tan^2\left(45° - \frac{32°}{2}\right) = 10.4(\text{kPa})$$

$$\sigma_{a1\text{下}} = \gamma_1 h_1 \tan^2\left(45° - \frac{\varphi_2}{2}\right) - 2c_2 \tan^2\left(45° - \frac{\varphi_2}{2}\right)$$

$$= 17 \times 2 \times \tan^2\left(45° - \frac{16°}{2}\right) - 2 \times 10 \times \tan\left(45° - \frac{16°}{2}\right) = 4.2(\text{kPa})$$

$$\sigma_{a2} = (\gamma_1 h_1 + \gamma_2 h_2)\tan^2\left(45° - \frac{\varphi_2}{2}\right) - 2c_2 \tan\left(45° - \frac{\varphi_2}{2}\right)$$

$$= (17 \times 2 + 19 \times 3) \times \tan^2\left(45° - \frac{16°}{2}\right) - 2 \times 10 \times \tan\left(45° - \frac{16°}{2}\right) = 36.6(\text{kPa})$$

主动土压力分布图如图 4-1-12b)所示。
(2) 主动土压力合力：

$$E_a = \frac{1}{2} \times \sigma_{a1\text{上}} h_1 + \frac{1}{2} \times (\sigma_{a1\text{下}} + \sigma_{a2}) h_1$$

$$= \frac{1}{2} \times 10 \times 2 + \frac{1}{2} \times (4.2 + 36.6) \times 3 = 71.2(\text{kN/m})$$

学习参考

某城市道路 K12+200—K12+380 段为桥梁；K12+380—K12+460 段为填方路基（其中 K12+380—K12+400 段路基右侧临近居民房屋设置衡重式路肩挡土墙，墙高 8～10.5m（含基础），K12+400—K12+460 段为填方自然放坡）；K12+460—K12+690 段为挖方路基，挖方边坡高度约 8～10m，坡率 1:1，未防护，坡顶未设置截水沟，挖方坡脚处未设置边沟，地层岩性上部为粉土、粉质黏土，下部为强风化片岩、页岩。

因该段路线地下排水管廊等设施未完善，排水设施不起作用，导致桥头路基处的积水无法排出而沿中央分隔带下渗至路基。积水的不断下渗形成静水压力，增加了挡土墙的荷载，造成挡土墙产生水平裂缝，局部产生鼓胀。

经现场调查，挡土墙墙背填料和桥头路基填料为强风化片岩、页岩，路基长期在水中浸泡使得强风化片岩、页岩发生软化，填料抗剪强度等指标降低，挡土墙墙背主动土压力增大，最终导致挡土墙发生变形。同时，经现场勘察，K12+380—K12+400 段衡重式路肩挡土墙右侧为新建的进村道路，道路的修建挖除了该段挡土墙墙趾处的土体，造成挡土墙基础外露，挡土墙墙趾处被动土压力为零，减小了挡土墙抗滑移安全系数甚至减小到抗滑移不满足设计要求，加速了挡土墙的变形。

课后习题

1. 朗肯土压力理论适合_____、_____、_____条件。
2. 下列说法正确的有（   ）。
   A. 朗肯土压力理论适合仰斜式挡土墙的土压力计算
   B. 朗肯土压力理论适用于黏性土土压力计算
   C. 朗肯主动土压力系数只由土的内摩擦角决定

D. 土的内摩擦角越大,朗肯主动土压力系数越大

E. 朗肯主动土压力在挡土结构物顶部可能出现小于零的情况

F. 朗肯主动土压力合力为主动土压力分布图面积

3. 某挡土墙高 6.0m,墙背竖直光滑,墙后填土面水平,填土重度为 $\gamma=18kN/m^3$,土的黏聚力 $c=15kPa$,内摩擦角 $\varphi=30°$,地下水水位距地表 2m,计算作用在墙背上的主动土压力合力及作用点位置。

小提示:地下水位分界面下的土的重度用有效重度计算,黏聚力及内摩擦角变化可忽略,总侧压力强度为土压力与水压力之和。

4. 某挡土墙高 6.0m,墙背竖直光滑,墙后填土面水平,填土顶面作用有 15kPa 均布荷载,填土上部土层厚度 4m,重度为 $\gamma=18kN/m^3$,土的黏聚力 $c=0$,内摩擦角 $\varphi=30°$,下部土层厚度 2m,重度为 $\gamma=19kN/m^3$,土的黏聚力 $c=10kPa$,内摩擦角 $\varphi=20°$,计算作用在墙背上的主动土压力合力及作用点位置。

小提示:顶面均布荷载会引起土压力的增加,土层分界面位置上下层的土的强度指标不一样,要分开计算,即在土层分界面处的土压力不连续。土压力合力作用点位置为土压力分布图的形心,用加权平均法计算。

学习情境(三)

某公路路段属于高填方路段,现在该路段进行跨线桥桥台设计,已知路基土为黏性土,墙背竖直,试计算桥台台背所受土压力。

相关知识

朗肯被动土压力假定条件和基本原理与其主动土压力理论相同。

当挡土墙受到被动土压力作用时,墙后一定范围内填土达到被动极限平衡状态。与主动土压力相反,分析墙后任一深度 z 处的一微元体时,水平方向的土压力为大主应力 σ_1,即 $\sigma_p = \sigma_1$,而竖直方向的应力为小主应力 σ_3,即 $\sigma_3 = \sigma_{cz} = \gamma z$。

如图 4-1-13a)为被动土压力计算示意图,图 4-1-13b)为无黏性土土压力计算分布图,图 4-1-13c)为黏性土土压力计算分布图。

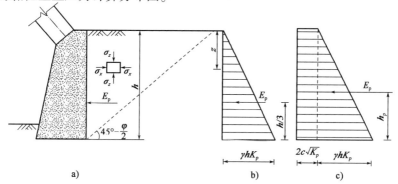

图 4-1-13 被动土压力分布计算

a)墙后深度 z 处微元体应力状态;b)无黏性土土压力分布图;c)黏性土土压力分布图

按主动土压力的计算方法,由土体极限平衡条件可得:

无黏性土:

$$\sigma_p = \gamma z K_p \tag{4-1-17}$$

黏性土:

$$\sigma_p = \gamma z K_p + 2c\sqrt{K_p} \tag{4-1-18}$$

式中:K_p——朗肯被动土压力系数,$K_p = \tan^2\left(45° + \dfrac{\varphi}{2}\right)$;

σ_p——被动土压力,kPa;

其余符号含义同前。

被动土压力分布的合力为:

无黏性土:

$$E_p = \frac{1}{2}\gamma h^2 K_p \tag{4-1-19}$$

黏性土:

$$E_p = \frac{1}{2}\gamma h^2 K_p + 2ch\sqrt{K_p} \tag{4-1-20}$$

黏性土的被动土压力合力作用点在梯形的形心处,方向垂直墙背。无黏性土的被动土压力合力作用点在距墙底 $h/3$ 处,方向也垂直墙背。

朗肯土压力理论是以土体中一点的极限平衡条件为基础导出计算公式,其概念明确、公式简单、计算方便。但由于假设墙背垂直光滑、填土面水平,而实际中一般挡土墙并非光滑,因而计算结果和实际情况有一定的出入。这是因为墙背与填土之间存在的摩擦力将使主动土压力减少而被动土压力增加。所以,用朗肯土压力理论进行计算是偏于安全的。此外,从上述计算公式可以看出,提高墙后填土的质量,使其抗剪强度指标和黏聚力 c 值增加,有助于减小主动土压力和增加被动土压力。

例题4-1-5 某挡土墙高5m,墙背垂直光滑,填土面水平,如图4-1-14所示。墙后填土物理力学性质指标为:$c = 10\text{kPa}, \varphi = 20°, \gamma = 18\text{kN/m}^3$。绘出被动土压力分布图并求出被动土压力合力大小,指出其方向和作用点。

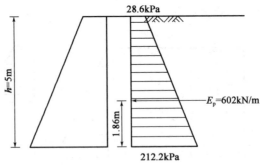

图4-1-14 被动土压力分布图

解:(1)被动土压力系数:$K_p = \tan^2\left(45° + \dfrac{20°}{2}\right) = 2.04$

(2)计算墙顶和墙底处的被动土压力强度:

墙顶处：$\sigma_p = 2c\sqrt{K_p} = 2 \times 10 \times \sqrt{2.04} = 28.6(\text{kPa})$

墙底处：$\sigma_p = \gamma h K_p + 2c\sqrt{K_p} = 18 \times 5 \times 2.04 + 2 \times 10 \times \sqrt{2.04} = 212.2(\text{kPa})$

被动土压力分布如图4-1-14所示。

被动土压力合力：$E_p = 28.6 \times 5 + \dfrac{1}{2} \times (212.2 - 28.6) \times 5 = 602(\text{kN/m})$

方向为垂直指向墙背，作用点位置距离墙底：$y_c = \dfrac{143 \times \dfrac{5}{2} + 459 \times \dfrac{5}{3}}{602} = 1.86(\text{m})$

1. 朗肯被动土压力作用方向与主动土压力作用方向_____。
2. 下列说法正确的有（　　）。
   A. 朗肯被动土压力大于主动土压力
   B. 朗肯被动土压力相当于最大主应力
   C. 土的内摩擦角越大，朗肯被动土压力系数越大
   D. 朗肯被动土压力大于零
   E. 朗肯被动土压力假设条件与其主动土压力理论不同
   F. 若墙背与填土之间存在摩擦力，将使主动土压力减少和被动土压力增加
3. 某桥台高5.0m，假定台背垂直光滑，墙后填土面水平，填土的黏聚力$c = 11\text{kPa}$，内摩擦角$\varphi = 20°$，重度$\gamma = 18\text{kN/m}^3$。试求出台背被动土压力分布图和被动土压力的合力。

小提示：桥台背后填土为均匀土层，土压力强度计算不需要分层，只计算墙顶和墙趾即可。

学习情境（四）

某公路某路段属于挖路段，边坡土为砂性土，选用重力式挡土墙，墙背倾斜，试计算该结构物墙背上的土压力。

朗肯土压力理论虽然概念清晰、简单，应用也方便，但是它的应用条件也非常苛刻。工程上很难满足其假设条件。因此，我们在工程实践中要继续了解库仑土压力理论。

1. 库仑土压力理论假定

库仑（Coulomb）在1776年总结了大量的工程实践经验后，提出了较为符合当时实际情况的土压力计算理论。虽然这一方法的被动土压力计算结果值与实际情况相差较大，但这一方法对于挡土墙的设计计算具有较好的实用性。库仑土压力理论所要求的条件，也比朗肯土压力理论更为符合实际情况。

库仑土压力理论基本假设有以下几方面：
① 墙后填土为均匀的无黏性土（$c = 0$）；
② 挡土墙和滑动土楔体均为刚体；

③滑动破裂面为通过墙踵的平面。

库仑土压力理论可以适用于填土为砂性土或碎石的挡土墙计算,可考虑墙背倾斜、填土面倾斜以及墙背与填土间的摩擦等多种因素的影响;可以解决不符合朗肯假设的墙后填土为砂性土的各种条件下挡土墙所受土压力的计算。

2. 主动土压力

沿挡土墙长度方向取一单位长度的墙进行分析,土压力作用迫使墙体向前位移或绕墙前趾转动,当位移或转动达到一定数值,墙后土体达到极限平衡状态时,产生滑动面 BC,土体 ABC 有下滑的趋势。取土体 ABC 作为隔离体,它所受重力 W、滑动面上的作用力 R 及挡土墙对它的作用力 E'_a 的方向如图 4-1-15 所示。墙对它的作用力 E'_a 就是主动土压力 E_a 的反作用力。静力平衡条件下,三个力组成力的封闭三角形。

δ 为墙背与土的摩擦角,φ 为土的内摩擦角。

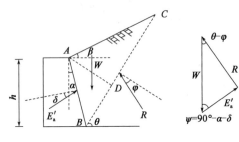

图 4-1-15　库仑主动土压力理论示意图

滑动土体 ABC 的重量:

$$W = \gamma \times \frac{1}{2} \times BC \times AD \tag{4-1-21}$$

由正弦定理知:

$$BC = AB \times \frac{\sin(90° - \alpha + \beta)}{\sin(\theta - \beta)}$$

即有:

$$BC = \frac{h}{\cos\alpha} \frac{\sin(90° - \alpha + \beta)}{\sin(\theta - \beta)} = \frac{h\cos(\alpha - \varphi)}{\cos\alpha\sin(\theta - \beta)} \tag{4-1-22}$$

在直角 $\triangle ADB$ 中:

$$AD = AB\cos(\theta - \alpha) = \frac{h\cos(\theta - \alpha)}{\cos\alpha} \tag{4-1-23}$$

于是:

$$W = \frac{\gamma h^2}{2} \frac{\cos(\alpha - \beta)\cos(\theta - \alpha)}{\cos^2\alpha\sin(\theta - \beta)}$$

在力的封闭三角形中,由正弦定理计算土压力 E:

$$E = W\frac{\sin(\theta - \varphi)}{\sin(\theta - \varphi + \psi)} \tag{4-1-24}$$

E 值随破裂面倾角 θ 而变化。按微分学求极值的方法,可得 $\dfrac{dE}{d\theta}$ 的条件求得 E 的最大值即为主动土压力 E_a 时的倾角 θ,相应于此时的 θ 角即危险的滑动破裂面与水平面的夹角。根据推导,可得库仑主动土压力的计算公式如下:

$$E_a = \frac{1}{2}\gamma h^2 \frac{\cos^2(\varphi - d)}{\cos^2\alpha \cos(\alpha + \delta)\left[1 + \sqrt{\dfrac{\sin(\varphi + \delta)\sin(\varphi - \beta)}{\cos(\alpha + \delta)\cos(\alpha - \delta)}}\right]^2}$$

即

$$E_a = \frac{\gamma h^2}{2} K_a \tag{4-1-25}$$

式中,K_a 为库仑主动土压力系数,其值与角 φ、α、β、δ 相关,若墙背倾斜方向与图 4-1-14 相反,即墙背在过墙顶 A 点竖直线的左方,α 为负值。

若 $\alpha = \beta = \delta = 0$,即墙背垂直光滑、填土面水平,则不难证明上式与朗肯理论完全一致。

库仑主动土压力强度

$$\sigma_a = \frac{dE_a}{dz} = \gamma z K_a \tag{4-1-26}$$

其作用方向与墙背法线夹角为 δ,作用点距墙底 $\dfrac{h}{3}$,如图 4-1-16 所示。

例题 4-1-6 如图 4-1-17 所示,挡土墙高 5m,墙背倾角 $\alpha = +10°$。回填砂性土并填成水平,其重度 $\gamma = 18\text{kN/m}^3$,$\varphi = 35°$,$\delta = 20°$,试计算作用于挡土墙上的主动土压力。

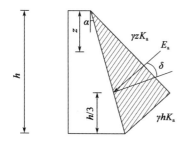

图 4-1-16 库仑主动土压力分布

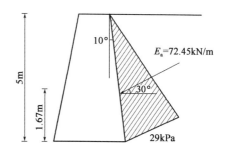

图 4-1-17 库仑主动土压力计算

解:据题已知:$\varphi = 35°$,$\delta = 20°$,$\alpha = +10°$,$\beta = 0$ 代入库仑主动土压力系数公式得:$K_a = 0.322$。

主动土压力合力为:

$$E_a = \frac{1}{2}\gamma h^2 K_a = \frac{1}{2} \times 18 \times 5^2 \times 0.322 = 72.45 (\text{kN/m})$$

主动土压力强度呈三角形分布,墙底处主动土压力强度:$P_a = \gamma h K_a = 18 \times 5 \times 0.322 = 28.98 (\text{kPa})$

土压力合力作用在 $\dfrac{h}{3} = 1.67\text{m}$ 处,合力位于法线上方,方向与水平面夹角为 $\alpha + \delta = 30°$。

3. 被动土压力

当墙在外力作用下挤压墙后土体,直至墙后土体沿某一破裂面 AM 破坏时[图 4-1-18a)],会形成土楔体 ABM,土楔体 ABM 在破坏瞬间处于被动极限平衡状态。取 ABM 为隔离体,其上各作用力的静力平衡条件如图 4-1-18b)所示。

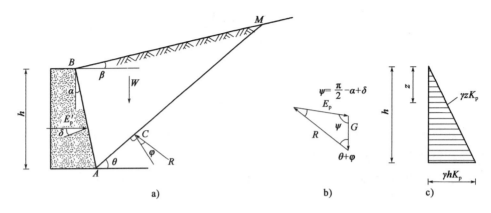

图 4-1-18 库仑被动土压力计算图
a)土楔体 ABM 上的作用力;b)力矢三角形;c)被动土压力强度分布图

按前述库仑主动土压力公式推导思路,采用类似方法可得库仑被动土压力计算公式:

$$E_p = \frac{1}{2}\gamma h^2 K_p \tag{4-1-27}$$

其中:

$$K_p = \frac{\cos(\alpha+\varphi)}{\cos^2\alpha\cos(\alpha-\delta)\left[1-\sqrt{\dfrac{\sin(\delta+\varphi)\sin(\varphi+\beta)}{\cos(\alpha-\delta)\cos(\alpha-\beta)}}\right]^2}$$

式中:K_p——库仑被动土压力系数;
其他符号意义同前。

当 $\alpha=0,\delta=0,\beta=0$ 时,$K_p = \tan^2\left(45°+\dfrac{\varphi}{2}\right)$,与朗肯被动土压力系数相同。

被动土压力强度沿墙高也呈三角形分布,如图 4-1-18c)所示,其方向与墙背的法线成 δ 角且在法线上侧,土压力合力作用点在距墙底 $\dfrac{h}{3}$ 处。

学习参考 ‹‹‹

朗肯土压力理论与库仑土压力理论均为经典理论。它们分别根据不同的假设,以不同的分析方法计算土压力,只有在最简单的情况下($\alpha=0,\beta=0,\delta=0$),用这两种理论计算结果才相同,否则将得出不同的结果。

朗肯土压力理论基于半空间应力状态和极限平衡理论,概念比较明确,公式简单,便于记忆。对于黏性土、粉土和无黏性土,都可以用该公式直接计算,故在工程中得到广泛应用。但为了使墙后的应力状态符合半空间的应力状态,必须假设墙背是竖直的、光滑的,墙后填土是水平的,因而出现其他条件时计算较为复杂。同时,由于该理论忽略了墙背与填土之间摩擦力的影响,计算得出的主动土压力偏大,而得出的被动土压力偏小。

库仑土压力理论是根据墙后滑动土楔体的静力平衡条件推导出土压力计算公式,考虑了墙背与土之间的摩擦力,并可用于墙背倾斜、填土面倾斜的情况。但由于该理论假设填土是无黏性土,因此不能用库仑理论的原始公式直接计算黏性土或粉土的土压力。库仑土压力理论假设墙后填土破坏时,破坏面是平面,而实际上却是曲面。试验证明,在计算主动土压力时,只有当墙背的斜度不大,墙背与填土间的摩擦角较小时,破坏面才接近于平面,因此,计算结果与按曲线滑动面计算的有出入。

课后习题

1. 库仑土压力理论适合_____土,破裂面为_____。
2. 库仑土压力系数大小由_____、_____、_____、_____、_____决定。
3. 库仑土压力理论是根据墙后滑动土楔体的_____推导出土压力计算公式。
4. 下列说法正确的有(   )。
   A. 库仑土压力理论适合仰斜式挡土墙的土压力计算
   B. 库仑土压力理论适用于砂性土和黏性土土压力计算
   C. 当墙背的俯角为零,土的黏聚力为零,墙背光滑时,库仑土压力理论和朗肯土压力理论计算的土压力结果相同
   D. 库仑土压力理论所要求的条件,比朗肯理论更为符合实际情况
   E. 库仑土压力理论假设墙背与土之间无摩擦力
   F. 库仑主动土压力是按微分学求极值方法得到的计算公式
5. 某挡土墙高 5.0m,墙背倾角为 +10°,填土表面倾角 20°,填土为无黏性土,重度 $\gamma = 18\text{kN/m}^3$,内摩擦角 $\varphi = 30°, c = 0$。墙背与土的摩擦角 $\delta = \dfrac{\varphi}{2}$。试求作用在墙上的主动土压力合力。

小提示:该土体条件和挡土墙条件符合库仑土压力理论,土压力系数根据 $\varphi、\alpha、\beta、\delta$ 计算。

单元二　土质边坡稳定性

土质边坡泛指具有倾斜坡面的土体。一般而言土质边坡未被扰动会处于力学平衡状态，但是当各种自然或人为因素破坏了土质边坡的力学平衡时，土质边坡的土体就会沿着内部的某一滑动面发生滑动，工程中称这一现象为滑坡。所谓土质边坡的稳定性分析，就是用土力学的理论来研究发生滑坡时滑面可能的位置和形式、滑面上的剪应力和抗剪强度的大小等问题，以此评价土质边坡的安全性并决定是否需要治理。

任务一　分析无黏性土土质边坡稳定性

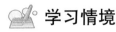 学习情境

某公路工程某路段路堑边坡，坡顶高程为 523.46m，地下水位为 511.36m 土质为砂性土，抗剪强度指标：内摩擦角为 38°，黏聚力为 0。该边坡设计为自然放坡，怎样设计坡角？

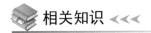 相关知识 ◂◂◂

1. 土质边坡滑动失稳的机理

工程实际中的土质边坡包括天然土质边坡和人工土质边坡。天然土质边坡是指天然形成的山坡和江河湖海的岸坡；人工土质边坡则是指人工开挖基坑、基槽、路堑或填筑路堤、土坝形成的边坡。

土质边坡滑动失稳的原因一般有以下两类情况：

①外界力的作用破坏了土体内原来的应力平衡状态。如基坑的开挖：由于地基内自身重力发生变化，改变了土体原来的应力平衡状态；又如路堤的填筑、土质边坡顶面上作用外荷载、土体内水的渗流、地震作用也都会破坏土体内原有的应力平衡状态，导致土质边坡坍塌。

②土的抗剪强度由于受到外界各种因素的影响而降低，促使土质边坡失稳破坏。如外界气候等自然条件的变化，使土时干时湿、收缩膨胀、冻结、融化等，从而使土变松，强度降低；土质边坡内因雨水的浸入使土湿化，强度降低；土质边坡附近因打桩、爆破或地震作用将引起土的液化或触变，使土的强度降低。

2. 无黏性土土质边坡稳定性分析

无黏性土土质边坡即由粗颗粒土所堆筑的土质边坡。相对而言，无黏性土土质边坡的稳定性分析比较简单，可以分为下面两种情况进行讨论。

(1) 均质的干坡和水下坡

均质的干坡是指由一种土组成,完全在水位以上的无黏性土土质边坡。水下坡亦是指由一种土组成,但完全在水位以下,没有渗透水流作用的无黏性土土质边坡。在上述两种情况下,只要土质边坡坡面上的土颗粒在重力作用下能够保持稳定,那么,整个土质边坡就是稳定的。

根据实际观测,由均质无黏性土构成的土质边坡,破坏时滑动面大多近似于平面,成层的非均质无黏性土构成的土质边坡,破坏时的滑动面也往往接近于一个平面,因此在分析无黏性土的土质边坡稳定性时,一般均假定滑动面是平面。

如图 4-2-1 所示的简单土质边坡,已知土质边坡高为 h,坡角为 β,土的重度为 γ,土的抗剪强度 $\tau_f = \sigma\tan\varphi$,其中 φ 为土的内摩擦角。若假定滑动面是通过坡脚 A 的平面 AC,AC 的倾角为 α,则可计算滑动土体 ABC 沿 AC 面上滑动的稳定安全系数 F_s 值。

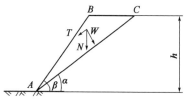

图 4-2-1　无黏性土土质边坡

沿长度方向截取单位长度土质边坡,作为平面应变问题分析。已知滑动土体 ABC 的重力为:

$$W = \gamma S_{\triangle ABC}$$

W 在滑动面 AC 上的平均法向分力 N 及由此产生的抗滑动力 T_f 为:

$$N = W\cos\alpha$$

$$T_f = N\tan\varphi = W\cos\alpha\tan\varphi$$

W 在滑动面 AC 上产生的平均下滑力 T 为:

$$T = W\sin\alpha$$

土质边坡的滑动稳定安全系数 F_s 为:

$$F_s = \frac{T_f}{T} = \frac{W\cos\alpha\tan\varphi}{W\sin\alpha} = \frac{\tan\varphi}{\tan\alpha} \tag{4-2-1}$$

滑动稳定安全系数 F_s 随倾角 α 而变化,当 $\alpha = \beta$ 时滑动稳定安全系数最小。据此,砂性土土质边坡的滑动稳定安全系数可取为:

$$F_s = \frac{\tan\varphi}{\tan\beta} \tag{4-2-2}$$

工程中一般要求 $F_s > 1.25 \sim 1.30$。

上述安全系数公式表明,砂性土土质边坡所能形成的最大坡角就是砂性土的内摩擦角,根据这一原理,工程上可以通过堆砂锥体法确定砂性土的内摩擦角(即天然休止角),如图 4-2-2 中的倾角 α。

(2) 有渗透水流的均质土质边坡

当边坡的内、外出现水位差时,例如基坑排水时,坡外水位下降,在挡水土堤内会形成渗流场,如果浸润线在下游坡面溢出(图 4-2-3),这时在浸润线以下,下游坡内的土体除了受到重力作用外,还受到由于水的渗流而产生的渗透(流)力作用,因而使下游边坡的稳定性降低。

如果水流方向与水平面的夹角为 θ,则沿水流方向的渗透(流)力 $j = \gamma_w i$。在坡面上取体积为 V 土体中的土骨架为隔离体,其有效的重力为 $\gamma'V$。分析这块土骨架的稳定性,作用在土骨架

上的渗透(流)力为 $J = jV = \gamma_w iV$。因此,沿坡面的全部滑动力,包括重力和渗透(流)力为:

$$T = \gamma'V\sin\alpha + \gamma_w iV\cos(\alpha - \theta) \tag{4-2-3}$$

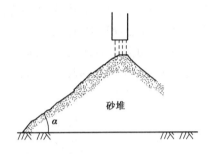

图 4-2-2 堆砂锥体

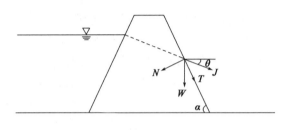

图 4-2-3 有渗透水流的土质边坡

坡面的正压力为:

$$N = \gamma'V\cos\alpha - \gamma_w iV\sin(\alpha - \theta) \tag{4-2-4}$$

则土体沿坡面滑动的稳定安全系数 F_s 为:

$$F_s = \frac{N\tan\varphi}{T} = \frac{[\gamma'V\cos\alpha - \gamma_w iV\sin(\alpha - \theta)]\tan\varphi}{\gamma'V\sin\alpha + \gamma_w iV\cos(\alpha - \theta)} \tag{4-2-5}$$

式中:i——渗透坡降;

γ'——土的浮重度;

γ_w——水的重度;

φ——土的内摩擦角。

若水流在溢出段顺着坡面流动,即 $\theta = \alpha$。这时,流经路途 ds 的水头损失为 dh,所以,有:

$$i = \frac{dh}{ds} = \sin\alpha \tag{4-2-6}$$

将 $\theta = \alpha$ 及上式代入式(4-2-5),得:

$$F_s = \frac{\gamma'\tan\varphi}{\gamma_{sat}\tan\alpha} \tag{4-2-7}$$

式中:γ_{sat}——土的饱和重度。

由此可见,当溢出段为顺坡渗流时,土质边坡滑动稳定安全系数降低 γ'/γ_{sat}。因此,要保持同样的安全度,有渗流溢出时的坡角比没有渗流溢出时要平缓得多。为了使土质边坡的设计既经济又合理,在实际工程中,一般要在下游坝址处设置排水棱体,使渗透水流不直接从下游坡面溢出。这时的下游坡面虽然没有浸润线溢出,但是,在下游坡内,浸润线以下的土体仍然受到渗透力的作用。这种渗透力是一种滑动力,它将降低从浸润线以下通过的滑动面的稳定性。这时深层滑动面的稳定性可能比下游坡面的稳定性差,即危险的滑动面向深层发展。这种情况下,除了要按前述方法验算坡面的稳定性外,还应该用圆弧滑动法验算深层滑动的可能性。

课后习题

1. 砂性土破坏时滑动面一般近似于_____。
2. 下列说法正确的有( )。

A. 坡顶堆载过大导致土质边坡失稳原因是土的强度降低
B. 安全系数相同的情况下,有渗流溢出时的坡角比没有渗流溢出时要平缓得多
C. 坡角相同情况下,内摩擦角越大,安全系数越大
D. 土质边坡稳定系数大小与土质边坡高度无关
E. 在分析砂性土土质边坡稳定性时,一般均假定滑动面是平面
F. 渗透力是一种滑动力,它将降低从浸润线以下通过的滑动面的稳定性

3. 某砂性土路堤边坡,设计坡角为30°,土的内摩擦角为32°,求该路堤的安全稳定系数。

4. 某路堑边坡设计中,要求安全稳定系数不小于1.3,该土的内摩擦角为35°,该土质边坡设计坡角最大值不能超过多少?

5. 某公路某路段土质边坡,雨季连续降雨后,边坡产生滑坡,试定性分析土质边坡失稳原因。

小提示:从外因和内因两个方面分析,降雨造成土的强度指标怎样变化,土体重力怎样变化?

任务二 分析黏性土土质边坡稳定性

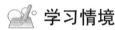

某公路工程某路段路堑边坡,无支挡结构物,边坡设计高度6m,坡角40°,土质为黏性土,抗剪强度指标为内摩擦角20°,黏聚力为16kPa。该边坡设计是否合理?

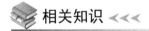

一般而言,黏性土土质边坡由于剪切而破坏的滑动面大多数为一曲面,一般在破坏前坡顶先有张裂缝发生,继而沿某一曲线产生整体滑动。图4-2-4中的实线表示一黏性土土质边坡滑动面的曲面,在理论分析时可以近似地将其假设为圆弧,用图中虚线表示。为了简化计算,在黏性土土质边坡的稳定性分析中,常假设滑动面为圆弧面。建立在这一假定上的稳定性分析方法称为圆弧滑动法,这是极限平衡方法的一种常用分析方法。

1. 圆弧滑动法

瑞典的彼得森(K. E. Petterson)于1915年采用圆弧滑动法分析了边坡的稳定性。此后,该法在世界各国的土木工程界得到了广泛的应用。所以,圆弧滑动法也被称为瑞典圆弧滑动法。

如图4-2-5,表示一个均质的黏性土土质边坡,它可能沿圆弧面AC滑动。土质边坡失去稳定就是滑动土体绕圆心O发生转动。这里把滑动土体当成一个刚体,滑动土体的重量W为滑动力,将使土体绕圆心O旋转,滑动力矩$M_s = Wd$(d为通过滑动土体重心的铅垂线与圆心O的水平距离)。抗滑力矩M_R由两部分组成:①滑动面AC上黏聚力产生的抗滑力矩,为$c \cdot \overset{\frown}{AC} \cdot R$,其中$c$为黏聚力;②滑动土体的重力W在滑动面上的反力所产生的抗滑力矩。反力的大小和方向与土的内摩擦角φ值有关。当$\varphi = 0$时,滑动面是一个光滑曲面,反力的方向必定垂直于滑动面,即通过圆心O,它不产生力矩,所以,抗滑力矩只有前一项$c \cdot \overset{\frown}{AC} \cdot R$。这时,可定义

黏性土土质边坡的稳定安全系数为：

$$F_s = \frac{抗滑力矩}{滑动力矩} = \frac{M_R}{M_s} = \frac{c \cdot \overset{\frown}{AC} \cdot R}{Wd} \qquad (4\text{-}2\text{-}8)$$

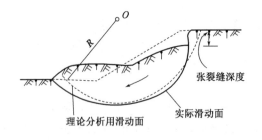
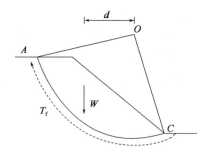

图 4-2-4　黏性土土质边坡的滑动面　　　　图 4-2-5　整体圆弧滑动受力示意图

式(4-2-8)即为圆弧滑动法计算边坡稳定安全系数的公式。值得注意的是，它只适用于 $\varphi = 0$ 的情况，若 $\varphi \neq 0$，则抗滑力与滑动面上的法向力有关，其求解过程可参阅下面的条分法。

2. 条分法

(1) 瑞典条分法

所谓瑞典条分法，就是将滑动土体竖直分成若干个土条，把土条看成是刚体，分别求出作用于各个土条上的力对圆心的滑动力矩和抗滑力矩，然后按公式(4-2-8)求土质边坡的稳定安全系数。

把滑动土体分成若干个土条后，土条的两个侧面分别存在着条块间的作用力(图 4-2-6)。作用在条块 i 上的力，除了重力 W_i 外，条块侧面上作用有法向力 P_i、P_{i+1}，切向力 H_i、H_{i+1}，法向力 P_i、P_{i+1} 的作用点至滑动弧面的距离分别为 h_i、h_{i+1}。滑弧段的长度 l_i，其上作用着法向力 N_i 和切向力 T_i，T_i 包括黏聚阻力 $c_i \cdot l_i$ 和摩擦阻力 $N_i \cdot \tan\varphi_i$。考虑到条块的宽度很小，W_i 和 N_i 可以看成是作用于滑弧段的中点。在所有的作用力中，P_i、H_i 在分析前一土条时已经出现，可视为已知量，因此，待定的未知量有 P_{i+1}、H_{i+1}、h_{i+1}、N_i 和 T_i 共计五个。每个土条可以建立三个静力平衡方程，即 $\sum F_{xi} = 0$，$\sum F_{zi} = 0$ 和 $\sum M_i = 0$，一个极限平衡方程 $T_i = \dfrac{N_i \cdot \tan\varphi_i + c_i \cdot l_i}{F_s}$。

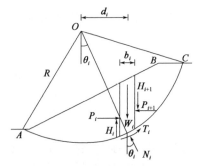

图 4-2-6　瑞典条分法

如果把滑动土体分成 n 个条块，则这 n 个条块之间的分界面就有 $n - 1$ 个。分界面上的未知量为 $3(n - 1)$，滑动面上的未知量为 $2n$ 个，再加上待求的安全系数 F_s，未知量总个数为 $5n - 2$。而可以建立的静力平衡方程和极限平衡方程为 $4n$ 个，待求未知量与方程数之差为 $n - 2$。一般条分法中的 n 在 10 以上，因此，这是一个高次的超静定问题。为使问题求解，必须进行简化计算。

瑞典条分法假定滑动面是一个圆弧面，并认为条块间的作用力对土质边坡的整体稳定性影响不大，故而忽略不计。或者说，假定条块两侧的作用力大小相等，方向相反且作用于同一直线

上。图 4-2-6 中取条块 i 进行分析,由于不考虑条块间的作用力,根据径向力的静力平衡条件,有:

$$N_i = W_i \cos\theta_i \tag{4-2-9}$$

根据滑动弧面上的极限平衡条件,有:

$$T_i = \frac{T_{fi}}{F_s} = \frac{c_i \cdot l_i + N_i \cdot \tan\varphi_i}{F_s} \tag{4-2-10}$$

式中:T_{fi}——条块 i 在滑动面上的抗剪强度;

F_s——滑动圆弧的稳定安全系数。

另外,按照滑动土体的整体力矩平衡条件,外力对圆心力矩之和为零。在条块的三个作用力中,法向力 N_i 通过圆心不产生力矩。重力 W_i 产生的滑动力矩为:

$$\sum W_i \cdot d_i = \sum W_i \cdot R \cdot \sin\theta_i \tag{4-2-11}$$

滑动面上抗滑力产生的抗滑力矩为:

$$\sum T_i R = \sum \frac{c_i l_i + N_i \tan\varphi_i}{F_s} \cdot R \tag{4-2-12}$$

滑动土体的整体力矩平衡,即 $\sum M = 0$,故有:

$$\sum W_i \cdot d_i = \sum T_i \cdot R \tag{4-2-13}$$

将式(4-2-10)和式(4-2-11)代入式(4-2-12),并进行简化,得:

$$F_s = \frac{\sum(c_i l_i + W_i \cos\theta_i \tan\varphi_i)}{\sum W_i \sin\theta_i} \tag{4-2-14}$$

式(4-2-14)是最简单的条分法计算公式,因为它是由瑞典人费伦纽斯(W. Fellenius)等首先提出的,所以称为瑞典条分法,又称为费伦纽斯条分法。

从分析过程可以看出,瑞典条分法是忽略了土条块之间力的相互影响的一种简化计算方法,它只满足于滑动土体整体力矩平衡条件,却不满足土条块之间的静力平衡条件。这是其区别于后面将要讲述的其他条分法的主要特点。由于该方法应用的时间很长,积累了丰富的工程经验,一般得到的安全系数偏低,即误差偏于安全,所以目前仍然是工程上常用的方法。

(2)毕肖普条分法

毕肖普(A. N. Bishop)于 1955 年提出一个考虑条块间侧面力的土质边坡稳定性分析方法,称为毕肖普条分法。此法仍然是圆弧滑动条分法。

在图 4-2-7 中,从圆弧滑动体内取出土条 i 进行分析。作用在条块 i 上的力,除了重力 W_i 外,滑动面上有切向力 T_i 和法向力 N_i,条块的侧面分别有法向力 P_i、P_{i+1} 和切向力 H_i、H_{i+1}。假设土条处于静力平衡状态,根据竖向力的平衡条件,应有:

$$\sum F_{zi} = 0$$
$$W_i + \Delta H_i = N_i \cos\theta_i + T_i \sin\theta_i$$
$$N_i \cos\theta_i = W_i + \Delta H_i - T_i \sin\theta_i \tag{4-2-15}$$

根据满足土质边坡稳定安全系数 F_s 的极限平衡条件,有:

$$T_i = \frac{c_i \cdot l_i + N_i \cdot \tan\varphi_i}{F_s}$$

将式(4-2-10)代入式(4-2-15),整理后得:

$$N_i = \frac{W_i + \Delta H_i - \dfrac{c_i l_i}{F_s}\sin\theta_i}{\cos\theta_i + \dfrac{\sin\theta_i \tan\varphi_i}{F_s}} = \frac{1}{m_{\theta i}}\left(W_i + \Delta H_i - \frac{c_i l_i}{F_s}\sin\theta_i\right) \quad (4\text{-}2\text{-}16)$$

式中：

$$m_{\theta i} = \cos\theta_i + \frac{\sin\theta_i \tan\varphi_i}{F_s} \quad (4\text{-}2\text{-}17)$$

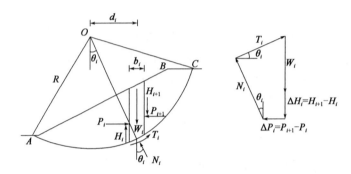

图 4-2-7　毕肖普法条块作用力分析

考虑整个滑动土体的整体力矩平衡条件，各个土条的作用力对圆心的力矩之和为零。这时条块之间的力 P_i 和 H_i 成对出现，大小相等，方向相反，相互抵消，对圆心不产生力矩。滑动面上的法向力 N_i 通过圆心，也不产生力矩。因此，只有重力 W_i 和滑动面上的切向力 T_i 对圆心产生力矩。

将式(4-2-10)代入式(4-2-13)，得：

$$\sum W_i R \sin\theta_i = \sum \frac{1}{F_s}(c_i l_i + N_i \tan\varphi_i) R$$

将式(4-2-16)的 N_i 值代入上式，简化后得：

$$F_s = \frac{\sum \dfrac{1}{m_{\theta i}}[c_i b_i + (W_i + \Delta H_i)\tan\varphi_i]}{\sum W_i \sin\theta_i} \quad (4\text{-}2\text{-}18)$$

式(4-2-18)就是毕肖普条分法计算土质边坡稳定安全系数 F_s 的一般公式。式中的 $\Delta H_i = H_{i+1} - H_i$，仍然是未知量。如果不引进其他的简化假定，式(4-2-18)仍然不能求解。毕肖普进一步假定 $\Delta H_i = 0$，实际上也就是认为条块间只有水平作用力 P_i，而不存在切向作用力 H_i。于是式(4-2-18)进一步简化为：

$$F_s = \frac{\sum \dfrac{1}{m_{\theta i}}(c_i b_i + W_i \tan\varphi_i)}{\sum W_i \sin\theta_i} \quad (4\text{-}2\text{-}19)$$

式(4-2-19)称为简化的毕肖普公式。式中的参数 $m_{\theta i}$ 包含稳定安全系数 F_s[式(4-2-17)]，因此，不能直接求出土质边坡的稳定安全系数 F_s，而需要采用试算的办法，迭代求算 F_s 值。为了便于迭代计算，已编制成 $m_{\theta i}$-θ 关系曲线。试算时，可以先假定 $F_s = 1.0$，然后由曲线查出各个 θ_i 所相应的 $m_{\theta i}$ 值，并将其代入式(4-2-19)中，求得边坡的稳定安全系数 F_{s1}。若 F_{s1} 与 F_s 之差大于规定的误差，用 F_{s1} 查 $m_{\theta i}$，再次计算出稳定安全系数 F_{s2}，此如反复迭代计算，直至前后两次计算的稳定安全系数非常接近,满足规定精度的要求为止。通常迭代总是收敛的,一般只要试算 3~4 次,就可以满足迭代精度的要求。

与瑞典条分法相比,简化的毕肖普法是在不考虑条块间切向力的前提下,满足力的多边形闭合条件,也就是说,隐含着条块间有水平力的作用,虽然在公式中水平作用力并未出现。总结其特点:①满足整体力矩平衡条件;②满足各个条块力的多边形闭合条件,但不满足条块的力矩平衡条件;③假设条块间作用力只有法向力没有切向力;④满足极限平衡条件。由于考虑了条块间水平力的作用,得到的稳定安全系数较瑞典条分法略高一些。

(3) 普遍条分法

普遍条分法又称为简布法,它的特点是假定条块间水平作用力的位置。在这一假定前提下,每个土条块都满足全部的静力平衡条件和极限平衡条件,滑动土体的整体力矩平衡条件也自然得到满足。而且,它适用于任何滑动面,而不必规定滑动面是一个圆弧面,所以称为普遍条分法。

按照静力平衡条件 $\sum F_{zi} = 0$,得:

$$W_i + \Delta H_i = N_i \cos\theta_i + T_i \sin\theta_i$$
$$N_i \cos\theta_i = W_i + \Delta H_i - T_i \sin\theta_i$$

$\sum F_{xi} = 0$,得:

$$\Delta P_i = T_i \cos\theta_i - N_i \sin\theta_i \tag{4-2-20}$$

将式(4-2-15)代入式(4-2-20)整理后得:

$$\Delta P_i = T_i \left(\cos\theta_i + \frac{\sin^2\theta_i}{\cos\theta_i} \right) - (W_i + \Delta H_i)\tan\theta_i \tag{4-2-21}$$

根据极限平衡条件,考虑土质边坡稳定安全系数 F_s 有:

$$T_i = \frac{1}{F_s}(c_i l_i + N_i \tan\varphi_i)$$

由式(4-2-15)得:

$$N_i = \frac{1}{\cos\theta_i}(W_i + \Delta H_i - T_i \sin\theta_i) \tag{4-2-22}$$

代入式(4-2-10),整理后得:

$$T_i = \frac{\frac{1}{F_s}\left[c_i l_i + \frac{1}{\cos\theta_i}(W_i + \Delta H_i \tan\varphi_i)\right]}{1 + \frac{\tan\theta_i \tan\varphi_i}{F_s}} \tag{4-2-23}$$

将式(4-2-22)代入式(4-2-21),得:

$$\Delta P_i = \frac{1}{F_s} \cdot \frac{\sec^2\theta_i}{1 + \frac{\tan\theta_i \tan\varphi_i}{F_s}}[c_i l_i \cos\theta_i + (W_i + \Delta H_i)\tan\theta_i] - (W_i + \Delta H_i)\tan\theta_i \tag{4-2-24}$$

图 4-2-8 表示作用在土条块侧面的法向力 P_i,通过静力平衡有 $P_1 = \Delta P_1$, $P_2 = P_1 + \Delta P_2 = \Delta P_1 + \Delta P_2$,依此类推,有:

$$P_i = \sum_{j=1}^{i} \Delta P_j \tag{4-2-25}$$

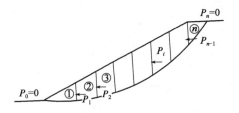

图 4-2-8 条块侧面法向力

若全部土条块的总数为 n，则有：

$$P_n = \sum_{i=1}^{n} \Delta P_i = 0 \tag{4-2-26}$$

将式(4-2-24)代入式(4-2-26)，得：

$$\sum \frac{1}{F_s} \cdot \frac{\sec^2\theta_i}{1 + \frac{\tan\theta_i \cdot \tan\varphi_i}{F_s}} [c_i l_i \cos\theta_i + (W_i + \Delta H_i)\tan\varphi_i] - \sum (W_i + \Delta H_i)\tan\theta_i = 0$$

整理后得简布公式：

$$F_s = \frac{\sum [c_i l_i \cos\theta_i + (W_i + \Delta H_i)\tan\varphi_i] \dfrac{\sec^2\theta_i}{1 + \tan\theta_i \tan\varphi_i / F_s}}{\sum (W_i + \Delta H_i)\tan\theta_i}$$

$$= \frac{\sum [c_i b_i + (W_i + \Delta H_i)\tan\varphi_i] \dfrac{1}{m_{\theta i}}}{\sum (W_i + \Delta H_i)\sin\theta_i} \tag{4-2-27}$$

比较毕肖普公式(4-2-18)和简布公式(4-2-27)，可以看出两者很相似，但分母有差别。毕肖普公式是根据滑动面为圆弧面，滑动土体满足整体力矩平衡条件推导出的。简布公式则是利用力的多边形闭合和极限平衡条件，最后由土条块侧面法向力合力为零的条件，即 $\sum_{i=1}^{n} \Delta P_i = 0$ 得出。显然这些条件适用于任何形式的滑动面而不仅仅局限于圆弧面。在式(4-2-18)中，ΔH_i 仍然是待定的未知量。毕肖普没有解出 ΔH_i，而假设 $\Delta H_i = 0$，从而成为简化的毕肖普公式。而简布法则是利用条块的力矩平衡条件，因而整个滑动土体的整体力矩平衡也自然得到满足。将作用在条块上的力对条块滑弧段中点 O_i 取矩(图4-2-6)，并使 $\sum M_{O_i} = 0$。重力 W_i 和滑弧段上的力 N_i、T_i 均通过 O_i，不产生力矩。条块间力的作用点位置已确定，故有：

$$H_i \frac{b_i}{2} + (H_i + \Delta H_i)\frac{b_i}{2} - (P_i + \Delta P_i)\left(h_i + \Delta h_i - \frac{1}{2}b_i \tan\theta_i\right) + P_i \left(h_i - \frac{1}{2}b_i \tan\theta_i\right) = 0$$

略去高阶微量整理后得：

$$H_i b_i - P_i \Delta h_i - \Delta P_i h_i = 0$$

$$H_i = P_i \frac{\Delta h_i}{b_i} + \Delta P_i \frac{h_i}{b_i} \tag{4-2-28}$$

$$\Delta H_i = H_{i+1} - H_i \tag{4-2-29}$$

式(4-2-28)表示土条间切向力与法向力之间的关系。

由式(4-2-24)~式(4-2-29)，利用迭代法可以求得普遍条分法的土质边坡稳定安全系数

F_s。其步骤如下:

①假定 $\Delta H_i = 0$,利用式(4-2-27),迭代求第一次近似的边坡稳定安全系数 F_{s1};

②将 F_{s1} 和 $\Delta H_i = 0$ 代入式(4-2-24),求相应的 ΔP_i(对每一条块,从 1 到 n);

③用式(4-2-25) $P_i = \sum_{j=1}^{i} \Delta P_j$ 求条块间的法向力(对每一条块,从 1 到 n);

④将 P_i 和 ΔP_i 代入式(4-2-28)和式(4-2-29),求条块间的切向作用力 H_i(对每一条块,从 1 到 n)和 ΔH_i;

⑤将 ΔH_i 重新代入式(4-2-27),迭代求新的稳定安全系数 F_{s2}。

如果 $F_{s2} - F_{s1} > \Delta$(Δ 为规定的计算精度),重新按上述步骤②~⑤进行第二轮计算。如此反复,直至 $F_{s(k)} - F_{s(k-1)} \leq \Delta$ 为止。$F_{s(k)}$ 就是该假定滑动面的稳定安全系数。土质边坡真正的稳定安全系数还要计算很多滑动面,进行比较,找出最危险的滑动面,其边坡稳定安全系数才是真正的安全系数。这种计算工作量相当浩繁,一般要通过计算机完成。

(4)最危险的滑动面快速求解方法

①如图 4-2-9 所示,根据边坡坡度或坡角 β,由表 4-2-1 查出相应 α_1、α_2 数值。其中 α_1、α_2 为确定滑动面圆心位置的相关角度值。

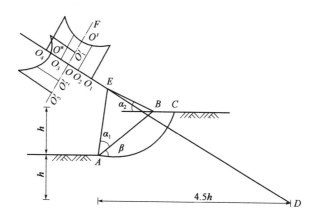

图 4-2-9 黏性土土质边坡最危险滑动面位置确定

滑动面圆心位置相关角度 α_1、α_2 数值表   表 4-2-1

边坡坡度	坡角 β(°)	α_1 角(°)	α_2 角(°)
1:0.58	60	29	40
1:1	45	28	37
1:1.5	33.67	26	35
1:2	36.56	25	35
1:3	18.43	25	35
1:4	14.03	25	37
1:5	11.31	25	37

②根据 α_1 角，由坡角 A 点作线段 AE，使 $\angle EAB = \alpha_1$；根据 α_2 角，由坡顶 B 点作线段 BE，使该线段与水平夹角为 α_2。

③线段 AE 与线段 BE 的交点为 E，这一点是 $\varphi = 0$ 的黏性土土质边坡最危险的滑动面的圆心。

④由坡角 A 点竖直向下取坡高 h 值，然后向右沿水平方向线上取 $4.5h$，并定义该点为 D 点。连接线段 DE 并向外延伸，在延长线上距 E 点附近为 $\varphi > 0$ 的黏性土土质边坡为最危险的滑动面的圆心位置。

⑤在 DE 的延长线上选 $3 \sim 5$ 个点作为圆心 O_1、O_2、$O_3 \cdots$，计算其各自的土质边坡稳定安全系数 F_{s1}、F_{s2}、$F_{s3} \cdots$ 而后按一定比例尺，将 F_{si} 的数值画在过圆心 O_i 与 DE 正交的线上，并成曲线(由于 F_{s1}、F_{s2}、$F_{s3} \cdots$ 数值一般不等)。取曲线下凹处的最低点 O，过 O 作直线 OF 与 DE 正交。OF 与 DE 相交于 O 点。

同理，在 OF 直线上，在靠近 O 点附近再选 $3 \sim 5$ 个点，作为圆心 O'_1、O'_2、$O'_3 \cdots$，计算各自的土质边坡稳定安全系数 F'_{s1}、F'_{s2}、$F'_{s3} \cdots$ 之后按相同的比例尺，将 F_{si} 的数值写在通过各圆心 O_i 并与 OF 正交的直线上，并连成曲线(因为 F_{s1}、F_{s2}、$F_{s3} \cdots$ 数值一般不等)。取曲线下凹处的最低点 O''，该点即为所求最危险滑动面的圆心位置。

例题 4-2-1 某黏性土土质边坡，高 25m，坡度为 1:2，碾压土的重度 $\gamma = 20 \text{kN/m}^3$，内摩擦角 $\varphi = 26.6°$ (相当于 $\tan\varphi = 0.5$)，黏聚力 $c = 10 \text{kPa}$，滑动圆心 O 点如图 4-2-10 所示，试分别用瑞典条分法和简化毕肖普法求该滑动圆弧的稳定安全系数，并对结果进行比较。

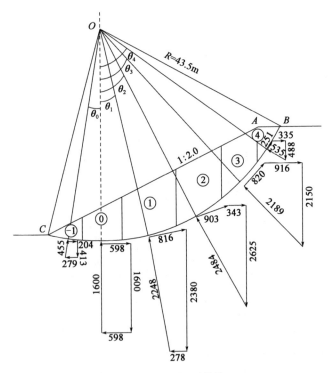

图 4-2-10 条分法计算图

解:为了使计算简单,只将滑动土体分成 6 个土条,分别计算各条块的重力 W_i,滑动面长度 l_i,滑动面中心与过圆心铅垂线的圆心角 θ_i,然后,按照瑞典条分法和简化毕肖普法进行稳定分析计算。

1. 瑞典条分法

瑞典条分法计算结果见表 4-2-2。

瑞典条分法计算成果　　　　　表 4-2-2

条块编号	θ_i (°)	W_i (kN)	$\sin\theta_i$	$\cos\theta_i$	$W_i\sin\theta_i$ (kN)	$W_i\cos\theta_i$ (kN)	$W_i\cos\theta_i\tan\varphi_i$ (kN)	l_i (m)	$c_i l_i$ (kN)
-1	-9.93	412.5	-0.172	0.985	-71.0	406.3	203	8.0	80
0	0	1600	0	1.0	0	1600	800	10.0	100
1	13.29	2380	0.230	0.973	547	2315	1157	10.5	105
2	27.37	2625	0.460	0.888	1207	2331	1166	11.5	115
3	43.60	2150	0.690	0.724	1484	1557	779	14.0	140
4	59.55	487.5	0.862	0.507	420	247	124	11.0	110

$\sum W_i\sin\theta_i = 3585(\text{kN})$ $\sum W_i\cos\theta_i\tan\varphi_i = 4229(\text{kN})$ $\sum c_i l_i = 650(\text{kN})$

边坡稳定安全系数为:

$$F_s = \frac{\sum(W_i\cos\theta_i\tan\varphi_i + c_i l_i)}{\sum W_i\sin\theta_i} = \frac{4229 + 650}{3585} = 1.36$$

2. 简化毕肖普法

根据瑞典条分法得到 $F_s = 1.36$,由于毕肖普法的稳定安全系数稍高于瑞典条分法。设 $F_{s1} = 1.55$,按简化的毕肖普条分法列表分项计算,结果见表 4-2-3。

$$\sum \frac{c_i b_i + W_i \tan\varphi_i}{m_{\theta i}} = 5417\text{kN}$$

毕肖普法分项计算成果　　　　　表 4-2-3

编号	$\cos\theta_i$	$\sin\theta_i$	$\sin\theta_i\tan\varphi_i$	$\dfrac{\sin\theta_i\tan\varphi_i}{F_s}$	$m_{\theta i}$	$W_i\sin\theta_i$	$c_i b_i$	$W_i\tan\varphi_i$	$\dfrac{c_i b_i + W_i\tan\varphi_i}{m_{\theta i}}$
-1	0.985	-0.172	-0.086	-0.055	0.93	-71	80	206.3	307.8
0	1.00	0	0	0	1.00	0	100	800	900
1	0.973	0.230	0.115	0.074	1.047	546	100	1188	1230
2	0.888	0.460	0.230	0.148	1.036	1207	100	1313	1364
3	0.724	0.690	0.345	0.223	0.947	1484	100	1075	1241
4	0.507	0.862	0.431	0.278	0.785	420	50	243.8	374.3

稳定安全系数为:

$$F_{s2} = \frac{\sum \dfrac{1}{m_{\theta i}}(c_i b_i + W_i\tan\varphi_i)}{\sum W_i\sin\theta_i} = \frac{5417}{3586} = 1.51$$

毕肖普法稳定安全系数公式中的滑动力 $\sum W_i \sin\theta_i$ 与瑞典条分法相同。$F_{s1} - F_{s2} = 0.04$，误差较大。按 $F_{s2} = 1.51$，进行第二次迭代计算，结果列于表 4-2-4 中。

毕肖普法第二次迭代计算成果　　　　　　　　　　表 4-2-4

编号	$\cos\theta_i$	$\sin\theta_i$	$\sin\theta_i \tan\varphi_i$	$\dfrac{\sin\theta_i \tan\varphi_i}{F_s}$	$m_{\theta i}$	$w_i \sin\theta_i$	$c_i b_i$	$W_i \tan\varphi_i$	$\dfrac{c_i b_i + W_i \tan\varphi_i}{m_{\theta i}}$
-1	0.985	-0.172	-0.086	-0.057	0.928	-71	80	206.3	308.5
0	1.00	0.0	0	0	1.00	0	100	800	900
1	0.973	0.230	0.115	0.076	1.045	546	100	1188	1232.5
2	0.888	0.460	0.230	0.152	1.040	1207	100	1313	1358.6
3	0.724	0.690	0.345	0.228	0.952	1484	100	1075	1234.2
4	0.507	0.862	0.431	0.285	0.792	420	50	243.8	371

$$\sum \frac{c_i b_i + W_i \tan\varphi_i}{m_{\theta i}} = 5404.8$$

稳定安全系数为：

$$F_{s2} = \frac{\sum \dfrac{1}{m_{\theta i}}(c_i b_i + W_i \tan\varphi_i)}{\sum W_i \sin\theta_i} = \frac{5404.8}{3586} = 1.507$$

$F_{s2} - F_{s3} = 0.003$，十分接近，因此，可以认为 $F_s = 1.51$。

计算结果表明，简化毕肖普条分法的稳定安全系数较瑞典条分法高，约高 0.15，与一般结论相同。

学习参考 ◀◀◀

在实际工程中应用专业软件能有效地解决土质边坡稳定分析条分法计算步骤复杂、计算量浩繁的问题。在专业软件中，使用垂直条块极限平衡分析方法来分析滑动面的稳定性，可自动搜索给定边坡的临界滑动面，可以在软件中按比例描出土质边坡精确的外轮廓线和土层分界线；在此基础上，定义各土层的基本参数和抗剪强度指标，如果土质边坡受地下水影响，还可以指定地下水位线的位置，在土质边坡稳定性分析中考虑地下水的作用。然后，选择分析计算模型，在指定范围内搜索最危险滑动圆弧并计算稳定安全系数，最后，计算结果以稳定安全系数云图的形式直观呈现。

课后习题 ◀◀◀

1. 黏性土土质边坡受剪破坏的滑动面大多数为_____。
2. 圆弧滑动法适合_____的土。
3. 黏性土土质边坡的安全稳定系数为_____比_____。
4. 瑞典条分法是忽略了_____的一种简化计算方法。
5. 下列说法正确的有(　　)。
　A. 黏性土土质边坡和砂性土土质边坡安全稳定系数算法相同

B. 当黏性土有内摩阻力时,一般需要用条分法进行稳定性分析
C. 瑞典条分法满足于滑动土体整体的力矩平衡条件和静力平衡条件
D. 简化的毕肖普条分法满足整体力矩平衡条件和条块的力矩平衡条件
E. 黏性土土质边坡的稳定安全系数为滑动力矩比抗滑力矩
F. 瑞典条分法一般得到的稳定安全系数偏低
G. 毕肖普条分法忽略了土条之间的作用力
H. 普遍条分法适用与任何滑动面

6. 利用瑞典条分法、简化毕肖普条分法、普遍条分法求解的前提是什么?

单元三 岩体结构

岩体是在漫长的地质历史过程中形成,由一种或多种岩石组成,具有一定的结构特征,并与工程建筑有关的天然地质体。岩体在其形成与存在过程中,经受了构造运动、风化作用等各种内外动力地质综合作用的破坏与改造,并受人类工程活动影响。因此,岩体被节理、断层、层面、片理、软弱夹层等不同类型和规模的地质界面所切割,成为具有一定结构的多裂隙体。我们将切割岩体的这些地质界面称为结构面,岩体中被结构面切割的岩块称为结构体。

岩体结构是指岩体中结构面和结构体两个要素的组合特征。结构面和结构体的特征决定了岩体的不均质性和不连续性。不同岩体结构类型具有不同的工程地质特征。岩体结构是岩体稳定性评价的重要依据,了解各类岩体结构的基本特征,可为岩体稳定性对比分析和力学分析计算提供边界条件。

大部分岩体因工程施工、风化作用和环境应力的改变,会发生整体的累积变形和破坏,主要体现为结构体沿着结构面的剪切滑移、拉裂、倾倒。所以研究岩体的关键在于研究岩体结构,研究岩体结构重点在于分析结构面。

情境描述

某高速公路 K3+350~K3+552 段路堑右侧边坡需进行详细勘察,现依据现行《公路工程地质勘察规范》(JTG C20—2011)、《岩土工程勘察规范》(GB 50021—2001)(2009 版)、《公路桥涵地基与基础设计规范》(JTG 3363—2019)、《公路路基设计规范》(JTG D30—2015)等,采用野外工程地质调查与钻探、原位测试、室内试验等相结合的方法,确定该边坡岩体结构面、岩体结构类型和特征,为确定边坡可能的变形破坏模式提供相应的地质资料。

任务一 认识结构面与结构体

学习情境

某高速公路 K3+350~K3+552 段路堑右侧边坡(以下简称 K3 边坡)岩体结构地质调查结果为:

K3 边坡为顺层边坡,岩性为强风化页岩夹泥岩、泥灰岩及灰岩。岩层间充填泥质物,遇水易软化、崩解、流失。路堑区段构造运动强烈,节理、褶皱发育,产状凌乱,岩体被切割得较破碎,岩层起伏较大。主要岩层产状为 356°∠30°,与路线大致正交,路堑边坡产状为 4°∠52°;发育有 J1、J2、J3 三组节理,产状分别为 16°∠20°、240°∠75°、300°∠89°;局部不连续结构面高角度顺倾,岩层产状与边坡顺倾,层间结合力很差。

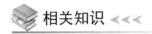

相关知识

一、结构面

1. 结构面类型

岩体中的结构面是在地质历史演变过程中,在各种不同的地质作用下生成和发展的,具有一定方向、力学强度相对(上下岩层)较低、双向延伸(或具一定厚度)的地质界面(或带)。结构面不仅是岩体力学分析的边界,控制着岩体的破坏方式,而且由于其空间上分布和组合的多样性,在一定的条件下还会形成可滑移或倾倒的块体,如落石、崩塌、滑坡等。

我国学者谷德振将结构面按地质成因不同分为三种类型:原生结构面、构造结构面和次生结构面。

(1) 原生结构面

原生结构面指在成岩过程中形成的结构面,其特征与岩石的成因密切相关。原生结构面包括沉积结构面、火成结构面和变质结构面三类。

① 沉积结构面是在沉积岩成岩过程中形成的物质分界面,包括反映沉积间歇性的层面和层理,体现沉积有间断的不整合面和假整合面,由于岩性变化形成的原生软弱夹层。

② 火成结构面是在岩浆侵入、喷溢和冷凝过程中形成的,包括大型岩浆岩边缘的流层流线,与围岩的接触面、软弱的蚀变带、挤压破碎带、岩体冷凝时产生的张节理等。

③ 变质结构面是指在变质作用下形成的结构面,如片理和板理。

(2) 构造结构面

构造结构面是指岩体形成后在构造应力作用下形成的各种结构面,包括断层、节理、层间错动等类型。按其受力性质又分为剪(扭)裂面、张裂面、挤压面三类。

(3) 次生结构面

次生结构面是指由外动力地质作用形成的结构面,包括卸荷裂隙、风化裂隙、泥化夹层及次生夹泥层等。

不同的结构面具有不同的工程地质特征,结构面的地质类型和主要特征见表 4-3-1。

结构面地质类型及主要特征 表 4-3-1

成因类型	地质类型	主要特征			工程地质评价
		产状	分布	性质	
原生结构面	沉积结构面	1. 层理层面; 2. 软弱夹层; 3. 假不整合面; 4. 不整合面; 5. 沉积间断面	一般与岩层产状一致,为层间结构面	在海相岩层中此类结构面分布稳定,在陆相岩层中呈交错状,易尖灭	层面、软弱夹层等结构面较为平整;不整合面及沉积间断面多由碎屑、泥质物构成,起伏粗糙不平整	国内外较大的坝基滑动及滑坡很多由此类结构面所造成

续上表

成因类型		地质类型	主要特征			工程地质评价
			产状	分布	性质	
原生结构面	火成结构面	1.侵入岩与围岩接触界面；2.岩脉、岩墙接触面；3.原生冷凝节理；4.岩浆喷溢时形成的软弱面	岩脉受构造结构面控制,而原生节理受岩体接触面控制	接触面延伸较远,比较稳定,而原生节理往往短小密集	与围岩接触可具熔合及破坏两种不同的特征；原生节理一般张裂而较粗糙不平	一般不造成大规模的岩体破坏,但与构造断裂共同作用,也可形成岩体滑移
	变质结构面	1.片理；2.片岩软弱夹层	产状与岩层或构造线方向一致	片理短小,分布极密,片岩软弱夹层延展较远,较固定	结构面光滑平直,呈鳞片状。片理在岩体深部往往闭合成隐蔽结构面；片岩软弱夹层含片状矿物	在变质较浅的沉积变质岩(如千枚岩)的堑坡常见塌方,片岩中软弱夹层,对稳定性影响大
构造结构面		1.构造节理；2.断层；3.层间错动面；4.破碎带	产状与构造线呈一定关系,层间错动与岩层一致	张性断裂较短小,剪切断裂延展较远；压性断裂(如断层)规模巨大,但有时横断层切割不连续	张性断裂不平直,呈锯齿状,常具次生充填；剪切断裂较平直,具羽状裂隙；压性断裂具多种构造岩,呈带状分布,往往含断层泥、糜棱岩	对岩土稳定性影响很大,在许多岩体破坏过程中大都有构造结构面的配合作用
次生结构面		1.卸荷裂隙；2.风化裂隙；3.风化夹层；4.泥化夹层；5.次生泥层	受地形及原生结构面控制	分布上往往呈不连状透镜体,延展性差,主要在地表风化带内发育	一般为泥质物充填,水理性很差	常在山坡及堑坡上造成崩塌、滑坡等病害

2. 结构面的工程特征

结构面的工程特征包括结构面的产状、规模、形态、延展性(连续性)、密集程度、张开度与充填情况等,它们对结构面的力学性质有很大的影响。

(1) 产状

结构面的产状与最大主应力的关系控制着岩体的破坏机理与强度。当结构面与最大主平面(水平面)的夹角为锐角时,岩体将沿结构面滑移破坏；当夹角为0°时,表现为横切结构面的剪断岩体破坏；当夹角为90°时,则表现为平行结构面的劈裂张拉破坏。随着破坏方式的不同,岩体的强度也发生变化。

(2)规模

根据结构面的延伸长度、破碎带宽度和力学效应不同,将结构面按规模大小分为五级,见表 4-3-2。

按规模大小分类的结构面 表 4-3-2

分级	分级依据			地质构造特征
	延伸长度(km)	破碎带宽度(m)	力学效应	
Ⅰ级	2 以上	10 以上	形成岩体力学作用边界; 岩体变形和破坏的控制条件; 构成独立的力学介质单元	很软弱的结构面; 有较大的断层; 延展规模很大
Ⅱ级	0.2~2	0.1~10	形成块裂体边界; 控制岩体变形和破坏方式; 构成次级地应力场边界	软弱的结构面; 有小断层、层间错动带; 延展规模较大
Ⅲ级	0.02~0.2	0.01~1	参与块裂岩体切割; 构成次级地应力场边界	较坚硬的结构面; 有节理或小断层、开裂层面; 延展短、不夹泥、有泥膜
Ⅳ级	0~0.02	0~0.01	是岩体力学性质、结构效应的基础; 有的为次级地应力场边界	坚硬的结构面; 节理、劈理、层面、次生裂; 延展短、不夹泥
Ⅴ级	—	—	岩体内形成应力集中; 是岩块力学性质和结构效应的基础	很坚硬的结构面; 不连续的小节理、隐节理层面、片理面; 结构面小,连续性差

(3)形态

结构面的平整、光滑和粗糙程度对结构面的抗剪性能有很大影响。自然界中的结构面几何形状非常复杂,结构面侧壁的起伏形态大体可分为平直状、波状、锯齿状、台阶状和不规则状等五种类型,具体特征见表 4-3-3。

结构面的形态分类 表 4-3-3

形态种类	结构面的形态	结构面特征
a	平直状	包括大多数层面、片理和剪切破裂面等
b	波状	如具有波痕的层面、轻度挠曲的片理、呈舒缓波状的压扭性结构面等
c	锯齿状	如多数张性和张扭性结构面等
d	台阶状	结构面如台阶形状
e	不规则状	结构面曲折不平,如沉积间断、交叉层理及沿原有裂隙发育的结构面等

结构面的形态对结构面的抗剪强度有很大影响,一般平直光滑的结构面有较低的摩擦角,粗糙起伏的结构面则有较高的抗剪强度。

(4)延展性(连续性)

结构面的延展性也称连续性,反映结构面的贯通程度,可用线连续性系数表示,如图4-3-1所示。线连续性系数 K_l 是指沿结构面延伸方向上,结构面各段长度之和 $\sum a_i$ 与测线长 B 的比值,见式(4-3-1)。

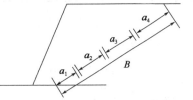

图4-3-1 结构面线连续性系数示意图

$$K_l = \frac{\sum a_i}{B} \tag{4-3-1}$$

由上式可知,K_l 值在 0 到 1 范围内变化,其数值越大说明结构面的连续性越好,岩体的工程地质性质越差;当 $K_l = 1$ 时,结构面完全贯穿。

(5)密集程度

密度反映了结构面发育的密集程度,通常用线密度 K_d 和结构面间距 d 来表示,二者关系见式(4-3-2)。一般线密度是取一组结构面法线方向上平均每米长度上的结构面数目。线密度的数值越大,说明结构面越密集。不同量测方向的 K_d 值往往不等,因此两垂直方向的 K_d 值之比,可以反映岩体的各向异性程度。

$$K_d = 1/d \tag{4-3-2}$$

(6)张开度和充填情况

结构面两壁面一般不是紧密接触的,而是呈点接触或局部接触,接触点大部分位于起伏处或锯齿状的凸起点。这种情况下,由于结构面实际接触面积较小,必然导致其黏聚力降低,进而影响结构面的强度及渗透性。

结构面的张开度 e 是指结构面两壁间的平均垂直距离,可以反映结构面的张开程度。一般认为 $e < 0.2$mm 为密合的,$e = 0.2 \sim 1$mm 为微张的,$e = 1 \sim 5$mm 为张开的,$e > 5$mm 为宽张的。

具有一定张开度的结构面,往往被外来物质所充填,其力学性质取决于充填成分、充填厚度、含水性及壁岩的性质等。密合结构面的力学性质取决于结构面两壁的岩石性质和结构面的粗糙度;微张的结构面,因其两壁岩石之间常常多处保持点接触,抗剪强度比张开的结构面大;张开的和宽张的结构面,抗剪强度则主要取决于充填物的成分和厚度,一般充填物为黏性土时,强度要比充填物为砂类土时的更低,而充填物为砂类土的,强度又比充填物为砾类土的更低。

3.软弱夹层特征及其对工程的影响

软弱夹层是具有一定厚度的特殊的岩体软弱结构面。它与周围岩体相比,具有显著低的强度和显著高的压缩性,在岩体中只占很少的数量,却是岩体中最关键的部位。表4-3-1中所列结构面,其中都有属于软弱结构面的,如沉积岩中常夹有泥灰岩、泥页岩或炭质页岩,称为沉积结构型软弱夹层。其特点是厚度薄,层次较多,岩相变化显著,常呈尖灭和互层,对水的作用敏感。变质型的软弱夹层多有绢云母等片状矿物,遇水润滑。

构造型软弱夹层多为层间破碎软弱夹层,有构造角砾岩、糜棱岩和断层泥等。风化型软弱夹层常带有局部性质,其分布规律随地形地质条件、裂隙产状和水的作用等因素而定。其中泥化夹层多为构造裂隙和层间错动带,它是在长期的地下水和风化作用下形成的。夹层中的黏土矿物含水率较大时,在软塑状态下其工程性质最差。

岩体中的软弱夹层,许多情况下是几种类型的组合,如上述的泥化夹层既是沉积型的又是构造型的,还受风化作用的影响。

软弱夹层是工程建设中经常遇到的重大工程地质问题之一。软弱夹层受力时很容易滑动破坏而引起工程事故,它可使斜坡产生滑动,使危岩体崩塌,使地下洞室围岩断裂破坏,使岩石地基与路基失稳等。所以在进行工程建设中应特别重视对软弱夹层的勘探与研究,查明软弱夹层的成因、性质及其埋藏分布规律,分析其力学性质及其变形特征,以便采取有效的措施,确保工程建(构)筑物的稳定和安全。

4. 结构体

在岩体中被结构面切割的岩块称为结构体,它也体现了岩石的内部构造和外部特征。各种成因结构面的组合可在岩体中形成大小、形状不同的结构体。

受结构面组数、密度、产状、长度等影响,岩体中结构体的形状和大小是多种多样的,根据其外形特征,可大致分为柱状、块状、板状、楔状、菱形和锥形等形态,如图4-3-2所示。有的岩石致密硬脆,有的疏松柔韧。岩体受构造、变质和风化作用较强烈时,还会变成散粒碎块或鳞片状。结构体的形状、大小、产状和所处位置不同,其工程稳定性也大不一样。

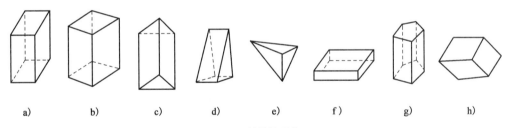

图 4-3-2 结构体形状
a) 方柱(块)体;b) 菱形柱体;c) 三棱柱体;d) 楔形体;e) 锥形体;f) 板状体;g) 多角柱体;h) 菱形块体

例题 4-3-1 根据学习情境资料,完成表4-3-4,对K3边坡中的各结构面工程地质特征进行分析。

K3边坡各结构面工程地质特征　　　　表4-3-4

结构面名称	产状	结构面类型	规模	形态	连续性	密集程度(条/m)	张开度与充填情况
岩层面	356°∠30°	原生	Ⅱ~Ⅲ级	平直状	较好	—	中等张开,充填2mm左右泥质物
J1	16°∠20°	次生	Ⅱ~Ⅲ级	平直状	较好	3~5	微张,充填薄泥质物
J2	240°∠75°	次生	Ⅱ~Ⅲ级	平直状	较好	3~5	微张,充填薄泥质物
J3	300°∠89°	次生	Ⅱ~Ⅲ级	平直状	较好	3~5	微张,充填薄泥质物

课后习题

1. 作为工程技术人员,请根据该公路地质调查和实测参数,结合相关规范,对 K3 边坡进行分析。

(1)判断该路堑右侧边坡岩体中的结构面并填写表 4-3-5。

K3 边坡现场结构面统计表　　　　　　　　　　　　表 4-3-5

里程	编号	产状		结构面类型	密度（条/m）	结合程度
		倾向	倾角			
K3+510 右侧	Y				—	差
	P	4°	52°	坡面	—	
	J1				3~5	差
	J2				3~5	差
	J3				3~5	差

(2)分析 K3 边坡中的软弱夹层的特征及其对工程建设有哪些影响?

2. 岩体是在漫长的_____过程中形成的,由_____组成,具有一定的_____,并与_____有关的天然地质体。

3. 结构面是在地质历史演变过程中,在各种不同的_____下生成和发展的,具有一定_____、力学强度相对上下岩层较_____、_____延伸的地质界面。

4. 结构面按地质成因不同分为三类:_____、_____、_____。

5. 以下关于结构面的叙述中,正确的有(　　)。

　A. 原生结构面指在成岩过程中形成的结构面,其特征与岩石的成因密切相关

　B. 原生结构面包括沉积结构面、岩层结构面和变质结构面三类

　C. 原生结构面包括沉积结构面、火成结构面和变质结构面三类

　D. 次生结构面是指由内动力地质作用形成的结构面

　E. 次生结构面是指由外动力地质作用形成的结构面

　F. 次生结构面包括卸荷裂隙、风化裂隙、泥化夹层及次生夹泥层等

　G. 构造结构面是岩体形成后在构造应力作用下形成的各种结构面

　H. 构造结构面包括断层、节理、层间错动等类型

　I. 构造结构面按其受力性质分为剪(扭)裂面、张裂面、挤压面三类

6. 对于结构面的工程特征,以下说法正确的有(　　)。

　A. 结构面的工程特征包括结构面的产状、规模、形态、延展性(连续性)、密集程度、张开度与充填情况等,它们对结构面的力学性质有很大的影响

　B. 当结构面与最大主平面(水平面)夹角为锐角时,岩体将沿结构面劈裂张拉破坏

　C. 当结构面与最大主平面(水平面)夹角为0°时,表现为横切结构面的剪断岩体破坏

D. 当结构面与最大主平面(水平面)夹角为90°时,表现为平行结构面的滑移破坏

E. 根据结构面的延伸长度、切割深度、破碎带宽度和力学效应,结构面按规模大小可分四级

F. 结构面的平整、光滑和粗糙程度对结构面的抗剪性能影响不大

G. 结构面侧壁的起伏形态大体可分为平直状、波状、锯齿状、台阶状和不规则状等五种类型

H. 结构面的延展性也称连续性,反映结构面的贯通程度,可用线连续性系数表示。线连续性系数越大说明结构面的连续性越好,岩体的工程性质也越好

I. 线密度反映了岩体完整性,常用线密度 K_d 和结构面间距 d 表示结构面的密集程度

J. 一般线密度是取一组结构面法线方向上平均每米长度上的结构面数目

K. 线密度的数值越大,说明结构面越稀疏

L. 线密度的数值越大,说明结构面越密集

M. 具有一定张开度的结构面往往被外来物质所充填,其力学性质取决于充填成分、充填厚度、含水性及壁岩的性质等

N. 张开的和宽张的结构面,抗剪强度则主要取决于充填物的成分和厚度,一般充填物为黏性土时,强度要比充填物为砂类土时的更高

7. 软弱夹层及其对工程建设的影响,以下说法正确的有(　　)。

A. 软弱夹层是具有一定厚度的特殊的岩体软弱结构面

B. 软弱夹层与周围岩体相比,具有显著低的强度和显著低的压缩性

C. 软弱夹层受力时很容易滑动破坏而引起工程事故

D. 可使斜坡产生滑动,使危岩体崩塌

E. 可使地下洞室围岩断裂破坏

F. 可使岩石地基与路基失稳

G. 软弱夹层的厚度、层面的起伏差和粗糙度,对其力学性能影响较小

H. 软弱夹层的厚度、层面的起伏差和粗糙度,对其力学性能影响较大

8. 结构体是在岩体中被＿＿＿＿＿切割的岩块,它也体现了岩石的内部＿＿＿＿＿和外部＿＿＿＿＿。

9. 根据结构体的外部特征,大致可分为六种基本形态:＿＿＿＿＿、＿＿＿＿＿、＿＿＿＿＿、＿＿＿＿＿、＿＿＿＿＿、＿＿＿＿＿。

任务二　认识岩体结构类型

学习情境

为研究某高速公路 K3+350~K3+552 段路堑右侧边坡（以下简称 K3 边坡）的稳定性，现需要先分析 K3 边坡岩体结构类型及工程特征。通过现场详细调查，该边坡岩体呈现如图 4-3-3a)、b)所示特征。作为工程负责人，请你根据现场地质情况和实测参数，依据《公路工程地质勘察规范》(JTG C20—2011)，对该边坡岩体结构类型和工程特征进行分析。

a)　　　　　　　　　　　　　　　　b)

图 4-3-3　K3 边坡岩体

相关知识 ◂◂◂◂

岩体结构是指岩体中结构面与结构体的组合方式。不同的岩体结构类型具有不同的工程地质特性（承载能力、变形、抗风化能力、渗透性等）。

公路岩质边坡岩体结构类型可分为块体结构、层状结构、碎裂结构和散体结构。不同结构类型的岩体，其岩石类型、结构体和结构面的特征不同，工程性质与变形破坏机理也不同。但其根本的区别还在于结构面的性质及发育程度，如块体结构岩体中的结构面不发育，往往呈断续分布，规模小且稀疏；层状结构岩体中发育的结构面主要是层面、层间错动等；碎裂结构岩体中结构面常为贯通且发育密集，组数多；散体结构岩体中发育有大量的随机分布的裂隙，结构体呈碎块状或碎屑状。

根据《公路工程地质勘察规范》(JTG C20—2011)，公路岩质边坡岩体结构分类及基本特征列于表 4-3-6。

公路岩质边坡岩体结构分类

表 4-3-6

序号	边坡结构分类 类型	边坡结构分类 亚类	岩石类型	岩体特征	边坡稳定特征
1	块体结构	—	岩浆岩、中深变质岩、厚层沉积岩、火山岩	岩体呈块状、厚层状，结构面不发育，多为刚性结构面，贯穿性软弱结构面少见	边坡稳定性好，易形成高陡边坡，失稳形态多沿某一结构面崩塌或复合结构面滑动。滑动稳定性受结构面抗剪强度及岩石抗剪断强度控制
2	层状结构	层状同向结构	各种厚度的沉积岩、层状变质岩和复杂多次喷发的火山岩	边坡与层面同向，倾向夹角小于30°，岩体多呈互层和层间滑动带，常为贯穿性软弱结构面	层面或软弱夹层，形成滑动面，坡脚切断后易产生顺层滑动，倾角较陡时可形成溃屈破坏。稳定性受坡角与岩层倾角组合、顺坡向软弱结构面的发育程度及其强度所控制
2	层状结构	层状反向结构	各种厚度的沉积岩、层状变质岩和复杂多次喷发的火山岩	边坡与层面反向，倾向夹角大于150°，岩体特征同上	岩层较陡时易产生倾倒弯曲松动变形；坡脚有软弱地层发育时，上部易拉裂，局部崩塌滑动；共轭节理的组合交线倾向路基时，可产生楔形体滑动。边坡稳定性受坡角与岩层倾角组合、岩层厚度、层间结合能力及反倾结构面发育程度所控制
2	层状结构	层状斜向结构	各种厚度的沉积岩、层状变质岩和复杂多次喷发的火山岩	边坡与层面斜交或垂直，倾向夹角30°~150°，岩体特征同上	易形成层面与节理组成的楔形体滑动或崩塌。层面与坡面走向夹角越大稳定性越高
2	层状结构	层状平叠结构	各种厚度的沉积岩、层状变质岩和复杂多次喷发的火山岩	近于水平的岩层构成的边坡，岩体特征同上	坡脚有软弱地层或层间有软弱层发育时，在孔隙水压力或卸荷作用下产生向临空面方向的滑移或错落、崩塌、拉裂倾倒
3	碎裂结构	—	各种岩石的构造影响带、破碎带、蚀变带或风化破碎岩体	岩体结构面发育，岩体宏观的工程力学特征已基本不具备由结构面造成的各向异性	边坡稳定性较差，坡角取决于岩块间的镶嵌情况和岩块间的咬合力，可产生崩塌、弧形滑动
4	散体结构	—	各种岩石的构造破碎及其强烈影响带、强风化破碎带	由碎屑泥质物夹大小不等的岩块组成，呈土夹石或石夹土状，软弱结构面发育呈网状	边坡稳定性差，坡角取决于岩体的抗剪强度，滑动面常呈圆弧状

学习参考

图 4-3-4 ~ 图 4-3-9 所示为不同岩体结构类型边坡。

图 4-3-4　块体结构边坡（一）

图 4-3-5　块体结构边坡（二）

图 4-3-6　层状结构边坡（一）

图 4-3-7　层状结构边坡（二）

图 4-3-8　碎裂结构边坡

图 4-3-9　散体结构边坡

课后习题

1. 岩体结构是指岩体中_____和_____两个要素的组合特征,岩体结构是岩体稳定性评价的重要依据。

2. 根据《公路工程地质勘察规范》(JTG C20—2011),公路岩质边坡岩体结构分为四种类型:_____、_____、_____、_____。根据图 4-3-3,K3 边坡岩体结构类型有_____、_____。

3. 公路岩质边坡岩体结构分类中,层状结构可以分为四个亚类:_____、_____、_____、_____。

4. 根据《公路工程地质勘察规范》(JTG C20—2011),以下关于公路岩质边坡各岩体结构类型和岩体特征,叙述正确的有(　　)。

    A. 块体结构的边坡岩体呈块状、厚层状,结构面不发育、多为刚性结构面,贯穿性软弱结构面少见

    B. 层状同向结构的边坡,边坡与层面同向,倾向夹角小于30°,岩体多呈互层和层间错动带,常为贯穿性软弱结构面

    C. 层状反向结构的边坡,边坡与层面反向,边坡与层面反向,倾向夹角大于150°岩体多呈互层和层间错动带,常为贯穿性软弱结构面

    D. 层状斜向结构的边坡,边坡与层面斜交或垂直,倾向夹角30°~150°,岩体多呈互层和层间错动带,常为贯穿性软弱结构面

    E. 层状平叠结构的边坡,即近于水平的岩层构成的边坡,岩体多呈互层和层间错动带,常为贯穿性软弱结构面

    F. 碎裂结构的边坡,岩体结构面发育,岩体宏观的工程力学特征已基本不具备由结构面造成的各向异性

    G. 散体结构的边坡,由碎屑泥质物夹大小不等的岩块组成,呈土夹石或石夹土状,软弱结构面发育呈网状

5. 请结合 K3 边坡的岩体结构类型,分析其岩体特征和工程特征。

单元四 岩质边坡

公路工程建设中,会遇到大量的岩质边坡,边坡的稳定性关系到工程设计、施工与运营全过程的安全性,关系到道路沿线建筑物与人民生命财产的安全。学习和探讨岩质边坡变形破坏原因、岩质边坡稳定性分析的方法,具有重要的理论意义与工程应用价值。

情境描述

某高速公路 K3+350~K3+552 段路堑右侧边坡需进行详细勘察任务,现依据现行《公路工程地质勘察规范》(JTG C20—2011)、《岩土工程勘察规范》(GB 50021—2001)、《公路桥涵地基与基础设计规范》(JTG 3363—2019)、《公路路基设计规范》(JTG D30—2015)等规范,采用野外工程地质调查、钻探、原位测试、室内试验等相结合的方法,确定该边坡变形破坏的原因及破坏类型,并经室内分析与计算,分析该边坡稳定性,为边坡防治设计提供相应的资料。

任务一 认识岩质边坡的变形与破坏特征

学习情境

某高速公路 K3+350~K3+552 段路堑右侧边坡(以下简称为 K3 边坡)的地质概况如下所述。作为工程负责人,请你根据勘察资料和实测参数,依据相关规范,分析影响 K3 边坡稳定性的因素,确定边坡变形与破坏的基本形式。

根据地质勘察,K3 边坡为顺层边坡,岩性为强风化页岩夹泥岩、泥灰岩及灰岩。层间充填泥质物,遇水易软化、崩解、流失。边坡的大范围开挖处对岩层的扰动较大,边坡开挖后,连续降雨渗入引起地层富水。该地区年降雨充沛,路堑左侧有一条河流通过,雨季水流急且易发洪水。边坡一侧临近冲沟,冲沟地势陡峻,两侧地层为深厚的松散岩体,受雨水及地表径流冲刷严重,自稳性差,对边坡整体稳定性影响较大。该边坡已发生过多次变形,四级边坡开挖时,坡体中已产生裂纹,三级边坡开挖后,遇较大强度降雨渗入,使得坡体中裂缝继续发育,形成蠕滑变形,导致坡体滑动,三级边坡部分坡段垮塌。该路堑区段构造运动强烈,地震活动较频繁,节理、褶皱发育,产状凌乱,岩体被切割得较破碎,岩层起伏较大,主要岩层产状为:356°∠30°,与路线大致正交,开挖路堑边坡产状为 4°∠52°;发育有 J1、J2、J3 三组节理,产状分别为 16°∠20°、240°∠75°、300°∠89°,两组节理近于正交。局部不连续结构面高角度顺倾,岩层产状与边坡顺倾,层间结合力很差,多组不利结构面易引起边坡整体失稳。

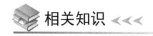

相关知识

1. 岩质边坡变形与破坏的基本形式

自然界的岩质边坡,因岩性不同、结构不同、受到内外动力地质综合作用不同以及边坡所处位置气候条件各异,稳定性差异较大。边坡的变形与破坏,会影响工程建筑物的稳定和安全。

岩质边坡的变形是指边坡岩体只发生局部位移或破裂,没有发生显著的滑移或滚动,不至于引起边坡整体失稳的现象;岩质边坡的破坏是指边坡岩体以一定速度发生了较大位移的现象,如边坡岩体的整体滑动、滚动和倾倒。变形与破坏在边坡岩体变化过程中是密切联系的,变形可能是破坏的前兆,而破坏则是变形进一步发展的结果。公路岩质边坡的变形破坏类型有崩塌、滑动、错落、倾倒、溃屈、滑塌和碎落。

根据《公路工程地质勘察规范》(JTG C20—2011),将公路岩质边坡变形破坏类型、基本特征及破坏机制等列于表 4-4-1。

公路岩质边坡破坏类型   表 4-4-1

序号	变形破坏类型	亚类	变形破坏特征	变形破坏机制	破坏面形态
1	崩塌	—	边坡上局部岩体向临空方向拉裂、移动、崩落,崩落的岩体的主要运动形式为自由坠落或沿坡面的跳跃、滚动	拉裂、剪切—滑移。岩体存在临空面,在重力作用下,岩体向临空方向拉裂、剪切—滑移、崩落	切割崩塌体的结构面组合
2	滑动	平面型	边坡岩层、岩体沿某一外倾的层理、节理或断层整体向下滑移	剪切—滑移。结构面临空,边坡岩层、岩体沿着某一贯通性结构面向下产生剪切—滑移	平面
2	滑动	圆弧型	具有散体结构或碎裂结构的岩体沿弧形滑动面滑移,坡脚隆起	剪切—滑移。坡面临空,边坡过高,岩体发生剪切破坏,滑裂面上的抗滑力小于下滑力	圆弧
2	滑动	楔形体	两个或三个结构面组合而成的楔形体,沿两个滑动面交线方向滑动	剪切—滑移。结构面临空,交线倾向路基,楔体沿相交的两结构面向下剪切—滑移	两个倾向相反,交线倾向路基的结构面组合
2	滑动	折线型	边坡岩体追踪两个或两个以上的外倾结构面产生沿折线型滑动面的滑动	剪切—滑移。边坡岩体沿外倾的层理、节理或断裂构成的折线型滑面产生剪切—滑移	折线
3	错落	—	坡脚岩体破碎或岩质软弱,边坡的岩体,沿陡倾结构面发生整体下坐(错)位移	鼓胀、下沉、剪切—滑移。结构面临空,坡脚失去支撑,岩体沿陡倾结构面下坐、滑移	与边坡平行的陡倾节理或断层与坡脚缓倾层理
4	倾倒	—	具有层状反向结构的边坡,在重力作用下,其表部岩层向边坡下方发生弯曲倾倒	弯曲—拉裂—滑动。反倾岩层在重力作用产生的弯矩作用下弯曲、拉裂、折断、滑动	沿软弱层面与反倾向节理面追踪形成

续上表

序号	变形破坏 类型	变形破坏 亚类	变形破坏特征	变形破坏机制	破坏面形态
5	溃屈	—	岩层倾角与坡角大体一致的层状同向结构边坡,上部岩层沿软弱面蠕滑,下部岩层鼓起、弯折、剪断,岩层沿上部层面和下部剪切面滑动	滑移—弯曲。顺坡向层间剪应力大于层间结合力,上部岩层沿软弱面蠕滑,由于下部受阻而发生纵向弯曲、鼓起、弯折、剪断,最终滑面贯通后滑动	层面与下部剪断面的组合
6	滑塌	—	边坡表面的风化岩体,沿某一弧形或节理、层理组合而成的滑动面产生局部的滑动—坍塌	剪切—滑动—坍塌。风化岩体强度降低发生剪切破坏或滑动面上的抗滑力小于下滑力,风化岩体产生局部滑动并伴有坡面坍塌	圆弧或层理、节理等结构面的组合
7	碎落	—	边坡表面的风化岩石,在水流和重力作用下,呈片状或碎块状剥离母体、沿坡面滚落、堆积的现象	拉裂。岩体存在临空面,在结合力小于重力时,发生碎落	—

2.影响岩质边坡稳定性的因素

(1)岩石性质

岩石的成因类型、矿物成分、结构和强度等是决定岩质边坡稳定性的重要因素。由坚硬(密实)、矿物稳定、抗风化能力好、强度较高的岩石构成的边坡,其稳定性一般较好,反之则稳定性较差。

(2)边坡岩体结构

岩体的结构类型、结构面性状及其与坡面的关系是岩质边坡稳定性的控制因素。块状结构类型的边坡,其稳定性较好;层状结构的边坡,其稳定性主要取决于层面的产状;碎裂结构和散体结构的边坡稳定性差,易于产生圆弧式的滑动。

(3)水的作用

水的渗入使岩体重量增大,岩体因被水软化而抗剪强度降低,并使孔(裂)隙水压力升高;地下水的渗流将对岩体产生动水力,水位的升高将产生浮托力;地表水对岸坡的侵蚀使其失去侧向或底部支撑等,这些都对岩质边坡的稳定性不利。

(4)风化作用

风化作用使岩体的裂隙增多、扩大,透水性增强,抗剪强度降低。

(5)地形地貌

临空面的存在及岩质边坡的高度、坡度等都是直接与其稳定性有关的因素。一般来说,坡度越陡,坡高越高,边坡越不稳定。另外,平面上呈凹形的边坡较呈凸形的边坡稳定性好。

(6)地震

地震是造成岩质边坡破坏的重要触发因素,地震使边坡岩体的剪应力增大、抗剪强度降低,许多大型崩塌或滑坡的发生都与地震密切相关。

(7)地应力

开挖岩质边坡使边坡岩体的初始应力状态改变,坡脚出现剪应力集中带,坡顶与坡面的一些部位可能出现张应力区。在新构造运动强烈地区,开挖边坡能使岩体中的残余构造应力释放,可直接引起边坡的变形破坏。

(8)人为因素

岩质边坡不合理的设计、开挖和加载、大量施工用水的渗入及爆破等都能造成边坡失稳。

1. 案例(一)——地震对边坡稳定的影响

2008年5月12日,四川省汶川县发生里氏8级大地震,地震造成四川部分地区交通设施的巨大毁坏,损失约583亿元。由于本次地震强度大,活动时间长,沿断裂带两侧的岩体受到了极大的破坏,节理裂隙极其发育,且普遍发育与主断裂带平行的次级断层及小断层。根据边坡岩体结构类型、地形地貌、地下水等条件的不同,崩塌、滑坡、落石等大型道路边坡病害大量发生,地处震中央断裂带附近的公路边坡病害尤为明显。

边坡崩塌普遍发生于地震区及其影响区的岩质高边坡,地震造成岩体结构面张开、岩体松动、部分岩块沿着结构面垮塌,另有大量岩块停留在边坡上,稳定性很差,稍有扰动即可能崩塌,对行车威胁极大。震区公路边坡落石,一般发生于总体稳定性好的岩质高边坡,因地震力的影响,结构面抗剪强度降低,个别危岩顺结构面垮塌,危岩体积大,会砸坏路面,影响行车。

2. 案例(二)——地形地貌、岩性、边坡岩体结构、水以及人为因素等对边坡稳定的影响

2001年5月1日20点30分,重庆市武隆县城发生山体滑坡,造成一幢9层居民楼房垮塌,致79人死亡。形成滑动的边坡处于乌江右岸,地势陡峻,河谷深切,具典型的川盆边缘峡谷丘陵地貌特征。滑动边坡段恰好位于一背斜核部,其岩性主要为厚层状砂岩,裂隙发育,有一组节理呈弧形倾向坡外,构成滑体的下部滑动面。砂岩中裂隙贯通性极强,是良好的含水层,砂岩中的泥岩夹层遇水易软化,形成相对隔水层。原自然边坡坡度为42°~55°,因修路先开挖了坡度为64°~80°、高度为6~10m的公路边坡,之后在公路内侧拓展建筑场地,开挖形成了27m高的直立边坡,后在距此直立边坡1m处建造了9层居民楼房。建房过程中,边坡上一直有掉块现象,表明人工直立边坡一形成即已接近临界状态。在滑坡发生的前一天,整天降雨,雨水入渗,形成静水压力,增加滑体的下滑力,软化泥质物充填的节理、层理,使得结构面上抗剪强度降低。自然因素加上人类工程活动的影响,导致边坡产生剪切滑移破坏。

课后习题

1. 岩质边坡的变形是指边坡岩体只发生局部_____或_____,没有发生显著的_____或_____,不至于引起边坡_____的现象。

2. 岩质边坡的破坏是指边坡岩体以一定的_____发生了较大_____的现象,如边坡岩体的整体滑动、滚动和倾倒。

3. 岩质边坡的变形与破坏在边坡岩体变化过程中是密切联系的,变形可能是_____

的前兆,而破坏则是_____进一步发展的结果。

4. 公路岩质边坡的变形破坏类型有_____、_____、_____、_____、_____、_____、_____。

5. 以下关于公路岩质边坡变形破坏的叙述,正确的有(　　)。

   A. 公路岩质边坡产生崩塌破坏的特征为:边坡上局部岩体向临空方向拉裂、移动、崩落,崩落的岩体的主要运动形式为自由坠落或沿坡面的跳跃、滚动

   B. 公路岩质边坡产生平面滑动破坏的特征为:边坡岩层、岩体沿某一外倾的层理、节理或断层整体向下滑移

   C. 公路岩质边坡产生圆弧型滑动破坏的特征为:边坡岩层、岩体沿某一外倾的层理、节理或断层整体向下滑移,变形破坏机制为滑移—弯曲

   D. 公路岩质边坡产生楔形滑动破坏的特征为:两个或三个结构面组合而成的楔形体,沿两个滑动面交线方向滑动,变形破坏机制为拉裂—滑动

   E. 公路岩质边坡产生折线型滑动破坏的特征为:边坡岩体追踪两个或两个以上的外倾结构面产生沿折线型滑动面的滑动

   F. 公路岩质边坡产生错落破坏的特征为:坡脚岩体破碎或岩质软弱,边坡的岩体沿陡倾结构面发生整体下坐(错)位移

   G. 公路岩质边坡产生倾倒破坏的特征为:具有层状反向结构的边坡,在重力作用下,其表部岩层向边坡下方发生弯曲倾倒,变形破坏机制为剪切—滑移

   H. 公路岩质边坡产生溃屈破坏的特征为:岩层倾角与坡角大体一致的层状同向结构边坡,上部岩层沿软弱面蠕滑,下部岩层鼓起、弯折、剪断,岩层沿上部层面和下部剪切面滑动

   I. 公路岩质边坡产生滑塌破坏的特征为:边坡表面的风化岩体,沿某一弧形或节理、层理组合而成的滑动面产生局部的滑动—坍塌,变形破坏机制为滑移—弯曲

   J. 公路岩质边坡产生碎落破坏的特征为:边坡表面的风化岩石,在水流和重力作用下,呈片状或碎块状剥离母体,沿坡面滚落、堆积的现象,变形破坏机制为坍塌

6. 以下影响边坡稳定性的因素有(　　)。

   A. 岩石类型

   B. 岩体结构

   C. 水的作用

   D. 风化作用

   E. 地形地貌

   F. 地震

   G. 地应力

   H. 人为因素

7. K3 边坡的变形破坏属于哪种类型?影响 K3 边坡稳定性的因素有哪些?

任务二 分析岩质边坡的稳定性

学习情境

K3 边坡在开挖过程中发生了变形破坏迹象,作为工程负责人,请你根据勘察资料和实测参数,依据相关规范,采用"岩质边坡稳定性的对比分析方法——工程地质类比法""岩质边坡稳定性的结构分析方法——赤平极射投影图法""岩质边坡稳定性的定量分析方法——极限平衡法",分别分析 K3 边坡的稳定性,为边坡防治设计提供参考。

相关知识 <<<

所谓岩质边坡稳定,是指在一定的时间内,一定的自然条件和人为因素的影响下,岩质边坡不产生破坏性的剪切滑动、塑性变形或张裂破坏。岩质边坡的稳定性以及是否发生变形与破坏,主要取决于岩质边坡内各种结构面的性质及其对岩体的切割程度。在进行岩质边坡的稳定性分析时,目前一般多采用对比分析、结构分析及力学分析的方法。三者相互结合,互相补充、互相验证,以对岩质边坡稳定性作出综合评价。当边坡破坏机制复杂时,宜结合数值分析方法进行分析。

1. 岩质边坡稳定性的对比分析方法——工程地质类比法

该方法是将已有的天然边坡或人工边坡的研究经验(包括稳定的或破坏的),用于新研究边坡的稳定性分析,如坡角或计算参数的取值、边坡的处理措施等。工程地质类比法具有经验性和地区性的特点,应用时必须全面分析已有边坡与新研究边坡两者之间的地貌、地层岩性、结构、水文地质、自然环境、变形主导因素及发育阶段等方面的相似性和差异性,同时还应考虑工程的规模、类型及其对边坡的特殊要求等。

根据已有经验,存在下列条件时对岩质边坡的稳定性不利:

①边坡及其邻近地段已有滑坡、崩塌、陷穴等不良地质现象存在。

②岩质边坡中有页岩、泥岩、片岩等易风化、软化岩层或软硬交互的不利岩层组合。

③软弱结构面与坡面倾向一致或交角小于45°,且结构面倾角小于坡角,或基岩面倾向坡外且倾角较大。

④地层渗透性差异大,地下水在弱透水层或基岩面上积聚流动,断层及裂隙中有承压水出露。

⑤坡上有水体漏水,水流冲刷坡脚或因河水位急剧升降引起岸坡内动力水的强烈作用。

⑥边坡处于强震区或邻近地段,采用大爆破施工方式。

采用工程地质类比法选取的经验值(如坡角、计算参数等)仅能用于地质条件简单的中小型边坡。表 4-4-2 为岩质边坡坡率允许值,以供参考。

岩质边坡坡率允许值　　　　　　　　　　　表 4-4-2

边坡岩体类型	风化程度	坡率允许值(高宽比)		
		$H<8m$	$8m\leqslant H<15m$	$15m\leqslant H<25m$
Ⅰ	微风化	1:0.00~1:0.10	1:0.10~1:0.15	1:0.15~1:0.25
	中等风化	1:0.10~1:0.15	1:0.15~1:0.25	1:0.25~1:0.35
Ⅱ	微风化	1:0.10~1:0.15	1:0.15~1:0.25	1:0.25~1:0.35
	中等风化	1:0.15~1:0.25	1:0.25~1:0.35	1:0.35~1:1.50
Ⅲ	微风化	1:0.25~1:0.35	1:0.35~1:0.50	—
	中等风化	1:0.35~1:0.50	1:0.50~1:0.75	—
Ⅳ	中等风化	1:0.50~1:0.75	1:0.75~1:1.00	—
	强风化	1:0.75~1:1.00	—	—

注：1. H——边坡高度；
　　2. Ⅳ类强风化包括各类风化程度的极软岩；
　　3. 全风化岩体可按土质边坡坡率取值。

例题 4-4-1　阅读以下工程地质资料，运用工程地质类比法，结合 K3 边坡的地质勘察资料，分析 K3 边坡的稳定性。

工程地质资料：G211 某县某公路扩建工程，沿线岩石主要由强风化和中风化变余砂岩、板岩等变质岩组成，透水性极差。该地区季节性降雨充沛，岩石较软，力学强度不一，抗风化能力较弱；受向斜和断层影响，局部破碎带发育，顺向节理裂隙和局部顺层边坡，工程开挖后岩体风化产生错落、滑坡，岩石结构比较松散；同时部分硬质岩虽具有一定的抗风化能力，但层间结合度较差，顺向岩层的边坡挖方扰动后，出现了工程滑坡。

类比上述工程地质资料，分析 K3 边坡稳定性如下：

(1) K3 边坡与上述边坡同为顺层边坡，岩性为强风化页岩夹泥岩、泥灰岩及灰岩，和上述边坡岩性同属较软岩，且力学强度不一，抗风化能力较弱。层间充填泥质物，遇水易软化、流失，属不利岩层。

(2) K3 边坡节理、褶皱发育，产状凌乱，岩体被切割得较破碎，岩层起伏较大，发育有三组节理，两组近于正交。局部不连续结构面高角度顺倾，岩层产状与边坡顺倾，层间结合力很差，多组不利结构面易引起边坡整体失稳。

(3) K3 边坡的大范围开挖对岩层的扰动较大，易诱发边坡失稳。该边坡因开挖已发生过多次变形，即已有不良地质现象存在：四级边坡开挖时，坡体中已产生裂纹，三级边坡开挖后，遇较大强度降雨渗入，使得坡体中裂缝继续发育，形成蠕滑变形，导致坡体滑动，三级边坡部分段垮塌。

(4) 边坡开挖后，因地层渗透差异大，降雨渗入引起地层富水。

(5) K3 边坡一侧临近陡峻冲沟，沟两侧地层为深厚的松散岩体，受雨水及地表径流冲刷严重，自稳性差。路堑左侧有河流，受水流冲刷以及雨季河水位急剧上升引起岸坡内动力水的作用强烈，水的作用易导致边坡不稳定。

(6) 同上述边坡，K3 边坡区段也属构造运动强烈地区，地震活动较频繁，易诱发边坡失稳。

综合以上分析，K3 边坡稳定性较差，在各种不利情况组合下，更容易失去稳定。

课后习题

1. 岩质边坡稳定是一个相对的概念,是指在一定的_____内,一定的_____和_____的影响下,岩质边坡不产生_____的剪切滑动、塑性变形或张裂破坏。

2. 在进行岩质边坡的稳定性分析时,目前一般多采用_____分析、_____分析及_____分析的方法。三者相互结合,互相补充、互相_____,以对岩质边坡稳定性作出综合评价。

3. 边坡稳定性的对比分析法,也叫_____法,该方法是将_____的天然边坡或人工边坡的研究经验,用于_____边坡的稳定性分析。

4. 类比法具有_____性和_____性的特点,应用时必须全面分析_____边坡与_____边坡两者之间的地貌、_____、_____、_____、自然环境、变形主导因素及发育阶段等方面的_____性和_____性,同时还应考虑工程的_____、_____及其对边坡的特殊要求等。

5. 据经验,存在下列条件(　　)时对边坡的稳定性不利。
   A. 边坡及其邻近地段已有滑坡、崩塌、陷穴等不良地质现象存在
   B. 边坡及其邻近地段构造稳定,无不良地质现象存在
   C. 岩质边坡中有页岩、泥岩、片岩等易风化、软化岩层或软硬交互的不利岩层组合
   D. 岩质边坡为块体结构的硬质岩,结构面不发育
   E. 软弱结构面与坡面倾向一致或交角小于45°,且结构面倾角小于坡角,或基岩面倾向坡外且倾角较大
   F. 地层渗透性差异大,地下水在弱透水层或基岩面上积聚流动,断层及裂隙中有承压水出露
   G. 坡上有水体漏水,水流冲刷坡脚或因河水位急剧升降引起岸坡内动力水的强烈作用
   H. 边坡处于强震区或邻近地段,采用大爆破施工方式

6. 通过阅读勘察资料,结合工程地质类比法,以下对 K3 边坡稳定性不利因素的分析,正确的有(　　)。
   A. 边坡在开挖时已发现有变形裂缝,在降雨后裂缝继续发育,形成蠕滑变形,即坡体上已有不良地质现象存在
   B. 岩质边坡中有页岩、泥岩等易风化岩层,层间充填泥质物,遇水易软化
   C. 软弱结构面与坡面倾向一致,且结构面倾角大于坡角
   D. 软弱结构面与坡面倾向一致,且结构面倾角小于坡角
   E. 地层富水,边坡开挖引起地下水在弱透水层面上积聚流动
   F. 边坡上节理褶皱发育,岩体破碎,降雨后有水渗入,使得边坡岩体软化
   G. 边坡一侧有较大的冲沟,地势陡峻,岩体松散,冲沟水往边坡内渗漏
   H. 路堑左侧有河流,水流冲刷以及雨季河水位急剧上升引起岸坡内动力水强烈作用
   I. 边坡处于地震活动较频繁区域,大范围开挖对岩层扰动不大

2. 岩质边坡稳定性的结构分析法——赤平极射投影图法

岩质边坡的破坏,往往是一部分不稳定的结构体沿着某些结构面裂开,并沿着另一些结构

面向着一定的临空面滑移的结果。这就揭示了岩质边坡稳定性破坏所必须具备的边界条件——存在切割面、滑动面和临空面。所以,通过对岩质边坡结构要素(结构面和结构体)的分析明确岩质边坡滑移的边界条件是否具备,就可以对岩质边坡的稳定性作出判断,这就是岩质边坡稳定性结构分析的基本内容和实质,常用方法为赤平投影图法。其分析步骤大致为:首先对岩质边坡结构面的类型、产状及其特征进行调查、统计、研究。其次对各种结构面及其临空空间组合关系以及结构体的立体形式进行图解分析。调查统计结构面时,应和工程建筑物的具体方位联系起来,按一般野外地质调查方法进行。对多组结构面切割的岩质边坡,要注意分清主次和结构面相互间的组合关系,再逐一测量,这样才能较充分的表达出结构体的特征。

岩质边坡结构的图解分析,在实践中多采用赤平极射投影并结合实体比例投影来进行。赤平极射投影方法主要用于岩质边坡的稳定性分析、工程地质勘察资料分析、地下洞室围岩稳定性分析等。利用赤平极射投影来表示和测读空间上的平面、直线的方向、角度和角距,用图解的方法代替繁杂的公式运算,可达到相当准确的精度。

(1) 赤平极射投影原理

赤平极射投影,是利用一个球体作为投影工具,把物体放在球体的中心,将物体上各部分的位置投影于赤平面上,化立体为平面的一种投影形式。如图 4-4-1 所示,作一通过球心的平面 EAWC,这个平面通过球体赤道,称为赤平面。从球体的一个极点南极 S 或北极 N(示例为 S)发出射线(称为极射),射线与赤平面的交点 M 即为所需投影。

因目的不同,投影的发射点,有时自南极开始,只投影上半球的物体;有时自北极开始,只投影下半球的物体;有时自南、北两极开始,同时投影上、下半球的物体。若以一极(例如南极)同时投影上、下半球物体时,下半球的物体,有时可能要投影到球体的赤平面之外,如图 4-4-1 的 G 点。从一极只投影相对半球上的物体时,可能均落于赤平面之内。

下面仅介绍从南极开始,投影上半球的物体。

①点的投影:以南极 S 为发射点,犹如自 S 仰视上半球物体,视线与赤平面相交点为投影点。例如图 4-4-1 中,P 为上半球面上任意一点,作 SP 连线交赤平面于 M,M 即为 P 点在赤平面上的投影,若 P 点绕 N 旋转一周,它的投影点 M 亦绕 O 点旋转一周。

②线的投影:如图 4-4-2,OB 为一直线与赤平面交角为 α,从 S 仰视,则 OB 线在赤平面上的投影为 OM。

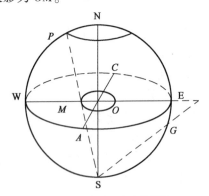

图 4-4-1　赤平面上点的投影

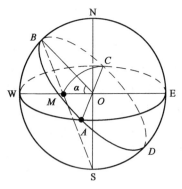

图 4-4-2　赤平面上线与面的投影

③面的投影:如图 4-4-2,ABCD 为一通过球心的倾斜平面,与赤平面相交于 A、C,与赤平面夹角为 α。自 S 仰视上半球 ABC 面,则其在赤平面上的投影为 AMC,AMC 为一圆弧。若将赤平面从球体中脱离出来,AC 线即代表 ABCD 面的走向。

为了迅速而准确地对物体的几何要素进行投影,需要使用赤平极射投影网。目前广泛使用的赤平极射投影网有两种:一种是吴尔福创造的极射等角距投影网,简称吴氏网;第二种是施密特创造的等面积投影网,简称施氏网。一般习惯使用吴氏网(图 4-4-3)。

(2)赤平极射投影的作图方法(图 4-4-4)

赤平极射投影作图分两步进行:

①作球面投影,将物体的几何要素置于投影球中心,然后从球心投影到球面上去,得到球面投影。

②化球面投影为赤平极射投影,由球极向球面投影发出射线与投影球的赤平面的交点就是赤平极射投影。

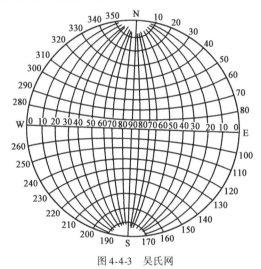

图 4-4-3 吴氏网

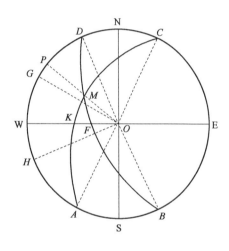

图 4-4-4 赤平极射投影图作图示例

例题 4-4-2 已知测得两结构面的产状,见表 4-4-3。作此两结构面的赤平极射投影图,并求出其交线的倾向和倾角。

结构面产状　　　　　　　　　　　　　　　　　表 4-4-3

结构面	走向	倾向	倾角
J1	N30°E	SE	40°
J2	N20°W	NE	60°

解:(1)预先准备一个等角度赤平极射投影网(本题采用吴氏网,即图 4-4-3);

(2)将透明纸放在投影网上,画相同半径圆,并标上南北、东西方位(图 4-4-4);

(3)利用投影网在圆周的方位角数上,经过圆心绘制 N 30°E 和 N 20°W 的方向线,分别标注为 AC 和 BD;

(4)转动透明纸,分别使 AC、BD 与投影网的上下(即 NS 线)相重合,在投影网的水平线(东西方向线)上找出倾角为 40°和 60°的点(倾向为 NE、SE 时在网的左边找,倾向为 NW、SW

时在网的右边找),分别标注上 K 及 F。通过 K、F 点分别绘制 $40°$、$60°$ 的经度线,即为结构面 J1、J2 的赤平极射投影弧 AKC 和 BFD。再分别延长 OK、OF 至圆周交于点 G、H 点,就完成了所求结构面 J1、J2 的投影图。图中 AC、BD 分别为 J1、J2 的走向;GK、HF 表示 J1、J2 的倾角;KO、FO 线的方向为 J1、J2 的倾向,如图 4-4-4 所示。

将 AKC 和 BFD 的交点标注为 M,连 OM 并延长至圆周交于 P,MO 线的方向即为 J1、J2 交线的倾向,PM 表示 J1、J2 交线的倾角。

(3) 赤平极射投影的应用

① 滑动方向的分析。

岩质边坡失稳滑移方向可分为两种情况:一是单一滑动面边坡,不稳定块体在重力作用下沿着滑动面倾斜方向运动;二是两组相交结构面构成的可能滑移体,多数是楔形体。

在自重作用下的滑移方向,受两组结构面的组合交线的倾斜方向所控制。在赤平极射投影图上作边坡面和两结构面 J1、J2 的投影,并绘出两结构面的倾向线 AO、BO 及组合交线 CO。边坡滑动方向有以下三种情况。

a. 组合交线 CO 位于它们的倾向线 AO 和 BO 之间,则 CO 的倾斜方向,即为不稳定体的滑移方向,两结构面都是滑动面,如图 4-4-5a) 所示。

b. 组合交线 CO 位于它们倾向线同一侧时,则位于三者中间的那条倾向线 AO 方向为滑移方向,即块体只沿着结构面 J1 做单面滑动,结构面 J2 只起侧向切割面的作用,如图 4-4-5b) 所示。

c. 组合交线 CO 与某一结构面的倾向线重合,CO 的倾斜方向仍为滑移方向,两结构面都是滑动面,结构面 J2 是主滑动面,结构面 J1 为次滑动面,如图 4-4-5c) 所示。

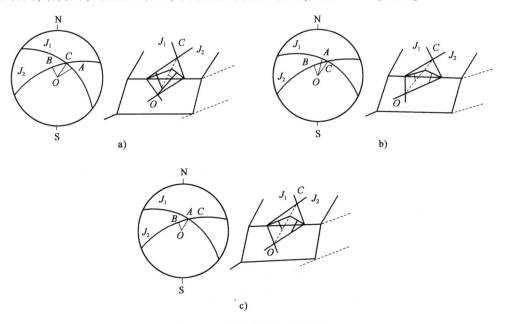

图 4-4-5 结构体滑移方向示意图

② 边坡滑动可能性初步判断。

根据边坡岩体结构分析,可以初步判断边坡产生滑动的可能性大小,即边坡稳定情况。

a. 一组结构面边坡。一组结构面边坡多见于层状岩层,如果没有地形切割,则边坡稳定性良好;若发生变形,必须切断部分岩体。根据结构面与边坡的产状关系,边坡稳定情况见表4-4-4。

一组结构面的边坡稳定情况 表4-4-4

结构面与边坡的关系		平面图	剖面图	赤平极射投影图	边坡稳定情况
内倾		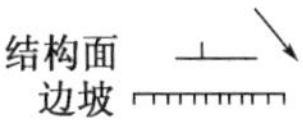	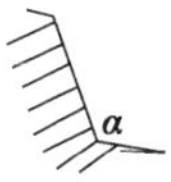		稳定,滑动可能性小
外倾	$\beta < \alpha$		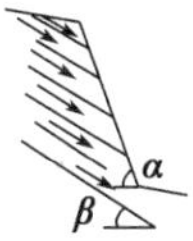	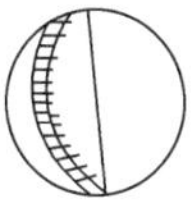	不稳定,易滑动
外倾	$\beta > \alpha$		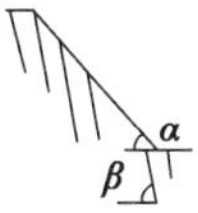	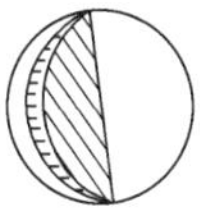	滑动可能性小,但可能沿软弱结构面产生深层滑动
斜交	$\theta > 40°$	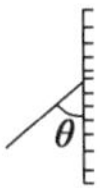	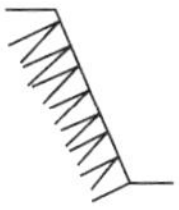		一般较稳定,坚硬岩层滑动可能性小
斜交	$\theta < 40°$		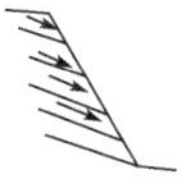		不稳定,可能产生局部滑动

b. 两组结构面边坡。两组结构面边坡是指由两组相互斜交的结构面构成的边坡,如 X 形断裂的组合,或岩层层面与一组断裂的组合等。两组结构面的边坡稳定情况见表4-4-5。

两组结构面的边坡稳定情况 表4-4-5

结构面与边坡的关系		平面图	剖面图	赤平极射投影图	边坡稳定情况
二组内倾				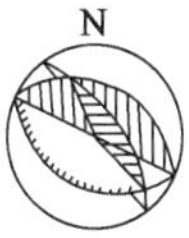	较稳定,坚硬岩层滑动可能性小
二组外倾	$\beta < \alpha$		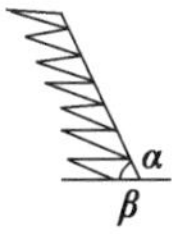		不稳定,较破碎易滑
二组外倾	$\beta > \alpha$			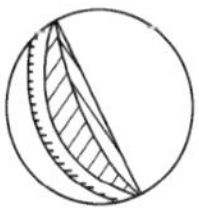	较稳定,可能深层滑动

表 4-4-5

结构面与边坡的关系		平面图	剖面图	赤平极射投影图	边坡稳定情况
一组内倾	$\beta<\alpha$	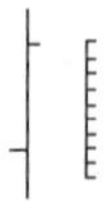	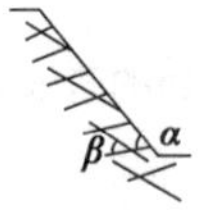	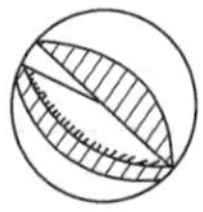	不稳定,较易滑动
	$\beta>\alpha$	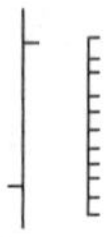		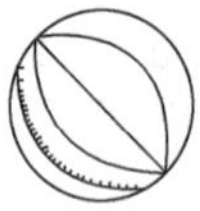	可能产生深层滑动,内斜结构面倾角越小越易滑动

c. 三组及多组结构面边坡。由三组或多组结构面组成的边坡,其分析的基本原理和方法与两组结构面一样,所不同的是组合交线的交点有所增多。如三组结构面有三个交点,四组结构面最多有六个交点等。无论交点有多少,但经过分析就可以知道其中必有不影响边坡稳定性的(如位于边坡投影对侧的点)或影响不大和有明显影响的(如位于边坡投影同侧,倾角又小于坡角的点)等几种不同情况,需选择其中最不利的交点进行分析。如在判断稳定性时,要选择交线倾角最大,但又小于坡角的点来分析;推断稳定坡角时,要选择倾角最小的点来分析等。必须说明这一分析是基于各组结构面的物质组成、延展性、张开程度、充填胶结情况、平整光滑程度等特征基本相同的情况。若它们各不相同,则应根据各组结构面不同特征进行综合分析,先判断出对边坡稳定性有直接影响的两组结构面,然后以此两组结构面作为依据,来判断边坡稳定性,推断或计算其极限稳定坡角。利用赤平极射投影图初步判断边坡的稳定性见表 4-4-6。

利用赤平极射投影图初步判断边坡的稳定性　　　　表 4-4-6

结构面或结构面交线倾向	边坡
与坡面倾向相反	稳定结构
基本一致但其倾角大于坡角时	基本稳定结构
夹角小于 45°且倾角小于坡角时	不稳定结构

例题 4-4-3 某高速公路勘察中,发现某大桥桥台东北侧有石灰岩边坡分布,该边坡节理裂隙发育,岩体切割较破碎,一旦失稳破坏,将危及下方位桥台,存在安全隐患。现利用赤平极射投影图,初步判断该边坡切割体的稳定性。该边坡坡面产状为 58°∠40°、岩层产状为 178°∠22°,主要发育的两组节理为 $L1$、$L2$,产状分别为 56°∠51°、308°∠81°。

解: 先根据该边坡坡面产状、岩层产状、两组节理 $L1$ 和 $L2$ 产状,作赤平极射投影图(图中 P 为坡面,$L1$、$L2$ 为两组节理,TY 为岩层),如图 4-4-6 所示。

由边坡坡面和结构面关系赤平极射投影图 4-4-6 可知:节理 $L2$ 的倾向与边坡坡面倾向相反,节理 $L1$ 的倾向与边坡坡面倾向基本一致,但其倾角大于坡角,故该边坡切割体基本稳定。

例题 4-4-4 利用赤平极射投影图,分析判断 K3 边坡的稳定性。K3 边坡产状为 4°∠52°、主要岩层产状为 356°∠30°,三组节理 J1、J2、J3 产状分别:16°∠20°、300°∠89°、240°∠75°。

解：先根据 K3 边坡产状、主要岩层产状、三组节理 J1、J2、J3 产状，作赤平极射投影图，如图 4-4-7 所示。

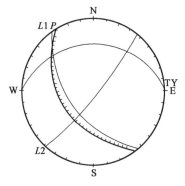

图 4-4-6　某边坡赤平极射投影图

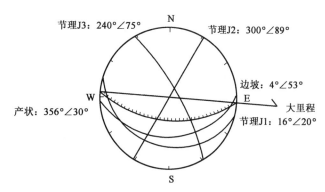

图 4-4-7　K3 边坡赤平极射投影图

由边坡坡面与岩层结构面关系赤平极射投影图 4-4-7 可知：右侧边坡岩体岩层层面与坡面倾向呈小角度相交，二者倾向为外倾关系，对边坡稳定性影响较大，节理 J1 倾向与坡面倾向呈小角度相交，其倾向与坡面倾向呈外倾关系，故岩层层面及节理 J1 对右侧边坡有较大影响，因此开挖后，该侧边坡可能会沿岩层层面及节理 J1 产生滑动。

③边坡稳定坡角的初步判断。

a. 层状结构边坡。当岩层层面走向与边坡走向一致时，其稳定边坡可直接以岩层层面的倾角来确定。

当结构面走向与边坡走向垂直时（图 4-4-8），稳定坡角最大（可达 90°岩层）；当结构面走向与边坡走向平行时（图 4-4-9），稳定坡角最小，即等于结构面的倾角。由此可知，结构面走向与边坡走向的夹角由 0°变到 90°时，则稳定坡角可由结构面的倾角 α 到 90°。

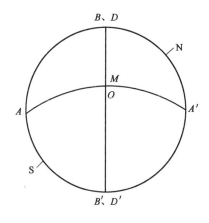

图 4-4-8　结构面走向与边坡走向垂直相交

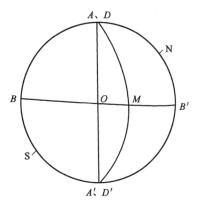

图 4-4-9　结构面走向与边坡走向平行

当岩层层面走向与边坡走向斜交时，稳定坡角不能用直观的方法判断。通过下面的例题 4-4-5 说明稳定坡角的确定。

b. 两组结构面边坡。两组结构面边坡的稳定坡角，通过下面的例题 4-4-6 来说明如何求解。

例题 4-4-5 已知结构面走向 N80°W，倾向 SW，倾角 50°，与边坡斜交；边坡走向 N50°W，求稳定坡角。

解： 根据结构面的产状，绘制结构面的赤平极射投影 A-A′，和最小抗切面的赤平极射投影 B-B′，因为最小抗切面与结构面垂直，并直立。所以最小抗切面的走向为 N10°E，倾向 90°，它与结构面相交于 M 点。MO 即为两者的组合交线的倾向。根据边坡的走向和倾向，通过 M 点，利用投影网求出稳定边坡的投影弧 DMD′。据边坡 DMD′，利用投影网，可求得边坡 DMD′ 的倾角，此倾角为推断的稳定坡角（54°），如图 4-4-10 所示。

例题 4-4-6 若已知两结构面 J1 和 J2 的产状分别为 240°∠60°、160°∠50°，而设计边坡走向为 N310°W，倾向 S220°W，求边坡稳定坡角。

解： 先分别作两结构面 J1 和 J2 大圆弧，交于 I 点，再作设计边坡坡面走向线的投影 AA′，并过点 A、I、A′ 作大圆弧，即为所求的边坡面，读得边坡的稳定角为 52°（图 4-4-11）。

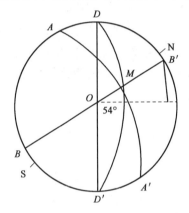

图 4-4-10 一组斜交结构面走向与边坡走向垂直相交

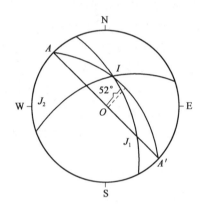

图 4-4-11 两组结构面边坡稳定坡角的确定

学习参考

赤平投影等构造分析可以通过软件实现，如 Rocscience 软件中的 Dips 和 Swedge 模块可耦联使用，进行边坡稳定性分析。

（1）Dips 地质数据的几何学和统计学分析模块可用于进行地质方位数据的交互式分析。

（2）Swedge 三维边坡面楔形体分析模块，适用于分析岩质边坡坡面潜在不稳定楔形体的失稳破坏概率，可与 Dips 模块耦合使用。

课后习题

1. 岩质边坡稳定性破坏所必须具备的边界条件有：_____、_____ 和 _____。

2. 岩质边坡稳定性的结构分析的基本内容和实质是：通过对边坡岩体结构要素 _____ 和 _____ 的分析，明确岩质边坡滑移的 _____ 条件是否具备，就可以对岩质边坡的稳定性作出判断。

3. 岩质边坡稳定性的结构分析步骤大致有两步。第一步：_____；

第二步：_____。

4. 边坡岩体结构的图解分析，在实践中多采用_____并结合实体_____来进行。

5. 赤平极射投影方法，主要用于岩质边坡的_____分析、_____分析、_____分析等。

6. 赤平极射投影是利用一个_____作为投影工具，通过_____作一平面，这个平面通过球体赤道，所以称为_____。从球体的一个极点南极或北极发出射线，称_____。射线与_____的交点，即为投影。

7. 赤平极射投影作图分两步进行。第一步：作_____投影，将物体的_____要素置于投影球中心，然后从_____投影到_____上去，得到球面投影；第二步：化球面投影为_____投影，由_____向球面投影发出射线与投影球的_____的交点就是赤平极射投影。

8. 关于赤平极射投影的应用，以下说法正确的有(   )。
   A. 可用于岩质边坡边坡失稳滑动方向的分析
   B. 不可用于岩质边坡边坡失稳滑动方向的分析
   C. 可用于判断边坡产生滑动的可能性大小
   D. 不可用于判断边坡产生滑动的可能性大小
   E. 可用于边坡稳定坡角的初步判断
   F. 不可用于边坡稳定坡角的初步判断

9. 以下关于利用赤平极射投影图初步判断边坡的稳定性的说法，正确的有(   )。
   A. 当结构面或结构面交线的倾向与坡面倾向相反时，边坡为稳定结构
   B. 当结构面或结构面交线的倾向与坡面倾向相反时，边坡为不稳定结构
   C. 当结构面或结构面交线的倾向与坡面倾向基本一致但其倾角大于坡角时，边坡为基本稳定结构
   D. 当结构面或结构面交线的倾向与坡面倾向基本一致但其倾角大于坡角时，边坡为不稳定结构
   E. 当结构面或结构面交线的倾向与坡面倾向之间夹角小于45°且倾角小于坡角时，边坡为稳定结构
   F. 当结构面或结构面交线的倾向与坡面倾向之间夹角小于45°且倾角小于坡角时，边坡为不稳定结构

10. 根据 K3 边坡产状、主要岩层产状以及三组节理产状(见本单元任务一学习情境)，利用赤平极射投影图法分析 K3 边坡的稳定性。

3. 岩质边坡稳定性的定量分析方法——极限平衡法

岩质边坡稳定性定量分析需要按构造区段及不同坡向分别进行。根据每一区段的岩土技术剖面，确定其可能的破坏模式，并考虑所受的各种荷载(如重力、水作用力、地震作用或爆破振动力等)，选定适当的参数进行计算。定量分析的方法主要有极限平衡法、有限元法和破坏概率法三种，但是比较成熟且在目前应用得较多的仍然是极限平衡法。

极限平衡法是将滑动岩块视为刚体，按此假定，可用理论力学相关原理分析岩块处于平衡状态时必须满足的条件。除楔形破坏外，其余的破坏多简化为平面问题，选取有代表性的剖面

进行计算;边坡岩土的破坏遵从摩尔-库仑强度破坏理论,理论认为当边坡的稳定系数 $F_s = 1$ 时,滑动体处于临界状态。

(1)滑动面为单一平面时的稳定性计算

岩质边坡沿着单一的平面发生滑动,一般必须满足下列几何条件:

①滑动面的走向必须与坡面平行或接近平行(约在 ±20°的范围内)。

②滑动面必须在边坡坡面出露,即滑动面的倾角 β 必须小于坡面的倾角 α。

③滑动面的倾角 β 必须大于该平面的摩擦角 φ。

④岩质边坡中必须存在对于滑动阻力很小的分离面,以定出滑动的侧面边界。

平面滑动分析分为无张裂隙破坏和有张裂隙破坏。

①无张裂隙破坏。滑动面为单一平面、无张裂隙时的破坏是最简单的情况,通常在由软弱面控制的顺层滑坡中可见到,如图 4-4-12 所示。

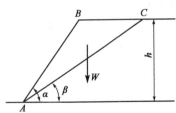

图 4-4-12 无张裂隙简单平面型破坏

AC 为边坡内的软弱结构面(滑动面),滑动体为 ABC,其重为 W,它对于滑动面的垂直分量和平行分量分别为 $W\cos\beta$ 和 $W\sin\beta$,其中 $W\sin\beta$ 为滑动体向下滑动的力,根据极限平衡分析方法,阻止滑体向下滑动的抗滑力为 $W\cos\beta\tan\varphi + cL$,故该岩质边坡的滑动稳定系数 F_s 为:

$$F_S = \frac{W\cos\beta\tan\varphi + cL}{W\sin\beta} \tag{4-4-1}$$

式中:β——滑动面倾角(°);

φ——滑动面的内摩擦角(°);

c——滑动面的黏聚力,kPa;

L——滑动面的长度,每单位宽度内的面积,m。

当 $F_s = 1$ 时,意味着边坡处于极限平衡状态,这时的边坡高度 h 就是临界坡高 h_{cr}。

$$h_{cr} = \frac{4c\sin\alpha\cos\varphi}{\gamma[1 - \cos(\alpha - \varphi)]} \tag{4-4-2}$$

式中:α——边坡坡角(°);

γ——岩石的天然重度,kN/m³;

其余符号同前。

②有张裂隙破坏。大多数岩坡在滑动之前会在坡顶或坡面上出现张裂隙,如图 4-4-13 所示。张裂缝中不可避免的还充填有水,会产生侧向水压力,使岩质边坡的稳定性降低。

a. 单宽滑体自重。

当张裂隙位于坡顶时:

$$W = \frac{1}{2}\gamma h^2 \left\{ \left[1 - \left(\frac{z}{h}\right)^2\right]\cot\beta - \cot\alpha \right\} \tag{4-4-3}$$

当张裂隙位于坡面上时:

$$W = \frac{1}{2}\gamma h^2 \left\{ \left[1 - \left(\frac{z}{h}\right)^2\right]\cot\beta(\cot\beta\tan\alpha - 1) \right\} \tag{4-4-4}$$

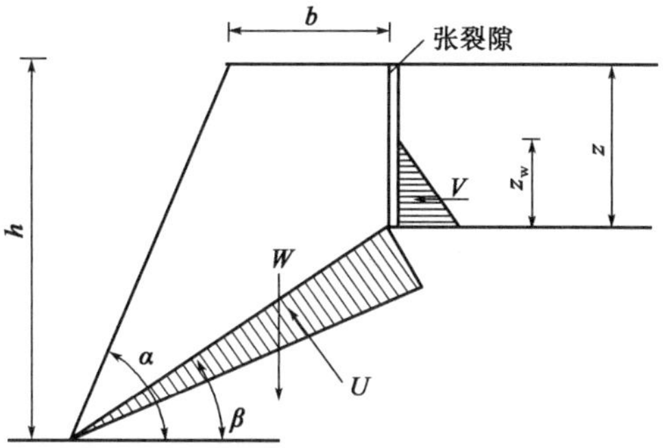

图 4-4-13 有张裂隙平面滑动型破坏

b. 滑动稳定系数。

$$F_s = \frac{cA + (W\cos\beta - U - V\sin\beta)\tan\varphi}{W\sin\beta + V\cos\beta} \quad (4\text{-}4\text{-}5)$$

$$A = \frac{h - z}{\sin\beta} \quad (4\text{-}4\text{-}6)$$

$$U = \frac{1}{2}\gamma_w z_w A \quad (4\text{-}4\text{-}7)$$

$$V = \frac{1}{2}\gamma_w z_w^2 \quad (4\text{-}4\text{-}8)$$

式中:A——单宽滑体面积,m^2;
U——滑动面上水压力,kPa;
V——张裂隙中水压力,kPa;
γ_w——水的重度,kN/m^3;
其余符号见图 4-4-15。

c. 考虑地震力时,求抗滑稳定安全系数。

$$F_s = \frac{cA + (W\cos\beta - U - V\sin\beta - EW\sin\beta)\tan\varphi}{W\sin\beta + V\cos\beta + EW\cos\beta} \quad (4\text{-}4\text{-}9)$$

$$E = \frac{a}{g} \quad (4\text{-}4\text{-}10)$$

式中:E——水平地震系数;
a——地震加速度,m/s^2;
g——重力加速度,m/s^2。

例题 4-4-7 某很长的岩质边坡受一组节理控制(图 4-4-14),节理走向与边坡走向平行,地表出露线距边坡顶边缘线 20m,坡顶水平,节理与坡面交线和坡顶的高差为 40m,与坡顶的水平距离 10m,节理面内摩擦角 $\varphi = 35°$,黏聚力 $c = 70$kPa,岩体重度为 $23kN/m^3$,计算其抗滑稳定安全系数。

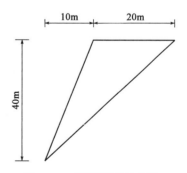

图 4-4-14 某岩质边坡示意图

解:(1)不稳定岩体体积:

$$V = 20 \times \frac{40}{2} = 400(\text{m}^3/\text{m})$$

(2)滑动面面积:

$$A = BL = 1 \times \sqrt{(10+20)^2 + 40^2} = 50(\text{m}^2/\text{m})$$

(3)抗滑稳定安全系数:

$$F_s = \frac{\gamma V \cos\theta \tan\varphi + cA}{\gamma V \cdot \sin\theta}$$

$$= \frac{23 \times 400 \times \frac{30}{50} \times \tan35° + 50 \times 70}{23 \times 400 \times \frac{40}{50}} = 1.0$$

例题 4-4-8 某岩质边坡如图4-4-15所示,由于暴雨使其后缘垂直张裂隙瞬间充满水,滑动体处于极限平衡状态,假定滑面长度 $L=50\text{m}$,张裂隙深度为10m,每延米滑动体自重 $W=15000\text{kN}$,滑动面倾角 $\theta=30°$,滑动带岩体的内摩擦角 $\varphi=25°$,试计算滑动带岩体的黏聚力。

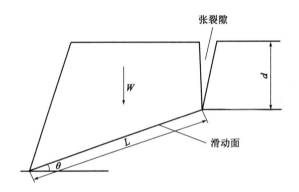

图 4-4-15 某岩坡示意图

解:(1)张裂隙中水压力:

$$V = \frac{1}{2}\gamma_w d^2 = \frac{1}{2} \times 10 \times 10^2 = 500(\text{kN/m})$$

(2)由题意知,滑动体处于极限平衡状态,即抗滑稳定安全系数 $F_s = 1.0$。

$$F_s = \frac{(W\cos\theta - V\sin\theta)\tan\varphi + cA}{W\sin\theta + V\cos\theta} = 1.0$$

$$\frac{(15000 \times \cos30° - 500 \times \sin30°) \times \tan25° + c \times 50}{15000\sin30° + 500\cos30°} = 1.0$$

$$c = 40\text{kPa}$$

(2)折线形滑动面岩质边坡稳定性分析

当潜在滑动面为两个或两个以上多平面的滑动或者其他形式的折线时(图4-4-16),假定 i 块段作用于 $i+1$ 块段的剩余下滑推力,平行于 i 块段的底滑面,根据要求取定滑坡抗滑稳定安全系数,则第 i 块段的剩余下滑推力 E_i 按式(4-4-11)计算,由此即可计算不同部位的剩余下滑推力的大小。

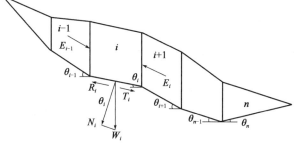

图 4-4-16　折线形滑动面计算简图

$$E_i = E_{i-1}\psi_{i-1} + F_s W_i \sin\theta_i - W_i \cos\theta_i \tan\varphi_i - c_i L_i \tag{4-4-11}$$

$$\psi_{i-1} = \cos(\theta_i - \theta_{i-1}) - \sin(\theta_{i-1} - \theta_i)\tan\varphi_i \tag{4-4-12}$$

式中：E_{i-1}——第 $i-1$ 块段的剩余下滑力，kN/m；

ψ_{i-1}——第 $i-1$ 块段的剩余下滑推力传递至第 i 块段时的传递系数；

F_s——滑坡推力计算安全系数；

W_i——第 i 块段滑体的重力，kN/m；

θ_{i-1}、θ_i——第 $i-1$、i 块段倾角（°）；

φ_i——第 i 块段滑面的内摩擦角（°）；

c_i——第 i 块段滑面的黏聚力，kPa；

L_i——第 i 块段滑面的长度，m。

通过调整安全系数 F_s 的大小，最终使滑坡剪出口处的剩余下滑推力为 0，此时的 F_s 即为滑坡的抗滑稳定安全系数。

(3) 楔形滑动岩质边坡稳定性分析

如图 4-4-17 所示，结构面 ABD、BCD 的产状是任意的，故切割出的滑动体是各种形状的三角锥，即楔形体。对于平顶边坡，三角锥的高为 h，两结构面的交线为 BD，其倾角为 α，三角锥的重以 W 表示，W 作用在滑动面上的法向力分别为 N_1、N_2。滑动体沿 ABD、BCD 二结构面滑动，二结构面上的摩阻力为 $N_1 \tan\varphi_1$ 及 $N_2 \tan\varphi_2$，楔形滑动体岩质边坡抗滑稳定安全系数可按式 (4-4-13) 计算。

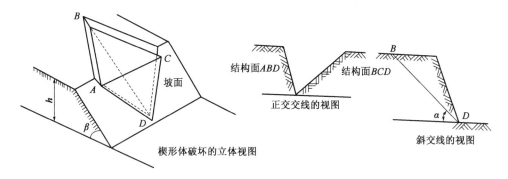

图 4-4-17　斜交滑面构成的楔形滑动体

$$F_s = \frac{N_1\tan\varphi_1 + N_2\tan\varphi_2 + c_1A_1 + c_2A_2}{W\sin\alpha} \quad (4\text{-}4\text{-}13)$$

式中：φ_1、φ_2——滑动面 ABD、BCD 的内摩擦角，°；

c_1、c_2——滑动面 ABD、BCD 的黏聚力，kPa；

A_1、A_2——滑动面 ABD、BCD 的面积，m²；

α_1、α_2——滑动体的重 W 对于 BD 交线的垂直分量方向与两滑面法线的夹角，°；

N_1、N_2——W 分别为作用在滑动面 ABD、BCD 上的法向力，kN。

可根据平衡条件（图 4-4-18）求得：

$$N_1 = \frac{W\cos\alpha\cos\alpha_2}{\sin\alpha_1\cos\alpha_2 + \cos\alpha_1\sin\alpha_2} \quad (4\text{-}4\text{-}14)$$

$$N_2 = \frac{W\cos\alpha\cos\alpha_1}{\sin\alpha_1\cos\alpha_2 + \cos\alpha_1\sin\alpha_2} \quad (4\text{-}4\text{-}15)$$

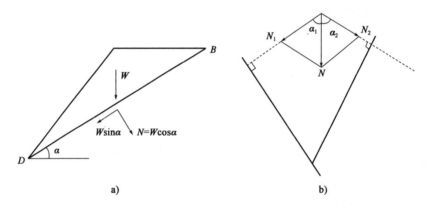

图 4-4-18　楔形滑动体的受力分析

学习参考

1. 边坡稳定性的数值分析法

数值分析方法是目前岩土力学计算中使用比较普遍的一类分析方法。在目前的岩石力学数值计算方法中，有连续介质力学方法和不连续介质力学方法两类。主要包括：有限元法、边界元法、有限差分法、块体理论、不连续变形分析法、离散元法、界面元分析法、流线元法及这些方法相互结合的耦合计算方法等多种数值模拟分析方法。这些方法使复杂岩石力学与工程问题的设计计算发生了较大变化。

（1）连续介质力学的数值分析方法

主要方法有：有限元法、边界元法、有限差分法等。

有限元法（Finite Element Method，FEM）是 1960 年美国克拉夫（ClaughW.）在一篇译题为

《平面应力分析的有限单元法》论文中首次使用的名称。有限元法在边坡稳定性分析中最早得到应用，也是目前使用最广泛的一种数值分析方法，可以用来求解弹性、弹塑性、黏弹塑性、黏塑性等问题。有限元法的优点是部分地考虑了斜坡岩土体的非均质性和不连续性，可以给出岩土体的应力、应变大小与分布，避免了极限平衡分析法中将滑动体视为刚体而过于简化的缺点，能近似地从应力应变去分析斜坡的变形破坏机制，分析最先、最容易发生屈服破坏的部位和需要首先进行加固的部位等。但它还不能很好地求解大变形和位移不连续等问题，对于无限域、应力集中问题等的求解还不太理想。

边界元法(Boundary Element Method，BEM)是 20 世纪 70 年代发展起来的一种数值方法，该法只对研究区的边界进行离散，对处理无限域或半无限域问题比较理想。但由于需事先知道求解问题的控制微分方程的基本解，在处理材料的非线性、不均匀性、模拟分步开挖等方面远不如有限元法。

有限差分法(Finite Difference Method，FDM)是为了克服有限元等数值分析方法不能求解岩土体大变形问题的缺陷，人们根据显式有限差分原理快速分析，提出的数值分析方法。该方法可以考虑材料的非线性和几何学上的非线性，适用于求解非线性大变形，求解速度较快。

(2)不连续介质力学的数值分析方法

为研究边坡裂隙岩体的稳定，近几十年来提出了一系列的不连续介质力学数值方法，主要包括块体理论、不连续变形分析、离散元、界面元等。

块体理论(Block Theory，BT)是利用拓扑学与群论的原理，以赤平极射投影和解析计算为基础，来分析三维不连续岩体稳定性。它根据岩体中实际存在的不连续面倾角及其方位，利用块体间的相互作用条件找出具有移动可能的块体及其位置，故常也被称为关键块(Key Block，KB)理论。

不连续变形分析法(Discontinuous Deformation Analysis，DDA)于 1985 年由石根华和 Goodman 创立，是基于岩体介质非连续性发展起来的一种数值分析方法。DDA 法可以模拟出岩石块体的移动、转动、张开、闭合等全部过程和破坏范围，从而对岩体的整体和局部的稳定性作出正确的评价。当然，DDA 法在岩体参数的选取、计算时步的大小、边坡渗流及解决大变形问题等方面有一定的局限性。

离散元法(Discrete Element Method，DEM)是一种动态数值分析方法，用来模拟边坡岩体的非均质、不连续和大变形等特点。该方法首先将边坡岩体划分为若干刚性块体，以牛顿第二运动定律为基础，结合不同本构关系，考虑块体受力后的运动及由此导致的受力状态和块体运动随时间的变化。它允许块体间发生平动、转动，甚至脱离母体下落，结合 CAD 技术可以在计算机上形象地反映出边坡岩体中的应力场、位移及速度等力学参量的全程变化。该方法对块体结构、层状破裂或一般碎裂结构岩体比较合适。

界面元分析法(Interface Element Method，IEM)基本原理是将岩质、土质边坡的累积单元变形形成一个完整的界面，并且根据采集的各种地质信息和数据构建界面应力元模型，其主要适用于非均质、不连续、各向异性问题的分析。

另外，几种数值分析方法的耦合应用，如有限元法与边界元法、离散元法等的耦合，边界元法与离散元法的耦合，以及数值解与解析解间的耦合，模糊数学与数值方法的耦合等，能在一定程度上彼此取长补短，以适应岩体的非均质、不连续、无限域等特征，使计算变得高效、合理与经济。

2. 边坡稳定性分析软件

随着计算机技术的发展，国内的一些软件公司开发了相应的工程软件，使得边坡稳定性分析和计算的工作量得到减少，如可以针对不同的岩质边坡，进行简单及复杂平面滑动稳定性分析、三维楔形体稳定性分析、赤平极射投影分析等。

课后习题

1. 岩质边坡稳定性定量分析需要按_____区段及不同_____分别进行。根据每一区段的岩土技术_____，确定其可能的_____，并考虑所受的各种荷载，选定适当的参数进行计算。

2. 岩质边坡稳定性定量分析的方法主要有_____法、_____法和_____法三种，但是比较成熟且目前应用得较多的是_____法。

3. 折线形滑动面岩质边坡稳定性分析，当潜在滑动面为两个或两个以上多_____的滑动或者其他形式的折线时，假定 i 块段作用于 $i+1$ 块段的_____下滑推力_____i 块段的底滑面，根据要求取定滑坡_____系数，则第 i 块段的_____下滑推力 E_i 按相应公式计算，由此即可计算不同部位的_____下滑推力的大小。

4. 根据勘察资料分析，K3 边坡潜在滑动面为折线形，如果已知各滑块重、各滑面倾角、各滑面长度以及滑面上内摩擦角、黏聚力，能计算出 K3 边坡下滑推力并判断其稳定性吗？稳定系数能达到 1.3 以上吗？

5. 岩坡产生楔形滑动时，沿着发生滑动的_____面的走向都交切_____面，而分离的楔形体沿着两个这样的平面的_____发生滑动。

6. 关于岩质边坡稳定性力学分析的极限平衡法，以下说法正确的有(　　)。
   A. 采用极限平衡法对岩质边坡进行稳定性分析时，假定滑动岩体为刚体
   B. 采用极限平衡法对岩质边坡进行稳定性分析时，假定滑动岩体为弹塑性体
   C. 除楔形破坏外，其余的破坏多简化为平面问题，选取有代表性的剖面进行计算
   D. 边坡岩体的破坏遵从摩尔-库仑强度破坏理论
   E. 边坡岩体的破坏遵从格里菲斯破坏理论
   F. 认为当边坡的抗滑稳定安全系数 $F_s=1$ 时，滑体处于临界状态
   G. 认为当边坡的抗滑稳定安全系数 $F_s<1$ 时，滑体处于稳定状态

7. 岩质边坡沿着单一的平面发生滑动，一般必须满足(　　)几何条件。
   A. 滑动面的走向必须与坡面平行或接近平行(约在 ±20° 的范围内)
   B. 滑动面的走向必须与坡面垂直或近于垂直
   C. 滑动面必须在边坡面出露，即滑动面的倾角 β 必须小于坡面的倾角 α
   D. 滑动面的倾角 β 必须小于该平面的摩擦角 φ
   E. 滑动面的倾角 β 必须大于该平面的摩擦角 φ
   F. 岩体中必须存在对滑动阻力很小的分离面，以定出滑动的侧面边界

8. 某岩质边坡(图 4-4-19)坡高 $h=100$ m，坡顶垂直张裂隙深 40 m，坡角 $\alpha=35°$，结构面倾

角 $\beta = 20°$。岩体性质指标为:$\gamma = 25\text{kN/m}^3$,$c = 0$,$\varphi = 25°$。试求当裂隙内的水深 Z_w 达到何值时,岩质边坡处于极限平衡状态?请思考如果该岩质边坡为 K3 边坡,岩性指标为 $\gamma = 25\text{kN/m}^3$,$c = 0\text{kPa}$,$\varphi = 35°$,其余条件相同,裂隙内水深达 20m 时,K3 边坡会失稳破坏吗?

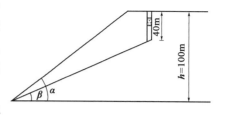

图 4-4-19 某岩坡示意图

小提示:岩质边坡处于极限平衡状态,即该岩质边坡稳定安全系数 $F_s = 1$。根据知识引导部分滑动面为一平面,坡顶有张裂隙时相关计算公式,可求得当裂隙内水深 $Z_w = 20.31\text{m}$ 时,岩质边坡处于极限平衡状态。

模块五

地下洞室围岩稳定性

在工程实践中,岩土体作为承载体、工程荷载、工程材料、传导介质或环境介质与工程相互作用,产生了一系列岩土工程问题。通过前面的模块,我们已经认识了岩土体作为荷载、材料等方面的工程性质;本模块,我们一起来认识岩土体作为承载体和介质的工程特性。

本模块主要学习与围岩稳定性分析相关的内容。通过本模块学习,读者应该能在规范指导下进行围岩的工程分级,了解围岩压力类型及其影响因素,了解围岩破坏类型并根据围岩情况初步进行稳定性的定性和定量分析。

地下工程结构是在岩土体中开挖洞室,再加以一定的支护结构形成的,岩土体的工程性质对地下工程稳定性有重大影响。我们常把洞室开挖后其周围产生应力重分布范围内的岩土体称为围岩;在地下工程从开挖、支护直到形成稳定的地下结构所经历的力学过程中,围岩的工程性质及围岩压力的变化对地下工程结构安全性影响极大。

学习目标

1. 掌握公路隧道围岩分级方法,按照规范对围岩进行初步分级和详细分级;并根据实际情况对详细分级进行修正;
2. 掌握围岩压力类型及影响因素;
3. 了解围岩变形破坏的类型与特征,理解影响围岩稳定性的因素;
4. 通过定性与简单定量的分析初步判定围岩稳定性;
5. 了解地质条件对公路隧道施工的影响。

学习导图

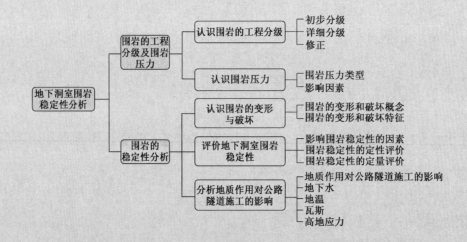

单元一 围岩的工程分级及围岩压力

为了保证地下工程施工和地下结构物运营安全,必须对围岩及围岩压力有正确的认识。围岩准确分级和围岩压力的正确计算可以使工程设计、施工与运营等过程的决策更具合理性,学习和探讨其方法具有重要的理论意义与工程应用价值。

情境描述

依据《工程岩体分级标准》(GB/T 50218—2014)、《公路隧道设计规范 第一册 土建工程》(JTG 3370.1—2018)、《公路隧道设计细则》(JTG/T D70—2010)有关围岩分级、围岩压力计算的规定对学习任务中公路隧道围岩进行分级,并进行围岩压力的简单计算。

任务一 认识围岩的工程分级

学习情境

某公路××隧道(K31+735~K32+375)工程地质概况及围岩等级见表5-1-1,请你作为隧道施工负责人根据施工过程中掌子面情况描述以及实测和计算参数,依据《工程岩体分级标准》(GB/T 50218—2014)、《公路隧道设计规范 第一册 土建工程》(JTG 3370.1—2018)、《公路隧道设计细则》(JTG/T D70—2010)对围岩分级进行调整。

某公路××隧道(K31+735~K32+375)围岩分级表　　　　表5-1-1

起止里程	K31+735~K31+940	K31+940~K32+300	K32+300~K32+375
工程地质概况	进口及洞身第一段,全长205m,洞顶最大埋深50.99m。上覆粉质黏土,可塑~硬塑状,厚约0~4.60m;围岩为砂岩,岩层产状139°∠4°,强~中风化。巨厚层状。岩体完整性较好。洞口边坡,开挖后及时支挡,开挖坡比1:0.75~1:1.00。建议及时支护并采取必要的排水措施,加强动态监测	洞身第二段,全长360m,洞顶最大埋深101.97m。围岩为砂岩,中风化,巨厚状。裂隙不发育,岩体完整性较好,拱部遇到随机分布的裂隙密集带时,可能出现掉块和坍塌,应及时支护	洞身第三段及出口,全长75m。洞顶最大埋深45.78m。围岩主要为砂岩。岩层产状139°∠4°,强~中风化,巨厚层状构造。岩体中裂隙不发育,层间结合较好。岩体较完整。洞口边坡开挖后应及时护面锚固,开挖坡比1:0.75~1:1.00。隧道开挖后可能出现掉块、坍塌,建议加强动态监测并及时支护
围岩等级	Ⅴ级	Ⅳ级	Ⅴ级

相关知识

围岩分级是根据岩体完整程度和岩石强度等指标，按稳定性对围岩进行的分级。工程实践中，通常在围岩分级的基础上依照每类围岩的稳定程度给出支护结构设计和施工方法。在隧道施工中，因为围岩等级的变动而进行设计变更的情况屡见不鲜，充分反映了地质条件的复杂性和对隧道施工的影响。可见，围岩分级是选择施工方法的依据，是确定结构上荷载、确定衬砌结构的类型、制定施工组织计划、进行科学管理等工作的基础。

围岩的等级及其稳定性决定于多因素的综合影响。不同国家、不同行业都根据各自特点和经验提出了各自的围岩分级准则，但这些分级方法的重点都放在了岩性、地质构造、地下水这三个方面。具体来讲有下列几种典型的方法：

①以岩石强度或岩石物性指标为基础的分级方法，如土石分级法、普氏分级法等；

②以岩体结构或岩体综合物性指标为基础的分级方法，如太沙基分级法、《铁路隧道设计规范》(TB 10003—2016)中规定的方法等；

③与勘探手段相联系的分级方法，如以岩石质量为指标的 RQD 方法；

④多因素分级方法，如巴顿 Q 分级方法、RMR 分级方法。

综上所述，围岩分级的方法是多种多样的，但从发展趋势看，现代围岩分级的方法呈现出了以岩体而不是岩石为主要分析对象、由定性向定量评价、与勘探手段和施工工艺相结合等方面的统一。

由于篇幅的原因，在本单元学习任务中仅学习《公路隧道设计规范　第一册　土建工程》(JTG 3370.1—2018)使用的 BQ 分级方法。

1. 公路隧道围岩分级

参考《工程岩体分级标准》(GB/T 50218—2014)和《公路隧道设计规范　第一册　土建工程》(JTG 3370.1—2018)规定的围岩分级标准，围岩按照稳定性等级由好到坏分为Ⅰ级、Ⅱ级、Ⅲ级、Ⅳ级、Ⅴ级。考虑土体中隧道围岩分级，将松软土体围岩定为Ⅵ级，见表 5-1-2。

公路隧道围岩分级　　　　　　　　表 5-1-2

围岩级别	围岩岩体或土体主要定性特征	围岩基本质量指标(BQ)或修正的围岩基本质量指标[BQ]
Ⅰ	坚硬岩，岩体完整	>550
Ⅱ	坚硬岩，岩体较完整 较坚硬岩，岩体完整	550~451
Ⅲ	坚硬岩，岩体较破碎 较坚硬岩，岩体较完整；较软岩，岩体完整，整体状或巨厚状结构	450~351
Ⅳ	坚硬岩，岩体破碎，碎裂结构 较坚硬岩，岩体较破碎~破碎 较软岩，岩体较完整~较破碎；软岩，岩体完整~较完整 土体：1. 压密或成岩作用的黏性土及砂性土； 　　　2. 黄土(Q_1、Q_2)； 　　　3. 一般钙质、铁质胶结的碎石土、卵石土、大块石土	350~251

续上表

围岩级别	围岩或土体主要定性特征	围岩基本质量指标(BQ)或修正的围岩基本质量指标[BQ]
V	较软岩,岩体破碎;软岩,岩体较破碎～破碎;全部极软岩和全部极破碎岩	≤250
V	一般第四系的半干硬至硬塑的黏性土及稍湿至潮湿的碎石土、卵石土、圆砾、角砾土及黄土(Q_3、Q_4)。非黏性土呈松散结构、黏性土及黄土呈松软结构	
Ⅵ	软塑状黏性土及潮湿、饱和粉细砂层、软土等	

注:本表不适用于特殊条件的围岩分级,如膨胀性围岩、多年冻土等。

2. 围岩分级的主要因素

公路隧道围岩分级的综合评判方法宜采用两步分级,并按以下顺序进行:

①根据岩石的坚硬程度和岩体完整程度两个基本因素的定性特征和定量的岩体基本质量指标BQ,进行初步分级。

②对围岩进行详细定级时,应在岩体基本质量分级基础上,考虑修正因素的影响修正岩体基本质量指标值。

③按修正后的岩体基本质量指标[BQ],结合岩体的定性特征综合评判,确定围岩的详细分级。

围岩级别可根据调查、勘探、试验等资料,岩石隧道的围岩定性特征、围岩基本质量指标BQ或修正的围岩质量指标[BQ]值、土体隧道中的土体类型、密实状态等定性特征,按表5-1-1确定。当根据岩体基本质量定性划分与BQ值确定的级别不一致时,应重新审查定性特征和定量指标计算参数的可靠性,并对它们重新观察、测试。在工程可行性研究和初勘阶段,可采用定性划分的方法或工程类比方法进行围岩级别划分。

国内外研究者认为,岩体的含水状态,软弱结构面产状与工程轴线的组合关系,以及工程场区的初始地应力状态等因素,对隧道围岩的稳定性的影响是不可忽视的。因此在隧道围岩分级中,将岩石坚硬程度、岩体的完整程度作为分级的基本因素,而将地下水、结构面产状、初始地应力状况作为分级的次要因素。

(1)岩石坚硬程度

参考《工程岩体分级标准》(GB/T 50218—2014),岩石坚硬程度可按表5-1-3定性划分。

岩石坚硬程度的定性划分 表5-1-3

名称		定性鉴定	代表性岩石
硬质岩	坚硬岩	锤击声清脆,有回弹,震手,难击碎;浸水后,大多无吸水反应	未风化～微风化的花岗岩、正长岩、闪长岩、辉绿岩、玄武岩、安山岩、片麻岩、石英片岩、硅质板岩、石英岩、硅质胶结的砾岩、石英砂岩、硅质石灰岩等
硬质岩	较坚硬岩	锤击声较清脆,有轻微回弹,稍震手,较难击碎;浸水后,有轻微吸水反应	中等(弱)风化的坚硬岩;未风化～微风化的熔结凝灰岩、大理岩、板岩、白云岩、石灰岩、钙质胶结的砂页岩等

续上表

名称		定性鉴定	代表性岩石
软质岩	较软岩	锤击声不清脆,无回弹,较易击碎;浸水后,指甲可刻出印痕	强风化的坚硬岩;中等(弱)风化的较坚硬岩;未风化~微风化的凝灰岩、千枚岩、砂质泥岩、泥灰岩、泥质砂岩、粉砂岩、砂质页岩等
	软岩	锤击声哑,无回弹,有凹痕,易击碎;浸水后,手可掰开	强风化的坚硬岩;中等(弱)风化~强风化的较坚硬岩;中等(弱)风化的较软岩;未风化的泥岩、泥质页岩、绿泥石片岩、绢云母片岩等
	极软岩	锤击声哑,无回弹,有较深凹痕,手可捏碎;浸水后,可捏成团	全风化的各种岩石;强风化的软岩;各种半成岩

岩石坚硬程度定量指标用岩石单轴饱和抗压强度 R_c 表达。R_c 一般采用实测值,若无实测值时,可采用实测的岩石点荷载强度指数 $I_{s(50)}$ 的换算值,即按式(5-1-1)计算:

$$R_c = 22.82 I_{s(50)}^{0.75} \tag{5-1-1}$$

R_c 与岩石坚硬程度的对应关系,可按表5-1-4确定。

R_c 与岩石坚硬程度的对应关系　　　　　表5-1-4

R_c(MPa)	>60	60~30	30~15	15~5	<5
坚硬程度	硬质岩		软质岩		
	坚硬岩	较坚硬岩	较软岩	软岩	极软岩

岩石力学理论研究和实践表明,表征岩石坚硬程度的定量指标有多种,例如:岩石单轴抗压强度、弹性(变形)模量、点荷载强度、回弹值、声波纵波速度等。其中,岩石单轴抗压强度应用最广,具有容易测取、代表性强,与其他力学指标有良好的相关性的特点,利用它可以换算出岩石的抗拉强度、抗剪强度,甚至三轴抗压强度。由于岩石在饱和状态下的单轴强度可以近似地认为反映了风化作用和地下水作用的影响,因此,《工程岩体分级标准》(GB/T 50218—2014)将岩石单轴(饱和)抗压强度 R_c 作为评价岩石坚硬程度的主要指标。岩石点荷载强度指数 $I_{s(50)}$ 由于测试所用的仪器轻便,方便于现场试验,试件少加工或不加工,同时它可以测定不能加工成形的严重风化岩石的强度,可以保持试件的天然含水状态等优点,而且国内外大量研究成果表明,岩石的 R_c 与 $I_{s(50)}$ 之间存在良好的相关性。因此,岩石点荷载强度指数可作为评价岩石坚硬程度的辅助指标。

(2)岩体完整程度

岩体的完整程度主要指岩体受结构面的切割程度,单元岩块的大小,以及块体间的结合状态。可用来表征岩体完整程度的指标较多,国内外较普遍选用的参数指标有:岩体完整性指数 K_V、岩体体积节理数 J_V、岩石质量指标 RQD、节理平均间距 d_P。这些指标从不同的侧面、不同程度反映了岩体的完整程度。综合国内外主要的分级方法,多数认为,上述指标中 K_V、J_V 和 RQD 最能全面地反映岩体的完整程度。

岩体完整程度可按表5-1-5定性划分。

岩体完整程度的定性划分   表 5-1-5

名称	结构面发育程度		主要结构面的结合程度	主要结构面类型	相应结构类型
	组数	平均间距（m）			
完整	1~2	>1.0	结合好或结合一般	节理、裂隙、层面	整体状或巨厚层状结构
较完整	1~2	>1.0	结合差	节理、裂隙、层面	块状或厚层状结构
	2~3	1.0~0.4	结合好或结合一般		块状结构
较破碎	2~3	1.0~0.4	结合差	节理、裂隙、劈理、层面、小断层	裂隙块状或中厚层状结构
	>3	0.4~0.2	结合好		镶嵌碎裂结构
			结合一般		薄层状结构
破碎	>3	0.4~0.2	结合差	各种类型结构面	裂隙块状结构
		<0.2	结合一般或结合差		碎裂状结构
极破碎	无序		结合很差	—	散体状结构

注：平均间距指主要结构面（1~2 组）间距的平均值。

工程建设中典型掌子面岩体情况如图 5-1-1 所示。

图 5-1-1 典型掌子面岩体情况
a) 中风化；b) 强风化；c) 巨厚层状构造；d) 薄层状结构

研究表明：声波在岩体中传播的纵波速度 V_{pm} 不仅与岩体成分、组构有关，而且与结构面的发育程度、结构面的性状、充填性质、含水状态等因素有关。岩石纵波速度 V_{pr} 是在不含有明显结构面的岩块上用超声波测得的，它反映了完整岩石的属性。因此，大多数研究者认为，依

据 V_{pm} 和 V_{pr} 值确定的 K_V 值是一项能较全面地从量上评价岩体完整程度的定量指标。

岩体完整程度的定量指标用岩体完整性指数（K_V）表达。K_V 一般用弹性波探测值，若无探测值时，可用岩体体积节理数 J_V 按表 5-1-6 确定对应的 K_V 值。

J_V 与 K_V 对照表　　　　　　　　表 5-1-6

J_V（条/m³）	<3	3～10	10～20	20～35	≥35
K_V	>0.75	0.75～0.55	0.55～0.35	0.35～0.15	≤0.15

经国内外研究者实践证明，J_V 值的确可用来评价岩体的完整程度。由于 J_V 值量测、计算方法相对简单，在工程勘察的各个阶段容易获得，J_V 值能较好地反映节理裂隙存在于岩体中的三维空间的特点。同时研究还表明 J_V 与 K_V、RQD 关系密切，国内外一些单位给出过它们的关系式。因此，在公路隧道围岩分级方法中，选取 J_V 值为评价岩体完整程度的辅助定量指标。

K_V 与定性划分的岩体完整程度的对应关系，可按表 5-1-7 确定。

K_V 与定性划分的岩体完整程度的对应关系　　　　表 5-1-7

K_V	>0.75	0.75～0.55	0.55～0.35	0.35～0.15	≤0.15
完整程度	完整	较完整	较破碎	破碎	极破碎

岩体完整程度的定量指标 K_V、J_V 的测试和计算方法。

岩体完整性指标 K_V，应针对不同的工程地质岩组或岩性段，选择有体表性的点、段，测试岩体弹性纵波速度，应在同一岩体取样测定岩石纵波速度。K_V 按下式计算：

$$K_V = (V_{pm}/V_{pr})^2 \tag{5-1-2}$$

式中：V_{pm}——岩体弹性纵波速度（km/s）；

V_{pr}——岩石弹性纵波速度（km/s）。

岩体体积节理数 J_V（条/m³），应针对不同的工程地质岩组或岩性段，选择有代表性的出露面或开挖壁面进行节理（结构面）统计。除成组节理外，对延伸长度大于 1m 的分散节理亦应予以统计。已为硅质、铁质、钙质充填再胶结的节理不予统计。

每一测点的统计面积不应小于 2m×5m。岩体值 J_V 应根据节理统计结果按下式计算：

$$J_V = S_1 + S_2 + \cdots + S_n + S_0 \tag{5-1-3}$$

式中：S_n——第 n 组节理每米长测线上的条数；

S_0——每立方米岩体非成组节理条数（条/m³）。

(3) 围岩基本质量指标 BQ 及修正围岩基本质量指标 [BQ]

围岩基本质量指标 BQ，应根据分级因素的定量指标 R_c 值和 K_V 值，按式（5-1-4）计算：

$$BQ = 100 + 3R_c + 250K_V \tag{5-1-4}$$

使用式（5-1-4）时，应遵守下列限制条件：

当 $R_c > 90K_V + 30$ 时，应以 $R_c = 90K_V + 30$ 和 K_V 代入计算 BQ 值。

当 $K_V > 0.04R_c + 0.4$ 时，应以 $K_V = 0.04R_c + 0.4$ 和 R_c 代入计算 BQ 值。

$$BQ = 100 + 3R_c + 250K_V \begin{cases} R_c \leq 90K_V + 30, \text{取 } R_c = R_c \\ R_c > 90K_V + 30, \text{取 } R_c = 90K_V + R_c \\ K_V \leq 0.04R_c + 0.4, \text{取 } K_V = K_V \\ K_V > 0.04R_c + 0.4, \text{取 } K_V = 0.04R_c + 0.4 \end{cases}$$

当需要进行围岩详细定级时,如遇下列情况之一,应对岩体基本质量指标 BQ 进行修正:
① 有地下水,定性描述可参考图 5-1-2;
② 围岩稳定性受软弱结构面影响,且由一组起控制作用;
③ 存在高初始应力。

图 5-1-2 典型掌子面出水情况

围岩基本质量指标修正值 [BQ],可按式(5-1-5)计算:

$$[BQ] = BQ - 100(K_1 + K_2 + K_3) \tag{5-1-5}$$

式中:[BQ]——围岩基本质量指标修正值;
　　　BQ——围岩基本质量指标;
　　　K_1——地下水影响修正系数;
　　　K_2——主要结构面产状影响修正系数;
　　　K_3——初始应力状态影响修正系数。

K_1、K_2、K_3 值,可分别按表 5-1-8 ~ 表 5-1-10 确定。无表中所示情况时,修正系数取零。

地下水影响修正系数 K_1　　　　表 5-1-8

地下水出水状态	BQ				
	>550	550~451	450~351	350~251	≤250
潮湿或点滴状出水,$p ≤ 0.1$ 或 $Q ≤ 25$	0	0	0~0.1	0.2~0.3	0.4~0.6
淋雨状或线流状出水,$0.1 < p ≤ 0.5$ 或 $25 < Q ≤ 125$	0~0.1	0.1~0.2	0.2~0.3	0.4~0.6	0.7~0.9
涌流状出水 $p > 0.5$ 或 $Q > 125$	0.1~0.2	0.2~0.3	0.4~0.6	0.7~0.9	1.0

注:1. p 为地下工程围岩裂隙水压(MPa);
　　2. Q 为每 10m 洞长出水量(L/min·10m)。

主要结构面产状影响修正系数 K_2　　　　　　　　　　　　　　　　　　　　　表 5-1-9

结构面产状及其与洞轴线的组合关系	结构面走向与洞轴线夹角 <30°，结构面倾角 30°~75°	结构面走向与洞轴线夹角 >60°，结构面倾角 >75°	其他组合
K_2	0.4~0.6	0~0.2	0.2~0.4

初始应力状态影响系数 K_3　　　　　　　　　　　　　　　　　　　　　　　　表 5-1-10

围岩强度应力比 $\left(\dfrac{R_c}{\sigma_{\max}}\right)$	BQ				
	>550	550~451	450~351	350~251	≤250
<4	1.0	1.0	1.0~1.5	1.0~1.5	1.0
4~7	0.5	0.5	0.5	0.5~1.0	0.5~1.0

注：$\sigma_{\max}$ 为垂直洞轴线方向的最大初始应力。

围岩极高及高初始应力状态的评估，可按表 5-1-11 规定进行。

高初始应力地区围岩在开挖过程中出现的主要现象　　　　　　　　　　　　表 5-1-11

应力情况	主要现象
极高应力	硬质岩：岩芯常有饼化现象，开挖过程中时有岩爆发生，有岩块弹出，洞壁岩体发生剥离，新生裂缝多，成形性差。 软质岩：开挖过程中洞壁岩体有剥离，位移极为显著，甚至发生大位移，持续时间长，不易成洞
高应力	硬质岩：岩芯时有饼化现象，开挖过程中可能出现岩爆，洞壁岩体有剥离和掉块现象，新生裂缝较多，成形性一般较好。 软质岩：开挖过程中洞壁岩体位移显著，持续时间较长，围岩易失稳

在围岩分级中宜通过室内或现场试验获取相关参数，然后根据围岩变形量测和理论计算分析来评定，无试验数据和初步分级时，也可按表 5-1-12 作出大致评判。岩体结构面抗剪断峰值强度参数，可按表 5-1-13 选用。

隧道各级围岩自稳能力判断　　　　　　　　　　　　　　　　　　　　　　　表 5-1-12

围岩级别	自稳能力
Ⅰ	跨度 20m，可长期稳定，偶有掉块，无塌方
Ⅱ	跨度 10~20m，可基本稳定，局部可发生掉块或小塌方； 跨度 10m，可长期稳定，偶有掉块
Ⅲ	跨度 10~20m，可稳定数日至 1 个月，可发生小~中塌方； 跨度 5~20m，可稳定数月，可发生局部块体位移及小~中塌方； 跨度 5m，可基本稳定
Ⅳ	跨度 5m，一般无自稳能力，数日~数月内可发生松动变形位移、小塌方，进而发展为中~大塌方； 埋深小时，以拱部松动破坏为主，埋深大时，有明显塑性流动变形和挤压破坏； 跨度小于 5m，可稳定数日~1 个月
Ⅴ	无自稳能力，跨度 5m 或更小时，可稳定数日

注：1. 小塌方：塌方高度 <3m，或塌方体积 <30m³；
　　2. 中塌方：塌方高度 3~6m，或塌方体积 30~100m³；
　　3. 大塌方：塌方高度 >6m，或塌方体积 >100m³。

岩体结构面抗剪断峰值强度   表 5-1-13

序号	两侧岩体的坚硬程度及结构面的结合程度	内摩擦角 $\varphi(°)$	黏聚力 $c(MPa)$
1	坚硬岩,结合好	>37	>0.22
2	坚硬~较坚硬岩,结合一般; 较软岩,结合好	37~29	0.22~0.12
3	坚硬~较坚硬岩,结合差; 较软岩~软岩,结合一般	29~19	0.12~0.08
4	较坚硬~较软岩,结合差~结合很差; 软岩,结合差;软质岩的泥化面	19~13	0.08~0.05
5	较坚硬岩及全部软质岩,结合很差; 软质岩泥化层本身	<13	<0.05

图 5-1-3、图 5-1-4 所示为某公路隧道围岩定性分级的实例。

图 5-1-3 Ⅴ级围岩掌子面(Z5)

图 5-1-4 Ⅲ级围岩掌子面(Z3)

在隧道施工现场围岩快速分级实践中,主要通过观察岩性、完成程度、构造、有无地下水出露等关键因素进行快速分级。

图 5-1-3 中掌子面岩性为变质砂岩,中等风化,较硬岩;碎裂结构,无胶结或泥质胶结,完整性为破碎;综合判定为Ⅴ级,确认支护参数为 Z5。

图 5-1-4 中掌子面岩性为变质砂岩、板岩,微风化,较坚硬;厚~中厚层状结构,较完整;无其他影响因素,综合判定为Ⅲ级,确认支护参数为 Z3。

为了尽可能准确的进行围岩分级,施工阶段应做好以下工作:

①认真分析勘察、设计资料中隧道围岩的工程地质、水文地质特征,确定围岩级别的依据是否充分、准确;

②加强施工阶段的地质工作,包括地面补充调查,开挖工作面的直接观察、素描、摄像、量测等工作;

③对于工程地质、水文地质复杂的隧道,可采用超前地震波反射探测(如 TSP)、声波反射探测(如 HSP)、地质雷达等物理方法,或采用超前钻孔、平行导坑、试验坑道等进行超前探测;

④现场或取样进行岩石或岩体物理力学特性的补充测试,如岩石的单荷载强度试验,回弹强度测定,岩体和岩石波速等;

⑤围岩岩性、地质构造、地下水等的调查和量测。

综合以上工作所获得的地质、试验和量测资料,对围岩级别进行综合判断。若与原设计给定的围岩级别有差异时,应及时作出修正、变更。

课后习题

1. 隧道围岩分级一般采用两步分级的综合评判方法,其初步分级考虑的基本因素是( )。

  A. 围岩的坚硬程度和地下水　　　　B. 岩石的坚硬程度和岩体的完整程度
  C. 围岩完整程度和初始应力　　　　D. 岩体的完整程度和地下水

2. 为满足工程设计、施工等的需要,根据围岩的三个分类指标将公路隧道围岩分为( )。

  A. Ⅰ~Ⅵ　　　　B. Ⅰ~Ⅴ　　　　C. Ⅰ~Ⅳ　　　　D. Ⅰ~Ⅲ

3. 本任务中公路山岭隧道穿越的岩层主要是坚硬岩,岩体较完整,块状或厚层状结构,该围岩的初步分级应该是( )级。

  A. Ⅱ　　　　B. Ⅲ　　　　C. Ⅳ　　　　D. Ⅴ

4. 本任务中K31+945断面开挖后现场技术员对掌子面进行了描述;围岩为中风化砂岩,中~薄层状,裂隙不发育,岩体完整性较好。根据描述,可以初步判定该围岩等级应为( )级。

  A. Ⅱ　　　　B. Ⅲ　　　　C. Ⅳ　　　　D. Ⅴ

5. 本任务中K31+948断面开挖后现场技术员对掌子面进行了描述,请根据$J_v = 20 \sim 30$条/m^3初步判断围岩的完整性为( )。

  A. 较完整　　　　B. 较破碎　　　　C. 破碎　　　　D. 极破碎

6. 围岩详细定级时,有如下情况之一,应对岩体基本质量指标进行修正( )。

  A. 有地下水

  B. 无地下水

  C. 围岩稳定性受软弱结构面影响,且由一组起控制作用

  D. 存在高初始应力

  E. 存在低初始应力

7. 某开挖断面原定Ⅳ级,局部Ⅴ级;开挖后掌子面情况为:薄层砂岩夹泥岩,含煤线,节理裂隙发育,$V_{pm} = 1816 \sim 2500 m/s$,$J_v = 20 \sim 30$条/$m^3$,$K_v = 0.25 \sim 0.4$,$R_c = 20 MPa$,滴状出水,产状不利。试根据描述计算BQ值范围。

8. 对第7题中计算出的BQ值进行修正,并进行围岩分级。

9. 某隧道中段设计围岩级别为Ⅳ级,局部段落根据开挖揭露后情况为:中厚层变质砂岩和板岩,R_c为$30 \sim 60 MPa$,J_v值10条/m^3左右(中等发育),$V_{pm} = 3000 m/s$,$K_v = 0.5$,含水率少,产状有利,无高低应力。业主、设计代表、监理工程师、施工单位技术人员根据揭露围岩情况建议围岩由Ⅳ级提高为Ⅲ级。试通过计算判断该结论合理性?除了定量计算还可以通过哪些方法证明结论的合理性?

任务二 认识围岩压力

  学习情境

某项目部针对公路隧道新奥法施工进行了专题培训,专家在培训中强调在施工中一定要做好"适时支护"!作为技术员请你谈谈为什么要在施工中强调适时支护?如何确定支护的时间点?

  相关知识 ◁◁◁

一、围岩压力类型及其分类

围岩压力是围岩中客观存在的应力状态,无论是否施作支护衬砌围岩压力都存在。在无支护情况下,围岩压力是由围岩本身在承担,当围岩本身不能承受这个压力时,就表现为围岩的过量变形甚至坍塌破坏。所以,人们对围岩压力的认识是从开挖地下空间后围岩的变形和坍塌的现象开始的。在施作支护衬砌后,人们又从支护结构的变形、开裂等现象中进一步认识到围岩压力的存在。在工程实践中,一般从狭义来理解围岩压力,指由于地下空间的开挖而引起围岩的变形和松动而作用于在衬砌结构上的压力。实际上,为了防止开挖后围岩的塌落破坏,保证隧道的设计建筑限界和净空,就需要架设临时支护或修筑永久性支护结构。这种支护衬砌结构承受的压力,就是围岩压力。围岩压力是作用于隧道支护衬砌结构上的主要荷载。

1. 围岩压力的类型

围岩压力按作用力发生形态分类,有如下几种类型。

(1)松动压力

洞室开挖时,若不进行任何支护,周围岩体会经过应力重分布→变形→开裂→松动→逐渐塌落的过程(图5-1-5),在坑道的上方形成近似拱形的空间后停止塌落。由于开挖而松动或坍塌的岩体以重力形式直接作用在支护结构上的压力称为松动(散)压力,松动压力按作用在支护结构上的位置不同分为竖向压力、侧向压力和底压力。松动压力通常在下列三种情况下发生:a. 在整体稳定的岩体中,可能出现个别松动掉块的岩石;b. 在松散软弱的岩体中,坑道顶部和两侧边帮塌落;c. 在节理发育的裂隙岩体中,围岩某些部位沿软弱面发生剪切破坏或拉坏等局部塌落。

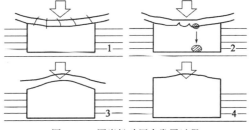

图5-1-5 围岩松动压力发展过程

(2) 变形压力

由于围岩变形受到与之密贴的支护如锚喷支护等的限制,围岩与支护结构共同变形过程中,围岩对支护结构施加的接触压力。所以变形压力除与围岩应力状态有关外,还与支护时间和支护刚度有关。

(3) 膨胀压力

岩体具有吸水、膨胀、崩解特性,由此引起的围岩压力称为膨胀压力。岩体的膨胀性,主要决定于其中蒙脱石、伊利石和高岭土的含量,以及外界水的渗入和地下水的活动特征。

膨胀压力与岩体的状态、隧道结构形式等因素有关,膨胀荷载的大小确定,通常根据经验数据或测量结果估计。

(4) 冲击压力

冲击压力通常是由"岩爆"引起的。当围岩中积累了大量的弹性变形能之后,在开挖时,由于围岩的约束被解除,积累的弹性变形能会突然释放,引起岩块抛射所产生的压力即冲击压力。由于冲击压力涉及岩体能量的积累和释放,所以它与弹性模量直接相关,弹性模量大的岩体,在高地应力作用下,易于积累大量的弹性变形能,一旦遇到适宜条件,它就会突然猛烈地大量释放。

在隧道开挖过程中,由于受到开挖面的约束,使其附近的围岩不能立即释放全部瞬时弹性位移,这种现象称为开挖面的"空间效应"。如在"空间效应"范围(一般为1~1.5倍隧道断面的宽度)内,设置支护就可减少支护前的围岩位移值。所以采用紧跟开挖面支护的施工方法,可提高围岩的稳定性。

2. 围岩与衬砌结构的共同作用

围岩压力是变形压力和松动压力的组合,大部分压力(特别是变形压力)由围岩自身承担,只有少部分转移到衬砌结构上;支护荷载既取决于围岩的性质,又取决于衬砌结构的刚度和支护时间;围岩的松动区和围岩内的二次应力状态又与衬砌结构的性质和支护时间有关。如图5-1-6和图5-1-7所示,从图中可以看出,对于围岩变形来说,衬砌结构反力越小,围岩变形越大,直至塌方。对于衬砌结构来说,围岩施加到衬砌结构的压力越大,衬砌结构变形越大,直至破坏。衬砌结构反力与围岩变形压力相等时,围岩变形将不再发展,此时整个系统处于平衡状态。因此,衬砌结构上的压力与地面建筑上的荷载不同,它不是一个定值,而是一个变值。它不仅与围岩性质有关,而且还与衬砌结构性质有关。

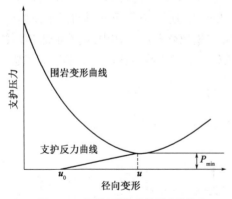

图 5-1-6 围岩变形与支护反力曲线

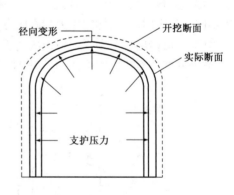

图 5-1-7 围岩变形与支护共同作用

实际作用在衬砌结构上的压力除与围岩的岩性、结构、应力条件有关外,还取决于允许围岩变形发展的程度。如图5-1-8、图5-1-9所示。假定在洞室开挖的同时立即做好刚性衬砌结构,不使围岩产生任何变形,此时衬砌结构必须使围岩保持原来的初始应力状态,因此它所承受的力最大。相反,如果通过滞后支护或者采用柔性支护,即允许围岩产生一定变形,释放相应的应变能,那么当衬砌结构和围岩间达到力的平衡时,围岩变形不再发展,衬砌结构所承受的力则有所降低。但是,如果支护过晚,导致围岩产生过大的变形甚至破坏,洞室半径可能进一步增大,此时作用在衬砌结构上的力不仅会增大,为了保持洞室尺寸所使用的材料也会相应增加。工程实践表明,对于不同岩性、结构、处于不同环境的围岩,其支护受力与洞室变形间满足的关系各不相同。因此,在每一个具体的工程实践中,合理的确定支护时间和衬砌结构刚度,使得岩体的自承能力得以充分发挥,使之能承担更多的荷载,对于衬砌结构既安全又经济的设计是至关重要的。

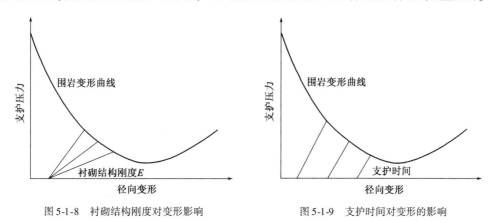

图5-1-8 衬砌结构刚度对变形影响　　　　图5-1-9 支护时间对变形的影响

二、影响围岩压力的因素

影响围岩压力的因素很多,通常可分为两大类:一类是地质因素,它包括原始应力状态、岩石力学性质、岩体结构面等;另一类是工程因素,它包括施工方法、支护设置时间、衬砌结构本身刚度、断面形状等。

围岩压力主要决定于以下几个方面因素:

(1)初始应力状态及洞室形状、大小

圆形、椭圆形和拱形洞室的围岩应力集中程度较小,那么围岩压力相对较小。围岩压力随跨度的增加而非线性地增加。

(2)地层岩性及地质构造

地层岩性及地质构造条件不同,岩体结构特征及岩石的物理力学参数不同,相应地,岩体的变形破坏特征及围岩压力也就不同。

(3)地下水的影响

软化岩体,提供动水压力或静水压力。

(4)支护的形式、时机及和刚度

当围岩出现松动圈或塌落拱时,支护的作用主要承受松动岩体或塌落岩体的重量,支护主要起承载作用,这类支护可以称为外部支护;当围岩处于有限变形中,支护的作用主要为限制围岩的变形,起约束作用,这类支护也叫内承支护或自承支护,主要通过化学灌浆、水泥灌浆、锚杆、预应力锚杆、喷混凝土等方式加固围岩,提高围岩的自承能力。支护时机的早晚,衬砌结构本身的刚度,与围岩变形限制程度有关,从而决定围岩压力的大小。

(5)时间

流变效应或变形的时间滞后效应,与围岩变形发展有关,从而影响围岩压力的大小。

(6)施工方法

掘进的方法不同,对围岩扰动程度不同。

(7)埋深

对于浅埋隧道来说,埋深将直接影响顶板最小安全厚度;对于深埋隧道,埋深与初始地应力成正比,当围岩处于弹性状态时,围岩压力与埋深成正比。

学习参考

在公路隧道施工中,衬砌结构类型和支护时机的选择对于工程质量至关重要,必须充分考虑安全、经济、工期等方面因素。通过任务二的学习,我们可以通过围岩压力的类型来分析衬砌结构与围岩的共同作用。

一种极端情况是,当围岩中的应力达到峰值前,衬砌结构已经完成,围岩的进一步变形(包括其剪胀或扩容)破碎受到衬砌结构的阻挡,构成围岩与衬砌结构共同体,形成相互间的共同作用。如果衬砌结构有足够的刚度和强度,则该共同体是稳定的,并且围岩与衬砌结构在双方力学特性的共同作用下形成岩体和衬砌结构内各自的应力、应变状态。这种情况下衬砌结构上的围岩压力可以看成是"变形压力"。

另一种极端情况是,在围岩中的应力达到峰值前,衬砌结构尚未架设,甚至在围岩破裂充分发展时,衬砌结构仍未起作用,从而导致在隧道或洞室的顶板或侧壁形成塌落或沿破裂面的滑落。这时衬砌结构将承受塌落或滑落岩体传递来的压力。这种情况下衬砌结构上的围岩压力可以看成是"松动压力"。

处在这两种极端情况之间的是,围岩应力达到峰值以后,岩体变形的发展在未完全破裂前,衬砌结构开始起作用,这时也可进入围岩—衬砌结构共同作用状态。这时,衬砌结构上的围岩压力仍可看成是"变形压力"。由于衬砌结构受到的只是剩余部分的变形作用,因此衬砌结构上所受的压力要比第一种极端情况小,这对衬砌结构的稳定有利。变形作用的剩余部分越小,作用于衬砌结构上的压力就越小。但是,必须注意的是并非支护时间越晚越好,因为衬砌结构作用过晚可能会使围岩进入第二种极端情况,即围岩完全丧失自稳能力而进入塌落破坏阶段,从而失去衬砌结构与围岩共同作用的意义。

课后习题

判断下列说法是否正确。

1.围岩压力也叫二次应力,是在天然应力场的基础上,由于地下洞室开挖应力重分布产生的结果。   (   )

2.天然应力场是指工程活动前,岩体在自重、构造运动等作用下形成的应力场。 (   )

3. 广义的围岩压力(按作用力发生形态)包括松动压力、变形压力、膨胀压力、冲击压力。
( )
4. 围岩压力大小不仅与围岩性质有关,而且还与衬砌结构性质有关。( )
5. 一般来讲在施工中总能轻易找到围岩压力最小值的时间点,而后施作支护。( )
6. 围岩应力达到峰值以后,岩体变形的发展在未完全破裂前,衬砌结构开始起作用,此时作用在衬砌结构上的围岩压力可看成是"变形压力"。( )
7. 衬砌结构与围岩之间如果有空隙,将使得围岩可能继续变形。( )
8. 一般来讲,影响围岩压力的因素包括地质因素和工程因素两大类。( )
9. 支护时机的早晚、衬砌结构本身的刚度,将影响围岩压力大小。( )

单元二　围岩的稳定性分析

　　隧道是公路工程中与地质条件关系最密切的工程建筑物之一。公路隧道通常位于地表以下，四周被各种地层包围，处于各种不同的地质构造部位，可能遇到各种地质问题，特别是在地质灾害发育和一些特殊岩土地段，如不能查清隧道通过地段的工程地质条件并采取相应的工程措施，会引发出各种工程地质问题，进而威胁公路安全。

　　由于隧道工程所赋存的地质环境非常复杂，包括地层特征、地下水状况，开挖隧道前就存在于地层中的原始地应力状态，以及地温梯度等在其中相互作用，引发一系列的工程地质问题。但对隧道工程施工来说，最关心的问题还是岩土体被挖成隧道后的稳定程度。工程中通常把岩土体被挖成隧道后的稳定程度称为隧道围岩的稳定性。

　　隧道在开挖前，岩土体处于一定的应力平衡状态中，开挖使得洞室周围岩体发生应力重分布，各种开挖断面应力重分布状态如图 5-2-1 所示。如果围岩足够坚固，不会因为应力状态的变化而发生显著的变形和破坏，就可以采用大断面的开挖方法，不施作衬砌或施作较薄衬砌。但是，如果应力状态变化过大或因围岩强度本身就相对较低，以致围岩承受不了应力重分布的作用而丧失稳定性，此时，如果不进行加固或加固作用不够、质量不佳，都会引起围岩破坏，对隧道的施工和运营造成危害。因此，我们必须了解围岩变形破坏的机理，学会分析围岩稳定性，以便在今后的工作中正确处理遇到的各类与围岩相关的地质问题。

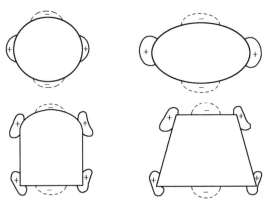

图 5-2-1　不同断面洞室应力状态比较（+为压应力集中区，-为拉应力集中区）

情境描述

　　在学习《公路隧道施工技术规范》(JTG/T 3660—2020)、《公路隧道设计规范　第一册　土建工程》(JTG 3370.1—2018)、《公路隧道设计细则》(JTG/T D70—2010) 中围岩变形破坏和不良地质及特殊岩土地段隧道施工等相关要求的基础上，理解围岩变形破坏发生的过程；并通过科学的方法初步判定围岩稳定性；同时要结合规范中隧道施工质量要点，理解地质条件、地质作用以及特殊岩土和不良地质等对隧道施工的影响。

任务一 认识围岩的变形与破坏

学习情境

某山岭隧道为单洞双向两车道公路隧道,其起讫桩号为 K68+238~K69+538,隧道长 1300m。该隧道设计图中描述的地质情况为:K68+238~K68+298 段以及 K69+498~K69+538 段为洞口浅埋段,地下水不发育,出露岩体极破碎,呈碎裂状;K68+298~K68+598 段和 K69+008~K69+498 段,地下水不发育,岩体为较坚硬岩,岩体较破碎,裂隙较发育且有夹泥,其中,K68+398~K68+489 段隧道的最小埋深为 80m;K68+598~K69+008 段,地下水不发育,岩体为较坚硬岩,岩体较为完整,呈块状体或中厚层结构,裂隙面内夹软塑状黄泥。施工单位对该隧道的各段围岩进行了分级。作为技术人员请你根据单元一所学知识对围岩进行分级,然后从图 5-2-2 中找到适合各段的开挖方式,并说明理由。

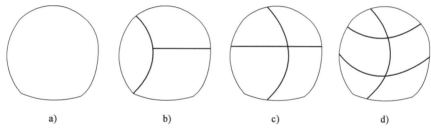

图 5-2-2　隧道开挖方式示意图
a)全断面开挖;b)单侧导坑法;c)中隔壁法;d)交叉中隔壁法

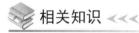 相关知识

一、围岩的变形和破坏概念

围岩变形破坏实质上是围岩结构、围岩强度与回弹应力和应力重分布及地下水重分布等作用相互适应的结果。一般来讲,洞室开挖后,如果围岩承担不了回弹应力或重分布应力的作用,围岩即将发生塑性变形或破坏。这种变形或破坏通常是从洞室周边,特别是拉应力和压应力集中的地方开始,而后逐步向围岩内部发展。其结果是可在洞室周围形成松动圈或松动带,围岩内的应力状态也因松动圈内的应力释放而重新调整,通常在围岩表部形成应力降低区,而高应力集中区则向围岩深部转移,在围岩内形成一定的应力分带(图 5-2-3)。

处于不同应力环境下的围岩,变形和破坏呈现不

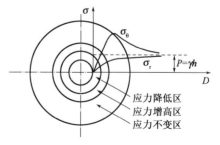

图 5-2-3　圆形洞室围岩应力分带($N=1$)

同的破坏过程:①当围岩应力已经超过围岩岩体的极限强度时,围岩发生破坏;②当围岩应力的量级介于围岩岩体的极限强度和长期强度之间时,围岩需经瞬时的弹性变形及较长时期蠕动变形的发展方能达到最终的破坏;③当围岩应力的量级介于围岩岩体的长期强度及蠕变临界应力之间时,除发生瞬时的弹性变形外,还要经过一段时间的蠕动变形才能达到最终的稳定;④当围岩应力小于围岩岩体的蠕变临界应力时,围岩将于瞬时的弹性变形后立即稳定下来。

围岩的变形、破坏通常从洞室周边,特别是从那些最大压应力或拉应力集中的部位开始,而后逐步向围岩内部发展的,表部的应力降低区即为松动圈。可见,围岩变形破坏具有渐进式逐次发展的特点:开挖→位移调整→应力调整→变形、局部破坏→应力再次调整→再次变形→较大范围破坏;围岩表部低应力区的形成会促使岩体内部的地下水分由高应力区向围岩的表部转移,进一步恶化围岩的稳定条件,且使某些易于吸水膨胀的表部围岩发生强烈的膨胀变形。

二、围岩的变形和破坏特征

围岩变形、破坏的形式和特点,除与岩体初始应力和洞室形状有关外,主要取决于围岩的岩性和结构。岩体按岩性可分为脆性围岩与塑性围岩,不同岩性、不同结构的变形破坏类型及特征不同,围岩变形破坏与围岩岩性、结构的关系如图 5-2-4 所示。

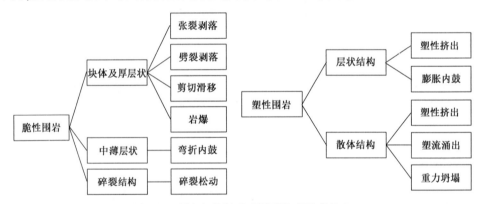

图 5-2-4　围岩变形破坏与围岩岩性、结构的关系

1.脆性围岩

脆性围岩包括各种块状结构或层状结构的坚硬、半坚硬的脆性岩体。这类围岩的变形破坏形式除与岩体初始应力状态及洞室形状所决定的围岩应力状态有关外,主要取决于围岩的结构,包括张裂剥落、劈裂剥落、剪切滑移、弯折内鼓等不同类型。

(1)张裂剥落

张裂剥落通常发生于厚层状或块体状岩体内的洞室拱顶。当洞室拱顶产生拉应力集中,且拉应力值超过围岩的抗拉强度时,拱顶围岩就将发生张裂破坏,但是当洞室拱顶发育有近垂直的构造裂隙时,即使产生的拉应力很小也可使岩体拉开产生垂直的张拉裂缝。被垂直张拉裂缝切割的岩体在自重作用下变得很不稳定,特别是当有近水平方向的软弱结构面发育,岩体在垂直方向的抗拉强度较低时,往往造成拱顶的塌落。

(2) 弯折内鼓

弯折内鼓破坏是层状、特别是薄层状围岩变形破坏的主要形式。从力学机制来看,它的产生可能有两种情况:一是卸荷回弹;二是应力集中使得洞壁处的切向压应力超过薄层状岩层的抗弯折强度。由卸荷回弹所造成的变形破坏主要发生在初始应力较高的岩体内(或者洞室埋深较大,或者水平地应力较高),而且总是在与岩体内初始最大主应力垂直相交的洞壁上表现得最强烈。故当薄层状岩层与洞壁平行或近于平行时,洞室开挖后薄层状围岩就会在回弹应力的作用下发生如图 5-2-5 所示的弯曲、拉裂和折断,最终挤入洞内而坍塌。由压应力集中所造成的变形破坏主要发生在洞室周边有较大压应力集中的部位,通常是洞室的角点或与岩体内初始最大主应力平行或近于平行的洞壁。故当薄层状岩体的层面与上述应力高度集中部位平行或近于平行时,切向压应力往往超过薄层状围岩的抗弯折强度,从而使围岩发生弯折内鼓破坏。

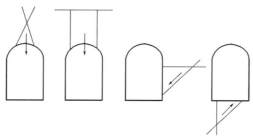

图 5-2-5 剪切滑移破坏

(3) 劈裂剥落、剪切滑移及碎裂松动

这三类破坏形式都常发生于压应力,特别是最大压应力集中部位。

劈裂剥落多发生于厚层状或块体状结构的岩体内,视围岩应力条件的不同,可发生于拱顶,也可发生于边墙之上,前者造成拱顶岩体的片状冒落,后者则造成两侧岩体的剥落。

剪切滑移破坏多发生于厚层状或块体状结构的岩体内。如图 5-2-5 所示,随围岩应力条件的不同,破坏可发生在边墙,也可发生于拱顶,图中箭头为滑移方向。

碎裂松动破坏是碎裂结构岩体变形、破坏的主要形式。洞体开挖后,如果围岩应力超过了围岩的屈服强度,这类围岩就会因沿多组已有断裂结构面发生剪切错动而松弛,并在洞室周围形成一定的碎裂松动带或松动区。这类松动带(区)本身是不稳定的,特别是当有地下水的活动参与时,极易导致拱顶的坍塌和边墙的失稳。由于松动带(区)的厚度会随时间的推移而逐步增大,为了防止这类围岩变形、破坏的过度发展,必须及时采取加固措施。

2. 塑性围岩

塑性围岩包括各种软弱的层状结构岩体(如页岩、泥岩和黏土岩等)和散体结构岩体。这类围岩的变形与破坏,主要是在应力重分布和水分重分布的作用下发生的,有塑性挤出、膨胀内鼓、塑流涌出和重力坍塌等不同类型。

(1) 塑性挤出

塑性挤出破坏是指洞室开挖后,当围岩应力超过塑性围岩的屈服强度时,软弱的塑性物质就会沿最大应力梯度方向向消除了阻力的自由空间挤出。一般来讲,易发生于固结程度较差的泥岩、黏土岩中;易被挤出的岩体主要包括各种富含泥质的沉积或变质岩层(如泥岩、页岩、板岩和千枚岩等)中的挤压剪闭破碎带,成岩中的富含泥质的风化破碎夹层等,特别是当这些岩体富含水分处于塑性状态时,就更易于被挤出。

(2)膨胀内鼓

膨胀内鼓破坏是指洞室开挖后围岩表部减压区的形成往往促使水分由内部高应力区向围岩表部转移,结果常使某些易于吸水膨胀的岩层发生强烈的膨胀内鼓变形。该类膨胀变形是由围岩内部的水分重分布引起的;除此之外,开挖后暴露于表部的膨胀岩体有时也会从空气中吸收水分而使自身膨胀。遇水后易于膨胀的岩体主要有两类:一类是富含黏土矿物(特别是蒙脱石)的塑性岩体,如泥质岩、黏土岩、膨胀性黏土等。隧道围岩中有浸水后体积增大2%～9%的岩体就会给开挖造成很大困难,而有些遭受热液变质的富含蒙脱石矿物的岩土,浸水后体积可增加14%～25%。因此,这类岩体的膨胀变形会对各类地下建筑物的施工和运营造成很大威胁。

(3)塑流涌出

塑流涌出破坏是指当开挖揭穿了饱水的断裂带内的松散破碎物质时,这些物质就会和水一起在压力下呈现出大量碎屑物的泥浆状突然地涌入洞中,有时甚至可以堵塞作业面,给施工造成很大的困难。

(4)重力坍塌

重力坍塌主要指破碎松散岩体在重力作用下发生的塌方。

课后习题

1. 选择开挖方案需要考虑哪些因素?选择适宜开挖方法的目标是什么?
2. 围岩为什么会发生变形破坏?
3. 判断下列说法是否正确。
(1)脆性围岩与塑性围岩变形破坏的特征相同。   (   )
(2)富含蒙脱石等黏土矿物的围岩遇水易发生膨胀内鼓变形。   (   )
(3)剪切滑移破坏多发生于厚层状或块体状结构的岩体内。   (   )

任务二　评价地下洞室围岩稳定性

学习情境

某高速公路双向四车道分离式隧道,左洞起讫桩号:ZK10+000～ZK10+800,右洞起讫桩号:YK10+000～YK10+820,隧道最大埋深220m,地下水不发育,右洞YK10+300～YK10+500段,岩性为中风化钠长石英片岩,岩体较硬较破碎,围岩基本质量指标BQ为300,右洞进YK10+0000～YK10+150为V级围岩,该段施工时作业队采取两台阶法,每循环隧道进尺1.5m,出渣,完成找顶、排险后,就进行架立工字钢拱架的施工,当右洞施工至YK10+120处,正在架立工字钢拱架时,掌子面发生了塌方,坍渣封闭了塌腔口。作为项目技术人员请你分析掌子面发生垮塌的原因?

 相关知识

一、影响围岩稳定性的因素

大量的实践表明,地下工程围岩的变形破坏通常是累进性发展的。由于围岩内应力分布的不均匀性以及岩体结构、强度的不均一性及各向异性,那些应力集中程度高,而结构强度又相对较低的部位往往是累进性破坏的突破口,在大范围围岩尚保持整体稳定性的情况下,这些应力强度关系中的最薄弱部位就可能发生局部破坏,并使应力向其他部位转移,引起另外一些次薄弱部位的破坏,如此逐渐发展,连锁反应,最终导致大范围围岩的失稳破坏。

影响围岩稳定性的因素很多,就其性质来说,基本上可以归纳分为两大类:第一类属于地质环境方面的自然因素,是客观存在的,它们决定了隧道围岩的质量;第二类则属于工程活动的人为因素,如隧道的形状、尺寸、施工方法、支护措施等。它们虽然不能决定围岩质量的好坏,但却能给围岩的质量和稳定性带来不可忽视的影响。地下洞室围岩稳定性归根结底是围岩应力与围岩强度间不平衡的矛盾问题,各因素都是通过这两个方面来影响洞室围岩的稳定性,综上可归纳为三大类型:①是通过围岩应力状态而影响地下洞室围岩稳定性,主要包括岩体原岩应力状态及洞室的剖面形状和尺寸;②是通过围岩的强度来影响洞室围岩稳定性,主要包括围岩的岩性和结构;③是既能影响应力状态,又能影响围岩强度的因素,主要为地下水的赋存、活动条件。

其中原岩应力是控制地下工程围岩变形破坏的重要因素。为避免洞室拱顶和边墙出现过大的切向压应力和切向拉应力的集中,在设计时,地下工程轴线应尽可能与区域最大主应力方向一致。

通过本单元任务一的学习我们知道从岩性角度,可以将围岩分为塑性围岩和脆性围岩两大类。塑性围岩,主要包括各类黏土质岩石、破碎松散岩石以及某些易于吸水膨胀的岩石,如硬石膏等,通常具有风化速度快、力学强度低以及遇水易于软化、膨胀或崩解等不良性质,对地下洞室围岩的稳定性最为不利。脆性围岩主要包括各类坚硬及半坚硬岩体。由于岩石本身的强度远高于结构面的强度,故这类围岩的强度主要取决于岩体结构,岩性本身的影响不十分显著。在这类围岩中,碎裂结构的稳定性最差,薄层状结构次之,而厚层状及块体状岩体则通常具有很高的稳定性。

结构面主要是指经历地质构造运动留下的痕迹。其中地质构造主要指褶曲与断裂构造,地质构造破坏了岩层的完整性,降低了岩体的强度;岩体经受的构造变动次数愈多、愈强烈,岩层节理就愈发育,岩石也就愈破碎。

地下水可使岩石软化,强度降低,加速岩石风化;还能软化和冲走软弱结构面的充填物、减小结构面的抗剪强度,促使岩体滑动与破坏;此外,在膨胀性岩体中地下水可造成膨胀压力。

公路隧道施工作业循环性很强,每一个循环中隧道掌子面围岩岩性、地质环境、开挖断面、支护方法等因素都在发生变化并相互影响,直接关系着隧道围岩的稳定性。如何在施工过程的每一个循环中准确、快速地评价围岩稳定性对隧道施工安全、质量都至关重要。在工程实践中,通常采用定性评价结合定量评价的方式评价围岩的稳定性。由于篇幅关系,本任务仅简要介绍两种方法的一般思路和主要方法。

二、围岩稳定性的定性评价

对于一般的公路隧道,在规模和埋深不大的情况下,破坏失稳总是发生在围岩强度显著降低的部位,破坏部位不稳定时的地质标志较为明显,主要有:①破碎松散岩石或软弱的塑性岩类分布区,包括岩体中的风化、构造破碎带以及风化速度快、力学强度低、遇水易于软化、膨胀或崩解的黏土质岩类的分布地带;②碎裂结构岩体及半坚硬的薄层状结构岩体分布区;③坚硬块体状及厚层状岩体中的不稳定体:为几组软弱结构面切割、能在拱顶或边墙上构成不稳定结构体的部位。典型岩体图片见图5-2-6。隧道常见不同岩性围岩变形破坏特征见表5-2-1。

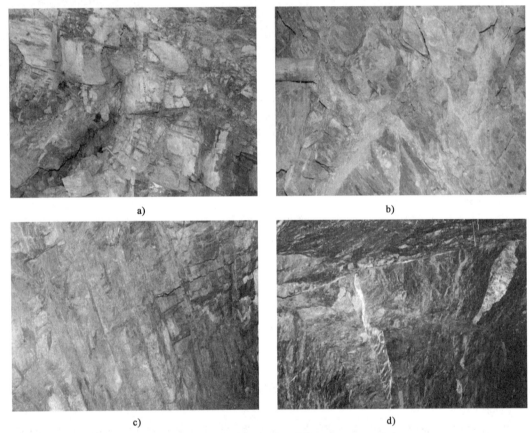

图 5-2-6 典型岩体
a) 破碎松散岩体;b) 半坚硬薄层岩体;c) 坚硬层状岩体;d) 坚硬块状岩体

隧道常见不同岩性围岩变形破坏特征　　　　　　表 5-2-1

岩性	变形破坏特征
黄土(砂质土)	遇水湿陷、崩解、坍塌
半成岩砂岩	成岩胶结弱,临空面水力梯度增大,推挤下坐,触变成砂
半成岩板岩	泥质胶结弱,风化。开挖扰动下出现坍塌及大变形等问题
碳质板岩	层理控制强度,遇水软化,开挖应力调整和地应力下即可产生强烈变形
碳质千枚岩(片岩化)	薄片状结构,强度低,遇水软化,轻微开挖扰动或应力不对称即可引起强烈变形
混合岩	粗颗粒和块体强度高,但胶结脆弱,结构强度低,胶结遇水失效,扰动丧失结构性

三、围岩稳定性的定量评价

1. 均质围岩的稳定性验算

隧道围岩破坏的关键部位是洞室周边最大压应力和最大拉应力集中的部位。整体围岩稳定的先决条件是这两个部位的应力-强度条件满足下列关系式：

$$\sigma_{\theta max} \leqslant \frac{R_c}{K}, \sigma_{\theta min} \leqslant \frac{R_t}{K} \tag{5-2-1}$$

式中，$\sigma_{\theta max}$为周边最大压应力值；$\sigma_{\theta min}$为周边最大拉应力值；R_c为极限抗压强度；R_t为极限抗拉强度；K为安全系数。稳定性验算时一般应考虑较大的安全系数，采用对边墙，$K=4$；采用对拱顶，$K=4\sim 8$。

2. 含有单一软弱结构面的围岩的稳定性验算

稳定性验算的基本思路先按弹性理论解求出作用在结构面不同部位或最危险部位的剪应力τ和正应力σ_n。然后计算出各点的τ/σ_n，并将其与结构面的摩擦系数$\tan\varphi$（通常假定软弱结构面的内聚力c等于零）相比较，据以判断各点的破坏情况：

①$\tau/\sigma_n \leqslant \tan\varphi$：结构面对围岩的稳定性和弹性应力分布不会产生任何影响；
②$\tau/\sigma_n \geqslant \tan\varphi$：该部位将发生剪切滑动破坏。

课后习题

1. 判断下列说法是否正确。
(1) 应力集中的部位最易发生破坏。（　）
(2) 当岩石强度远高于结构面强度时，围岩的破坏主要取决于岩体结构面。（　）
(3) 岩体经受的构造变动次数越多越强烈，岩层节理就越发育，岩石也就越破碎。（　）
2. 围岩稳定性评价的思路、程序是什么？
3. 定性评价主要考虑哪些方面？
4. 定量评价有几种方法？各自的适用条件是什么？

任务三　分析地质作用对公路隧道施工的影响

学习情境

某项目部针对某长大隧道召开开工前技术准备会，项目总工要求技术员针对地质构造、高地应力、地下水等地质作用，分析这些地质作用对隧道施工的影响。请你站在技术员角度进行分析。

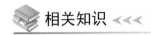

相关知识

一、地质作用对公路隧道施工的影响

1. 岩层产状与隧道稳定性的关系

在水平岩层(倾角小于10°)中开挖洞室[图5-2-7a)],由于洞室开挖失去支撑,在拱顶岩层中产生拉应力,当岩层很薄且为软弱岩层、层间连接较弱或为不同性质的岩层及有软弱夹层时,常常发生拱顶坍塌掉块。若岩层被几组相交的垂直或大倾角裂隙切割,则可能造成隧道拱顶大面积地坍塌。当水平岩层位于拱脚时,影响初期支护和二次衬砌的稳定性。因此,在水平岩层中开挖洞室,要特别注意拱顶围岩的岩性,遇到软弱薄层岩体要采用超前支护、及时封闭等方式保证拱顶围岩稳定性。

在倾斜岩层中开挖洞室[图5-2-7c)],沿岩层走向布置隧道一般是不利的,易引起不均匀的地层压力即偏压。当岩层倾角较大时,施工中还易产生顺层滑动和塌方,特别是在有地下水储藏条件下,更易发生。

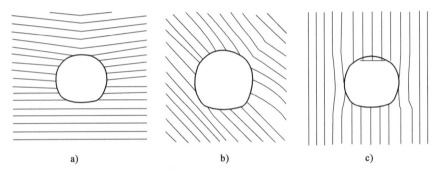

图 5-2-7 岩层产状与隧道稳定性的关系
a)水平岩层;b)倾斜岩层;c)直立岩层;

隧道轴向与岩层走向垂直或大角度斜交[图5-2-7c)],是隧道在单斜岩层中的最好布置。在这种情况下,岩层受力条件较为有利,开挖后易于成拱,同时围岩压力分布也较均匀,且岩层倾角越大,隧道稳定性越好。

2. 地质构造与隧道稳定性的关系

一般情况下,应当避免将隧道沿褶曲的轴部设置(图5-2-8),该处岩层弯曲,裂隙发育,岩石较为破碎,开挖后极易出现坍塌、掉块。特别在向斜轴部常是地下水富集之处。开挖后可能会造成大量地下水涌出。另外,向斜轴部的岩层下部受拉,上部受压,裂隙将岩层切割成上小下大的楔形体,隧道拱顶易产生岩块坍塌。

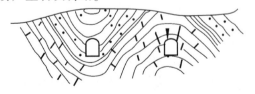

图 5-2-8 褶皱构造与隧道关系

断层是在构造运动中产生的,断层对隧道工程,特别是对隧道施工会产生巨大的不利影响。断层破碎带内不仅岩层破碎严重,还常是地下水的储水空间或集水通道,在断层破碎带内开挖隧道极易产生坍塌和涌水。断层两侧的岩层中往往存在一定的残余地应力,因而围岩压力较大。隧道穿过断层地段,施工难度取决于断层的性质、断层破碎带的宽度、填充物、含水性和断层活动性以及隧道轴线和断层构造线方向的组合关系(正交、斜交或平行)。

当隧道轴线接近于垂直构造线方向时,如图 5-2-9a)所示,断层规模较小,破碎带不宽,且含水量较小时,条件比较有利,可随挖随撑。但当隧道轴线斜交或者平行于构造方向时,如图 5-2-9b)所示,则隧道穿过破碎带的长度增大,并有强大侧压力,应加强边墙衬砌,及时封闭。

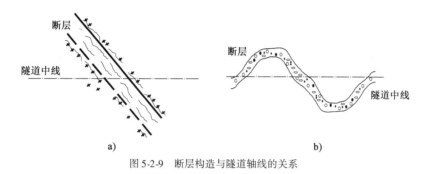

图 5-2-9 断层构造与隧道轴线的关系

二、地下水

1. 隧道涌水

隧道涌水是隧道工程地质中的一个复杂问题,是指在富水的岩土体中开挖隧道,当遇到互相贯通又含水的孔裂隙时,大量的地下水就涌入洞内,新开挖的隧道就成为排泄地下水的新通道。在土及未胶结的断层破碎带中,涌水的动水压力和冲刷作用可能导致隧道围岩失去稳定性。涌水排除不及时、积水严重会影响工程作业,甚至可以淹没隧道。如大瑶山隧道施工时通过石灰岩地段时,遇到断层破碎带,发生大量涌水,竖井一度被淹,不得已采取停工处理措施。因此,在勘测设计阶段正确预测隧道涌水量是一个十分重要的问题。隧道涌水量取决于含水层的厚度、透水性、地下水补给来源和隧道长度和断面大小。主要通过勘探、试验来查明以上水文地质条件,并计算涌水量。然而由于目前对地下岩体储水空间特别是裂隙分布、地下水补给、径流和排泄条件认知不足,加之勘测手段等方面的欠缺,预测的涌水量与实际涌水量偏差较大。因此,在施工中应特别重视该问题。

2. 隧道浸水与渗水

隧道位于地下特别是水下时,隧道围岩常处于地下水的浸泡中。地下水的活动会改变岩石的物理力学性质,降低岩体强度,并能加速岩体风化破坏。地下水在软弱结构面中活动,可起软化、润滑作用,常常造成岩块坍塌。在泥页岩、千枚岩等软岩中活动可引起岩层软化,进而造成隧道洞身变形等。某些地层,如膨胀岩土、无水石膏等,水的作用能使其体积膨胀,地层压力大大增加。

隧道渗水是指隧道建成后,地下水顺洞身施工接缝或裂缝渗出的现象。渗水对隧道衬砌具有破坏性,也会对车辆行驶造成影响,在北方地区破坏和影响则更大。地下水中一般含有各种离子成分,对混凝土具有不同程度的侵蚀性,水在衬砌层中渗透就造成其被侵蚀。在北方冬季冻结期,渗水在混凝土裂缝中冻结膨胀,会加剧混凝土的破坏。冬季渗水在洞壁和路面冻结则严重影响车辆行驶,甚至造成安全事故。渗水还在洞壁形成水渍,影响洞内照明效果。

三、地温

对于深埋隧道,地下温度是一个重要问题。一般规定是隧道内温度不应超过25℃,超过这个温度就应采取降温措施。当隧道内温度超过32℃时,施工作业困难,劳动效率大大降低。例如欧洲辛普伦隧道施工时,遇到高达56℃的高温,严重影响了施工速度。所以,深埋隧道必须考虑地温影响。众所周知,地壳中的温度是有一定变化规律的。地表下一定的深度处,地温常年不变,称为常温带。常温带以下,地温随深度的增大而增高,地热增温率为深度增加100m时地温的增加值。除了深度,地温还与地质构造、火山活动及地下水温度等因素有关。岩石层理方向导热性好,所以位于陡倾地层中的隧道地温低于层理大致平行地面地层中的隧道地温。在近代构造运动和岩浆活动频繁地区,受岩浆热源影响,地温较一般地区高,在地下热水、温泉出露地区地温也较高。

四、瓦斯

隧道穿过含煤、石油、天然气、沥青等的地层时,可能会遇到瓦斯。它是一种无色、无味、无臭、易燃的气体;难溶于水,扩散性比空气强;可使人窒息致死,甚至引起爆炸,造成严重事故,对隧道施工安全生产很大威胁。从广义上讲,通常所说的瓦斯是煤矿瓦斯,是一种混合气体,其主要成分为甲烷(CH_4),还含有二氧化碳、一氧化碳、硫化氢、二氧化硫和氮气等。瓦斯爆炸主要是甲烷(CH_4)爆炸,CH_4爆炸浓度界限为5%~16%,当CH_4浓度低于5%时,遇火不爆炸,但能在火焰外围形成燃烧层,火焰呈淡蓝色;当CH_4浓度为9.5%时,其爆炸威力最大(O_2和CH_4充分反应);当CH_4浓度在16%以上时,其失去爆炸性,必须不断供给新鲜空气,才能在接触界面上燃烧。瓦斯在煤层和石油沉积物中或邻近的岩层中较为丰富。选线时应尽量避开或不通过含瓦斯的地层,或尽量减少隧道从其中通过的长度。通过这类地层时,切忌线路走向与煤层走向一致,线路坡度应根据通风排水综合考虑,洞口位置应设在自然通风良好的地方。

当隧道通过可能发生瓦斯的煤层时,必须有安全可靠的措施,如通风、瓦斯检查、防火防爆等。隧道施工时,应随时监控,加强通风,降低瓦斯浓度。开挖时工作面上的瓦斯含量超过1%时,就不准装药放炮,超过2%时,工作人员应撤出,并进行相应处理。详细的施工要求,可自行学习《公路瓦斯隧道设计与施工技术规范》(JTG/T 3374—2020)。

五、高地应力

高地应力条件下隧道工程稳定性问题主要表现为硬岩岩爆和软岩大变形。

1. 岩爆

岩爆是在隧道工作面(主要是掌子面)上发生的岩片爆裂、岩块弹射或崩落掉块现象。岩爆发生前无明显征兆,发生时伴随有岩石破裂的爆裂声,弹射出的岩块有一定的初速度,伤害力强,对施工人员和机械设备有很大的危害。

岩爆现象有两种:一种是当岩石发生爆裂声响后,裂开的岩块随即被弹射出来。爆裂发生突然而迅速,声响大,弹射时常伴有烟雾状粉末散出,被弹出的岩块较小,一般为几厘米长宽的碎块,薄片,弹射远而有力。这种情况多发生在导坑顶部和扩大的牛角弯处,而齐头掌子面与侧壁则很少发生。另一种是岩石发生爆裂声响后,裂开的岩块并不立即弹射出来,而是经过一段时间,岩块才从围岩中弹射或自由落下,爆裂声响小,爆裂岩块较大。这种岩爆常见于巷道顶部,侧壁也偶有发生。

岩爆产生的原因,目前研究得还不充分。一般认为,岩体在初始应力作用下,产生弹性变形,岩体内部积聚了很大的弹性应变能,当开挖巷道后,岩体初始应力受到扰动,巷道周围应力重新分布,在应力集中部位,应力超过了岩石的力学强度,岩石破裂,其中积聚的应变能突然释放,产生岩爆。例如把岩块在压力机上加压,脆性岩石受压破坏时,呈爆裂式破坏,而在破坏前没有明显的变形,这与一些软质岩受压破坏的情况不同。因此,一般认为,岩爆的产生与岩体的埋深、初始应力状态、岩性等有密切关系。发生岩爆的岩体多为花岗岩、正长岩、斑岩、闪长岩、辉绿岩、片麻岩和石灰岩等坚硬脆性岩体。埋深多大于200m,岩体具有较高的初始应力。在施工过程中一般可采用下列方法防治岩爆:

①超前钻孔。在预测可能发生岩爆的工作面上钻数个直径60~80mm、深数米或10m左右的孔,释放岩体中的应力。

②超前支撑及紧跟衬砌,超前开挖顶板,超前作顶板支撑,可减少岩爆危害,或紧跟开挖工序,使用锚杆支撑及金属挂网护顶,也能收到满意效果。

③喷雾洒水。向新爆破的岩面上洒水,增加岩石湿度,降低岩石脆性,以减少岩爆现象。

2. 软岩大变形

软岩大变形一般在高地应力软弱围岩中发生,高地应力软岩区段具有显著的流变特性,隧道施工中变形大、变形速率快、收敛持续长。大变形区别于一般变形,变形初期不仅变形位移绝对值较大,位移的速度也很快。将导致隧道断面缩小、基脚下沉、拱顶上抬、拱腰开裂、基底鼓起等情况发生。一般来讲,处于高地应力和极高地应力场中的薄层破碎、软弱围岩在高地应力作用下(强度应力比0.031~0.063),易产生大变形,导致围岩挤压紧密,开挖时挤入。兰新铁路乌鞘岭隧道施工中就遇到了软岩大变形问题,针对乌鞘岭隧道高地应力软弱围岩变形的实际情况,施工单位提出了"短开挖、快封闭、强支护、快速成环、二次衬砌适时紧跟"施工原则。首先选择合理的断面形状,留足预留变形量,超前支护,中等长度系统锚杆和少量补强锚杆加固围岩,多重支护或一次大刚度支护,适当提高衬砌刚度和提前施作衬砌。同时,采用小导坑释放应力、快开挖、快支护和快封闭的挤压大变形综合控制技术。

课后习题

1. 判断下列说法是否正确。
(1) 一般来讲隧道轴向与岩层走向正交或大角度斜交对隧道围岩稳定最有利。 （　）
(2) 在选择隧道位置时应尽量避开大规模断层。 （　）
(3) 高地应力条件下,软岩变形的位移绝对值较大,位移的速度也很快。 （　）
2. 简述断层对公路隧道施工的影响。
3. 高地应力条件下岩爆和大变形如何处治？

模块六

不良地质与特殊土

在土木工程建设中,都会遇到不同的区域性岩土问题,特别是公路、铁路等线性工程,它们常常穿梭于不同地域,修建过程中常常会受各种不良地质(如崩塌、滑坡、岩溶、泥石流等)灾害和特殊土(如软土、红黏土、黄土、膨胀土等)的影响,导致工程建设难度增加,大幅增加工程建设成本和养护成本等,并危及人们出行的安全,给人民生命和财产造成损失。

学习目标

1. 了解不良地质类型,掌握不良地质形成条件,能提出常用的处理不良地质的措施;

2. 熟悉常见的几种特殊土的特点,了解其分布范围和危害;掌握软土、红黏土、冻土的鉴别方法和处理方法;

3. 能够依据现行《公路桥涵地基与基础设计规范》(JTG 3363—2019)、《岩土工程勘察规范》(GB 50021—2001)(2009版)的要求,选择合适的方法,对特殊土中的软土、红黏土、冻土进行鉴别和简单的处理。

学习导图

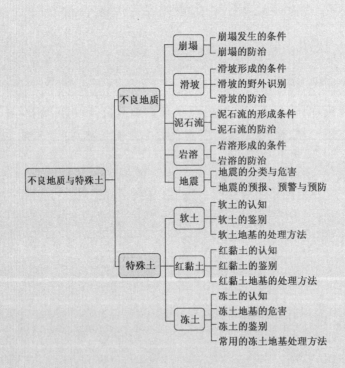

单元一　不良地质

不良地质是由于各种地质作用和人类活动而造成的工程地质条件不良现象的统称。而我国是不良地质灾害频发的国家,尤其是公路常常穿梭于沟谷之间,通常会受各种不良地质灾害的影响,同时公路建设也可能诱发各种不良地质灾害,因此在公路建设和运营中,正确认识不良地质灾害的类型与危害性,全面了解不良地质灾害的防治原则和防治措施,全面提升地质灾害的综合防治能力,能结合地质灾害的特点,提出合理和可行的防治措施,是减轻公路地质灾害风险的重要方法。

情境描述

某高速公路正在施工的某标段,线路区段内有 8 处潜在崩塌体、19 处不稳定滑坡、34 处岩溶、1 处泥石流,可见,不良地质灾害在公路建设中频发。对各种不良地质灾害的形成机理和危害程度做出正确判断,结合各不良地质灾害的特点,提出合理和可行的防治措施,在工程建设中具有至关重要的作用。

任务一　防治崩塌

学习情境

在某公路 K4+330~K4+390 段左侧边坡出现崩塌,掩埋了原有通村公路,导致车辆无法正常通行,相关施工车辆及设备不能正常进入道路现场施工。现场情况如图 6-1-1 和图 6-1-2 所示。

图 6-1-1　崩塌体全貌

图 6-1-2　崩塌局部

作为施工负责人,请你根据现场踏勘情况,依据《岩土工程勘察规范》(GB 50021—2001)、《滑坡崩塌泥石流灾害调查规范(1∶50000)》(DZ/T 0261—2014)、《崩塌防治工程勘查规范(试行)》(T/CAGHP 011—2018),分析崩塌的破坏模式、形成机理,并提出崩塌的防治措施。

相关知识

一、崩塌定义及分类

崩塌是指较陡斜坡上的岩土体在自身重力和其他外力(如风、水、冰、地震等)的共同作用下,突然而迅猛地向下倾倒、翻滚、崩落的地质现象。根据崩塌体的不同,发生在岩体中的崩塌称为岩崩(图 6-1-3),发生在土体中的崩塌称为土崩(图 6-1-4)。根据破坏模式可分为滑移式崩塌、倾倒式崩塌和坠落式崩塌(表 6-1-1)。

图 6-1-3 岩崩

图 6-1-4 土崩

崩塌按破坏模式分类　　表 6-1-1

破坏模式	主要岩性组合	崩塌方式	典型图片
滑移式	多为软硬相间的岩层、黄土、黏土,坚硬岩层下伏软弱岩层	岩土体沿结构面滑移或沿软弱岩土体不利方向剪出塌落	
倾倒式	多为黄土、直立或陡倾坡内的岩层	危岩转动倾倒塌落	

续上表

破坏模式	主要岩性组合	崩塌方式	典型图片
坠落式	多见于软硬相间的岩层	悬空、悬挑式岩(土)块拉断或剪断塌落	凹腔

二、崩塌发生条件

1. 地形地貌条件

一般崩塌多发生在陡崖临空面高度大于30m、坡面凸凹不平,且坡度大于50°的高陡斜坡、孤立山嘴或凸形陡坡及阶梯形山坡地段。

2. 岩性条件

通常岩性坚硬性脆的玄武岩、花岗岩、石英岩、石灰岩和砂岩等形成的山体易产生较大规模的崩塌,特别是在软硬相间的石灰岩与泥岩互层、砂岩与页岩互层、石英岩与千枚岩互层等陡崖上,因差异风化原因,导致软质岩层易风化形成凹崖坡,硬质层常形成凸崖,使其上部硬质岩失去支撑而引起崩塌,如图6-1-5所示。

3. 地质构造条件

山体中存在的各种构造面,如裂隙面、断层面、岩层层面、软弱夹层及软硬互层的构造面对山体的切割、分离,为崩塌体脱离母体(山体)提供了边界条件。当其软弱结构面倾向临空面且倾角较大时,易发生崩塌。或者坡面上两组呈楔形相交的结构面,当其组合交线倾向临空面时,也会发生崩塌,如图6-1-6所示。

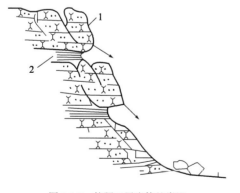
图6-1-5 软硬互层岩体的崩塌
1-砂岩;2-页岩

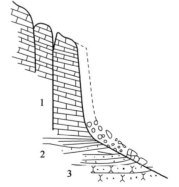
图6-1-6 裂隙切割岩体的崩塌
1-石灰岩;2-页岩;3-砂岩

地形地貌条件、岩性条件、地质构造条件是形成崩塌的基本条件。

4. 诱发因素及原因

崩塌诱发因素及原因见表 6-1-2。

崩塌诱发因素及原因　　　　　表 6-1-2

崩塌诱发因素	原因	典型图片
地表水、地下水	水体能起到软化岩、土，降低坡体强度，减小摩擦力的作用。同时由于水体的流动，能对潜在崩塌体产生动、静水压力及浮托力，从而诱发崩塌	
风化作用	强烈的风化作用，如冰胀、根劈、差异风化等都能使坡体产生更多的构造面，促使岩体崩塌的发生	
地震	地震可使坡体中产生新的结构面并且能降低已有结构面的强度，甚至改变整个坡体的稳定性，从而导致崩塌的发生	
人类活动	工程施工时不合理的开挖、爆破等破坏坡体的稳定性，诱发崩塌	

三、崩塌防治原则

由于崩塌常发生得突然而猛烈，治理十分复杂而且比较困难，故一般应采取以防为主的原则。

在公路选线阶段,应根据路线周边地形的具体条件,认真分析发生崩塌的可能性及其规模。对有可能发生大、中型崩塌的地段,应尽量避开。若完全避开有困难,可调整路线位置,离开崩塌影响范围一定距离,尽量减少防治工程;或考虑其他通过方案(如隧道、明洞等),确保行车安全。对可能发生小型崩塌或落石的地段,应视地形条件进行合理的经济比较,确定绕避还是设置防护工程。

在设计和施工中,避免使用不合理的高陡边坡,避免大挖大切,以维持山体平衡稳定。在岩体松散或构造破碎地段,不宜使用大爆破方式施工,避免因工程技术上的失误而引起崩塌。

四、崩塌防治措施

1. 排水措施

在有地表水的地方可修建截水沟、排水沟等排水设施排除地表水,如图 6-1-7 所示。在有地下水的地方修建纵、横盲沟排除地下水,防止水体流入岩土体诱发岩土体崩塌。

图 6-1-7　截水沟

2. 刷坡措施

在坡体面存在崩塌岩块体积和数量不大、坡体风化破碎的地段,可进行刷坡或全部清除处理。若在陡坡上存在较大的危岩或孤石应进行清除,如图 6-1-8 和图 6-1-9 所示。

图 6-1-8　刷坡　　　　　　图 6-1-9　危岩清除

3. 坡面加固措施

在坡面岩体易风化剥落的地段采用坡面喷浆、抹面、砌石铺盖等措施防治软弱岩石的风化；在易发生崩塌的陡坡地段，应采用挡墙、锚杆、锚索等加固措施，如图6-1-10和图6-1-11所示。

图6-1-10 挂网喷浆

图6-1-11 锚索格构梁

4. 支挡措施

对在陡坡上局部悬空且完整性较好，但有可能成为危岩的岩体，可根据具体情况采用灌浆、勾缝、镶嵌、支顶等措施增强岩体的完整性，防治危岩发生崩塌，如图6-1-12和图6-1-13所示。

图6-1-12 危岩镶嵌

图6-1-13 危岩支顶

5. 遮挡措施

对于整体稳定、坡面节理裂隙发育、岩体结构破碎，不宜过多扰动且清理困难的边坡，采用柔性防护网。防护网可分为主动防护网和被动防护网，如图6-1-14和图6-1-15所示。主动防护网防治理念在于增强危岩体的稳定性，阻止其发生崩落；被动防护网防治理念在于假设危岩发生崩落，通过阻止落石、引导落石运动轨迹、消减冲击能量等达到防护目的。对于山体岩层风化、破碎较严重，危岩与落石岩体量较大，但频繁发生崩塌、规模不大且距离路线较近的地段，适用于防护棚洞遮挡构筑物处理，如图6-1-16和图6-1-17所示。

图 6-1-14　主动防护网

图 6-1-15　被动防护网

图 6-1-16　防护棚洞（一）

图 6-1-17　防护棚洞（二）

学习参考

在工程实际中，常需勘察崩塌堆积体的特征，具体见表 6-1-3。

崩塌堆积体调查内容一览表　　表 6-1-3

序号	崩塌堆积体调查内容
1	崩塌源的位置、高程、规模、地层岩性、岩(土)体工程地质特征及崩塌产生的时间
2	崩塌体运移斜坡的形态、地形坡度、粗糙度、岩性、起伏差、崩塌方式、崩塌块体的运动路线和运动距离
3	崩塌堆积体的分布范围、高程、形态、规模、物质组成、分选情况、植被生长情况、块度、结构、架空情况和密实度
4	崩塌堆积床形态、坡度、岩性和物质组成、地层产状
5	崩塌堆积体内地下水的分布和运移条件
6	评价崩塌堆积体自身的稳定性和在上方崩塌体冲击荷载作用下的稳定性，分析在暴雨等条件下向泥石流、碎屑流转化的条件和可能性

课后习题

1. 崩塌是指：_____。
2. 崩塌按照破坏模式可分为_____、_____和_____。
3. 崩塌发生的条件_____、_____、_____和_____。
4. 崩塌的防治措施有：_____。

任务二 防治滑坡

学习情境

在某道路 K6+440～K6+760 段左幅边坡发生滑坡,滑坡区覆盖层主要为黄褐色、灰褐色由黏土、碎石构成的碎石土,滑坡区土体已被扰动,土体破碎,结构松散。下伏地层为二叠系栖霞组,岩性为灰色、灰黑色,薄～中厚层状瘤状泥质灰岩,偶夹少量泥灰岩、泥岩。强风化岩体:风化裂隙十分发育,瘤状泥质灰岩风化呈碎裂状,瘤状团块直径一般为 10～30cm。强风化厚度为 1～13m。中风化岩体:风化裂隙较发育,完整性较好。现场情况见图 6-1-18～图 6-1-20。作为施工负责人,请你根据现场踏勘情况,依据《岩土工程勘察规范》(GB 50021—2001)、《边坡工程勘察规范》(YS/T 5230—2019)、《建筑边坡工程技术规范》(GB 50330—2013)等规范,初步确定滑坡的范围,推断滑坡面的位置,并提出可行的处理措施。

图 6-1-18 滑坡体全貌

图 6-1-19 滑坡后缘裂缝

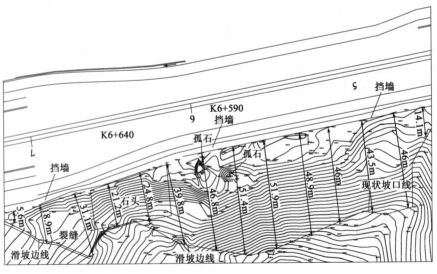

图 6-1-20 滑坡体平面图

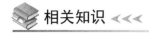

一、滑坡概述

滑坡是指斜坡上的岩体或者土体,受外界条件(如地表水的冲刷、地下水活动、地震及人类活动等)因素影响,在重力作用下,沿一定的软弱面或者软弱带整体顺坡向下滑动的自然现象,如图 6-1-21 所示。滑坡是山区公路的常见病害。山坡或者路基边坡发生滑坡,常常导致交通中断,影响公路交通运输。

图 6-1-21　滑坡

二、滑坡组成要素

一个发育完整的滑坡,一般由如下几个要素组成,如图 6-1-22 所示。

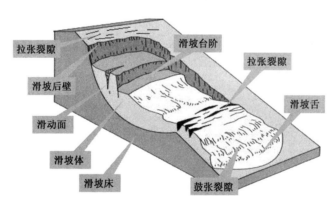

图 6-1-22　滑坡组成要素

①滑坡体:是指斜坡上沿滑动面向下滑动的岩土体,是滑坡的整个滑动部分。

②滑动面:是指滑坡体沿之滑动的面。它的数量、位置、形状等对滑坡的稳定性计算和治理起到重要作用。

③滑坡床:是指滑坡体滑动时依附的不动下伏岩土体。

④滑坡后壁:是指滑坡发生后,滑坡体后缘和斜坡未动部分脱开形成的陡壁。有时可见擦痕,以此可识别滑坡体滑动的方向。

⑤滑坡台阶:是指滑坡体滑动时由于各段岩土体滑动速度的差异,在滑坡体表面形成台阶状的错台。

⑥滑坡舌:是指滑坡体前缘形状如舌状的伸出部分。

⑦滑坡裂隙:是指滑坡体由于各部分移动的速度不等,在其内部及表面所形成的一系列裂隙。按受力状态的不同,裂隙可分为拉张裂隙、剪切裂隙、鼓张裂隙。拉张裂隙常常分布在滑坡体后缘;剪切裂隙分布于滑体中部两侧;鼓张裂隙常常分布在滑坡舌部。

三、滑坡分类

滑坡体按其物质组成、滑动面与层面关系、滑坡体厚度、滑坡体体积及引起滑坡的力学条件等有如下几种类型,见表6-1-4。

滑坡类型及其特征 表6-1-4

划分依据	名称类别	特征	典型图片
滑坡体物质组成	黄土滑坡	由黄土构成,发生在不同时期的黄土层中的滑坡	
	黏土滑坡	由黏土构成,一般发生在黏土内部,或与其他土层或岩层接触面处	
	堆积层滑坡	由各种不同性质的堆积层构成,在体内滑动,或沿基岩面滑动	

续上表

划分依据	名称类别	特征	典型图片
滑坡体物质组成	填土滑坡	发生在人工填筑的路堤或弃土堆中，一般沿基底以下松软层或老地面滑动	
	岩体滑坡	软弱岩层组合或被地质构造切割而成的滑坡，一般沿软弱岩层面或切割面滑动	
滑动通过各岩层情况	均质滑坡	发生在层理不明显的均质土中，滑动面较为均匀光滑	
	顺层滑坡	由基岩构成，沿顺坡的软弱岩层或裂隙面滑动，一般分布在顺倾向的山坡上	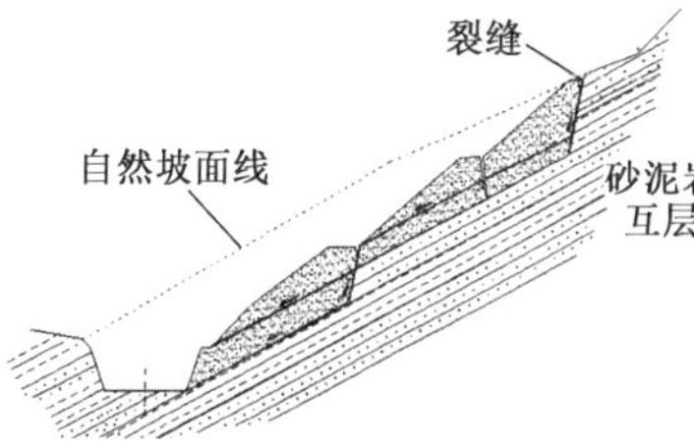
	切层滑坡	由基岩构成，滑动面与岩层面相切，一般沿倾向山体的断裂面滑动，常分布在逆倾向的山坡上	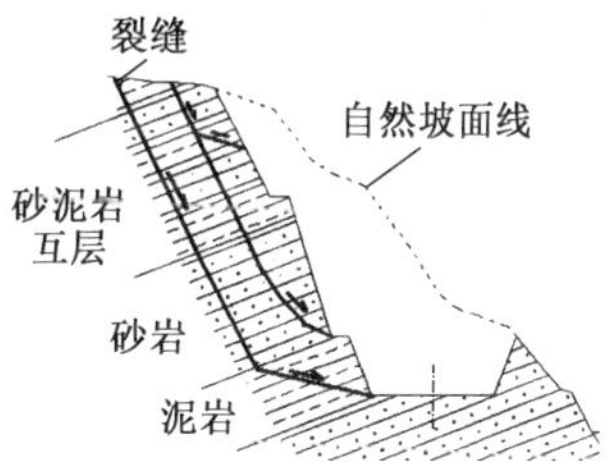

续上表

划分依据	名称类别	特征	典型图片
引起滑动的力学条件	推移式滑坡	因边坡上部不合理的加载,导致边坡上部岩土体先滑动而挤压下部岩土体,使边坡失去平衡引起的滑坡	
	牵引式滑坡	因边坡坡脚不合理的开挖或流水冲刷,导致下部岩土体先滑动从而使上部岩土体丧失平衡引起的滑坡	
滑坡体体积	小型滑坡	滑坡体积小于4万 m^3	
	中型滑坡	滑坡体积在4万~30万 m^3	
	大型滑坡	滑坡体积在30万~100万 m^3	
	巨型滑坡	滑坡体积大于100万 m^3	
滑动面埋深	浅层滑坡	滑动面埋深小于6m	
	中层滑坡	滑动面埋深在6~20m	
	深层滑坡	滑动面埋深大于20m	

四、滑坡形成的条件

滑坡的形成是斜坡上岩土体平衡条件遭到破坏的结果,它的形成需要具备一定的条件和诱发因素。

1. 地形地貌条件

具有一定坡度的斜坡,并且滑动面在斜坡前缘临空出露,这是滑坡产生的基本条件。斜坡坡度越陡、高度越大、下陡上缓且坡脚无阻滑的地形是产生滑坡的有利地形。一般在江、河、湖等的斜坡或工程建筑开挖形成的边坡都是易发生滑坡的地形。

2. 岩性条件

一般来说,滑坡易发生在结构疏松,抗风化能力和抗剪强度低,遇水易软化的岩土体中,如红黏土、黄土、膨胀土、松散堆积体、泥岩、页岩、凝灰岩、片岩、板岩以及煤系地层等。

3. 地质构造条件

滑坡易发生在倾向与斜坡坡面倾向一致的层面、不整合接触面、大节理面及断层面(带)

等软弱结构面上,因受外界因素的影响其抗剪强度较低,当受力情况突然改变时,都可能成为潜在滑动面。特别是下雨时,上部岩层透水性强,下部岩层透水性弱,在其接触面上成为地下水的流动通道,导致软弱结构面的强度降低,更易发生滑坡。

4. 诱发因素

(1) 水

水是诱发斜坡体滑坡的重要条件,多数滑坡发生在雨季。当水体渗入滑坡软弱结构面的裂隙、孔隙后,降低了岩土体的黏聚力和摩擦系数,使得滑坡体抗滑力减小,导致滑坡产生滑动。

(2) 地震

地震会破坏斜坡上岩土体的完整性,使地下水位发生强烈变化或某些地层因震动产生液化现象,同时地震产生的加速度使斜坡岩土体承受巨大的惯性力导致斜坡丧失稳定性,产生滑坡。

(3) 人类活动

人类的很多工程活动,如在边坡上开挖坡脚、坡体上堆载、爆破施工、水库蓄水和矿山开采等,都会破坏山体的平衡,诱发坡体发生滑动。

五、滑坡的野外识别

在山区进行路线勘测和公路建设时,识别可能存在的滑坡,是合理布设线路和及时提出可行防治措施的一个重要环节。滑坡野外识别有以下几个方面。

1. 地貌地物标志

滑坡常造成斜坡出现圈椅状和槽谷地形,在滑坡体后缘有陡壁和拉张裂隙出现;在滑坡体中部地形起伏较大,有一级或多级平台,滑坡体两侧有剪切裂隙出现;在滑坡体下部有滑坡鼓丘,表面有鼓张裂隙出现。滑坡体两侧常常形成沟谷,有双沟同源现象。部分滑坡体上还有积水洼地、地面裂缝、马刀树、醉汉林等现象,如图6-1-23~图6-1-25所示。

图 6-1-23 地裂缝

图 6-1-24 马刀树

图 6-1-25 醉汉林

2. 岩、土结构标志

滑坡体上岩、土多有扰动和松脱现象。滑体上岩层层位、产状特征与滑床岩层不连续,局部地段还有新老地层呈倒置现象,常与断层混淆,如图6-1-26和图6-1-27所示。

图6-1-26 土石松脱

图6-1-27 岩层不连续

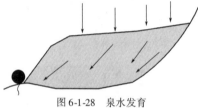

图6-1-28 泉水发育

3. 水文地质标志

由于滑坡体的滑动导致滑体内含水层的初始状态被破坏,改变地下水的流动路径,从而使堵塞多年的泉水复活或者出现泉水突然干枯、井(钻孔)水位突变等类似的异常现象,如图6-1-28所示。

4. 滑坡边界及滑坡床标志

滑坡后壁上常见顺坡擦痕(图6-1-29),滑坡两侧常有沟谷或裂隙,滑坡前缘土体常有滑坡鼓丘(图6-1-30)出现。滑坡床一般具有塑性变形带,带内多由黏性物质组成;滑动面一般比较光滑,并可见与滑动方向一致的擦痕。

图6-1-29 滑坡后壁擦痕

图6-1-30 滑坡鼓丘

六、滑坡的防治原则

滑坡的防治应当贯彻"以防为主,治理为辅"的原则。对于整治工程量大和技术处理难度大的大型滑坡,在选择线路时应尽可能选用绕避方案,在已建成的路段是选择治理还是选择绕避需要进行经济和安全两方面的合理分析;对于中、小型滑坡,主要是从施工方便、经济合理等方面考虑是否避让。在选择防治措施时,一定要查清引起滑坡的主导因素,原则上做到一次根治不留后患。

七、滑坡的防治措施

滑坡治理的工程措施很多,归纳起来分为三类:一是减轻或消除水害;二是改善滑坡体力学平衡条件;三是改善滑动带土石性质。由于产生滑坡的影响因素很多、成因复杂,因此采用一种方法很难达到治理的目的,所以常常需要同时使用多种措施,进行综合治理。主要防治措施如下:

1. 减轻或消除水害

(1)地表水治理

地表水治理是整治滑坡中必不可少的辅助措施。其主要通过修筑截水沟、排水沟(图6-1-31)和进行坡面防护来防治。在滑坡体周围修筑截水沟,避免地表水流入滑坡区;滑坡体上设置排水沟,便于汇集旁引坡面径流于滑坡体外排出;进行坡面防护是对坡面进行封闭,减少地表水下渗坡体并使其尽快汇入排水沟内,如图6-1-32所示。

图6-1-31 截、排水沟

图6-1-32 挂网喷浆减少地表水下渗坡体

(2)地下水治理

地下水治理,一般是采用疏导、引流,而不是堵塞的方法。主要采取的工程措施有修筑截水盲沟、支撑盲沟、仰斜孔群等。对于滑坡体外围的地下水可采用截水盲沟进行拦断和旁引;支撑盲沟用于支撑坡体稳定和疏导坡体内部地下水;仰斜孔群用于引出地下水。如图6-1-33、图6-1-34所示。

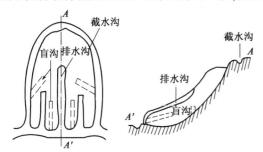
图6-1-33 滑坡地表和地下水排除示意图

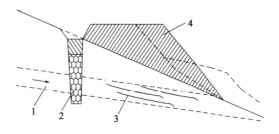
图6-1-34 渗沟拦截滑坡周围地下水
1-地下水;2-渗沟;3-自然沟;4-滑坡体

(3)防冲刷治理

为了防治江、河、湖等对滑坡体坡脚的冲刷,可在滑坡体前设置丁坝、铺设石笼等,如图 6-1-35 和图 6-1-36 所示。

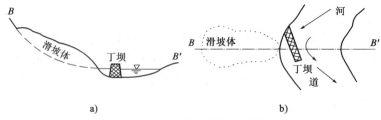

图 6-1-35　河岸防护堤示意图
a)剖面图;b)平面图

图 6-1-36　防冲刷工程

2. 改善滑坡体的力学平衡条件

(1)减重和反压

对于推移式的滑坡,在滑坡上部主滑地段减重,一般会起到根治的效果。对其他性质的滑坡,在主滑地段减重也能起到减小下滑力的作用。减重一般适用于滑坡床为上陡下缓、滑坡后壁及两侧有稳定的岩土体,不致因减重而引起滑坡向上和向两侧发展的情况。如图 6-1-37 所示。

对于牵引式的滑坡,在滑坡的抗滑段和滑坡体外前缘堆填土石加重,如做成堤、坝等,能增大抗滑力而稳定滑坡。但是必须注意只能在抗滑段(修建阻止滑坡滑动的构筑物地段)加重反压,不能填于主滑地段(滑坡的主要滑动部位)。并且在填方时,必须做好地下排水工程,不能因填土堵塞原有地下水出口,造成后患。如图 6-1-38 所示。

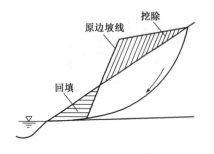

图 6-1-37　滑坡体上部减重

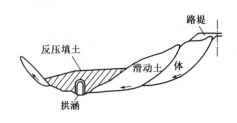

图 6-1-38　滑坡体下部反压

减重和反压主要是改善滑坡体自身的力学平衡条件。对于滑坡体是否需要采取减重、反压或者减重与反压相结合,需对滑坡体进行设计计算后,确定滑坡体需要减小的下滑力大小,再选取采用哪种方法来改善坡体自身的力学平衡条件。

(2)支挡工程

因丧失支撑而引起滑动的滑坡,可采用修建支挡工程来增加滑坡的抗滑力,改变滑坡的重力平衡条件,使滑体快速恢复稳定。常见支挡工程有抗滑挡墙、抗滑桩、锚(索)杆挡墙等。

①抗滑挡墙。抗滑挡墙通常是重力式挡墙,挡墙一般设置于滑坡体前缘稳定的地基上。若为多级滑动的滑坡,且推力太大,在坡脚一级支挡施工量太大时,可分级支挡,如图6-1-39和图6-1-40所示。

图6-1-39 抗滑挡墙

图6-1-40 分级抗滑挡墙

②抗滑桩。抗滑桩适用于滑床稳定的深层滑坡,特别是缺乏石料的地区,同时适用于处理正在活动的滑坡,如图6-1-41所示。其特点是开挖量少,对坡体扰动小,施工简单,布桩位置灵活。

图6-1-41 抗滑桩

③抗滑锚杆(索)。抗滑锚杆(索)护坡,其特点是开挖量少,对坡体扰动小,适应于多种类型的边坡。主要有锚杆(索)格构梁护坡、锚杆(索)抗滑挡墙和预应力锚杆(索)三种。

锚杆(索)格构梁护坡,由锚杆(索)和格构梁两部分组成,如图6-1-42所示。滑坡推力作用在格构梁,由格构梁将滑坡推力传递至锚杆(索)上,最后通过锚杆(索)传到滑动面以下的稳定地层中,用锚杆(索)的锚固来维持整个结构的稳定。锚杆(索)抗滑挡墙,由锚杆、肋柱和挡板三部分组成,如图 6-1-43 所示。滑坡推力作用在挡板上,由挡板将滑坡推力传于肋柱,再由肋柱传至锚杆(索)上,最后通过锚杆(索)传到滑动面以下的稳定基岩中,用锚杆(索)的锚固来维持整个结构的稳定。在岩石边坡中,常常采用预应力锚杆(索)抗滑桩,如图 6-1-44 所示。

图 6-1-42 锚杆(索)格构梁护坡

图 6-1-43 锚杆(索)抗滑挡墙

图 6-1-44 预应力锚杆(索)抗滑桩

3. 改善滑动带土石性质

一般采用焙烧法(图 6-1-45)、电化学加固法、注浆法(图 6-1-46)等措施来提高滑动带土石的强度和抗剪能力,从而达到增强滑坡体稳定的目的。

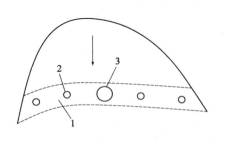

图 6-1-45 焙烧导洞
1-焙烧导洞;2-垂直风道;3-中心烟道

图 6-1-46 注浆加固

学习参考

某高速公路边坡工程在山腰处切割山体,挖方边坡最高为41.72m(K0+976.249处)。边坡第一~三级坡度采用1∶0.75放坡,第四级边坡坡度1∶1,挖方边坡的三、四级边坡已按设计坡度开挖完成。在开挖第二级边坡时发现该边坡 K0+880~K0+945 段后缘出现弧形贯通裂缝,如图 6-1-47 所示。

图 6-1-47　边坡滑移现状

结合地质勘察资料及稳定性计算结果,对坡体进行分区防护加固治理。第一级:K0+828~K0+865 段第一级设 1.8m×2.4m 抗滑桩;K0+865~K0+950 段第一级设 2m×3m 抗滑桩;坡体侧缘设全埋式 1.8m×2.4m 抗滑桩。第二级:坡度 1∶2~1∶0.75,先素喷 6cm,后采用锚索框架植草防护。第三级:坡度 1∶2~1∶0.75,先素喷 6cm,后采用锚索框架植草防护。第四级:坡度1∶2,采用挂网喷混凝土及锚索框架植草防护,各级平台宽度 3m。如图 6-1-48 所示。

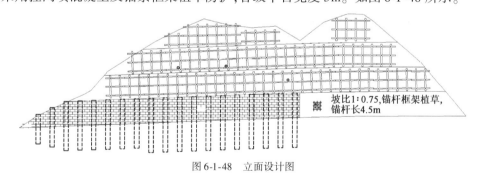

图 6-1-48　立面设计图

课后习题

1. 滑坡的定义是_____。
2. 滑坡的形态要素有:_____。
3. 滑坡根据力学条件可分为_____和_____。
4. 滑坡防治原则是_____。
5. 滑坡的防治措施有_____。

任务三　防治泥石流

学习情境

牛塘沟位于汶川县水磨镇北西侧,"8·20"牛塘沟泥石流,对沿沟两岸的村庄及水磨镇自来水厂造成了极大的危害。初步统计受灾群众131户435人,直接导致水磨镇停电、停水数天和一批房屋垮塌或不同程度受损,直接经济损失估计2500万元,对水磨镇中学2800多名师生的生命安全亦构成了一定程度的威胁。

牛塘沟泥石流流域面积共23.53km²,主沟长度共计15.96km,牛塘沟泥石流地形总体上陡下缓、上窄下宽、沟岸陡峻、利于汇流、汇水面积大、支沟发育,为牛塘沟泥石流的暴发提供了良好的地形地貌条件。

牛塘沟流域内的物源类型主要包括崩滑堆积物源、沟道堆积物源及坡面侵蚀物源三类,崩滑物源主要集中在物源—流通区的主沟及各条支沟的上游,岩性以含粉质黏土块碎石土和块碎石土为主,结构松散;沟道物源则遍布于物源—流通区及堆积区范围,岩性以洪积和泥石流堆积的块碎石土为主,结构松散。根据文中描述,请总结泥石流的形成需具备哪些条件?

相关知识

一、泥石流概述

泥石流是由于降雨、融雪等形成的山洪水流夹带大量泥、砂、块石等固体物质从上游奔腾直泻而下的特殊洪流。它具有爆发突然,历时短暂,破坏力强大等特点。

泥石流是山区特有的不良地质现象之一,它不仅可以堵塞、冲毁、淤埋道路、桥梁等工程,还可以冲毁沿途的农田、村镇房屋设施等。例如,2010年8月7日22时,甘肃省舟曲特大泥石流,泥石流长约5km,平均宽度300m,平均厚度5m,总体积750万m³,流经区域被夷为平地。造成了巨大的人员伤亡和经济损失。2011年6月6日,贵州省望谟特大泥石流灾害造成37人死亡、15人失踪。冲毁房屋数百间,直接受灾群众13.9万余人,交通、电力、通信中段,直接经济损失20.65亿元。2016年7月25日晚,四川九寨沟特大泥石流,冲毁民房8家,省道205线K7+000处(九寨沟县双河乡甘沟村)约1km左右道路被泥石流掩埋,致使交通中断。据资料统计分析,泥石流的发生一般具有时空分布规律。时间上常常发生在暴雨或高山冰雪消融的季节,空间上一般分布在地表岩层破碎,滑坡、崩塌等不良地质现象发育的陡峻山区。

二、泥石流的类型

泥石流的分类方法很多,根据物质状态、物质成分、流域形态和泥石流一次堆积总量可分为如下类型,详见表6-1-5。

泥石流分类表

表 6-1-5

分类依据	类型	特点描述
物质状态	稀性泥石流	主要成分是水，黏性土含量较少，搬运介质为稀泥浆或水，砂粒、石块以滚动或跃移方式前进，具有强烈的下切作用。泥石流在堆积区呈扇状散流，堆积后似"石海" 
	黏性泥石流	含有大量黏性土，水、黏土、泥沙和石块混合成黏稠状态。水不是搬运介质而是组成物质。稠度大，石块呈悬浮状态，爆发突然持续时间短，浮托力大，破坏力大 
物质组成	泥流	混杂少量砂和块石，以黏性土和水为主，呈黏稠状，黏度大 
	水石流	黏土含量较少，主要以水、大小不等砂粒和块石为主 
	泥石流	由黏性土、大小不等砂粒和块石组成，是介于上述两种类型之间的一种泥石流 

续上表

分类依据	类型	特点描述	典型图片
流域特征	标准型	流域呈扇形,能清楚地分出形成区、流通区和堆积区。形成区滑坡、崩塌等发育,松散物质多,流通区沟床纵坡比大,地表径流集中,泥石流的规模和破坏力较大	
	沟谷型	流域呈狭长形,形成区和流通区区分不明显,松散物质主要来自中游地段。泥石流沿沟谷有堆积也有冲刷、搬运,形成逐次搬运的"再生式泥石流"	
	山坡型	流域面积小,流通区不明显,形成区与堆积区直接相连,堆积速度快。汇水面积不大,导致水源流量不大,故多形成重度大,规模小的泥石流	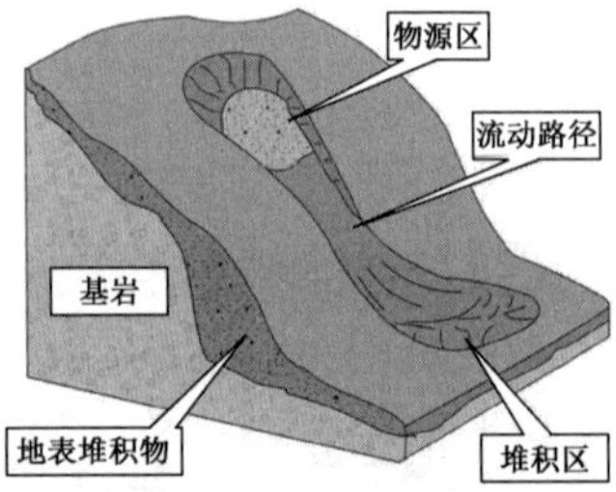
泥石流一次堆积总量 ($10^4 m^3$)	特大型	>100	
	大型	10~100	
	中型	1~10	
	小型	<1	

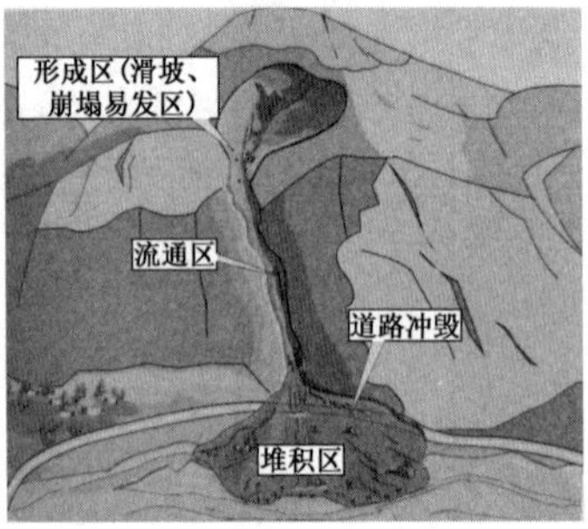

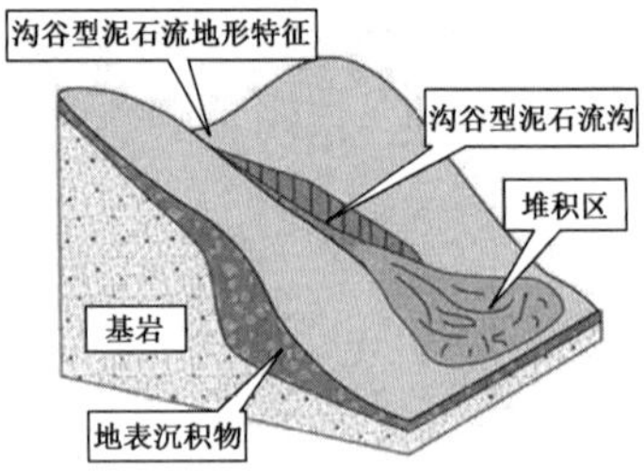

三、泥石流的形成条件

泥石流的形成必须同时具备以下三个条件:地形地貌条件;丰富的松散物质条件;突然爆发大量水的来源条件。

1. 地形地貌条件

在地形上具备山高沟深、地势陡峻、沟床纵坡比大、流域形态有利于周围山坡上水流和固体碎屑物质的汇集和流通。在地貌上,泥石流的地貌一般可分为形成区、流通区和堆积区。上游形成区的地形多为三面环山、一面出口的瓢状或漏斗状,山体破碎、植被生长不良,这样的地形有利于水和碎屑物质的集中;中游流通区的地形多为狭窄陡深的峡谷,谷床纵坡比大,使上游汇集到此的泥石流形成迅猛直泻之势;下游堆积区为地势开阔平坦的地带,使倾泻下来的泥石流到此堆积起来,如图6-1-49 和图 6-1-50 所示。

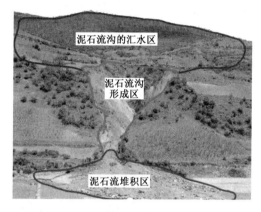 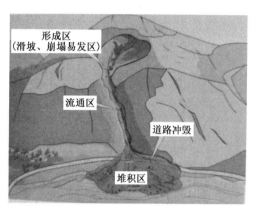

图 6-1-49　泥石流沟形成实物图　　　　图 6-1-50　泥石流形成示意图

2. 丰富的松散物质条件

泥石流一般发生于地质构造复杂、断裂褶皱发育、新构造活动强烈、地震烈度较高的地区,这类地区滑坡、崩塌、错落等不良地质现象发育,地表岩土破碎,为泥石流的形成提供了丰富的固体物质来源;地表岩层结构疏松软弱、易于风化、节理发育,或软硬相间成层地区,因易受破坏,也能为泥石流提供丰富的碎屑物来源。人类滥伐乱垦也会导致植被消失、山坡失去保护、土体疏松、冲沟发育,大大加重水土流失,进而破坏山体稳定性,形成滑坡、崩塌易发区。同时,修建铁路、公路、水渠以及其他建筑的不合理开挖,不合理的弃土、弃渣、采石等也能为泥石流提供丰富的碎屑物来源。

3. 突然爆发大量水的来源条件

水能诱发崩塌、滑坡等不良地质灾害发生,增加泥石流的物质来源。水即是泥石流的重要组成部分,又是泥石流的重要激发条件和必备的搬运介质(动力来源)。泥石流的发生与短时间内突然性的大量流水密切相关,泥石流的大量水源有强度较大的暴雨、冰川积雪的强烈消融和水库、湖、河突然溃决等。

四、泥石流的防治原则

泥石流发生往往需具备一些特殊的条件,并且具有一定的活动规律。在公路工程中,科学合理的选线,通常可以避开或减少泥石流危害。因此,泥石流的防治应当贯彻"以避为宜,以防为主,治理为辅"的原则,通过进行经济及安全的合理评估,采取防、避、治相结合的防治措施。

五、泥石流的防治措施

泥石流的治理通常要结合泥石流的活动规律、地形地貌、地质条件等,做到因势利导,全面规划,统筹兼顾。一般在泥石流的形成区主要以治水和土为主,在泥石流的流通区和堆积区以排导、拦挡、防护为主。在公路工程建设中,泥石流的工程防护措施有水土保持工程、拦挡工程、排导工程、防护工程等。

1. 水土保持工程

在泥石流形成区内,修建水土保持工程,能防止水土流失,能控制形成区泥石流的物质来源,是削弱泥石流活动的一种方法。但需要一定的自然条件,收益时间也较长,一般应与其他措施配合进行。水土保持工程措施有封山育林、植树造林、平整山坡、修筑梯田、排水系统及山坡防护工程等,如图6-1-51～图6-1-54所示。

图6-1-51 鱼鳞坑植树

图6-1-52 植树造林

图6-1-53 修筑梯田(一)

图6-1-54 修筑梯田(二)

2. 拦挡工程

在中游流通区,修建拦挡工程,减缓沟床坡降,降低泥石流速度,控制泥石流的固体物质和地表径流,减轻泥石流对下游周边工程的冲刷、撞击和淤埋等的危害。拦挡工程有拦挡坝、格栅坝、停淤场等,如图6-1-55和图6-1-56所示。

图 6-1-55　拦挡坝

图 6-1-56　格栅坝

3. 排导工程

在下游堆积区，修建排导工程，用于固定沟槽、约束水流、改善沟床平面布置，改善泥石流流势，达到增大涵洞、桥梁等建筑物的排洪能力，使泥石流按设计意图顺利排除。排导工程包括渡槽、排导沟、导流堤等，如图 6-1-57 和图 6-1-58 所示。

图 6-1-57　排导沟

图 6-1-58　导流槽

4. 防护工程

在泥石流地区，对桥梁、隧道、路基及其他重要工程设施，修建防护工程，可用以抵御或消除泥石流对主体建筑物的冲刷、冲击、侧蚀和淤埋等的危害。防护工程主要有护坡、挡墙、顺坝和丁坝等，如图 6-1-59 和图 6-1-60 所示。

图 6-1-59　顺坝

图 6-1-60　石笼网

对于泥石流的防治,在形成区、流通区、堆积区的防治侧重点都不同,所以采取多种防治措施相结合比用单一防治措施更为有效。

学习参考 ‹‹‹

白岩沟位于某市某镇西北约 0.8km 处,为主河湔江河右岸小支流,白岩沟泥石流沟流域面积达 2.6km²,主沟沟道长度 3.7km,流域长度 4.2km,海拔 2370m～990m,相对高差为 1400余米,主沟平均纵坡降 312‰。支沟呈树枝状,沟道顺而且弯曲较少。沟域岸坡以陡坡地貌为主,一般坡度 25°～65° 个别沟岸坡度在 65°以上,白岩沟主沟沟谷宽度较小,一般宽度3～10m,支沟沟道较窄,一般宽度 3～6m,多呈"V"形或"U"形,右侧下部为山前缓坡地带,呈阶梯状,种植有树木和耕地,下部平缓分布有居民安置点。如图 6-1-61 和图 6-1-62 所示。

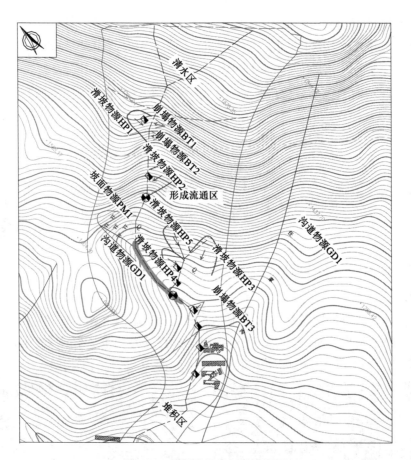

图 6-1-61 白岩沟泥石流流域地貌图

从泥石流物源上看,白岩沟泥石流物源主要来自流域内的松散堆积物包括坡残积层(Q_4^{dl+el})、滑坡积物(Q_4^{col})、崩坡积物(Q_4^{col})和洪水泥石流堆积物(Q_4^{sef})。可参与泥石流活动的动储量 $7.74 \times 10^4 m^3$,达总物源量的 38% 以上;从水源条件上看,该沟沟域面积较大,降雨较充沛,水源条件丰富。因此,白岩沟泥石流具备发生泥石流的基本条件。

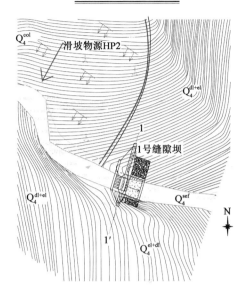

图 6-1-62　1 号缝隙坝布置图

白岩沟泥石流处于发展期,在连续的暴雨或强降雨条件下,易再一次暴发灾害性泥石流,由于目前沟道过水断面较窄,且纵坡降较大,加上现有沟岸堆积比较松散易发生水流侧冲刷崩岸,一旦再次发生泥石流或洪水,将会导致沟岸崩塌危及岸上居民的安全,为减轻白岩沟山洪泥石流及洪水暴发时形成的灾害,确保人民的生命和财产安全,根据前期调查分析,建议治理方案为分别对白岩沟堆积区、形成流通区采用"防护拦挡结合"的方案进行治理,见图 6-1-63～图 6-1-65。其治理方案布置如下。

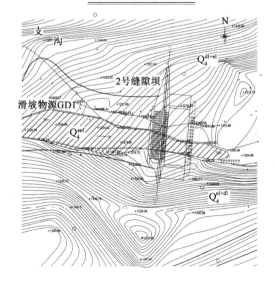

图 6-1-63　2 号缝隙坝布置图

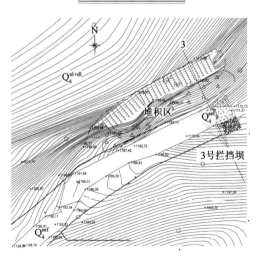

图 6-1-64　3 号缝隙坝布置图

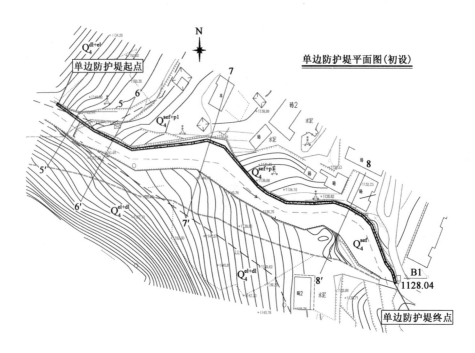

图 6-1-65　单边防护堤布置图

①根据补充勘查报告中 20 年一遇泥石流固体冲出量为 $0.84 \times 10^4 m^3$，1 号支沟在 7 月 9 日后物源增加，因而在主沟形成流通区下游设置 3 座拦挡坝，以拦蓄固体物源，库容 24800m^3，设计库容约为 3 次 20 年一遇泥石流冲出量。

②针对沟道出山口沟岸较低的位置设置两段单边防洪堤，有效保护沟岸一侧居住的群众。

课后习题

1. 泥石流是指：_____。
2. 泥石流的基本形成条件是：_____、_____和_____。
3. 泥石流按组成物质分为：_____、_____和_____。
4. 泥石流防治措施有：_____。

任务四　防治岩溶

学习情境

某市建政大道位于城北区，全长 2406.229m，起点接维林大道与来华路的交叉口，终点位于柳南高速路来华路立交桥头处。

根据地质资料,拟建场地经冲刷剥蚀后成矮丘陵状,上覆第四系残积层,下伏基岩为石炭系上统浅灰色块状灰岩。拟建场地内存在一条冲沟,沟底有较多岩石出露,并有多处明显的落水洞。其代表落水洞情况介绍如下。

①在桩号K0+900处有一较深的落水洞,洞口直径约为2m,洞口周围岩石裸露,洞口位置比四周高3m左右,由几块竖立的巨大岩石围绕而成,洞内很深。据了解,该洞在下雨天无地下水涌出。在该落水洞附近有一冲沟,下雨天沟内有大量的水淤积,并有地下水涌出。由于该洞所处位置比冲沟高十几米,地质勘察人员推测,即使该洞与冲沟内的落水洞连通,水位仍无法到达此高度,因此无水涌出现象。

②在桩号K1+054处,施工人员在进行路基换填土施工时,于地面以下4m处发现两颗巨大的岩石,岩石周围岩层破碎、风化严重,岩土混杂,土的含水率比附近土要高,可是无明显的洞口。时值施工旱季,在开挖过程中无地下水渗出现象,从地质资料上看,此处高程尚在地下水位以上。但是从岩石周围土的含水率比附近土要高可推断,此处的落水洞在雨季时有水涌出浸泡周围的土壤,因此属于有水的落水洞,经过实地调查,发现岩石周围土与附近土的颜色有明显的分界,周围土的颜色较深,呈棕褐色,附近土的颜色较浅,呈黄色,于是推断周围土颜色较深的原因是有水浸泡,从土的含水率较高也可以得出这一结论。于是根据土的颜色来确定封堵的范围。

③根据地质资料,在桩号K0+980处存在一条冲沟,沟底宽6~7m,沟底距离设计路面15m,冲沟横穿路基,走向曲折多变,沟底有较多岩石出露,并有多处明显的落水洞。出露的岩石张剪裂隙发育,裂隙中有大量方解石充填,呈方解石脉状,冲沟两侧的岩石有一定差异,沿冲沟方向岩溶特别发育,根据地质勘测报告,该断层为非活动性断裂。下雨天有大量的雨水淤积,并伴随大量的地下水涌出。(注:以上案例来自陆宇翔所写《岩溶地区路基内落水洞的处理方法》,大众科技,2005年。)

请根据文中描述,提出落水洞的处理方法。

相关知识 <<<

一、岩溶概述

岩溶(又称喀斯特)是指可溶性岩石(如碳酸盐类岩石、硫酸盐类岩石、卤盐类岩石)在地表水或地下水的化学和物理作用下,产生的裂隙、沟槽和洞穴,以及由于洞穴顶板坍塌使地表产生陷穴、洼地等特殊地貌形态和水文地质现象作用的总称。岩溶是不断流动的水与可溶性岩石相互作用的产物。可溶性岩石被水溶蚀、搬运、沉积的全过程称为"岩溶作用"过程。而由岩溶作用过程所产生的一切地貌现象称为"岩溶地貌"。如图6-1-66和图6-1-67所示。

在岩溶地区,由于岩溶作用的结果,使得地上地下的岩溶形态复杂多变,岩体的结构发生变化,岩石的强度降低,岩石的透水性增强,地下水发育,因此岩溶对公路工程的建设及使用往往造成不利的条件,例如路基水毁、路基塌陷、隧道涌水和涌泥等现象。所以在岩溶区修建公路,应以工程岩土观点研究岩溶地区的岩体稳定性、地下水的发育程度、岩溶发育的程度及分布规律,认真做好工程岩土勘察,避让或防治岩溶工程地质问题对路线选线、隧道涌水和路基稳定等造成的不良影响,为公路工程的建设提出合理的建设方案。

图 6-1-66　岩溶地貌　　　　　　　图 6-1-67　岩溶形态示意图

二、岩溶形成的基本条件

1. 岩体的可溶性

可溶性岩体是岩溶形成的物质基础,自然界中可溶性岩石有三类:碳酸盐类岩石(如石灰岩、白云岩、泥灰岩等)、硫酸盐类岩石(如石膏、硬石膏和芒硝)、卤盐类岩石(钾、钠、镁盐岩石等)。根据其溶解性能,卤盐类岩石溶解度最大,硫酸盐类岩石溶解度中等,碳酸盐类岩石最小。根据其分布情况,碳酸盐类岩石分布最广,因此碳酸盐类岩石地区岩溶最为发育。

2. 岩体的透水性

岩体的透水性主要取决于岩体中裂隙和孔洞的多少和连通情况。岩体透水性愈好,岩溶发育也愈强烈。所以在断层破碎带、褶皱轴部、岩层的层理面处,可溶岩与非可溶岩接触带、风化带等,岩溶发育强烈。

3. 有溶蚀能力的流动水

有溶蚀能力的流动水是岩溶发育的条件。水的溶蚀能力强弱取决于水中 CO_2 含量,其含量越多,水的溶蚀能力越强。在溶解过程中,由于溶解作用水中 CO_2 会被逐渐消耗,若要水继续具有溶蚀能力,就需要补充水中的 CO_2,而自然界中水中 CO_2 补充是通过水的流动循环交替来完成的。所以水流动越好,岩溶发育就会越来越强烈,反之水的流动缓慢或者停止流动,岩溶发育就会减弱,甚至停止发育。

三、影响岩溶发育的因素

1. 岩性

岩体成分、成层条件和结构等直接影响岩溶的发育程度和速度。通常岩性越纯,岩溶越发育。

2. 地质构造

地质构造越发育,岩溶越发育。如节理发育、褶皱轴部、断层破碎带部位,岩溶往往发育强烈。

3. 地壳运动

地壳抬升期,垂直落水洞发育;地壳稳定期,水平溶洞发育。

4. 气候

寒冷干燥地区岩溶不发育,温暖、潮湿地区岩溶发育。

四、岩溶地貌

岩溶地貌在碳酸盐类岩石地层分布区最为发育,根据其发展的空间位置,可分为地表岩溶地貌和地下岩溶地貌。常见的地表岩溶地貌有石芽、溶沟、溶槽、盲谷、干谷、漏斗、落水洞、溶蚀洼地和峰林等。地下岩溶地貌有溶洞、地下河、天生桥等,详见表6-1-6。

岩溶地貌类型　　　　　　　　　　　　　　　　　　　　　　表6-1-6

岩溶地貌类型	形成过程	示例照片
石芽、溶沟和溶槽	地表水沿可溶性岩石坡面上流动,溶蚀和冲蚀所形成的凹槽,浅者为溶沟,深者为溶槽,沟槽间的突起称石芽。凹槽底部通常被土及碎石所充填。在质纯厚的可溶岩地区,可形成巨大的貌似林立的石芽,称为石林,如云南的石林	
干谷和盲谷	岩溶地区河谷水因渗漏或地壳抬升,使原河谷水沿漏斗、落水洞下渗到地下,导致河谷干涸无水而变为干谷。盲谷是一端封闭的河谷,河流前端常遇可溶岩陡壁阻挡,可溶岩陡壁下常发育落水洞,遂使地表水流转为地下暗河。这种向前没有通路的河谷称为盲谷	
漏斗	地表水沿节理垂直下渗,并溶蚀扩展成漏斗状的负地形称为漏斗。其直径一般几米至几十米,底部常有落水洞与地下溶洞相连	
落水洞	落水洞是流水沿裂隙进行垂直方向的溶蚀、机械侵蚀以及塌陷形成的,近于垂直的洞穴。它是地表水流入岩溶地区含水层、岩溶管道和地下河的主要通道,其形态不一,深度可从十几米到几十米,甚至达百余米	

续上表

岩溶地貌类型	形成过程	示例照片
溶蚀洼地及峰林	岩溶洼地是岩溶作用形成的,周围由低山丘陵和峰林所包围的封闭洼地。它的面积一般从几平方公里到几十平方公里都有,底部有残积—坡积物,且高低不平,常附生着漏斗、落水洞	
溶洞	溶洞是地下水在可溶岩中进行溶蚀和侵蚀而成的地下洞穴。溶洞形态万千,洞内常发育有石笋、石钟乳和石柱等岩溶产物,常成为一些著名的溶洞,如贵州的织金洞、北京房山县云水洞、桂林七星岩等,均为游览胜地	
暗河	暗河是岩溶地区地下水汇集、排泄的主要通道,其中一些暗河常与地表的漏斗、落水洞、盲谷等相通,故可根据地表岩溶形态的展布方向,大致判明地下暗河的流向	
天生桥	天生桥是近地表的溶洞或暗河发生顶板塌陷,偶尔残留一段未塌陷的洞顶,形成一个横跨水流的石桥	

五、岩溶地区工程地质问题

1. 岩石强度降低

水对可溶岩层溶蚀过程中,使岩层产生溶孔、溶穴,导致岩层结构松散,从而降低了岩石的强度。

2. 基岩面起伏不均匀

由于岩溶形成的溶沟、溶槽、石芽等岩溶形态造成基岩面起伏不均匀,其上覆残积土层厚度分布也不均匀。如利用该地形作为地基,则必须对地基进行处理,否则将导致地基发生不均匀沉降。

3. 地基承载力降低

在地基主要持力层范围内若有岩溶洞穴,将大大降低地基的承载力,容易因洞穴顶板的塌陷导致建筑物遭到破坏。

4. 造成施工困难

在岩溶地区开挖基坑和掘进隧道的过程中,如果遇到溶洞或地下暗河时,则可能产生坍塌、突然大量涌水和涌泥现象,造成生命财产的损失和增加施工的难度等。

六、岩溶的防治措施

在岩溶地区修筑建筑物时,首先应设法避开岩溶强烈发育区,若避不开时,对岩溶水和岩溶的处理措施可以归纳为疏导、堵塞、跨越、加固等几个方面。

1. 疏导

对经常有水或季节性有水的空洞,一般宜疏不宜堵。应采取因地制宜,因势利导的方法。对于路基上方的岩溶泉和冒水洞,应采用排水沟将水排至路基外;对于路基基底的岩溶泉和冒水洞,设置集水明沟或渗沟,将水引出路基;对于隧道中的岩溶水,若水量很小,可在衬砌后压浆以阻塞渗透;对成股水流,宜设置管道引入隧道侧沟排除;水量大时,可另开泄水洞或引水槽将水引出隧道,如图 6-1-68 所示。

2. 堵塞

对基本停止发展的干涸的溶洞,一般以堵塞为宜。如用片石堵塞路堑边坡上的溶洞,表面以浆砌片石封闭。对路基或桥基下埋藏较深的溶洞,一般可通过钻孔向洞内灌浆注水泥砂浆、水泥混凝土、沥青等加以堵塞提高地基的强度,如图 6-1-69 所示。

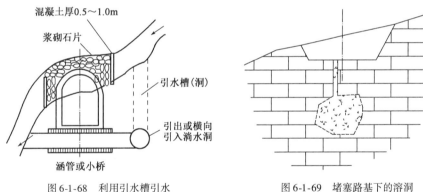

图 6-1-68 利用引水槽引水　　图 6-1-69 堵塞路基下的溶洞

3. 跨越

对位于基底的开口干溶洞,当洞的体积较大或深度较深时,可采用构造物跨越。对于有顶板但顶板强度不足的干溶洞,可炸除顶板后进行回填,或设构造物跨越,如图 6-1-70 所示。

4. 清基加固

在工程施工过程中,为防止基底溶洞的坍塌及岩溶水的渗漏,经常采用加固方法。

①对于洞径大,洞内施工条件好的溶洞,先清除充填物,再采用浆砌片石支墙、支柱等加固。如需保持洞内水流畅通,可在支撑工程间设置涵管排水。

②对于洞径小、顶板薄或岩层破碎的溶洞,可采用爆破顶板用片石回填的办法。

③对于有充填物的溶洞,宜优先采用注浆法、旋喷法进行加固,但加固后地基承载力不能满足设计要求时需采用其他方法。

④对于埋深较深,洞径不大的溶洞,可采用桩基穿越溶洞进行处理。

⑤如需保持洞内流水畅通时,应设置排水通道。

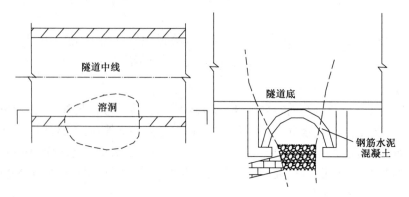

图 6-1-70　隧道溶洞筑拱跨越

在建筑运营期间,应加强观测岩溶发展的动向,以防岩溶作用进一步发展。

学习参考

1. 岩溶概况

某隧道某段穿越溶腔,岩性为灰岩,拱顶埋深约 125m,隧道边墙以上揭示岩溶空腔,隧底为充填性溶洞,溶洞填充物为软塑状黏土夹砂,厚度为 3～10 m;根据地质钻孔补勘处揭示大型溶腔,溶腔大小为 10 m(纵)×35 m(横)×15 m(深),上部为岩溶空腔,底部堆积 2～4 m 厚充填黏土。(图 6-1-71 和图 6-1-72)

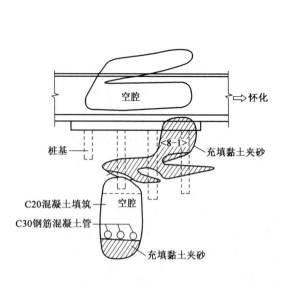

图 6-1-71　岩溶段纵断面图

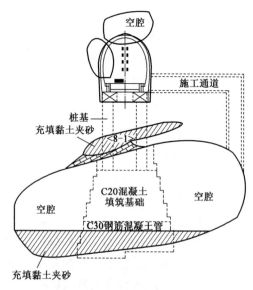

图 6-1-72　岩溶段典型横断面图

2. 岩溶处理方案

岩溶段隧底采用桩基托梁结构,边墙两侧设置纵梁,桩基嵌入基岩的长度不小于2m;针对此处大型溶腔,隧道右侧设置施工通道,人工清除底部充填物,隧底采用C20混凝土填筑,并设置3根直径1m的C30钢筋混凝土管横向连通排水。

任务五 认识地震

学习情境

据中国地震台网测定,2023年7月1日至9月30日全球共发生5.0级以上地震74次。其中有人员伤亡的7次(见表6-1-7)。2023年第3季度地震活动多集中在环太平洋地震带和欧亚地震带,造成的人员伤亡的地震主要出现在亚欧地震带。

2023年7~9月全球5.0级以上有人员伤亡地震灾害统计表　　表6-1-7

序号	日期	北京时间 (时:分)	震级	震源深度 (km)	震中位置	死亡人数	
						死亡	受伤
1	7月19日	08:22	6.6	70	尼加拉瓜沿岸近海	0	2
2	7月25日	13:44	5.3	10	土耳其	0	63
3	8月6日	02:33	5.5	10	山东德州市平原县	0	24
4	8月11日	01:48	5.1	10	土耳其	0	23
5	8月18日	01:04	6.2	10	哥伦比亚	2	50
6	9月9日	06:10	6.9	10	摩洛哥	2946	5674
7	9月12日	19:03	6.3	10	菲律宾群岛地区	0	5
合计						2948	5841

注:本表地震数据源自中国地震台网速报目录,人员伤亡数据源自维基百科2023年地震列表,收集时间截至2023年9月25日。

地震灾害不仅会造成人员伤亡和财产损失,还会对社会、经济和环境等方面造成严重的影响。工程技术人员应掌握地震基本知识,在工程设计、施工、维护等工作中合理运用,提高防灾减灾意识。

相关知识

一、地震

地震——地壳某个部位的岩层应力突然释放而引起的一定范围内地面震动的现象。通俗地讲,就是大地的震动。在人类活动区,大地震所产生的地震波能在瞬间对地面及其建筑物造成巨大的破坏,给人类带来巨大灾难(图6-1-73)。另一方面,地震波携带了大量地球内部结构的重要信息,是研究地球内部构造的重要途径。

a) 5·12汶川大地震

b) 3·11日本大地震导致的海啸

图6-1-73　地震产生的巨大破坏

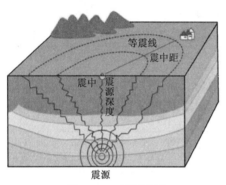

图6-1-74　地震的要素

1. 地震的形态要素(图6-1-74)

①震源:地震发生的起始位置,断层开始破裂的地方。

②震中:震源在地球表面上的垂直投影。震中及其附近的地方称为震中区,也称极震区;它是地震能量积聚和释放的地方。

③震源深度:震源处垂直向上到地表的距离是震源深度。

④震中距:震中到地面上任一点的距离叫震中距离,简称震中距。

2. 地震的强度

(1)震级

地震时在短时间内释放出大量的能量。通常用震级的方式,描述地震释放的能量。此处的"级",即震级。震级为地震的基本参数,是通过测量地震波中的某个震相的振幅来获取的。震级标度的方法有多种,包括里氏震级 M_L、面波震级 M_S、体波震级 M_b 和矩震级 M_W,以里氏震级 M_L 最为常用。

里氏震级是美国加州理工学院里克特(C. F. Richter)于1935年研究加州地震时,以地震释放的能量为依据,依次确定出震级与能量的关系。包括我国在内的许多国家采用里氏震级作为地震的衡量单位。

同时,矩震级已逐渐成为世界上大多数地震台网和地震观测机构优先推荐使用的震级标度。不过,由于世界各国有各自的震级研究历史和计算公式,各国对外公布的震级标度还未统一。

震级的大小取决于地震释放的能量,释放的能量越大,地震的震级越高。目前已知最强地震的里氏震级是9.5级,其释放的能量相当于27000颗广岛型原子弹释放的能量。8级地震的能量约为4级地震的 10^5 倍。5级以上地震能造成破坏,3.5级以下地震在一般情况下不能为人们所感觉。

（2）烈度

地震对地面的破坏程度，称为烈度。它是根据地面的破坏情况来确定的，一般分为12级。同一次地震只有一个震级，但在不同地区造成的破坏程度不同，故各地具有不同的烈度。震中区破坏最严重，离震中越远破坏越轻。烈度相同点的连线，称为等震线。地表各处由于地质条件不均一，破坏程度就不一样，因而等震线并不是规则的同心圆。

地震的震级与烈度是度量地震强度的两种不同方法。同一地震只有一个震级，烈度则随离震中或震源的距离而不同。同一震级的地震在不同的地区造成不同烈度的破坏，而且同一地点、同一震级的地震，其震源越浅，造成的破坏越大，烈度越高。炸弹的炸药量，好比是震级；炸弹对不同地点的破坏程度，好比是烈度。我国对烈度的划分，如图6-1-75所示。

Ⅰ 人们感觉不到地面下方的运动。 Ⅱ 处于楼层高处的人能感觉到轻微的晃动。 Ⅲ 悬挂的物体摇摆不定，所有人都能感觉到晃动。 Ⅳ 门、窗作响，停泊的汽车开始摇晃。 Ⅴ 睡梦中的人被惊醒，门、窗晃动，盘子掉在地上。 Ⅵ 行走困难，树木晃动，细长形的构造物被损毁。	Ⅶ 站立困难，结构较差的建筑物倒塌 Ⅷ 烟囱倒塌，树枝折断，家具翻倒。 Ⅸ 大部分建筑物结构损伤，地面开裂。 Ⅹ 大面积地面开裂，山体滑坡，大部分建筑物损毁。 Ⅺ 建筑物坍塌，地下管道破裂。 Ⅻ 地面呈波状起伏，出现大范围的破坏。

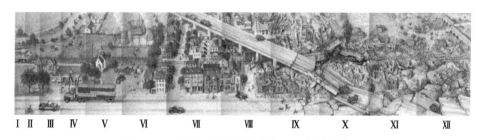

图6-1-75　中国地震烈度图（图源：中国地震信息网）

3. 地震的分类

（1）按地震成因分类

按地震的成因，可将地震分为三类。

①构造地震：又称断裂地震，是由地下岩层突然发生错断所引起的。在一定的条件之下，岩石具有刚性，而且位于地下的岩石恒处于某种构造"力"的作用之下。岩石受力达一定程度就要发生变形，包括体积和形态的改变。若作用力强度超过岩石强度，岩石就要破裂，或断开，或错位。岩石在变形的前期处于弹性变形阶段，变形量是逐渐增加的，而岩石由弹性变形发展到破裂是突变的和快速的。变形的岩石通过破裂将已积累的"应力"迅速释放出来。然后，岩块迅速"弹回"，遂引起弹性振动，这就是地震成因的弹性回跳说（图6-1-76）。各处岩石受力是不均匀的，而且不同岩石的强度不一，抗破裂的能力也不一，因而只有在受力最集中且易

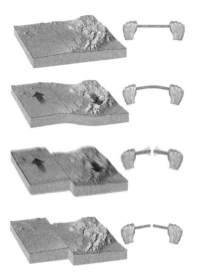

图6-1-76　地震成因的弹性回跳说

于发生突然破裂的岩石所在部位才会发生地震。

构造地震分布广,强度一般较大。地球上约90%的地震和破坏性较大的地震都属于构造地震。

②火山地震:火山爆发时由于气体的冲击力所引起的地震。这种地震强度一般较小,只是在火山周围地区有较显著影响,且一般只与爆烈式的火山喷发有关。火山地震约占地震总数的7%。

③陷落地震:在石灰岩发育的地区,岩石长期被地下水溶蚀,形成巨大的地下空洞,一旦上覆岩石的重量超过岩石支撑的能力,地表即发生塌陷,引发地震。在石灰岩广泛、雨水充沛的我国西南地区,陷落地震是常见的现象。在矿井下面,尤其是煤矿,因其采空区范围较大,若无足够的回填,上覆岩层也可能发生崩塌,引起地震。陷落地震影响范围小,强度小,破坏性不大,约占地震总数的3%。

(2)按震源深度分类

不同成因的地震,其震源的深度不同。构造地震的震源深度可以由数千米到数百千米;火山地震及陷落地震的震源深度一般只在数千米以内。

根据震源深度,地震可分为三类:深源地震,其震源深度为300~700km;中源地震,其震源深度为70~300km;浅源地震,其震源深度<70km。破坏性较大的地震都属于浅源地震,约占全球地震总数的90%,而且震源多集中在地表以下5~20km的深度范围内。

(3)按震级分类

根据震级大小,地震可分为四类:微震(<3级)、弱震(3~4.5级)、中强震(4.5~6级)、强震(>6级)。

(4)按震中距分类

根据震中距,地震可分为三类:震中距小于100km的地方震、震中距100~1 000km的近震和震中距大于1000km的远震。

(5)按发震时代分类

按发震时代,地震可分为现代地震、历史地震、古地震三类。现代地震一般是指人类能用仪器记录并测定出其震中、震级的地震;历史地震是指发生在人类历史时期并通过各种史料文字记载下来的地震;古地震则指发生在没有文字记录的史前、其地震遗迹(破坏的矿物、岩石、结构构造、构造形迹等)被保存在岩石或其他物体中的地震。古地震研究难度大,资料很少。

4.地震的危害

地震产生的危害包括直接灾害和次生灾害。

地震直接灾害是地震的原生现象,如地震断层错动,以及地震波引起地面振动所造成的灾害。主要有地面的破坏、建筑物与构筑物的破坏、山体等自然物的破坏等。

地震次生灾害是直接灾害发生后,破坏了自然或社会原有的平衡或稳定状态,从而引发出的灾害。主要有滑坡、崩塌、水灾、火灾、瘟疫等。

5.地震的预报、预警与预防

(1)地震预报

地震预报要求回答三个问题,即何时、何地、发生何种震级的地震。此为地震预报三要素。

后两个问题尚可回答。因为地震的发生主要是由地质因素决定的,其强度可以根据地质因素并结合历史资料加以推断。根据历史地震的资料和地震地质的实地调查,可以比较精确地确定暂时不活动的和正在明显活动的断裂地带(活断层带),作出地震区划图,划出地震危险区带,并指出危险程度。

而准确回答第一个问题是困难的。地震发生时间的预报分为中长期预报、短期预报和震前预报。其中,后两者的工作是相互关联,紧密衔接的。

中长期预报是数年以上时间跨度的预报,主要通过地震和地质情况的调查研究来实施。根据历史地震资料,可以建立起对中长期地震活动趋势的认识。在我国,公元 1011~1076 年的 65 年间是地震活跃期,1077~1289 年的 212 年间是地震平静期,1290~1368 年的 78 年间出现地震多发期,1369~1483 年的 114 年间又是地震平静期,而 1484~1730 年的 246 年间是地震活跃期,1731~1811 年的 80 年间是地震平静期,从 1812 年至今,一直是地震活跃期。总的趋势似乎是,活跃期越来越长,平静期越来越短,目前仍然处在地震多发期。

短期预报是指 1~2 年时间跨度的预报,这既要靠地震和地质情况的调查研究,还要运用各种监测手段。

震前预报主要靠各种监测手段。地震的监测主要是利用各种仪器设备测量以研究岩石中正在发生的各种物理变化,如测量地电、地磁、地应力的变化及地壳形变等。因为这些物质性状的变化显示了岩石受力变形的程度。此外,地下水中氡的含量变化、地下水水质与化学成分的变化、地下水位和井水水面的变化、泥沙上喷等,既是岩石受力变形的反映,也是监测的对象。地震仪对微弱地震能进行连续记录,通过分析研究这些记录,可以判断地震的发震趋势。

在强烈地震发生前往往出现一系列小震(前震),其强度和出现的频度随着大震的临近而增加。它们的出现有助于地震的预报。1972 年 2 月 4 日我国辽宁海城发生的 7.2 级大震的成功预报正是基于这一特征的运用。

(2)地震预警

地震预警是在地震发生后,利用震中附近台站观测到的地震波初期信息,快速估算地震基本参数并预测影响范围和程度,然后向可能受灾但破坏性地震波尚未到达的区域发布预警信息。

地震预警系统可以提供数秒至数十秒的预警时间,公众可以采取避震、疏散等措施减少人员伤亡。重大基础设施可采取各种紧急处置措施,像高速列车紧急制动避免脱轨、燃气管线及时关闭避免发生次生火灾、电梯紧急停止在最近楼层避免轿厢内人员被困。

2021 年 7 月 27 日,中国地震局在河北省唐山市召开新闻发布会,宣布中国地震预警网已在京津冀、四川、云南和福建地区实现示范运行。

(3)地震预防

地震的预防主要在于提高建筑物的抗震能力。在设计与施工中应根据地震区划的资料采取相应的抗震措施,特别是大型矿山、水库、重大工程设施以及工业建筑等,必须严格符合抗震要求。抗震建筑的实质在于加强建筑物的整体性、结构的牢固程度及地基的稳固性。

当代学术界一直在探讨如何防止发生大地震的问题。其主要思路是,使岩石中因受力而积累起来的能量,用人为措施逐步加以释放,而不是听其自然的突然释放,以求将大震变为许多不导致强烈破坏的小震。目前的途径是对那些有可能引起地震的活动性断裂注水,增加岩石的润滑性,减小岩块间的摩擦力,使断裂逐渐发生微小活动,逐步释放已积累起来的能量。若干水库蓄水以后曾引起地震,便是这一思路可行性的体现。

学习参考

如图 6-1-77 所示,20 世纪 70 年代,在 1300km 跨阿拉斯加石油管道建成之前,地质学家对德纳利断层进行了研究。研究结果认为,在 8 级地震中,德纳利断层将产生 6m 的水平位移。因此,该管道的设计理念是能够水平滑动而不断裂。2002 年,德纳利断层破裂,造成了 7.9 级地震。虽然沿断层的总位移约为 5m,但管道没有出现石油泄漏。这对我们公路建设具有借鉴意义。

图 6-1-77　建于断层范围的石油管道

课后习题

1. 请完成图 6-1-78 中空白框的填写。

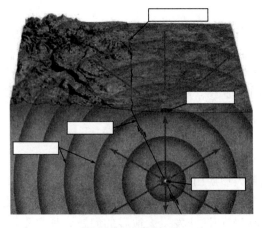

图 6-1-78　地震要素

2. 按形成原因,地震可划分为_____、_____和_____。

3. 按震源深度,地震可划分为_____、_____和_____。

4. 按震中距,地震可划分为_____、_____和_____。

5. 本学习情景中,汶川是 5·12 汶川地震的_____。汶川地震按形成原因,属于_____地震;按震源深度,属于_____地震。

6. 下列关于震级和烈度叙述正确的有(　　)。
   A. 震级是地震所释放出来能量大小的反映
   B. 震级是由地面建筑物的破坏程度决定的
   C. 烈度是由地震释放出来的能量大小决定的
   D. 每次地震的烈度只有一个
   E. 同一个地震,其烈度可以有多个
   F. 现阶段,已经可以准确预报出地震的发生时间

7. 5·12 汶川地震,成都距离震中约 92km,北川县距震中约 140km,但北川所受损失却远大于成都,这是什么原因造成的呢?

8. 结合本情境中的资料,查阅其他文献并仔细阅读,分析 2023 年 9 月 9 日摩洛哥地震伤亡人数明显高于同级别地震伤亡人数的原因。

单元二 特 殊 土

我国地域幅员辽阔,在工程建设过程中会遇到不同类型的土,它们具有独特的工程特性,在一定地理区域分布、在特定物理环境或人为条件下形成,有工程意义上的特殊成分、状态和结构特征的土称之为特殊土。中国特殊土的类别有软土、红黏土、人工填土、膨胀土、黄土、冻土等。地基土是工程建设中最为根本的部分,其稳定性决定整个上层建筑工程结构强度、硬度和牢固性以及整体的建设质量。特殊土因为其特殊性,会导致一些不良的后果,所以针对特殊土的辨别和处理对于工程建设有着至关重要的作用,正确认识、辨别和处理特殊土具有重要的理论意义与工程应用价值。

情境描述

在公路桥梁、房屋建筑等工程的建设过程中,经常会出现特殊的地基土,如沼泽、滩涂、冻土、红黏土等。这些特殊地基土的含水率较高、土质较为疏松,且较为容易发生大面积的沉降和塌陷问题,在进行工程建设时,我们工程人员首先得学会分析不同土的特点,选择不同的地基土的处理方法进行牢固加强处理,保证地基建设的稳定性。

任务一 鉴别和处理软土

学习情境(一)

青岛某高速,沿线的特殊性岩土为人工填土和软土。沿线表层普遍有人工填土,剥蚀斜坡地貌单元厚度一般小于1m,滨海浅滩地貌单元厚度较大,一般2~7m,成分以花岗岩风化碎屑、黏性土和砂土为主,回填年限不一,均匀性较差。

沿线软土主要分布于滨海浅滩地貌单元,厚度一般为1~12m,分布面积较大,以含淤泥中砂、淤泥为主,呈灰黑色~灰色,流塑~软塑状,请思考这种类型的地基土属于什么特殊土?有什么特点?如何辨别?如果不处理会有什么危害呢?

相关知识

一、软土的认知

1.软土的定义

软土一般指外观以灰色为主,天然孔隙比大于或等于1.0,且天然含水率大于液限的细粒土。具有天然含水率高、天然孔隙比大、压缩性高、抗剪强度低、固结系数小、固结时间长、灵敏度高、扰动性大、并有触变性、流变性、土层层状分布复杂、各层之间物理力学性质相差较大等特点。广泛分布在我国东南沿海地区和内陆江河湖泊的周围。

2. 软土的分类

软土一般包括淤泥、淤泥质土、泥炭、泥炭质土等。淤泥指的是在静水或缓慢的流水环境中沉积并含有机质的细粒土,其天然含水率大于液限,天然孔隙比大于1.5。淤泥质土是指在静水或非常缓慢的流水环境中沉积,天然孔隙比大于1.0而小于1.5,并含有有机质的一种结构性土。泥炭是指喜水植物遗体在缺氧条件下,经缓慢分解而形成的泥沼覆盖层。泥炭质土是指在某些河湖沉积低平原及山间谷地中,由于长期积水,水生植被茂密,在缺氧情况下,大量分解不充分的植物残体积累并形成泥炭层的土壤。

软土也泛指淤泥及淤泥质土,是第四纪后期于沿海地区的滨海相、潟湖相、三角洲相和溺谷相,内陆平原或山区的湖相和冲击洪积沼泽相等静水或非常缓慢的流水环境中沉积,并经生物化学作用形成的饱和软黏土。

3. 软土的组成和状态特征

软土的组成和状态特征是由其生成环境决定的。软土主要由黏粒和粉粒等细小颗粒组成,它多形成于水流不通畅、饱和缺氧的静水盆地,因此软土的淤泥黏粒含量较高,一般达30%~60%。黏粒的黏土矿物成分以水云母和蒙德石为主,含大量的有机质。有机质含量一般达5%~15%,最高达17%~25%。这些黏土矿物和有机质颗粒表面带有大量负电荷,与水分子作用非常强烈,因而在其颗粒外围形成很厚的结合水膜,且在沉积过程中由于粒间静电荷引力和分子引力作用,形成絮状和蜂窝状结构。所以,软土含有大量的结合水,并由于存在一定强度的粒间联结而具有显著的结构性。

由于软土的生成环境及粒度、矿物组成和结构特征,结构性显著,呈饱和状态,这都使软土在其自重作用下难于压密。因此,软土必然具有高孔隙比和高含水率,而且淤泥一般呈欠压密状态,以致其孔隙比和天然含水率随埋藏深度变化很小,因而土质特别松软;淤泥质土一般则呈稍欠压密或正常压密状态,其强度有所增大。

淤泥和淤泥质土一般呈软塑状态,但当其结构一经扰动破坏,就会使其强度剧烈降低甚至呈流动状态。因此,淤泥和淤泥质土的稠度实际上通常处于潜流状态。

4. 软土的危害

(1) 软土地基对高层建筑的危害

软土是一种分布广泛的特殊岩土,其特征是含水性强。当其作为工程建筑地基时表现得非常软弱和不稳定,在淤泥质软土发育地区进行工程活动时,常发生严重的工程地质灾害,主要表现是建筑物容易发生强烈的不均匀下沉,有时还因滑动变形造成地基或边坡失稳。相较于普通地质段,软土地质段强度偏低,在这类地基上直接建造多层建筑,沉降量往往非常大,如果均匀沉降和不均匀沉降过大,会导致建筑物倾斜与墙体开裂,严重的甚至倒塌。

(2) 软土地基对道路桥梁的危害

软土地基不均匀和过大沉降将严重影响路面的平整度,降低道路通行能力和安全度,路基路堤还可能会随着软土地基一起产生滑动现象,从而导致路面整体遭到破坏。

因为软土地基的性质不统一,因地而异,因层而异。所以在设计建筑或工程时都要实地勘察,对症下药,在施工过程中,如果稍有疏忽就容易发生质量事故,在软土地基的工程建设中,存在着很多的危害细节,如果不能排除就将产生不可预计的后果。

5. 软土的物理力学特性

(1) 高含水率和高孔隙性

软土的天然含水率一般为35%~80%,最大甚至超过200%。液限一般为40%~60%,天然含水率随液限的增大成正比增加。天然孔隙比在1~2之间,最大达3~4。其饱和度一般大于95%,因而天然含水率与其天然孔隙比呈直线变化关系。软土高含水率和高孔隙性特征是决定其压缩性和抗剪强度的重要因素。

(2) 渗透性弱

软土的渗透系数一般为1×10^{-8}~1×10^{-6} cm/s,而大部分滨海相和三角洲相软土地区,由于该土层中夹有数量不等的薄层或极薄层粉、细砂、粉土等,故在水平方向的渗透性较竖直方向要大得多。由于该类土渗透系数小、含水率大且处于饱和状态,这不但延缓其土体的固结过程,而且在加荷初期,常易出现较高的孔隙水压力,对地基强度有显著影响。

(3) 压缩性高

软土均属高压缩性土,其压缩系数a_{1-2}一般为0.5~1.5 MPa^{-1},最大可达4.5 MPa^{-1}(例如渤海海域),它随着土的液限和天然含水率的增大而增大。

(4) 抗剪强度低

软土的抗剪强度小且与加荷速度及排水固结条件密切相关,不排水三轴快剪所得抗剪强度值很小,且与其侧压力大小无关。排水条件下的抗剪强度随固结程度的增加而增大。根据土工试验的结果,软土的天然不排水抗剪强度一般小于20 kPa。

(5) 具有较显著的触变性、蠕变形,具有明显的流变性

在荷载作用下,软土承受剪应力作用产生缓慢的剪切变形,并且可能导致抗剪强度的衰减,在主固结沉降完毕之后还可能继续产生较大的次固结沉降。

二、软土的鉴别

《岩土工程勘察规范》(GB/T 50123—2019)规定凡符合以下三项特征即为软土:

①外观以灰色为主的细粒土;

②天然含水率大于液限;

③天然孔隙比大于或等于1.0。

综上,天然孔隙比大于或等于1.0,且天然含水率大于液限的细粒土应判定软土,包括淤泥、淤泥质土、泥炭、泥炭质土等。

交通运输部标准《公路软土地基路堤设计与施工技术规范》(JTG/T D31-02—2013)中规定软土鉴别可按表6-2-1进行。当表中部分指标无法获得时,可以天然孔隙比和天然含水率两项指标为基础,采用综合分析的方法进行鉴别。

软土鉴别表　　　　　　　　　　　　表 6-2-1

特征指标名称	天然含水率（%）	天然孔隙比	快剪内摩擦角（°）	十字板抗剪强度（kPa）	静力触探锥尖阻力（MPa）	压缩系数 a_{1-2}（MPa^{-1}）
黏质土、有机质土	≥35	≥液限 ≥1.0	宜小于 5	宜小于 35	宜小于 0.75	宜大于 0.5
粉质土	≥30	≥0.9	宜小于 8			宜大于 0.3

（1）天然含水率

天然含水率是土的基本物理性指标之一。含水率的变化将使得土的稠度、饱和程度、结构强度随之而变化，其测定可采用公路土工试验规程规定试验方法测定，并将试验数据与 35%、液限进行比较。

（2）天然孔隙比

孔隙比是土中孔隙体积与土粒体积之比，天然状态下土的孔隙比称之为天然孔隙比，是一个重要的物理性指标，可用来评价天然土层的密实程度。天然孔隙比可通过土粒比重、土的干密度、土的天然密度、土的含水率等指标计算而得。一般 $e<0.6$ 的土是密实的低压缩性土，$e>1.0$ 的土是疏松的高压缩性土。

（3）十字板剪切强度

十字板剪切试验是原位试验中一种发展较早、技术比较成熟的方法。试验时将十字板头插入土中，以规定的旋转速率对侧头施加扭力，直到将土剪损，测出十字板旋转时所形成的圆柱体表面处土的抵抗扭矩，就可以算出土对十字板的不排水抗剪强度。

2011 年颁布的《公路工程地质勘察规范》（JTG C20—2011）中，利用天然含水率、天然孔隙比、压缩系数、标准贯入试验锤击数、静力触探锥尖阻力、十字板抗剪强度 6 项指标鉴别软土，指标考虑比较全面。但由于软土勘察中标准贯入试验锤击数对软土判别的指导意义不大，改用快剪内摩擦角指标代替。天然孔隙比和天然含水率两项物理指标测试方便，且变异性小，因此当部分指标无法获得时，将其作为进行软土鉴别的基础指标。

学习参考

表 6-2-2 中的土质，经判断属于软土。

某土具体参数表　　　　　　　　　　　表 6-2-2

特征指标名称	天然含水率（%）	天然孔隙比	快剪内摩擦角（°）	十字板抗剪强度（kPa）	静力触探锥尖阻力（MPa）
黏质土、有机质土	40	≥液限 1.1	6	37	0.8

课后习题

1.判断下面对特殊土的描述正确吗？（　　　）。

特殊土它具有独特的工程特性，分布在一定地理区域、在特定物理环境或人为条件下形成，有工程意义上的特殊成分、状态和结构特征。

2.请举例说明特殊土包括哪些？

_____、_____、_____、_____、_____、_____。

3. 举例说明哪些是软土?

　　_____、_____、_____、_____。

4. 软土有什么危害?

5. 以下软土的特点描述正确的有(　　)。

　　A. 天然含水率高,孔隙比大。一般含水率为 35% ~ 80%,孔隙比为 1 ~ 2

　　B. 抗剪强度很低。根据土工试验的结果,软土的天然不排水抗剪强度一般小于 20kPa

　　C. 压缩性较高,压缩指数为 $C_c = 0.35 \sim 0.75$

　　D. 渗透性很小。软土的渗透系数一般为 $1 \times 10^{-6} \sim 1 \times 10^{-8}$ cm/s

　　E. 具有明显的流变性。在荷载作用下,软土承受剪应力的作用产生缓慢的剪切变形,并且可能导致抗剪强度的衰减,在主固结沉降完毕之后还可能继续产生较大的次固结沉降

小提示:查《公路桥涵地基与基础设计规范》(JTG 3363—2019)、《岩土工程勘察规范》(GB/T 50123—2019)作答。

学习情境(二)

青岛某高速的路线起点至 K3 + 980 段为填海路段,其中填海范围内分布有 0.4 ~ 11.0m 厚度不均的淤泥及淤泥质土,其上覆盖土层厚度为 2.5 ~ 7m,根据淤泥及淤泥质土层厚度和填土厚度,可以采用合适方法进行处理和改善(表6-2-3),数据资料如下所示。

项目沿线软弱地基土分布情况表　　　　表6-2-3

序号	起讫桩号	长度(m)	处理深度(m)	含水率	液限	塑限	塑限指数	处理方法
1	K0 + 000 ~ K1 + 100 K3 + 585 ~ K3 + 980	1100		39.6%	51%	27%	24	强夯
2	K1 + 100 ~ K3 + 585	2485	12 ~ 14	42.2%	52.5%	25%	27.5	碎石桩 + 满拍
3	K2 + 200 ~ K3 + 585	1385		42%	52%	25%	27	碎石桩 + 满拍,碎石垫层厚度 60cm,碎石盲沟每 30m 设一道

①K0 + 000 ~ K1 + 100 段(淤泥及淤泥质土厚度 0.4 ~ 1.7m,其上填土厚度 2.5 ~ 6.0m,总处理深度 2.9 ~ 7.7 m),K3 + 585 ~ 980 段(淤泥及淤泥质土厚度约 2.7m,其上填土厚度约 4.5m,总处理厚度约 7.2m),请问采用什么方法进行处理和改善?

②K1 + 100 ~ K3 + 585 段淤泥层较厚(淤泥及淤泥质土厚度 1.7 ~ 11.0m,其上填土厚度 2.0 ~ 6.0m,总处理深度 8.0 ~ 16.0m),请问采用什么方法进行处理和改善?(要求穿透淤泥及淤泥质土层)

③K2 + 200 ~ K3 + 585 段淤泥层较厚(淤泥及淤泥质土厚度 1.6 ~ 10.0m,其上填土厚度 2.0 ~ 6.0m,总处理深度 8.0 ~ 16.0m),请问采用什么方法进行处理和改善? 路段的地下水位高,需要采用什么方法提高此处的地基承载力?

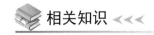相关知识 ◀◀◀

1. 浅层软基处理技术

浅层软基处理一般是指表层软土厚度小于等于3m浅层软弱地基处理。常采用垫层法、换填法、挤排法、强夯法、表面排水法、添加剂法等进行处治。在设计之前,应做好全面调查研究,充分收集沿线地质、水文、地形、地貌、气象、地震等设计资料;采用适宜的勘察方法进行综合勘探试验和现场原位试验,并进行统计与分析,为软土设计提供可靠的物理力学性质指标。

(1)垫层法

通常用于路基填方较低的地段,要求在使用中软基的沉降值不影响设计预期目的。设置垫层时,可以根据具体情况采用不同的材料,常用的材料有砂或砂砾及灰土,也可用土工格栅、片石挤淤、砂砾垫层综合使用处理。

(2)换填法

用人工、机械或爆破方法将路基软土挖除、换填强度较高的黏性土或砂、砾石、碎石等渗水材料,改变了基底土的性质,效果良好。适用于软土层较薄、上部无硬土覆盖的情况。

在高速公路施工中遇到含水率较高,软弱层较浅,且易于挖除不适宜材料时,一般采取挖除换填法,包括受压沉降较大,甚至出现变形的软基和泥沼地带。处理这种地基,开挖前要做好排水防护工作,将开挖出的不适宜材料运走或做处理,然后按要求分层回填,回填材料可视具体情况用砂、砂砾、灰土或其他适宜材料。例如,青岛某路K3+980~K4+280段,填土下分布有淤泥、沟塘,淤泥厚度小于2m,采用排水、挖除淤泥回填石渣的处理方式。

以青岛某软土路基换填处理横断面图6-2-1为例,左侧适用于一般填方路基路段,右侧适用于临水及浸水路基路段。路基底部填料宜使用透水材料作为填筑料,当上路床填料CBR值达不到规范要求时,可采用掺3%石灰进行处治。

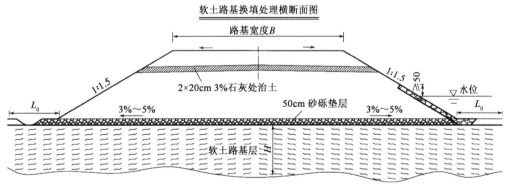

图6-2-1 软土路基换填处理横断面图

当软土层为黏土、亚黏土、砂性土等饱和性土体时,清表处理后,换填50cm的砂砾土或碎石土,压实处理,边缘加宽2m。若软土层为淤泥、淤泥质等高液限土体,当$H \leqslant 2.0m$时,全部挖出换填处理;当$H > 2.0m$时,可仅挖出换填1.5m,剩余部分采用抛石挤淤处理,边缘加宽3m。对于湿地路段,为不破坏原始水路状态,对地基换填处理时,下部宜填筑较大粒径的石块、砂砾等透水性材料,以沟通水路、保护湿地。换填层顶部设置不小于50cm的天然砂砾料垫层,天然砂砾料含泥量不得大于5%。

(3)强夯法

强夯法是指将十几吨至上百吨的重锤,从几米至几十米的高处自由落下,对土体进行动力夯击,使土产生强制压密而减少其压缩性、提高强度。这种加固方法主要适用于颗粒粒径大于0.05mm的粗颗粒土,如砂土、碎石土、山皮土、粉煤灰、杂填土、回填土、低饱和度的粉土、黏性土、微膨胀土和湿陷性黄土,对饱和的粉土和黏性土无明显加固效果。

根据背景1资料,K0+000~K1+100、K3+585~K3+980淤泥及淤泥质土分别为0.4~1.7m和2.7m,其上填土厚度分别为2.5~6.0m和5.5m,也就是说软土层深度不大,埋藏浅,优先考虑采用强夯法进行软土地基的处理。强夯法是一种用重锤自一定高度下落夯击土层使地基迅速固结,提高软弱地基的承载力的方法。

处理方法如下:采用强夯法处理此处地基路段。在整体施工前,应通过试夯确定最佳施工工艺和参数。设计夯锤重20t,落距15m,底面直径2.25m的圆形铸铁锤,有效加固深度不小于8米,单击夯能为3000kN·m。夯点的夯击次数按现场试夯得到的夯击次数和夯沉量关系线确定,以最后两击的平均夯沉量不大于10cm、夯坑深度、点夯击数三者之一作为止夯条件。强夯夯击完成后采用低能量满拍两遍,满拍夯击能为1000kN·m。然后修整强夯后的地面横坡为2%的路拱。夯后地基承载力不小于220kPa。当软土地基路段厚度$3.0m < H \leq 6.0m$时,坡脚外增加宽度L_0应满足:$H/2 \leq L_0 \leq 2H/3$,且$L_0 \geq 3.0m$;顶面填筑了不小于50cm的天然砂砾垫层,天然砂砾料含泥量不大于5%;路基底部填料宜使用透水性填料,当上路床填料CBR值达不到规范要求时,可采用掺3%石灰进行处治,如图6-2-2、图6-2-3所示。

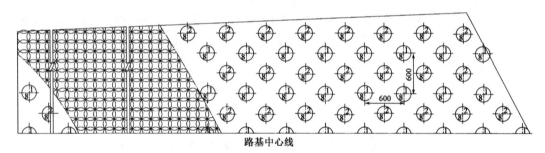

图6-2-2 青岛某公路强夯处理设计图(尺寸单位:mm)

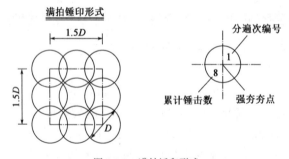

图6-2-3 满拍锤印形式

(4)排挤法

当高速公路经过水塘、鱼池和较深的流动性强的淤泥地段时,常遇到含水率高、淤泥压缩性大、淤泥质黏土软基以及水下软基等,对这类软基可采用排挤法来处理。排挤法又可分为两种:一种是抛石排挤,另一种是爆炸排挤。

(5)表层排水法

对土质较好因含水率过大而导致的软土地基,在填土之前,地表面开挖沟槽,排除地表水,同时降低地基表层部分的含水率,以保障施工机械通行。为了发挥开挖出的沟槽在施工中达到盲沟的效果,应回填透水性好的砂砾或碎石。

(6)添加剂法

对于表层为黏性土时,在表层黏性土内掺入添加剂,改善地基的压缩性能和强度特性,以便施工机械行驶。同时也可达到提高填土稳定及固结的效果。添加材料通常使用的是生石灰、熟石灰和水泥。石灰类材料通过现场拌和或厂拌添加,除了降低土壤含水率、产生团粒效果外,被固结的土随着时间的推移会发生化学性固结,使黏土成分发生质的变化,从而促进土体稳定。

2. 深层软土地基处理技术

深层软基处理一般是指表层软土厚度大于3m的地基处理。常采用袋装砂井法、挤密砂桩法、振冲碎石桩法、粉喷桩法、塑料排水板法、加筋土工布、钢渣桩法、深层搅拌等进行处置。

(1)袋装砂井法

袋装砂井排水固结措施,其施工简便,费用较低,加固效果较好。施工时将袋装砂放入套管井内,填塞密实,逐节拔出套管,顶面铺设水平砂垫层或排水砂沟。软基中的水分在上部路基填土荷载的作用下,通过砂与水平砂垫层或纵横相连通的排水砂沟相通,形成排水通道,使软基中的水分排走,从而达到排水固结软基的目的。

(2)挤密砂桩法

采用类似沉管灌注桩的机械和方法,通过冲击和振动,把砂挤入土中而形成的。挤密砂桩的主要作用是将地基挤实排水固结,从而提高地基的整体抗剪强度与承载力,减少地基的沉降量和不均匀沉降。这种方法一般能较好地适用于砂性土,不适用于饱和的软黏土地基处理。挤密砂桩用砂标准要求与袋装砂井的砂基本相同,不同的是挤密砂桩也可使用砂和角砾的混合料,含泥量不得大于5%。

(3)振冲碎石桩法

碎石桩是一种与周围土共同组成复合地基的桩体。碎石桩处理软基过程就是用振冲器产生水平向振动,在高压水流作用下边振边冲,在软弱地基中成孔,再在孔内分批填入碎石料,振冲器边振动边上拔,使得碎石料振挤密实。碎石桩桩体是一种散粒体的粗颗粒料,它具有良好的排水通道,有利于地基土的排水固结。在软基处理中,特别是具有高填土桥头等过渡路段,为了减少地基土的变形,提高地基土的承载力,增强地基土的抗滑稳定能力,采用碎石桩加固处理是较理想的方法之一。

根据学习情境(二)的案例资料,K1+100~K3+585段淤泥层较厚(淤泥及淤泥质土厚度1.7~11.0m,其上填土厚度2.0~6.0m,总处理深度8.0~16.0m),软土层深度很大,上面覆盖土层较厚,埋藏深,因为处理要求穿透淤泥及淤泥质土层,优先考虑采用碎石桩法进行软土地基的处理。设计处理如下:采用碎石桩加满拍处理此处地基路段。按三角形布置碎石桩,碎石桩应穿透软弱土层达到强风化岩石,碎石桩设置的间距 d 为 1.5m,加密桩位于原三角形布置桩的中心,加密桩的桩长为原碎石桩的一半,长短交替布置。碎石桩的填料采用了级配良好且未风化的碎石,粒径为 2~6cm,含泥量不应超过 5%。碎石桩单桩承载力要求不小于 330kPa,内摩擦角 ≥35°,复合地基承载力不小于 168kPa。满拍法处理同图 6-2-3,碎石桩处理如图 6-2-4 所示。

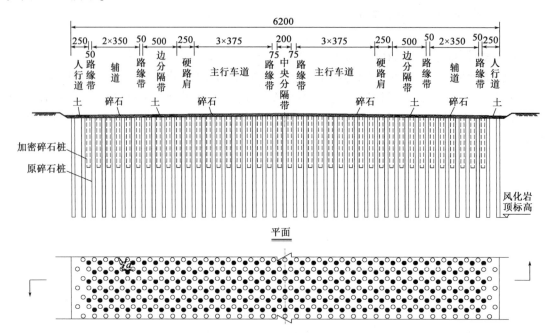

图 6-2-4　青岛某公路碎石桩处理设计图(尺寸单位:cm)

根据学习情境(二)的案例资料,K2+200~K3+585 段淤泥层较厚(淤泥及淤泥质土厚度为 1.6~10.0m,其上填土厚度为 2.0~6.0m,总处理深度为 8.0~16.0m),设计处理如下:采用碎石桩处理此处地基路段,因为此路段的地下水位高,碎石桩顶再加铺 60cm 的碎石,然后进行强夯满拍处理,以提高地基承载力,桩顶至路床顶 60cm 范围内所填碎石粒径小于 10cm,碎石盲沟每 30m 设一道,利于排水,如图 6-2-5 所示。

图 6-2-5　某公路中碎石桩处理软土地基

(4)粉喷桩法

粉喷桩是利用粉体喷射搅拌机械在钻成孔后,借助压缩空气,将水泥粉等固体材料以雾状喷入需加固的软土中,经原位搅拌、压缩并吸收水分,产生一系列物理化学反应,使软土硬结,形成整体性强、水稳定性好、强度较高的桩体。粉喷桩与桩间土一起形成复合地基,从而提高路基强度。其特点是强度形成快、预压时间短、地基沉降量小。粉喷桩加固软基主要适用于高含水率、高压缩性的淤泥、淤泥质黏土及桥头软基的处理。有关试验表明,一般含水率大于35%的软基宜选用粉喷桩。

(5)塑料排水板法

塑料排水板是一种能够加速软土地基排水固结的竖直排水材料。当它在机械力作用下被插入软土地基后,能以较低的进水阻力聚集从周围土体中排出的孔隙水,并沿竖直排水通道排出,使土体固结,从而提高地基承载力。塑料排水板具有良好的力学性能、足够的纵向通水能力、较强的滤膜渗透性和隔土性。

(6)加筋土工布法

加筋土工布一般被铺设在路堤底部,以调整上部荷载对地基的应力分布。通过加筋土工布的纵横向抗拉力,来提高地基的局部抗剪强度和整体抗滑稳定性,并减少地基的侧向挤出量,一般适用于强度不均匀的软基地段、路基高填土、填挖结合处或桥头填土的软基处理。加筋土工布的材料不仅强度要符合设计要求,而且断裂时的应变,在填料为砂砾、土石混合料时还须满足一定的顶破强度,施工中加筋土工布应拉平紧贴下承层,其重叠、缝合和锚固应符合设计要求。

(7)钢渣桩法

钢渣桩法处理软基是利用工业废料的转炉钢渣作为加固材料,灌入事先形成的桩孔中,经振动密实、吸水固结而形成的桩体,加固机理是转炉钢渣吸收软基中的水分,桩体膨胀形成与周围土体挤密的主体,与地基形成整体受力结构。转炉钢渣氧化钙含量40%以上,其主要成分与水泥接近,具有高碱性和高活性,筛分后可作低标号水泥使用,因此钢渣桩具有较高的桩体强度。

(8)深层搅拌法

利用水泥或石灰等其他材料作为固化剂的主剂,通过特别的深层搅拌机械,在地基深处将软土和固化剂强制搅拌,利用固化剂和软土之间所产生的一系列物理—化学反应,形成坚硬拌和柱体,与原土层一起起到复合地基地作用。其优点是:能有效减少总沉降量、地基加固后无附加荷载、能适用于高含水率地基等;但造价较高且施工质量难以检测,在设计时,应具体情况具体分析,根据不同的地质条件和荷载条件调整配合比、置换率、桩长等,以满足承载力及沉降的要求。

学习参考

①某高速 K2+670~K2+990 段淤泥呈灰褐色,饱和流塑,以黏粉粒为主,黏性较强,干强度中等,沿线两侧局部分布有鱼塘、农作物等。这些软土具有高液限、大含水率、高压缩性的特征,在荷载作用下会产生很大的固结沉降和不均匀的沉降。根据处理区域软土分布、路堤填土高度、构筑物布置及旧路软基处理方案等情况,K2+670~K2+990 段软基埋深大于 3m。本段

软基原地面下 0～6.5m 范围为强度较高的硬壳层。请问采用什么软基处理方法比较合适？

②某市政城市道路，K0+780～K1+228 标段处有鱼塘和农田路段，均有软基分布，且软土深厚(厚度为 15～30m)、力学性能差。为保证路堤的稳定，减小工后沉降和沉降差，提高路面的平整度和行车的舒适性，标段范围内的所有道路均需要进行软基处理。后期软基处理的形式主要为真空联合堆载预压、一般堆载预压等形式。

③真空联合堆载预压施工内容包括：平整场地→量测地面起始高程、铺设砂垫层、土中原型观测→打设塑料排水板、打设黏土围幕→挖设密封沟、安装主管出膜装置、铺设主管、滤管、埋设砂垫层中真空度测头→量测施工沉降、铺设封膜、安装抽真空装置→回填密封沟、连接主管道抽真空设备→埋设施工沉降板观测→测沉降初始值→试抽真空→检查膜上及密封沟漏气情况→正式抽真空开始→施工监测开始→抽真空结束。真空联合堆载预压施工工艺流程如图 6-2-6 所示。

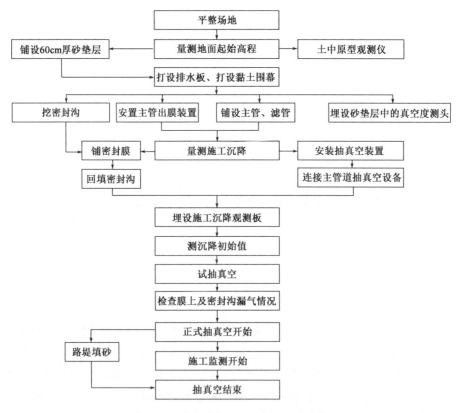

图 6-2-6　真空联合堆载预压施工工艺流程

课后习题

1. 软土地基常用处理方法有哪些？举例说明几种。
2. 振冲碎石桩法的基本原理是什么？
3. 强夯法的基本原理是什么？

4. 下列描述不正确的说法有( )。
   A. 垫层法通常用于路基填方较低的地段,要求在使用中软基的沉降值不影响设计预期目的
   B. 深层软基处理一般是指表层软土厚度大于3m的地基处理
   C. 为了减少地基土的变形,提高地基土的承载力,增强地基的抗滑稳定能力,采用碎石桩加固处理是较理想的方法之一
   D. 挤密砂桩的主要作用是将地基挤密排水固结,从而提高地基的整体抗剪强度与承载力,减少地基的沉降量和不均匀沉降
   E. 强夯法是一种用重锤自一定高度下落夯击土层使地基迅速固结,降低软弱地基承载力的方法

小提示:根据学习情境中的资料,对工程的地质组成进行充分了解,将工程目的和工程特点结合起来,选用有效的技术方法,对软土进行科学的、合理的处理,能够对土质结构进行改造,增加其结构的稳定性,从而提高软土地基的承重能力,提高了软土地基的质量,起到更好的承重作用,满足工程需求(技术可行,经济合理)。

任务二 鉴别和处理红黏土

学习情境(一)

红黏土作为一种典型的特殊性黏土。红黏土在亚洲、欧洲、非洲和南美洲分布面积较广,在我国主要分布于广西、云南和贵州等地,在湖南、湖北、四川、安徽和广东等省份局部地区均有分布,其工程性质复杂多变。在工程建设中,红黏土路基处治关系到高速公路工程施工质量。

某项目区内地貌单元主要为丘陵和低山,其表层为耕植土,上部为红黏土,下部为基岩,局部溶蚀槽谷、溶蚀洼地底部存在软弱土,厚度小于10m;地下水埋深0.3~14.5m,主要为包气带上层滞水、基岩裂隙水。场地整平后,跑道基础下部分布的红黏土呈棕红、褐红色,该红黏土为高含水率、高孔隙比、高液塑性及塑性指数,易产生不均匀沉降,该区域进行地基处理后可满足要求。红黏土在全场广泛分布,厚度一般为2~8m,以收缩为主,膨胀等级为Ⅲ级。应根据红黏土分布位置和结构特点进行针对性处理。根据勘察揭露地层情况,在对场地施工条件、设计要求、工程造价、施工工期及对环境的影响等方面综合考虑后,本工程在部分区域采用什么方法来处理红黏土?

相关知识 ◀◀◀

红黏土作为一种典型的特殊性黏土土质,是石灰岩等经过风化作用及其他一些复杂的成红土作用所成的黏性土,覆盖于基岩上,呈现为铁红、棕红、褐色等颜色,主要分布在热带及亚热带的部分区域,具有显著的结构效应,红黏土经过复杂的搬运堆积作用后仍具有该土质的基

图 6-2-7 典型的红黏土

本性质,其中的次生红黏土液限大于 45%。红黏土的天然孔隙比大于 1.0,最大可达 1.94,在一般情况下天然含水率接近塑性,饱和度大于 85%,其中黏土矿物含量较高,主要成分为伊利石和高岭石,具有高分散性,结合水的能力强,天然含水率为 40%~65%,红黏土的液限一般为 50%~90%,塑限为 26%~47%。图 6-2-7 为典型的红黏土。表 6-2-4 为典型红黏土试样基本物理力学性质。

典型红黏土试样基本物理力学性质　　　表 6-2-4

统计项目	密度 (g/cm³)	土粒比重	含水率 (%)	孔隙比	液限 (%)	塑限 (%)	渗透系数 (cm/s)
范围值	1.87~1.99	2.67~2.73	19.5~25.6	1.23~1.40	48.4~53.7	25.5~35.2	$4.65 \times 10^{-6} \sim 8.29 \times 10^{-6}$
平均值	1.92	2.69	22.4	1.38	49.6	27.2	6.16×10^{-6}

1. 红黏土的认知

红黏土是指碳酸盐类岩石(如石灰岩)在湿热气候条件下,经强烈风化作用而形成的棕红、褐红、黄褐色的高塑性黏土。红黏土的天然含水率高,孔隙比较大,但仍较坚硬,强度较高。其黏土矿物以高岭石为主,也含多量石英颗粒。

红黏土是一种区域性的特殊土,由石灰岩系岩石风化并经过复杂的红土化作用形成的棕红、褐黄等色的高塑性黏土,称为石灰岩类红黏土。

液限大于或等于的红黏土,称为原生红黏土。

原生红黏土经搬运、沉积仍保留其基本特征,且液限大于的红黏土,称次生红黏土。

红黏土特殊工程性质主要体现为在高含水率、高孔隙比、高液塑性及塑性指数等不良物理特性条件下,反而具有高强度、低压缩性等良好的力学特性。经常被认为是较好的天然地基,同时却因为具有明显的收缩性、裂隙性和分布不均匀等工程地质特性而存在很大的工程隐患。

(1) 红黏土的一般性质

红黏土也是当前我国建筑工程中常常遇到的特殊土壤之一,常常表现为棕红色、褐黄色,此种土壤同样塑性也较高,但是黏结性也比较大。主要是在风化作用下常常存在于碳酸盆的母岩上层,土壤间的空隙度较大。

①天然含水率和孔隙比较高,一般分别为 30%~60% 和 1.1~1.7,且多处于饱和状态,饱和度在 85% 以上。

②含较多的铁锰元素,因而其比重较大,一般为 2.76~2.90。

③黏粒含量高常超过 50%,可塑性指标较高;含水比为 0.5~0.8,且多为硬塑状态和坚硬或可塑状态;压缩性低,强度较高,压缩系数一般为 $0.1 \sim 0.4 \text{MPa}^{-1}$,固结快剪的 C 一般为 $0.04 \sim 0.09 \text{MPa}^{-1}$,内摩擦角一般为 10°~18°。各指标变化幅度大,具有高分散性。

④透水性微弱,多为裂隙水和上层滞水。

⑤红黏土的厚度变化很大,主要有基岩的起伏和风化深度不同所致。

(2)红黏土的主要特征

红黏土广泛分布于我国中西部的云南、贵州、四川及两广地区,其具有许多特殊的工程特性,在物理力学性质、微观结构特征、变形特性、剪切特性等方面有别于其他类型土。红黏土的工程物理性质与其他土的性质不同,主要受到含水状态、工程扰动、气候、地质条件等各个方面的影响。因此红黏土总是被看作一种不同于其他类型的土进行研究,主要特征如下。

①液限 w_L 大于50%、孔隙比 e 大于1.0。

②沿埋藏深度从上到下含水率增加,土质由硬到软明显变化。

③在天然情况下,虽然膨胀率甚微,但失水收缩强烈,故表面收缩,裂隙发育。

④红黏土经后期水流再搬运,可在一些近代冲沟,洼谷、阶地、山麓等处堆积于各类岩石上而成为次生红黏土,由于其搬运不远,很少外来物质,仍然保持红黏土基本特征,液限 w_L 大于45%,孔隙比 e 大于0.9。

2. 红黏土的鉴别

适用于红黏土(含原生与次生红黏土)的岩土工程勘察。颜色为棕红或褐黄,覆盖于碳酸盐岩系之上,其液限大于或等于50%的高塑性黏土,应判定为原生红黏土。原生红黏土经搬运、沉积后仍保留其基本特征,且其液限大于45%的黏土可判定为次生红黏土。

红黏土的状态除了按液性指数判定外,红黏土表现出的不同湿度状态(软硬程度)按照式(6-2-1)所示含水比 α_w 划分为5类,即坚硬、硬塑、可塑、软塑、流塑,见表6-2-5。

$$\alpha_w = w/w_L \tag{6-2-1}$$

式中:α_w——含水比;

w——天然含水率;

w_L——液限含水率。

按含水比分类的红黏土湿度状态　　　　　表6-2-5

状态	含水比 α_w	状态	含水比 α_w
坚硬	$\alpha_w \leq 0.55$	软塑	$0.85 < \alpha_w \leq 1.00$
硬塑	$0.55 < \alpha_w \leq 0.70$	流塑	$\alpha_w > 1.00$
可塑	$0.70 < \alpha_w \leq 0.85$		

红黏土的结构可以根据其裂隙发育特征按表6-2-6分类。

红黏土的结构分类　　　　　表6-2-6

土体结构	裂隙发育特征	土体结构	裂隙发育特征
致密状的	偶见裂隙(<1条/m)	碎块状的	富裂隙(>条/m)
巨块状的	较多裂隙(1~2条/m)		

红黏土的复浸水特性可以按表6-2-7分类。

红黏土的复浸水特性分类　　　　　表6-2-7

类别	I_r 与 I_r' 关系	复浸水特性
I	$I_r \geq I_r'$	收缩后复浸水膨胀,能恢复到原位
II	$I_r < I_r'$	收缩后复浸水膨胀,不能恢复到原位

注:$I_r = \omega_L/\omega_P$,$I_r' = 1.4 + 0.0066\omega_L$。

红黏土的地基均匀性可以按表 6-2-8 分类。

红黏土的地基均匀性分类　　　　　　　表 6-2-8

地基均匀性	地基压缩层范围内岩土组成
均匀地基	全部由红黏土组成
不均匀地基	由红黏土和岩石组成

3. 红黏土地基的处理方法

红黏土地基处治方法多种多样,一般有换填垫层法、振冲碎石桩法、深层搅拌法、强夯法等等。

(1) 换填垫层法

该方法主要使用各种材料代替原有地基土层,在实施过程中主要使用压实性能高的合成材料(例如碎石、砾石),更换缓冲层来处理地基,保证地基的整体稳定性。在置换环节中,替换红黏土层以完成轧制操作。这种处理方法特别适合地基压实面积小的工程,然而对于一些大面积回填工程,总体经济成本较高,工期长,不能有效地应用。

(2) 振冲碎石桩法

该方法主要利用振冲碎石桩法处治红黏土地基,由于桩体的透水性很好,可导致地基加速固结,其作为一种既能符合设计的承载力和沉降等要求,又能增强地基抗震性能、缩短工期、节省工程费用,该方法广泛应用在大面积的地基处理中。由于碎石桩复合地基处理技术得到推广,取得了一些成功经验,但理论上仍不够成熟,因为碎石桩地基受力状况比较复杂,许多问题需要我们进一步完善。

(3) 深层搅拌法(注浆法)

该方法主要利用钻孔机(主要是深层搅拌机械)将固化剂注入原始土壤层中,然后通过搅拌机将其均匀搅拌,使固化剂以及软土地基完全融合。固化的材料通常为粉煤灰、石灰以及水泥等化学类型的材料,比如 CFG(水泥、石灰、粉煤灰搅拌桩)法。

(4) 强夯法

强夯法,是指将十几吨至上百吨的重锤,从几米至几十米的高处自由落下,对土体进行动力夯击,使土产生强制压密而减少其压缩性,强夯法是一种应用广泛的地基处理方法,可有效提高地基承载力,降低土层孔隙比,改善土层均匀性,有效减少工后沉降。工程实践表明,对于山区非均匀回填地基,采用强夯加固是一种行之有效、经济实用的方法。随着高能级强夯工艺的推广应用,通过合理的强夯参数设置,可大幅提高地基承载力和压缩模量,取得更好的加固效果,且工期更短。强夯法处理红黏土地基时,施工人员应按照项目的实际情况,科学、合理地选择强夯设备,控制好夯锤、夯点之间的距离。强夯加固地基后还应及时检测地基压实度,确保强夯处理效果。对于红黏土地基,强夯处理技术成本低、流程简单、施工效率高,在地基压实处理上有着不可忽视的应用价值。

学习参考 ❮❮❮

①某地区红黏土,液限指标值为 52%～55%,最小值大于 50%,塑限指标为 25%～28%,塑性指数最小值为 26.3,大于 26。此地区的土能直接用作填料吗?

《公路路基设计规范》(JTG D30—2015) 中规定,液限大于 50% 且塑性指数大于 26 的土体属于高液限土,此类土需改良才能用于路基填料。因此,该红黏土属于高液限红黏土。该地区的红黏土需经过改良才能用作路基填黏土。

②红黏土是一种区域性特殊土,主要分布在贵州、广西、云南地区,在湖南、湖北、安徽、四川和广东等省也有局部分布。地貌一般发育在高原夷平面、台地、丘陵、低山斜坡及洼地上,厚度多为5~15m。天然条件下,红黏土含水率一般较高,结构疏松,但强度较高,往往被误认为是较好的黏土。由于红黏土的收缩性很强,当水平方向厚度变化不大时,极易引起不均匀沉陷而导致建筑破坏。

③红黏土有其特殊的岩土结构特征和工程特性,如红黏土天然含水率的分布范围大而液性指数小,饱和度较大,密度小,天然孔隙比大,塑性指数高;颗粒细而均匀,黏粒含量高,具有高分散性;抗剪强度低,压缩性较低;收缩性明显等。

④某省某机场扩建项目,区内地貌单元主要为丘陵和低山,其表层为耕植土,上部为红黏土,下部为基岩,局部溶蚀槽谷、溶蚀洼地底部存在软弱土,厚度小于10m;地下水埋深0.3~14.5m,主要为包气带上层滞水、基岩裂隙水。红黏土在该区内分布较广,场地整平后,跑道基础下部分布的红黏土、软弱土,易产生不均匀沉降,该区域进行地基处理后可满足要求。综合分析,该场地适宜机场建设。红黏土在全场广泛分布,厚度一般为2~8m,最大可达且以收缩为主,膨胀等级为Ⅲ级。应根据红黏土分布位置和结构特点进行针对性处理。根据勘察揭露地层情况,在对场地施工条件、设计要求、工程造价、施工工期及对环境的影响等方面综合考虑后,本工程在部分区域采用碎石桩+CFG(水泥、石灰、粉煤灰搅拌桩)桩组合型复合地基处理红黏土,桩长可至基岩,碎石桩可采用振动沉管,充盈系数为1.34。

 课后习题

1. 什么是红黏土,其有什么危害?
2. 注浆法处理红黏土的基本原理是什么?
3. 下列描述不正确的说法有( )。
    A. 振冲碎石桩法处治黏土地基,可导致地基加速固结,能增强地基抗震性能、缩短工期、节省工程费用
    B. 强夯法处理红黏土工艺比较成熟
    C. 红黏土地基处治方法多种多样,一般有强夯法、振冲、CFG桩法、注浆法等
    D. 由于碎石桩复合地基处理技术得到推广,取得了一些成功经验,理论很成熟
4. 红黏土主要包括_____、_____、_____、_____、_____、_____。
5. 红黏土有什么物理力学特性?如何鉴别和区分红黏土?
6. 红黏土地基常用处理方法有哪些?举例说明几种。

7. 下列描述不正确的说法有( )。
    A. 红黏土是指碳酸盐类岩石(如石灰岩)在湿热气候条件下,经强烈风化作用而形成的棕红、褐红、黄褐色的高塑性黏土
    B. 红黏土广泛分布于我国中西部的云南、贵州、四川、广东及广西地区,均具有许多特殊的工程特性

C. 颜色为棕红或褐黄,覆盖于碳酸盐岩系之上,液限大于或等于50%的高塑性黏土应判定原生红黏土

D. 红黏土,它的天然含水率高,孔隙比较小,但仍然较坚硬,强度较高。其他黏性土矿物以高岭石为主,也含多量石英颗粒

小提示:查《公路桥涵地基与基础设计规范》(JTG 3363—2019)、《岩土工程勘察规范》(GB/T 50123—2019)作答。

学习情境(二)

某工程位于滇中高原,由于受构造影响,地势由西北向东南倾斜,系云贵高原的山岳河谷地带。沿线最低处位于嵩明盆地,海拔约 1911 m,最高处为 2300 m,沿线地势起伏稍大,最高处与最低处相差约400 m,一般相对高差约200 m。本项目区地貌在特定的构造环境——沉积构造、新构造运动及外应力作用下,形成目前的多样化地貌特征。根据地貌形态、成因、侵蚀特征可分为盆地区、河谷区、低中山区。

该项目盆地区主要为冲湖积地层,地层为粉质黏土、红黏土、黏土及砂土、卵砾石等,间夹软土(淤泥、淤泥质土),相变大。其路基位于嵩明盆地,地下水位埋深很浅,基础土层主要为红黏土(含有少量碎石),表层2 m左右土体为非饱和土,其他土层均为饱和土体,红黏土覆盖层厚度为25 m。

相关知识 ◀◀◀

红黏土地基处治方法多种多样,一般有振冲碎石桩法、强夯法、CFG 桩法、注浆法等。

1. 振冲碎石桩法

利用振冲碎石桩法处治红黏土地基,由于桩体的透水性很好,可导致地基加速固结,其作为一种既能符合设计的承载力和沉降等要求,又能增强地基抗震性能、缩短工期、节省工程费用的处理方法广泛应用在大面积的地基处理中。由于碎石桩复合地基处理技术得到推广,取得了一些成功经验,但理论上仍不够成熟,因为碎石桩地基受力状况的比较复杂,许多问题需要我们进一步完善。

2. 强夯法

强夯法是一种应用广泛的地基处理方法,可有效提高地基承载力,降低土层孔隙比,改善土层均匀性,有效减少工后沉降。工程实践表明,对于山区非均匀回填地基,采用强夯加固是一种行之有效、经济实用的方法。随着高能级强夯工艺的推广应用,通过合理的强夯参数设置,可大幅提高地基承载力和压缩模量,取得更好的加固效果,且工期更短。

学习参考 ◀◀◀

①红黏土有其特殊的岩土结构特征和工程特性,如红黏土天然含水率的分布范围大而液性指数小,饱和度较大,密度小,天然孔隙比大,塑性指数高;颗粒细而均匀,黏粒含量高,具有

高分散性;抗剪强度低,压缩性较低;收缩性明显等。

②贵州某机场扩建项目,区内地貌单元主要为丘陵和低山,其表层为耕植土,上部为红黏土,下部为基岩,局部溶蚀槽谷、溶蚀洼地底部存在软弱土,厚度小于10m;地下水埋深0.3~14.5m,主要为包气带上层滞水、基岩裂隙水。红黏土在该区内分布较广,场地整平后,跑道基础下部分布的红黏土、软弱土,易产生不均匀沉降,该区域进行地基处理后可满足要求。

综合分析,该场地适宜机场建设。红黏土在全场广泛分布,厚度一般为2~8m,最大可达且以收缩为主,膨胀等级为Ⅲ级。应根据红黏土分布位置和结构特点进行针对性处理。根据勘察揭露地层情况,在对场地施工条件、设计要求、工程造价、施工工期及对环境的影响等方面综合考虑后,本工程在部分区域采用碎石桩+CFG桩组合型复合地基处理红黏土,桩长可至基岩,碎石桩可采用振动沉管,充盈系数为1.34。

课后习题

1. 红黏土地基常用处理方法有哪些?举例说明几种。
2. 请说明注浆法处理红黏土的基本原理。
3. 下列描述不正确的说法是(　　)。
   A. 振冲碎石桩法处治红黏土地基,可导致地基加速固结,能增强地基抗震性能、缩短工期、节省工程费用
   B. 强夯法处理红黏土工艺比较成熟
   C. 红黏土地基处治方法多种多样,一般有振冲碎石桩法、强夯法、CFG桩法、注浆法等
   D. 由于碎石桩复合地基处理技术得到推广,取得了一些成功经验,理论很成熟

任务三　鉴别和处理冻土

学习情境(一)

俗话说:"冰冻三尺,非一日之寒。"北方地区,冬季温度常在0℃以下,潮湿的土壤呈冻结状态,这种现象在气象学上称为冻土。冻土是一种对温度极为敏感的土体介质,含有丰富的地下冰,其中也夹杂着各种岩石,还掺杂着各种土壤。

随着国家"一带一路"倡议的提出,寒区道路工程日益增多,建设中面临着很多冻土相关的地基病害问题。称为"世界屋脊"的青藏高原,是中国最大、世界海拔最高的高原。由于其海拔过高,气候特殊,高原冻土广泛存在。东北大兴安岭地区也存在着大量的冻土区域,试想冻土会有什么样的特性?如何辨别冻土?如果地基土中存在冻土,对工程建设会有什么危害呢?(图6-2-8)

图 6-2-8　土体冻胀路基融沉

相关知识

1. 冻土的认知

冻土是一种温度低于0℃且含有冰的岩土。冻土是一种对温度十分敏感且性质不稳定的土体。冻土中的冰可以冰晶或冰层的形式存在,冰晶可以小到微米甚至纳米级,冰层可厚到米或百米级,从而构成冻土中五花八门、千姿百态的冷生构造。

图 6-2-9　冻土形成示意图

根据冻土冻结延续时间,冻土一般可分为3类:短时冻土,冻结时间小于1个月,一般为数天或数小时(夜间冻结),冻结深度从数毫米至数十毫米;季节冻土,冻结时间等于或大于1个月,冻结深度从数十毫米至1~2m,为每年冬季冻结、夏季全部融化的周期性冻土;多年冻土,冻结状态持续2年或2年以上,如图6-2-9所示。

冻土地基最明显的特点就是对温度很敏感,特别是现在全球变暖导致多年冻土地基也出现了明显的变化,主要表现体现在冻土的结构、强度与性质,即冻胀和融沉。在冻结状态下,冻土地基具有较低的压缩性或不具压缩性和较高的强度等工程特性。但在全球变暖的现状下,冻土地基承载力降低,压缩性变化较大,使地基产生融陷冻胀。冻土融化,其内部结构与体积会发生激烈变化,使土体在相对原来的受力状态下产生沉陷变形,同时土体空隙中的水也会排出,进一步造成土体密实。但是含冰量高的冻土地基,在融化后,土体会变成稀泥土,造成地基大幅度沉降,直接影响地基上层的建构筑物。多年冻土地区,融沉和冻胀问题都比较严重,所以要修建工程难度很大。

冻土的特征。诊断层和诊断特性。冻土具有永冻土壤温度状况,具有暗色或淡色表层,地表具有多边形土或石环状、条纹状等冻融蠕动形态特征。

形态特征。土体浅薄,厚度一般不超过50cm,由于冻土中土壤水分状况差异,反映在具常潮湿土壤水分状况的湿冻土和具干旱土壤水分状况的干冻土两个亚纲的剖面构型上有着明显差异。

理化特征。冻土有机质含量不高,腐殖质含量为 10～20g/kg,腐殖质结构简单,70% 以上是富里酸,呈酸性或碱性反应,阳离子代换量低,一般为 10(mol/kg)土左右,土壤黏粒含量少。

2. 冻土地基的危害

在冻土地区修建(构)筑物,因季节交替、环境影响等因素必将面临冻胀破坏和融沉破坏两大危险。

①冻胀破坏。冻胀的外观表现是土表层不均匀地升高,冻胀变形常常可以形成冻胀丘及隆起等一些地形外貌。当地基土的冻结线侵入到基础的埋置深度范围内时,将会引起基础产生冻胀。当基础底面置于季节冻结线之下时,基础侧表面将受到地基土切向冻胀力的作用;当基础底面置于季节冻结线之上时,基础将受到地基土切向冻胀力及法向冻胀力的作用。在上述冻胀力作用下,结构物基础将明显地表现出随季节而上抬和下落变化。当这种冻融变形超过结构物所允许的变形值时,便会产生各种形式的裂缝和破坏。

②融沉破坏。融沉指冻土融化时发生的下沉现象,包括与外荷载无关的融化沉降和与外荷载直接相关的压密沉降。一般是由于自然(气候转暖)或人为因素(或砍伐与焚烧树木、房屋采暖)改变了地面的温度状况,引起季节融化层深度加大,使地下冰或多年冻土层发生局部融化所造成的。在天然情况下发生的融沉往往表现为热融凹地、热融湖沼和热融阶地等,这些都是不利于工程建筑物安全和正常运营的条件。融沉是多年冻土地区引起结构物破坏的主要原因。结构物基础热融沉陷主要是由于施工和运营的影响,改变了原自然条件的水热平衡状态,使多年冻土的上限下降,如图 6-2-10 所示。

图 6-2-10　冻土沉陷

3. 冻土的分布范围

地球上多年冻土、季节冻土、短时冻土区的面积约占陆地面积的 50%。其中,多年冻土面积占陆地面积的 25%。地球上多年冻土的分布面积约占陆地面积的 23%,主要分布在俄罗斯、加拿大、中国和美国的阿拉斯加等地。

中国冻土可分为多年冻土和季节冻土。

多年冻土分布在东北大、小兴安岭,西部阿尔泰山、天山、祁连山及青藏高原等地。我国多年冻土面积约为 206.8×10^4 平方公里,约为美国的 1.5 倍。我国是世界上第三冻土大国,冻土面积约占世界多年冻土分布面积的 10%,约占我国国土面积的 21.5%。

季节冻土占中国领土面积一半以上,其南界西从云南章凤,向东经昆明、贵阳,绕四川盆地北缘,到长沙、安庆、杭州一带。季节冻结深度在黑龙江省南部、内蒙古东北部、吉林省西北部可超过 3m,往南随纬度降低而减少。

①东北冻土区为欧亚大陆冻土区的南部地带,冻土分布具有明显的纬度地带性规律,自北向南,分布的面积减少。本区有宽阔的岛状冻土区(南北宽 200～400 公里),其热状态很不稳定,对外界环境因素改变极为敏感。东北冻土区的自然地理南界变化在北纬 46°36′～49°24′,是以年均温 0℃ 等值线为轴线摆动于 0℃ 和 ±1℃ 等值线之间的一条线。

②在西部高山高原和东部一些山地,一定的海拔高度以上(即多年冻土分布下界)方有多

年冻土出现。冻土分布具有垂直分带规律,如祁连山热水地区海拔3480m出现岛状冻土带,3780m以上出现连续冻土带;前者在青藏公路上的昆仑山上分布于海拔4200m左右,后者则分布于4350m左右。青藏高原冻土区是世界中、低纬度地带海拔最高(平均4000m以上)、面积最大(超过100万平方公里)的冻土区,其分布范围北起昆仑山,南至喜马拉雅山,西抵国界,东缘至横断山脉西部、巴颜喀拉山和阿尼马卿山东南部。在上述范围内有大片连续的多年冻土和岛状多年冻土。在青藏高原地势西北高、东南低,年均温和降水分布西、北低,东、南高的总格局影响下,冻土分布面积由北和西北向南和东南方向减少。

4. 冻土成土过程

冻土形成以物理风化为主,而且进行得很缓慢,只有冻融交替时稍为显著,生物、化学风化作用亦非常微弱,元素迁移不明显,黏粒含量少,普遍存在着粗骨性。高山冻土黏粒的K_2O含量很高,可达50g/kg,说明脱钾不深,矿物处于初期风化阶段。

冻土区普遍存在不同深度的永冻层。在湿冻土分布区,夏季,永冻层以上解冻,由于永冻层阻隔,融水渗透不深,致使永冻层以上土层水分呈过饱和状态,而形成活动层,活动层厚度为0.6~4m,若永冻层倾斜,则形成泥流;冬季地表先冻,对下面未冻泥流产生压力,使泥流在地表薄弱处喷出而成泥喷泉,泥流积于地表成为沼泽,因其下渗较弱,泥流、泥喷泉又混合上下层物质,使土壤剖面分化不明显,而在南缘永冻层处于较深部位,水分下渗较强处,剖面层次分化较好。

在干旱冻土分布区,白天由于太阳辐射强烈,地面迅速增温,表土融化,水分蒸发;夜间表土冻结,下层的水汽向表面移动并凝结,增加了表土含水率,反复进行着融冻和湿干交替作用,促进了表土海绵状多孔结皮层的形成。此外,暖季,白天表土融化,夜间冻结,都是由于由地表开始逐渐向下增温或减温总是大致平行于地表水平层次变化着的,所以,在干旱的表土上,强烈的冻结作用往往形成表土的龟裂。

在极地冰沼土区,由于低温,蒸发量小,地势低平处排水不畅,土壤水分经常处于饱和状态,致使土壤有机质和矿物质处于嫌气条件下,虽然有机质形成数量不多,但在低温嫌气条件下分解缓慢,表层常有泥炭化或半泥炭化的有机质积累。矿物质也处于还原状态,铁、锰多被还原为低价状态,形成一个黑蓝灰色的潜育层,在高山冻漠土分布区,降水较少,土壤淋溶弱,剖面中往往有石膏、易溶盐和碳酸钙累积,致使土体呈碱性,表土结皮和龟裂等。总的来说,冻土成土年龄短,处处呈现出原始土壤形成阶段的特征。

5. 冻土的鉴别

整个冻土层的含水率差异较大,其中上层冻土含水率较大,含水率介于124%~448.7%之间,下层冻土含水率相对较少,其含水率基本介于10%和20%之间。含水率在冻土层之间非均匀过渡,说明冻结状态的冻土对水而言,是一种天然屏障,可以有效阻止水分的进一步侵入。

整个冻土层的土样密度差异较大,整个冻土层冻土的离散性较大。其中表层土密度明显小于下层冻土层的密度,由于冻土存在明显的分层现象,所以导致密度出现突变,不连续过渡。根据融化下沉系数δ_0,公式如下。

$$\delta_0 = \frac{h_1 - h_2}{h_1} = \frac{e_1 - e_2}{1 + e_1} \times 100\% \tag{6-2-2}$$

式中：h_1、e_1——冻土式样融化前的高度(mm)和孔隙比；

h_2、e_2——冻土式样融化后的高度(mm)和孔隙比。

(1)季节性冻土按冻胀性分类

季节性冻土地区的结构物的破坏很多是由于地基土的冻胀造成的,由于水冻结成冰后,体积约增大9%,加上水分的转移,使冻土的膨胀量更大,因为冻土的侧面和底面都被制约,最终体现为向上隆起。地基土按季节性冻胀性分类,可按表6-2-9分为六种：不冻胀、弱冻胀、冻胀、强冻胀、特强冻胀、极强冻胀。

地基土按季节性冻胀性分类　　　　　　表6-2-9

土的名称	冻前天然含水率 $w(\%)$	冻前地下水位至地表距离 $Z(m)$	平均冻胀率 $K_d(\%)$	冻胀等级	冻胀类别
岩石、碎石土、砾砂、粗砂、中砂(粉黏粒含量≤15%)	不考虑	不考虑	$K_d \leq 1$	Ⅰ	不冻胀
碎石土、砾砂、粗砂、中砂(粉黏粒含量>15%)	$w \leq 12$	$Z > 1.5$	$K_d \leq 1$	Ⅰ	不冻胀
		$Z \leq 1.5$	$1 < K_d \leq 3.5$	Ⅱ	弱冻胀
	$12 < w \leq 18$	$Z > 1.5$			
		$Z \leq 1.5$	$3.5 < K_d \leq 6$	Ⅲ	冻胀
	$w > 18$	$Z > 1.5$			
		$Z \leq 1.5$	$6 < K_d \leq 12$	Ⅳ	强冻胀
粉砂、细砂	$w \leq 14$	$Z > 1.0$	$K_d \leq 1$	Ⅰ	不冻胀
		$Z \leq 1.0$	$1 < K_d \leq 3.5$	Ⅱ	弱冻胀
	$14 < w \leq 19$	$Z > 1.0$			
		$1.0 > Z \geq 0.25$	$3.5 < K_d \leq 6$	Ⅲ	冻胀
		$Z \leq 0.25$	$6 < K_d \leq 12$	Ⅳ	强冻胀
	$19 < w \leq 23$	$Z > 1.0$	$3.5 < K_d \leq 6$	Ⅲ	冻胀
		$1.0 > Z \geq 0.25$	$6 < K_d \leq 12$	Ⅳ	强冻胀
		$Z \leq 0.25$	$12 < K_d \leq 18$	Ⅴ	特强冻胀
	$w > 23$	$Z > 1.0$	$6 < K_d \leq 12$	Ⅳ	强冻胀
		$Z \leq 1.0$	$12 < K_d \leq 18$	Ⅴ	特强冻胀
粉土	$w \leq 19$	$Z > 1.5$	$K_d \leq 1$	Ⅰ	不冻胀
		$Z \leq 1.5$	$1 < K_d \leq 3.5$	Ⅱ	弱冻胀
	$19 < w \leq 22$	$Z > 1.5$			
		$Z \leq 1.5$	$3.5 < K_d \leq 6$	Ⅲ	冻胀
	$22 < w \leq 26$	$Z > 1.5$			
		$Z \leq 1.5$	$6 < K_d \leq 12$	Ⅳ	强冻胀
	$26 < w \leq 30$	$Z > 1.5$			
		$Z \leq 1.5$	$K_d > 12$	Ⅴ	特强冻胀
	$w > 30$	不考虑			

续上表

土的名称	冻前天然含水率 $w(\%)$	冻前地下水位至地表距离 $Z(m)$	平均冻胀率 $K_d(\%)$	冻胀等级	冻胀类别
黏性土	$w \leq w_P + 2$	$Z > 2.0$	$K_d \leq 1$	I	不冻胀
		$Z \leq 2.0$	$1 < K_d \leq 3.5$	II	弱冻胀
	$w_P + 2 < w \leq w_P + 5$	$Z > 2.0$			
		$2.0 > Z \geq 1.0$	$3.5 < K_d \leq 6$	III	冻胀
		$1.0 > Z \geq 0.5$	$6 < K_d \leq 12$	IV	强冻胀
		$Z \leq 0.5$	$12 < K_d \leq 18$	V	特强冻胀
	$w_P + 5 < w \leq w_P + 9$	$Z > 2.0$	$3.5 < K_d \leq 6$	III	冻胀
		$2.0 > Z \geq 0.5$	$6 < K_d \leq 12$	IV	强冻胀
		$0.5 > Z \geq 0.25$	$12 < K_d \leq 18$	V	特强冻胀
		$Z \leq 0.25$	$K_d > 18$	VI	极强冻胀
	$w_P + 9 < w \leq w_P + 15$	$Z > 2.0$	$6 < K_d \leq 12$	IV	强冻胀
		$2.0 > Z \geq 0.25$	$12 < K_d \leq 18$	V	特强冻胀
		$Z \leq 0.25$	$K_d > 18$	VI	极强冻胀
	$w_P + 15 < w \leq w_P + 23$	$Z > 2.0$	$12 < K_d \leq 18$	V	特强冻胀
		$Z \leq 2.0$	$K_d > 18$	VI	极强冻胀
	$w > w_P + 23$	不考虑			

(2)多年冻土按其融沉性的等级划分

多年冻土的融沉性是评价其工程性质的重要指标,根据总含水率、平均融沉系数可以按照表 6-2-10 分为五类:不融沉、弱融沉、融沉、强融沉、融陷;融沉等级由轻到重分为五级:I、II、III、IV、V。

多年冻土的融沉性分类　　　　　　　　　　　表 6-2-10

土的名称	总含水率 $w_0(\%)$	平均融沉系数 δ_0	融沉等级	融沉类别	冻土类型
碎石土、砾、粗、中砂(粒径小于 0.075mm 的颗粒含量不大于 15%)	$w_0 < 10$	$\delta_0 \leq 1$	I	不融沉	少冰冻土
	$w_0 \geq 10$	$1 < \delta_0 \leq 3$	II	弱融沉	多冰冻土
碎石土、砾、粗、中砂(粒径小于 0.075mm 的颗粒含量大于 15%)	$w_0 < 12$	$\delta_0 \leq 1$	I	不融沉	少冰冻土
	$12 \leq w_0 < 15$	$1 < \delta_0 \leq 3$	II	弱融沉	多冰冻土
	$15 \leq w_0 < 25$	$3 < \delta_0 \leq 10$	III	融沉	富冰冻土
	$w_0 \geq 25$	$10 < \delta_0 \leq 25$	IV	强融沉	饱冰冻土
粉砂、细砂	$w_0 < 14$	$\delta_0 \leq 1$	I	不融沉	少冰冻土
	$14 \leq w_0 < 18$	$1 < \delta_0 \leq 3$	II	弱融沉	多冰冻土
	$18 \leq w_0 < 28$	$3 < \delta_0 \leq 10$	III	融沉	富冰冻土
	$w_0 \geq 28$	$10 < \delta_0 \leq 25$	IV	强融沉	饱冰冻土

续上表

土的名称	总含水率 w_0(%)	平均融沉系数 δ_0	融沉等级	融沉类别	冻土类型
粉土	$w_0 < 17$	$\delta_0 \leq 1$	I	不融沉	少冰冻土
	$17 \leq w_0 < 21$	$1 < \delta_0 \leq 3$	II	弱融沉	多冰冻土
	$21 \leq w_0 < 32$	$3 < \delta_0 \leq 10$	III	融沉	富冰冻土
	$w_0 \geq 32$	$10 < \delta_0 \leq 25$	IV	强融沉	饱冰冻土
黏性土	$w_0 < w_P$	$\delta_0 \leq 1$	I	不融沉	少冰冻土
	$w_P \leq w_0 < w_P + 4$	$1 < \delta_0 \leq 3$	II	弱融沉	多冰冻土
	$w_P + 4 \leq w_0 < w_P + 15$	$3 < \delta_0 \leq 10$	III	融沉	富冰冻土
	$w_P + 15 \leq w_0 < w_P + 35$	$10 < \delta_0 \leq 25$	IV	强融沉	饱冰冻土
含土冰层	$w_0 \geq w_P + 35$	$\delta_0 > 25$	V	融陷	含土冰层

注:1.总含水率 w_0 包括冰和未冻水。
   2.本表不包括盐渍化冻土、冻结泥炭化土、腐殖土、高塑性黏土。

学习参考 ◀◀◀

①冻土给工程建设主要带来的问题是容易冻胀和融沉。容易出现两个极端,当温度很低时,冻土类似于坚硬的石头,很难进行改造。当温度升高时,又出现消融的状况,变得松软,迅速丧失承载能力,变得不堪一击。因此,冻土具有流变性,冻土的长期强度远远低于其瞬时强度特征。冻土冻胀和融沉病害的影响,会使道路发生沉降、路面破裂、鼓丘、翻浆等破坏。

②在我国,多年冻土约占国土面积的20%,季节性冻土约占国土面积55%。多年冻土主要分布区:纬度较高的内蒙古和黑龙江的一带大小兴安岭和青藏高原等地区;地势较高的青藏高原和甘肃、新疆高山区。季节性冻土分布在我国东北、华北和西北地区。

③冻土中除了矿物颗粒、水和气体之外,还含有冰。

④某地基土为中砂,其中总含水率 w_0 为8%,平均融沉系数 δ_0 为1,融沉等级为I级,融沉类别为不融沉,冻土类型为少冰冻土。

课后习题 ◀◀◀

1.请问什么是冻土?冻土有什么危害?

2.冻土的分类包括_____、_____、_____。

3.冻土有哪些组成?

4.冻土有什么物理力学特性?如何鉴别和区分冻土?

5.某地基土为黏性土,其的总含水率小于 ω_P,平均融沉系数 δ_0 为1,试判断融沉等级为_____级,融沉类别为_____,冻土类型为_____。

小提示:查《公路桥涵地基与基础设计规范》(JTG 3363—2019)、《岩土工程勘察规范》(GB/T 50123—2019)作答。

学习情境(二)

北方某省道一级公路,路段气候属于北寒温带湿润型森林气候,年平均气温 −5.3 ~ 3.1℃,年平均气温 −0.7 ~ 0℃岛状多年冻土均发育于低洼地、地表积水、草生长茂盛、草炭和泥炭发育的沼泽化湿地当中。冻土的天然上限浅,一般为 0.8 ~ 2.3m,天然上限最大为 2.5 m,冻土厚度较小,一般为 1.5 ~ 3m,最大厚度约为 5.9 m。冻土总含水率高,一般为 35% ~ 65%。多年冻土多为层状或整体构造的富冰冻土、饱冰冻土、多冰冻土,本路段多年冻土的地温较高,处于退化阶段,极不稳定,随着气温的变化容易产生什么问题?请问该地区冻土以后可能会导致什么危害?该项目所处地区冬季气候寒冷,一月份平均气温 −30 ~ −27 ℃,极端最低气温 −49℃,降雪量很大,平均积雪厚度 0.2 ~ 0.5m。冻土类型属于多年冻土,融沉类型属于弱融沉。路况一:该地区桩号 K12 + 000 ~ K13 + 800,冻土长度为 1800m,冻结土类型为碎石土,上限为 1.6m,下限为 3.8m,厚度为 2.2m。请问用什么方法处理比较好?路况二:该地区桩号 K15 + 000—K17 + 000,冻土长度为 2000m,冻结土类型为碎石土,上限为 2.5m,下限为 8.4m,厚度为 5.9m。

请问用什么方法处理比较好?

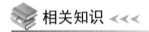

相关知识

在冻土地区修建结构物时,不仅要满足非冻土区结构物所要满足的强度与变形条件,还要考虑以冻土作为结构物地基时,其强度随温度和时间而变化的情况。因此采用合适的防冻胀和融沉措施来保证冻土区结构物地基的稳定,是关系到冻土区工程建设成败的关键所在。

一般来说,在多年冻土地区,处理冻胀融沉的措施主要是从以下几个方面入手,开挖换填、采取保温、隔绝地下水、采用特殊基础等措施,可以减轻冻胀融沉的程度,改善冻土问题。

(1)挖方换填

在冻土深度比较浅的多年冻土地区,利用碎石、砾石等透水性较好的填料,置换出冻结深度范围内土质不好的冻胀土,这样一来,减少下部地下水在毛细作用下向上迁移,减轻冻胀变形的程度。因为挖方换填需要用透水性较好的碎石置换出透水性不良的冻胀土,所以适用于碎石等换填材料易于获取,冻土层深度不大的情况。

(2)复合式基础

多年冻土地区为防治冻土工程灾害常采取的一种路基处理措施是利用复合基础进行路基处理,一般包括 CFG 桩、碎石桩等。在冻融期,地基土的承载力下降,碎石桩相对刚度较大,压缩性低,此时主要由碎石桩承担上部荷载,从而提高地基土的承载力;在冻胀期,相对于地基土体,碎石桩具有较好的渗透性,在复合地基中能够阻止复合地基冻胀。

(3)片/碎石路基

利用片碎石路基大孔隙的特点,使空气可以在空隙中较自由的流通。在暖季,上部质量较轻的热空气往下传递会受到制约;在冷季,外部的冷空气质量较重而路基内部的热空气质量较轻,有利于对流,将路基内部的热量排出。片碎石路基需要大量的碎石填料,这就需要公路所在区域具有足量的碎石供施工填筑。同时,片碎石排水性能较差,在降水丰沛的区域要配合其他措施综合使用。

（4）热棒技术

其利用热虹吸原理驱动热棒中的氨或者二氧化碳等工作介质进行循环，将地基中热量排出到大气中，从而使地基得到冷却。热棒下部分为蒸发段，上部分为冷凝段，中间是绝热材料。我国在20世纪80年代末首次将该技术应用于青藏公路、青藏铁路冻土路基处理中，可以明显降低路基土体温度，从而起到维持路基稳定的效果。但热棒的有效作用半径约为2.3m，应用有一定局限性，并且冷凝段是放置于空气中的，容易受到影响，若出现故障将对冻土造成非常不利的影响。同时目前我国对于热棒的养护维修更换并没有进行相关的系统研究，这些都限制了热棒技术的使用。

（5）保温板路基

保温板路基处理是在路基内铺设高热阻的保温材料（如EPS板），以阻止地层上部的热量传入下部土体，从而维持冻土稳定性。并且保温材料的吸水率小，隔水效果好，从而切断了冻胀过程中地下水的各种驱动力作用，有效阻止保温板下水分的迁移。目前保温板冻土处理技术在我国并未广泛推广。

（6）保温护道

保温护道能增加路基坡脚处地表层热阻，并对阻止路基侧向地表水渗入基底有一定作用。这种处理方式提高了路基稳定性，但保温护道的表面对冻土的影响大于天然地面，会加速冻土融化，融化深度逐渐加大，平均地温也会逐渐升高，所以保温护道处理方式不能作为冻土处理的主要方法。

（7）以桥代路

当热棒、抛石路基等处理措施在高含冰量冻土区使用效果有限时，可以以桥代路是处理这类不稳定冻土。一般在高含冰量冻土区桥墩埋深较大，此时主要由桥墩与冻土层间的摩擦力承担上部荷载，冻土的冻融对路基的影响可以忽略。该处理方法的主要缺陷是造价过高，在冻土地区修建公路时不可能在沿线均采取以桥带路的方式进行冻土问题处理。

在中国多年冻土地区，多年冻土的连续性不是很高，所以结构物的平面布置具有一定的灵活性。通常情况下，可以尽量选择不融沉区，或以粗颗粒的不融沉性土作地基，上述条件无法满足时，可利用多年冻土作为地基，但必须考虑到土在冻结与融化两种不同状态下，其力学性质、强度指标、变形特点、热稳定性等物理力学特征相差悬殊的特点。

学习参考

分析学习情境中的背景，得出处理思路分析：根据项目区内多年冻土的构造特征、平面分布状况及所处环境条件，为保证多年冻土地区路基的稳定和可靠性，针对不同的多年冻土工程地质条件，处理时优先采用挖除换填处理方法，对于多年冻土埋藏较深、厚度较大的路段采取"保护冻土、控制融化速率"的处理原则。

具体处理方法实践：路况一处（桩号K12+000~K13+600），综合建议用开挖换填法。路况二处（桩号K15+000~K17+000）综合建议用保护冻土法，具体方法如下。

①开挖换填法：路况一的冻土深度为2.2m，对于多年冻土埋藏较浅、下限深度<5m的多

年冻土,采取挖除换填毛石+砂砾的处治措施。首先挖除表层的软弱土后,基底先采用1m厚毛石填筑,在换填毛石的顶面,采用冲击碾压补强压实,冲压密实后的毛石顶面,再采用砂砾分层填筑压实,换填压实至原地表后铺设一层土工格栅,土工格栅采用双向拉伸土工格栅设计抗拉强度≥50kN/m,极限延伸率≤5%,幅宽>2m,其搭接宽度不<20cm。冲压机具采用25kJ三边形冲击压路机,冲压的遍数是根据换填厚度并结合施工现场的沉降观察等确定,一般采用30遍为宜。后期监测这种方法技术可行,质量有保障。

②保护冻土法:路况二冻土深度为5.9m,对于多年冻土埋藏较深、下限深度≥5m的富冰、饱冰多年冻土路段,采取"保护冻土、控制融化速率"的处理原则,考虑到冻土较深,清表后易对原保温层造成破坏,且冻土融化极快不便于施工,出于保护冻土的原则,采取以下处治措施:在原地表上直接填筑180cm毛石、铺设土工格栅、透水土工布及20cm砂砾过渡层,各层碾压密实,并设置相应的沉降观测点、位移观测点、地温观测点,以便于后期观测。经观测,该路段冻土采用此法进行处理,后期冻土段无明显下沉,效果显著。

冻土的处理方法除了上述介绍到的,还可以采用一些其他的方法。在地基土的底部埋置通风管,添加控制温度的开关,增加通风;如果是高原气候,可以针对高原具有特殊的气候,进行特殊化的设计;也可采用一些特殊材料(比如泥炭,或者聚苯乙烯泡沫这类的保温材料)增加保温效果,阻隔冻土与地下冰或者其他无法预知的危害;还可设置保护墙(比如冻结沟)它可以与排水沟相互转换,化冻时便是排水沟,结冰时就是防冻沟。冻结的时候,土层也会随之冻结,形成一道屏障,用来拦截地下水或者其他较为流动性的物质。

多年冻土地基地设计,可以采取两种不同的设计原则:

①保持冻结状态;

②允许融化状态。

相应的地基处理也需从这两种设计原则为出发点,分别采取不同的方法。

1. 案例拓展(一)——某东北地区冻土处理过程分析

地质条件:该段地层分布复杂,由砂砾岩、长石砂岩等组成,地表为第四系腐殖土和粉质黏土。该路段多年冻土平均厚度在5m左右,冻土类型有少冰冻土、多冰冻土、富冰冻土、饱冰冻土等。

冻土层地质特征如下:

①属高温冻土,其热稳定性差,在施工等影响下易发生融化;

②多年冻土与非冻土相间分布,连续性差;

③沿线冻土覆盖层主要由富含有机质的黏性土和碎石构成,易使路基产生不均匀变形。

处理方法:根据该路段沿线工程地质条件,采用重锤冲击成孔,然后加入碎石等填料夯实成桩。在融沉的富冰冻土区,可将碎石桩打到砂砾层。根据《建筑桩基技术规范》(JGJ 94—2008)计算确定试验段碎石群桩采用正方形形式布置,碎石桩桩径0.8m,桩间距设置为1.5m。

2. 案例拓展(二)——共玉高速冻土处理过程分析

共玉高速是国内首条多年冻土区高等级公路,位于青南高原腹地,属典型的高原大陆性半干旱气候类型,其特点是:高寒缺氧,平均海拔4300m以上,夏秋季节虽短却雨水充足,昼夜温差大,降水期多集中在5~9月份。沿线分布有较大面积的冻土带。该区段多年冻土地温在

-1.5~-0.3℃,具有冻土地温高、退化速率快、对热干扰更敏感、冻土热稳定性更差等特点,具有强烈的垂直地带性,多年冻土温度、厚度受海拔高度的控制。主要分布有岛状不连续多年冻土和大片连续多年冻土,冻土类型以少冰~多冰冻土和富冰、饱冰冻土为主。

本段全线多年冻土分布总长47.8km,占全线总长69.1%,其中富冰~饱冰冻土段14.8km,占冻土路段的31.0%;少冰~多冰冻土段长32.9km,占冻土路段的69%。道路沿线,对于一般路基路段采用合格的路基填料铺筑;对于多冰、少冰冻土路段,路基平均高度为1.8~2.0m,采用合格的路基填料铺筑,低填浅挖路基以换填砂砾为主;对于富冰、饱冰冻土路段,路基高度为2.0~3.0m,并设厚1.2~1.5m不等片块石通风层,如图6-2-11所示。

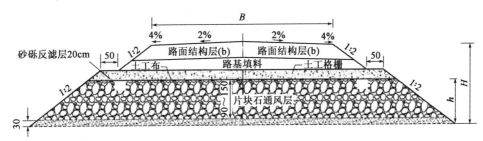

图6-2-11 特殊(片块石)路基示意图

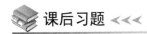

课后习题

冻土地基常用处理方法有哪些?举例说明几种。

小提示:查《公路桥涵地基与基础设计规范》(JTG 3363—2019)、《岩土工程勘察规范》(GB/T 50123—2019)作答。

参 考 文 献

[1] 李晶.土力学与地基基础[M].郑州:黄河水利出版社,2016.
[2] 傅裕.土力学与地基基础[M].北京:清华大学出版社,2009.
[3] 洪毓康.土质学与土力学[M].2版.北京:人民交通出版社,2002.
[4] 赵明阶.土质学与土力学[M].北京:人民交通出版社,2007.
[5] 齐丽云,徐秀华.工程地质[M].3版.北京:人民交通出版社,2009.
[6] 齐丽云,徐秀华,杨晓艳.工程地质[M].4版.北京:人民交通出版社股份有限公司,2017.
[7] 杨仲元.工程地质与水文[M].北京:人民交通出版社,2010.
[8] 胡厚田,白志勇.土木工程地质[M].2版.北京:高等教育出版社,2009.
[9] 钱让清,钱芳,钱王苹.公路工程地质[M].3版.合肥:中国科学技术大学出版社,2015.
[10] 赵明芳.岩石力学[M].北京:人民交通出版社,2011.
[11] 肖树芳,杨淑碧,佴磊,等.岩体力学[M].2版.北京:地质出版社,2016.
[12] 中华人民共和国建设部.岩土工程勘察规范:GB 50021—2001[S].北京:中国建筑工业出版社,2001.
[13] 中华人民共和国交通运输部.公路工程地质勘察规范:JTG C20—2011[S].北京:人民交通出版社,2011.
[14] 王建锋,李世海,燕琳,等.重庆武隆"五一"滑坡成因分析[J].中国工程科学,2002,(4):22-28.
[15] 中华人民共和国交通运输部.公路桥涵地基与基础设计规范:JTG 3363—2019[S].北京:人民交通出版社股份有限公司,2019.
[16] 中华人民共和国交通运输部.公路工程地质原位测试规程:JTG 3223—2021[S].北京:人民交通出版社股份有限公司,2021.
[17] 中华人民共和国交通运输部.公路桥涵施工技术规范:JTG 3650—2020[S].北京:人民交通出版社股份有限公司,2020.
[18] 中华人民共和国交通运输部.公路工程地质勘察规范:JTG C20—2011[S].北京:人民交通出版社,2011.
[19] 顾宝和.求索岩土之路[M].北京:中国建筑工业出版社,2018.
[20] 中华人民共和国住房和城乡建设部.工程岩体分级标准:GB/T 50218—2014[S].北京:中国计划出版社,2015.
[21] 中华人民共和国交通运输部.公路隧道设计规范 第一册 土建工程:JTG 3370.1—2018[S].北京:人民交通出版社股份有限公司,2019.
[22] 中华人民共和国交通运输部.公路隧道设计细则:JTG/T D70—2010[S].北京:人民交通出版社,2010.
[23] 关宝树.隧道工程施工要点集[M].北京:人民交通出版社,2013.
[24] 张倬元.工程地质分析原理[M].4版.北京:地质出版社,2017.

［25］ 蔡美峰.岩石力学与工程[M].2版.北京:科学出版社,2022.
［26］ 王兰生.浅生时效构造与人类工程[M].北京:地质出版社,1994.
［27］ 中华人民共和国交通运输部.公路工程地质勘察规范:JTG C20—2011[S].北京:人民交通出版社,2011.
［28］ 《工程地质手册》编委会.工程地质手册[M].5版.北京:中国建筑工业出版社,2018.
［29］ 舒良树.普通地质学[M].3版.北京:地质出版社,2020.
［30］ 罗筠.工程岩土[M].3版.北京:高等教育出版社,2019.
［31］ TARBUCK E,LUTGENS F,TASA D. Earth:An introduction to physical geology[M].11版. New York:Pearson,2014.
［32］ 张丽萍.工程地质[M].2版.北京:人民交通出版社股份有限公司,2023.
［33］ 汶川特大地震四川抗震救灾志编纂委员会.汶川特大地震四川抗震救灾志·总述大事记[M].成都:四川人民出版社,2017.
［34］ 崔满丰,马秀丹,陈鸿钰,等.2023年7~9月全球地震活动述评[J].中国地震,2023,39(4):913-921.
［35］ 舒良树.普通地质学[M].3版.北京:地质出版社,2010.
［36］ Tarbuck E, Lutgens F,Tasa D. Earth:An introduction to physical geology[M].11版. New York:Pearson,2014.
［37］ 孟芹,何国华.复杂地质条件下滑坡体分区分段综合处治的探讨[J].山西建筑,2020,(14):52-53.
［38］ 钟东、余业,刘民生,等.小流域地质灾害综合防治的典型案例——以汶川县水磨镇牛塘沟泥石流为例[J].四次地质学报,2015,35(3):427-430.
［39］ 陆宇翔.岩溶地区路基内落水洞的处理方法[J].大众科技,2005,(9):120-122.
［40］ 姜波.渝怀铁路涪秀二线隧道岩溶治理措施与工程实例[J].岩土工程技术,2019,33(5):299-302.